2016—2017 年中国轻工业教育成果汇编

中国轻工业联合会教育培训部　编

中国轻工业出版社

图书在版编目（CIP）数据

2016－2017年中国轻工业教育成果汇编／中国轻工业联合会教育培训部编.—北京：中国轻工业出版社，2017.12

ISBN 978－7－5184－1731－5

Ⅰ.①2… Ⅱ.①中… Ⅲ.①轻工业—专业教育—中国—2016－2017—文集 Ⅳ.①TS－4

中国版本图书馆CIP数据核字（2017）第300719号

责任编辑：罗　洁　李　红
策划编辑：刘云辉　　责任终审：劳国强　　封面设计：锋尚设计
责任监印：张　可

出版发行：中国轻工业出版社（北京东长安街6号，邮编：100740）
印　　刷：三河市万龙印装有限公司
经　　销：各地新华书店
版　　次：2017年12月第1版第1次印刷
开　　本：720×1000　1/16　印张：31
字　　数：620千字　插页：2
书　　号：ISBN 978－7－5184－1731－5　定价：98.00元
邮购电话：010－65241695
发行电话：010－85119835　传真：85113293
网　　址：http://www.chlip.com.cn
Email：club@chlip.com.cn
如发现图书残缺请与我社邮购联系调换
171455Y2X101HBW

产教融合
成果荟萃

丁酉年 张岁和

前　　言

党的十九大报告明确指出，要坚定实施科教兴国战略、人才强国战略、创新驱动发展战略等，并强调要求完善职业教育和培训体系，深化产教融合、校企合作。

为了总结轻工行业职业教育教学成果，促进轻工教育发展，中国轻工业联合会组织开展了 2016－2017 年度中国轻工业职业教育教学成果奖和中国轻工业职业教育教学名师奖评选、第二届中国轻工业优秀教材评审、中国轻工业"十三五"规划教材暨数字化项目选题立项申报等系列活动，这些活动受到了轻工院校和有关单位及教师的普遍欢迎，取得了丰硕的成果。经评审专家委员会按照相关规定认真评审，并经中国轻工业联合会会长办公会议审核批准，经公示后，获得中国轻工业职业教育教学成果奖特等奖项目有 2 个，一等奖项目 16 个，二等奖项目 32 个，获教学名师奖的老师 20 位；获中国轻工业优秀教材一等奖 14 个，二等奖 21 个，三等奖 20 个，优秀奖 19 个；共有 171 个项目获得中国轻工业"十三五"规划教材立项，20 个项目获得中国轻工业"十三五"数字化项目选题立项。

为了深入贯彻落实党的十九大精神，运用习近平新时代中国特色社会主义思想指导轻工行业教育工作，促进轻工教育产教融合，全面总结多年来全国轻工类职业院校在教书育人、教学改革、教学研究、学科建设、人才培养等方面所取得的突出成绩，反映轻工业职业教育教学水平，激励从事轻工业职业教育教学实践、改革、研究的广大老师、教辅人员及教学管理干部，发挥优秀教学成果和教学名师的示范作用，不断推进轻工院校提高教育质量，加强教材建设，促进轻工教育事业更好地发展，适用轻工业转型升级培养人才的需要，推动我国教育信息化的发展，促进在线课堂的建设及推广使用，我们决定将上述活动获奖成果汇集成册，公开出版。

上述活动得到了中国轻工业联合会教育工作分会及各工作委员会、全国轻工职业教育教学指导委员会、全国食品工业职业教育教学指导委员会、全国验光与配镜职业教育教学指导委员会、各会员院校、协（学）会以及各有关单位及个人的支持，在此我们表示衷心感谢。

由于时间仓促，本书可能存在许多不足，希望大家多多指正，以便于我们今后改正。

中国轻工业联合会教育培训部
2017 年 11 月

目　　录

教学成果篇

教学名师篇

优秀教材篇

规划教材立项篇

数字化项目立项篇

教学成果篇

现代学徒制试点专业"职前－职后全程工学双交替式"人才培养模式的探索与实践

成果名称　现代学徒制试点专业"职前－职后全程工学双交替式"人才培养模式的探索与实践

成果完成人　徐亚杰、于洪梅、赵毅、逯家富、李琢伟、刘晓强、曲勃、温慧颖、王然、才琳、杨蒙

成果完成单位　长春职业技术学院食品与生物技术分院

一、成果背景

现代学徒制试点专业"职前－职后全程工学双交替式"人才培养模式的探索与实践是基于国家教学成果二等奖"职前－职后全程订单式'人才培养模式改革与实践"（2014.09）的研究成果，在我国职业教育领域广泛开展现代学徒制试点工作的新形势下，与吉林省金塔实业（集团）股份有限公司（以下简称"金塔集团"）共同探索形成的又一重大研究成果。

在终身教育思想的指导下，通过企业传统学徒制与现代职业教育的有机融合，职前与职后的工学交替，形成了学校与企业的"双主体"办学，学校教师与企业师傅的"双导师"育人，"校中厂"与"厂中校"的"双模式"运行、工学"双交替"教学，学生与学徒"双身份"学习以及学校与企业"双主体"评价的"职前－职后全程工学双交替式"人才培养新模式。

二、成果内容

1. 搭建校企"双主体"办学平台，解决了招工与招生有机结合的问题

基于吉林省食品药品职业教育集团与校企合作协议，校企组建现代学徒制试

点工作领导办公室，强化政府与行业学会指导，搭建校企"双主体"办学平台。学生与金塔集团签订了用工协议成为学徒，学校通过"自主单独招生考试"招收学生，完成了学校招生与企业招工工作的融合与对接，金塔集团出资成立奖助学金，承担"金塔班"学员三年的全部学费，落实了校企"双主体"办学责任，解决了招工与招生有机融合的问题。

2. 构建"双导师"育人平台，解决了校企双方优质教学资源有机整合的问题

"双导师"育人平台，即由两个工作室、一个委员会和一个实验室组成。

建立"两个工作室"，即在学校建立以名师、特聘教授为主导的"名师工作室"，在企业建立以行业企业专家、技术能手为主导的"技师工作室"；建立"一个委员会"，即校企双方经商定，成立了人才培养与产品中试专业委员会；建立"一个实验室"，即由金塔集团、食品分院和吉林大学生命科学学院联合成立"金塔实验室"。通过上述"双导师"育人平台，通过"资源双向使用""人才双向培养""人才双向流动""工作双向介入"，解决了校企双方优质教学资源有机整合的问题，为校企双方共同实施人才培养奠定基础。

3. 构建双线交融项目化课程体系，解决了职前工作与学习交替和职后培训与进修交替的问题

在职前，校企共同开发适应金塔集团用人需求的项目化课程，即学校课程，如基础化学、微生物基础与实验技术等；同时，以企业为主体，开发基于金塔集团产品生产的课程，如"辣椒粗加工生产技术""辣椒发酵调味品深加工技术"等课程，即企业课程，构建"学校课程＋企业课程"双线交融项目化课程体系，并实施职前订单教学。

在职后，校企双方以横向科研项目为载体，开发"新产品研制与开发"等学校进修课程；以企业员工转岗、在岗员工培训为载体，开发个性化企业培训课程，并实施职后订单教学。

基于如上双线交融项目化课程体系，解决了学校的通识教育与企业生产实践脱节、学生与学徒学习内容难以协调统一、学生与学徒身份难以互换的难题。

4. 创设工学"双交替"教学模式，解决了学生与学徒"双身份"学习的问题

职前企业工作与学校学习交替教学。学生在金塔集团与企业生产一线师傅结成"师徒"关系，了解企业生产现状、巩固学校所学知识，强化企业实践，提高职业技能；而后返回学校学习专业理论知识，强化单项技能，提高专业水平。

职后学校进修与企业培训交替进行。毕业生或企业员工可返回学校进修，在学校导师指导下，参与校企横向科研项目，研制与开发新产品，而后将研究成果及核心技术带回企业，在企业导师指导下，进行中试研究与生产实践，通过工学交替，完成学校进修课程学习。

通过上述工学"双交替"教学，解决了职前与职后教学内容差异大、学生（学徒）－准员工－员工－专业人才的全学程终身教育的难题。

5. 构建"全学程、双向介入"人才培养质量监控和评价体系，解决了学校与企业"双主体"评价的问题

校企双方共同建立职前学习考核与职后就业评价相结合的综合考核与评价标准；同时积极开展职前与职后"两阶段""三证书"制度改革，即职前阶段：长春职业技术学院高职学历毕业证书、国家职业资格证书与技术岗位上岗等级证书（企业）；职后阶段：长春职业技术学院培训结业证书、国家职业资格证书与技术岗位上岗等级证书（企业），实现了"全学程、双向介入"的人才培养质量评价。解决了学校与企业"双主体"评价的问题，解决了学校学历教育与企业培训教育在评价主体、评价内容及评价标准之间存在差异的难题。

三、成果特色与创新点

1. 解决了开展现代学徒制试点工作新形势下人才培养模式的创新升级问题

从"订单式"人才培养模式到"全程订单式"人才培养模式，从"职前－职后全程订单式"人才培养模式再到"基于大型企业集团的职前－职后全程订单式"人才培养模式，最后到"职前－职后全程工学双交替式"人才培养模式，全景展现了我国职业教育"订单式"人才培养模式改革发展的全过程，深刻地揭示了职业教育人才培养模式改革发展的必然规律，全面体现了"以人为本、终身教育"的教育思想，彰显了"以就业为导向，以服务为宗旨"的职业教育发展理念，它是传统"订单式"人才培养模式的高级形式，更是校企深度融合的必然结果，实现了开展现代学徒制试点工作新形势下的人才培养模式的创新升级。

2. 破解了校企合作"双主体"办学体制难题与工学交替人才培养的机制难题

现代学徒制是代表了我国职业教育领域中最新的人才培养制度，是解决校企合作"双主体"办学体制难题与工学交替人才培养的机制难题的崭新制度，现代学徒制试点专业"职前－职后全程工学双交替式"人才培养模式探索与实践，解决了校企双方"双主体"办学的体制问题，同时进一步解决了师资队伍的

"双导师"选配与使用、"双模式"教学运行与管理、学生"双身份"确认以及"双主体"教学评价等五大深层次的难题。

四、成果推广应用效果

通过近三年食品生物技术现代学徒制试点专业"职前－职后全程工学双交替式"人才培养模式的探索与实践，推进了"双师型"师资队伍的建设；将企业参与到高职教育的人才培养全过程中去，提高人才培养针对性；有利于完善现代企业劳动用工制度，解决合作企业招工难问题，对完善我国现代高等职业教育体系提供借鉴。

自 2014 年以来，先后有河南漯河职业技术学院、山东商业职业技术学院食品药品学院等百余所全国高职院校来我院取经，进行成果经验分享。

2014 年 7 月，教育部职业技术教育中心研究所与全国食品工业职业教育教学指导委员会联合举办的"职业教育与食品产业发展对话活动"中，逯家富教授为来自全国 30 余所职业院校的领导介绍长春职业技术学院食品生物技术专业现代学徒制试点工作经验。

2015 年 7 月，在全国食品工业职业教育教学指导委员会 2015 年年会上，逯家富教授为来自全国各地 40 余所院校的领导及 100 余名骨干教师介绍长春职业技术学院食品生物技术专业现代学徒制试点工作经验。

在全国轻工职业教育教学指导委员会 2016 年年会上，逯家富教授为来自全国各地 50 余所院校 120 余位专家领导介绍长春职业技术学院食品生物技术专业现代学徒制试点工作经验。

2016 年 5 月，我院将此实践探索成果在药品服务与管理专业进行推广，与吉林大药房药业股份有限公司签订"校企合作协议"，成立药品服务与管理专业"大药房班"，招工与招生同步，进行了 2016 级、2017 级招生（学徒），共 125人。同时，还形成以下几个方面成果：

（1）受教育部委托，参与完成"职业教育现代学徒制的实践探索——食品生物技术专业"课题 1 个；

（2）出版《职业教育现代学徒制的实践探索》专著 1 部；

（3）立项教育部"现代学徒制试点——食品生物技术专业"项目 1 个；

（4）完成全国食品工业职业教育教学指导委员会"高职高专食品类专业实施'现代学徒制'人才培养模式的探索与实践"课题 1 项，并获得教学研究与实践项目教学成果一等奖 1 项；

（5）完成全国食品工业职业教育教学指导委员会"基于'现代学徒制'的高职食品类专业'三师型'师资队伍建设的探索与实践"课题 1 项，并获得教学研究与实践项目教学成果二等奖 1 项；

（6）完成吉林省高等教育学会"吉林省高职院校现代学徒制人才培养模式"课题 1 项；

（7）论文"'职前 – 职后全程订单式'人才培养模式的改革与实践"获长春市职业教育论文奖一等奖。

寓教于研培养高职创新工匠型人才模式的研究与实践

成果名称　寓教于研培养高职创新工匠型人才模式的研究与实践——以广东轻工职业技术学院精细化工技术专业为例

成果完成人　龚盛昭、李仕梅、徐梦漪、周亮、杨铭

成果完成单位　广东轻工职业技术学院

一、成果背景

2012 年 3 月，教育部印发《高等学校"十二五"科学和技术发展规划》，确立了人才培养的中心地位，完善了科技创新与人才培养相结合的体制机制，提出了"建立寓教于研的创新人才培养模式"。培养创新人才是当代中国高等教育的历史使命，是高等院校面临的共同课题。李克强总理在政府工作报告中提到，要"鼓励企业开展个性化定制、柔性化生产，培育精益求精的工匠精神"，让我们看到了国家的态度，看到了重振"工匠精神"的信心。高职院校肩负着培养和造就具有高超技艺和精湛技能的创新工匠型人才的神圣使命。

寓教于研对于本科院校来说相对容易，对于高职院校来说还是新事物，如何构建适宜高职推广的寓教于研是摆在高职人才培养工作面前的一项重要任务。我校精细化工技术专业是我校教学和科研最强的专业之一，具有开展高职寓教于研的创新工匠型人才培养模式研究的基础。

二、成果内容

在学校的大力支持下，本专业从创新工匠型人才培养理念、培养模式、资源保障和培养机制等方面进行了寓教于研的创新工匠型人才培养模式的研究和实践。

1. 树立寓教于研的创新人才培养理念

要开展寓教于研的创新工匠型人才培养实践，首先要处理好教学与科研的关系，教学是高职教育的根本，不能放松，但也要认识到科研对于高职教育的重要性。没有科研做基础，开展寓教于研工作就是空谈。教学与科研有时是矛盾的，

但更多的时候是互相促进提高的，教师通过科研获得的新知识和新成果应用于教学，创新教学内容，学生通过科研提升创新意识和创新能力。

2008年以来，本专业通过开展教改大讨论、专业指导委员会研讨和名师讲坛，提出了"寓教于研"理念，形成了"寓教于研是培养高职创新工匠型人才的有效途径"的广泛共识和自觉行动，统一了思想。

通过研讨，凝练和形成了"应用研究和技术服务为主，基础研究为辅，科研为人才培养服务"的高职特色科研观，并紧密围绕日化、涂料两个轻工行业开展创新工匠型人才培养的教学科研工作。

通过研讨，明确了寓教于研培养高职创新工匠型人才模式的内涵，即通过开展有高职特色的教中有研、研中有教、以研促教等校企协同育人活动，将科研资源转化为教学优质资源，达到提升人才培养质量的目标。

2. 构建具有高职特色寓教于研的创新工匠型人才培养模式

（1）构建寓教于研的创新工匠型人才培养方案

秉承寓教于研的理念，以社会需求为导向，按照"精基础、重实践、有特色、求创新"的原则，制定专业人才培养方案，发挥团队科研与技术服务优势，设计寓教于研的专业课程体系并进行了如下实践。

①精基础。基础知识不求"广"，只求"精"，以够用为度；

②重实践。建立了"课内教学做训练→生产实习→寒暑假社会实践→综合实训（科研训练）→技能考证→顶岗实习（毕业论文）"六步实践教学体系；

③有特色。彰显轻工特色，瞄准日化、涂料两个行业，开设相关专业课程；

④求创新。强化学生创新训练：一是设置具有显著创新训练功能的课程，如综合实训；二是开设创新选修课程，引导学生向创新方向发展；三是设置课外创新学分，如专利、论文、科技竞赛、技能竞赛获奖折算学分，以鼓励学生创新。

案例1：2015年刘斌松等4位同学通过课外创新，申请了1件发明专利，获得12学分，免修了毕业论文，树立了榜样，激起了学生创新热情。

（2）采用"研讨式"课堂教学模式，实现教中有研

对于专业课程教学，采用"研讨式"课堂教学模式，针对理论课程和实训课程分别进行了以下实践：

①专业理论课。采用课程内容项目化，每个项目实施"教学做"一体化授课模式，具体见案例2。

案例2：涂料生产技术课程。课程内容分成若干个学习项目。整个学习过程中，学生要查阅资料、研究和讨论，既训练学生的职业能力，又培养学生的发现问题、分析问题、解决问题的创新意识和创新能力。特别是研讨环节锻炼学生创新能力和精益求精的工匠精神；研讨时，老师有意识地将前沿知识带入课堂，激发学生的创新欲望。

②综合实训课程。采用创新实训模式，具体见案例3。

案例3：日用化学品综合实训课程。整个综合实训过程中，学生是主体，学生自行完成资料查阅、方案设计、材料准备、涂料配制与检验、报告撰写、答辩等创新工作，并在实训过程中不断完善方案，做到精益求精；指导教师主要进行任务布置、引导、答疑等引导工作，成绩评定由学生和老师共同完成。

综合实训选题主要来自以下两方面：一是指导教师承担的企业项目，由学生根据企业的要求进行产品研发，学生完成产品研发后，由企业进行评定。二是学生查阅资料自行选题。

案例4：2013年杨玉娜等同学选择的"高透明度香皂的研制"就很有创新性和挑战性，实训获得了性价比高的高透明度香皂配方被企业看中，实现了产业化。

（3）学生开展科研，在研究中学习，实现研中有教

主要进行了如下实践：

①选拔学生参与教师承担的研究课题。本专业逐步形成了"以项目为依托，教授为核心，青年教师和学生为主体"的高职特色科研团队组建模式，每年选拔一批学生参与教师科研和技术服务项目，培养学生的创新意识和锻炼创新能力，为企业培养了一大批创新人才。先后有200多名学生参与了教师科研活动，这批学生已成为广东日化企业的研发工程师，并涌现出了一大批日化企业老板。

②依托挑战杯科技竞赛，设立大学生课外科研实践计划。课外创新成为挖掘本专业培养学生创新实践能力的重要途径，每年均安排学生参与省和学校层面的大学生课外挑战杯科技竞赛项目竞争选拔。2000年来，先后有80多人获得资助开展科研实验，多次获得国家、广东省的特等奖、一等奖等奖项。

案例5：陈思良等6名同学的"化妆品用绿色防腐剂关键技术"获得了广东省大学生科技创新项目资助6万元，项目研究成果获得了2016年团中央组织的第二届"挑战杯——彩虹人生"职业院校创新创效创业大赛一等奖。

③开展大学生寒暑假专业实践计划。要求学生利用寒暑假到企业进行专业实践，提升专业技能，同时在企业中寻找创新课题。2010年以来每年均有学生获得企业创新资助。

案例6：冉光伟等同学于2014年暑假到广州天芝丽生物科技有限公司进行专业实践，协助工程师打版，由于表现出色，实践完成后获得了公司3000元原材料资助进行2款手工皂的创新。学生回校后，在老师指导下顺利完成了公司创新任务，并转化生产，学生作品变成产品。这些学生毕业后被该公司录用为研发助理。

（4）科研成果进课堂，实现以研促教

主要进行了如下实践：

①科研成果转化为课程教材，实现课程建设精品化、教材建设优质化。

案例7：成果完成人编著的《日用化学品制造原理与工艺》，书中的所有配方、制造方法和案例都是成果完成人的科研成果。成果完成人还将科研成果进行"互联网＋"教学资源化，将《日用化学品制造原理与工艺》建成了国家精品资源共享课网站，供所有人共享，方便学生自学。

②将科研成果转化为教学内容，特别是用于开设综合性、设计性实验和创新性实验项目。

案例8：涂料综合实训中"UV固化清漆的制备"就是根据成果完成人与广州和邦化工公司合作研制的国内领先科研成果转化成的教学内容，实训时学生可调整配方来实现不同固化时间、硬度涂膜，学生创新思维、能力和精益求精的工匠精神得到很好锻炼，同时接触领先科技，拓展视野。

（5）多方联合，实现协同育人

学校与科研机构、行业企业等开展深度合作与融合，通过"四个合作"（合作办学、合作育人、合作就业、合作创新），实现校企人才共育、资源共享，培养创新人才，主要进行了如下实践：

①教学从课堂延伸到企业，依托企业开展实习和毕业设计等。在最后一个学期所有学生都分散到产学研合作企业进行顶岗实习，按照企业工作内容完成毕业设计，聘请企业技术人员为指导教师，全程由企业师傅指导，实现校企协同育人。

②聘请来自生产科研一线的专家为兼职教师，担任实训教学环节的指导教师，确保教学内容与生产实际一致，联合培养精益求精的高技能工匠型人才。

③实施协同创新单位科技人员讲学计划。2010年以来，累计邀请10多名来自企业、研究院所的行业专家给本专业学生做专业技术报告，开阔学生视野，激发创新欲望。

④与本科院校开展联合培养研究生、本科生计划。本专业团队有3名教授到华南理工大学等高校担任硕士生导师，联合培养研究生；与仲恺农业工程学院共同招生培养高本对接应用型本科人才。

⑤为协同企业和社会人员提供技能培训，提升企业和社会人员的技能和创新能力。

案例9：本专业与环亚科技集团公司合作就是协同育人的典范。该公司作为华南地区最大的化妆品企业，是本专业的产学研基地，承担着学生实习就业的指导任务；公司研发骨干是兼职教师，指导综合实训和到校讲学。学校多名教师到公司锻炼，龚盛昭教授兼职担任公司研究院院长，双方进行协同创新，10多项科技成果在公司实现工业化。

3. 搭建寓教于研的创新工匠型人才培养的资源保障平台

（1）校企共建的高水平教师团队，为寓教于研的创新工匠型人才培养提供师资保障主要进行了如下实践：

①专任教师与企业技术人员互动机制。企业骨干到学校担任兼职教师，负责实践环节教学，提升学生技能；实施行业大咖讲学计划，开阔学生视野，激发创新欲望；学校教师到企业兼职，为企业提供技术支持，并提升自身专业技能。

②专职教师的培养力度。对专职教师实施了"六个一"计划，即"紧密联系一个创新型企业，选定一个研究方向，加入一个研究团队，培养一支高中低年级组成的学生创新团队，坚守教学第一线，上好一门专业课"；选送了3名教师到国内外著名高校访学研究，提升研究水平；选送了6名教师到企业进行锻炼，提升了了专业技能实践。

③近年来，引进高层次人才，提升研发和教学实力。

（2）建立共享型教研一体化人才培养基地，为寓教于研的创新人才培养提供平台保障

主要进行了如下实践：

①汇聚协同创新单位（学校和社会）资源，构建协同创新中心。

②在校内建立实验室和大型仪器共享平台，实现了校内资源集中共享。

③在企业和科研院所建立产学研合作基地，充分利用协同单位资源为人才培养服务。

④在校内组建了2个校企联合研发中心，承担教学和企业产品研发双重功能，互惠互利。

⑤实施了实验室对学生开放计划，充分利用资源为创新人才培养服务。

（3）校企共建专业，确保专业发展方向

校企共同成立专业建设指导委员会，共同制定人才培养标准、共同设计课程体系、共建师资队伍、共建课程和教材、共建实训室，联合指导学生实习就业。企业参与人才培养的全过程，实现创新工匠型人才的协同培养。

（4）建立寓教于研的创新工匠型人才培养机制

制定出了专业建设、课程建设、实训基地建设、教研与科研、师资队伍建设等一系列的政策保障和激励措施，如设立科研岗、将科研工作纳入分配方案、360度绩效量化考核、教师下企业制度等，极大地推动了寓教于研的创新工匠型人才培养的研究与实践工作。

三、成果特色与创新点

1. 理论创新

通过本项目研究与实践，建立了高职教育特色的"应用研究和技术服务为主，基础研究为辅，科研为人才培养服务"的高职特色科研观，高职的教学科研工作应紧密围绕行业开展创新工匠型人才培养来开展；建立了高职特色的"寓教

于研培养高职创新工匠型人才模式"的教育理论，即通过开展有高职特色的"教中有研、研中有教、以研促教"等校企协同育人活动，将科研资源转化为教学优质资源，达到提升人才培养质量的目标。本成果的取得，为高职院校开展寓教于研培养创新工匠型人才树立了信心，同时创新了高职教育理论。

2. 课程体系创新

秉承寓教于研的理念，以社会需求为导向，按照"精基础、重实践、有特色、求创新"的原则，构建了"岗位技能＋职业发展"相结合的寓教于研课程体系结构。特别是从学校维度、企业维度、社会维度三个层面推进课程体系的改革，设计和实施了高职院校大学生课外科研实践计划、实验室开放计划、行业大咖讲学计划等多项寓教于研的创新型人才培养活动，课内与课外相结合，丰富了课程体系；通过"创新行动＋自主学习"，突出和提高了学生创新和工匠精神的培养。

3. 人才培养模式创新

将寓教于研的理念贯穿于整个人才培养过程，构建和实施了寓教于研的人才培养模式，即"采用研讨式课堂教学模式，实现教中有研；学生开展科研，在研究中学习，实现研中有教；科研成果进课堂，实现以研促教；多方联合，实现协同育人"，实现了创新工匠型人才培养目标，学生取得丰硕成果。

4. 育人机制创新

构建了企业、学校间的资源共享、协同育人模式。在校企合作层面，通过"四个合作"（合作办学、合作育人、合作就业、合作创新），实现了校企人才共育；在校校合作层面，建立高本衔接育人层次的合作模式；在学校内部部门之间、专业之间，建立了"无界化"理念，实现资源共享，共同育人，取得了丰硕的校企协同创新和育人成果，成为高职院校开展校企协同创新和协同育人的标杆。

5. 师资队伍建设创新

通过校企共建，打造了一支专兼职结合的高水平教师团队；特别是通过对专职教师实施了六个一计划，即"紧密联系一个创新型企业，选定一个研究方向，加入一个研究团队，培养一支高中低年级组成的学生创新团队，坚守教学第一线，上好一门专业课"，大大提升了专职教师的科研和教学水平，为寓教于研的创新工匠型人才培养提供师资保障。

四、成果推广应用效果

该成果于 2010 年开始推广应用，经过 6 年多寓教于研实践，取得了良好的人才培养效果，显著提升了学生的创新意识、创新能力和教师队伍的教学水平，形成了具有鲜明职业特色和普适性、易推广性的创新工匠型人才培养模式，同时增强了本专业的办学能力和办学水平，获得了同行的广泛好评，已经广泛成为高职院校相关专业学习的标杆。

1. 毕业生创新能力强，人才培养质量显著提高

人才培养质量显著提升。本专业毕业生专业技能、综合素质高、创新意识和创新能力得到显著提升，受到了用人单位普遍好评，毕业生专业对口率、三年后核心岗位（研发工程师）任职率逐年上升，具体如下表所示。

毕业年度	2009 年	2010 年	2011 年	2012 年	2013 年	2014 年	2015 年	2016 年
初次就业率/%	92.5	95.8	98.9	100	100	100	98.8	100
专业对口率/%	47.2	72.2	89.5	95.2	95.9	97.2	95.3	97.6
三年后核心岗位任职率/%	30.2	56.3	73.4	78.9	85.8	88.6	–	–

学生创新实践能力增强。先后获得"挑战杯"科技竞赛国家一等奖 1 项、省特等奖 2 项，全国技能竞赛一等奖 12 人、二等奖 18 人，省科研资助 2 项，申请发明专利 12 件，参与发表科技论文 25 篇。

毕业生社会地位高。本专业为广东省精细化工企业，特别是化妆品企业输送了一大批优秀创新型人才。据省轻工协会的专项调查，我校精细化工技术专业与北京工商大学应用化学专业、江南大学应用化学专业并列成为广东省化妆品工程师培养的摇篮，得到了业界认可和赞赏！特别是，近年来我校精细化工专业毕业生进入了创业潮，涌现了一大批化妆品企业老板，受到了业界瞩目。

2. 培养了一支高水平教学科研型教师团队

实施本项目以来，本专业拥有教育界和行业影响力大的大师，有 1 名国家万人计划领军人才、1 名国家级教学名师、1 名珠江学者特聘教授、1 名化工行业教学名师。已经建设成了一支双高（高职称、高学历）型的高水平教学团队，是国内同类专业教学科研实力最强的教师团队之一。

3. 教学、科研、社会服务实力显著提升，成果丰硕

本项目实施以来，本专业建成为广东省重点专业和珠江学者设岗专业，并与30多家化妆品企业组建了协同创新联盟。获得省级教改教研项目5项，获得国家精品资源共享课1门、国家精品课2门、省精品课3门、教指委精品课5门。获得各类纵向科研项目资助20多项，其中省市级6项，30多项企业委托横向项目，累计科研经费300多万元，10多项校企合作科技成果获得科技成果鉴定和成果转化，6项获科技进步奖；在国内外期刊上发表论文100多篇，授权发明专利近20多件。已经成为国内同类专业中科技和技术服务实力最强的专业。

4. 专业办学实力得到显著提升，得到媒体关注

通过本成果实施，本专业的软硬件办学条件和实力得到显著提升，与国内同类专业相比，本专业在精品课程、技术服务实力、师资队伍、办学条件、毕业生质量等方面均处于全国同类专业领先水平，并受到媒体关注和报道。

2017年9月18日《南方都市报》以"为职校生培养劈出新的康庄之道"为题对本成果主持人龚盛昭教授和本成果进行了报道，明确提出寓教于研是高职教育培养创新工匠型人才的新模式，可培养学生发现问题、解决问题的能力和创新精神、团队协作精神。

出于对本专业在化妆品行业的标杆地位和社会声望的尊重，我国化妆品界的权威时尚杂志《美妆制造》专门以本专业培养高水平化妆品工程师为成功案例，以"'成为工程师高手'的要诀是保持永恒的好奇心"为题专门刊发了一篇采访报道，对创新工匠型人才培养经验进行了推广宣传，同时进一步提升了本专业的社会影响力。

"现代－海鸥"利益共同体运用现代学徒制培养高端制表匠的研究与实践

成果名称　"现代－海鸥"利益共同体运用现代学徒制培养高端制表匠的研究与实践

成果完成人　李国桢、王健、易艳明、龙威林、赵跃武、王钢、孙勇民、孟娜、李蕴勤、孙丽丽、李军、王宇苓、胡娜、范婵娟、陈红彩

成果完成单位　天津现代职业技术学院、天津海鸥表业集团有限公司

一、成果背景

本教学成果以我校国家骨干校建设项目为契机，联合国表龙头企业天津海鸥表业集团有限公司（简称海鸥），将校企共同创办的精密机械技术专业（钟表方向）所实施的"2＋1"接力式育人模式升级为校企全程式、全面化、交融性运行的"现代学徒制"育人模式。在新模式下，校企结成"现代－海鸥"利益共同体，积极借鉴钟表王国瑞士与德国考察取得的相关经验，结合校企现实与潜在可能性，形成了以"六双六定"为标志性特征和基本策略的校企一体化人才培养模式；构建了教学内容对接与补充、教学空间对偶与交融、师资队伍多元与协作、教学时间交替与衔接的四维"校企交替、工学结合"的教学运行机制。

校企实践形成的中国特色现代学徒制育人模式被教育部誉为"海鸥学徒制"，有效地将精湛技艺、工匠精神和技术创新能力一体化传递给学生，助力学生在国际创新发明大赛、专利申请、国家各类比赛中崭露头角，高质量毕业生实现着海鸥高端机械表装配技术工人队伍的升级。作为教育部首批现代学徒制试点单位，海鸥学徒制还作为典型案例屡屡在国际与国家各类会议上做经验分享，被《中国教育报》、德国《腕表》、中国教育台、天津卫视等媒体争相报道。

二、成果内容

1. 解决了企业育人主体与学生双身份的问题

为使企业成为名副其实的育人主体，我校不仅与海鸥签订《校企联合育人协议》，确立其合法育人主体的地位；还通过共同课题立项使其成为育人工作的研究者；共同开发《人才培养方案》和配套教学标准，使得海鸥成为育人工作的设计者；海鸥依据培养方案与相关标准，打造 2 个专用教学基地，精选 4 个轮岗与顶岗实习车间，并选拔适当的师傅和工程师任课，变身为育人实施者；亲自组织中期与出师考试衡定学生职业能力发展水平，成为育人成果的鉴定者。被培养人通过与双育人主体分别签订《企业学徒协议书》和《学校培养协议书》，确立了受法律保护的"学生"与"学徒"双重身份。

2. 解决了校企交替式教学的科学性问题

为杜绝顺应企业短期的盈利需求而忽视育人规律的现象，校企始终从人才培养方案出发，按职业成长规律编排与固化校企交替式教学组织：第一学期在《钟表文化与职业认知》课程中通过钟表大师讲堂的 4 场报告、2 次企业现场体验和教师系统讲授、小组汇报，建立感性认识；第二至四学期在 8 门校企联合课程的、项目化工学交替式教学中，实现基本技能向综合技能的发展。第五学期轮训锻炼让学生依次在海鸥 4 个核心车间全面实战各车间的综合工作任务；第六学期根据学生职业能力发展的特点确定其未来工作岗位，并通过 18 周定岗深化成长为该岗位的能手。

3. 解决了企业教学质量难以保障的问题

追逐利益最大化是企业的天然属性，为避免学生沦为企业廉价劳动力或无所事事、碌碌无为的现象，实施了下列质量保障措施：①海鸥开辟专用区域设立 2 个教学基地且各配备 2 名专职师傅，其中手表装配维修教学基地由海鸥某一专供瑞表机芯的车间打造而成，具有教学与生产双重功能，帮助学徒在适量实战任务中掌握瑞表装配标准、提升熟练度与技巧。②精选海鸥工作任务综合度高、技术含量较高的 4 个车间：机芯装配车间、成表装配车间、夹板车间、精密零件加工车间，按 1∶3 的比例选配师傅进行相应课程教学。③海鸥依据聘任标准选拔适当的师傅，颁发聘书，帮助师傅认同育人的身份；下达任课通知书与课程标准，帮助师傅确认教学任务；举办拜师仪式且签订师徒协议，既明确彼此责任与权利，也增强师傅对育人身份的自豪感。④建立满足三类用户需求的校企学徒网络管理平台，校企通过平台发布教学任务、工作日志、学习资料等，考核、追踪与反馈学习效果等，学生建立学习档案袋，收集与总结学习工作资料与成果，完成自我证明式的评价。

4. 解决了工匠精神与技术创新难以培养的问题

工匠精神与技术创新看似矛盾，实则相伴相生。对此校企采用"讲堂铺垫、环境熏陶、平台搭建、空间切换、作品毕业"的策略实现一体化培养，即①设立钟表大师讲堂，邀请国家级钟表大师、企业高管做专场报告，激发学生对钟表行业的认可与热情；②校内营造的钟表文化氛围、海鸥沉淀的企业文化与师傅们的言传身教，都熏陶着学生不断提升职业认同感；③校内专业阅览室举办各类钟表文化沙龙，钟表展销中心展出学生优秀作品，既实现作品市场化又提供交流展示平台；④学生在校企两个空间科学合理地切换，便于在教师帮助下反思企业的工作经验，由此激发的问题可利用校内大师工作室，或再次回到师傅身边，寻求技术创新的可能性；⑤要求学生毕业前独立完成由校企共同确立或由学生提议、校企认定的一件具有一定创新度的毕业作品。

5. 解决了钟表类教材陈旧匮乏与特殊教学难题的问题

钟表行业在新世纪迎来新发展高潮，却遭遇了人才断层与教学资源陈旧的问题。对此，校企公开出版了《机械手表装调技术》《手表造型设计技术》《机械计时技术》等5门核心课程的专业教材，填补了我国钟表专业类教材的空白，尤其是反映最新发展的教材。同时校企联合开发了一系列教学演示动画以及一款机械机芯整机虚拟装配软件，使钟表以丝为单位的微型世界得到清晰、生动的呈现，既节约教学成本又大大提高了学生机芯装配的精度。

三、成果的创新点

1. 形成了"六双六定"的海鸥学徒制

在联合育人实践中，校企从彼此需求与现实可能性出发，创造性地形成了以"六双"为标志性特征、"六定"为基本策略的海鸥学徒制。

（1）"六双"特征

具体表现为学校与企业是具有相同责任的双育人主体；被培养人同时兼具学校学生和企业学徒的双重身份；师资是由学校教师和企业师傅组成的双导师队伍；教学场所包含学校的教室、实训室和企业的培训中心与生产车间两类基地；双评价指由课程成绩作为过程性评价和海鸥组织中期与出师考试作为结果性评价；毕业时通过上述双评价与国家钟表维修职业资格考试（高级）即可获得职业资格证和大专证双份证书。

（2）"六定"策略

具体表现为学校、企业与被培养人分别签订明确彼此责权利的三份协议书，作为联合育人的法律基础；校企共同确定各类标准与规范，作为联合育人的运行准则；校企通过聘书、拜师仪式与任课通知书的形式，在海鸥形成了四类承担不同教学任务的、享受相应待遇的、稳定的师资队伍；海鸥精选四个车间按标准选配师傅担任轮岗和定岗课程教学；校企联合钟表类课程均采用项目教学，由校企共同确立课程项目及教学分工；海鸥依据绩效与考核标准分等级发放学徒津贴，根据出师考试决定毕业生是否享受海鸥高级工待遇。"六定"策略的实施赋予了海鸥学徒制"六双"的标志性特征。

2. 构建了四维"校企交替、工学结合"教学运行机制

在"现代－海鸥"利益共同体下，校企以《现代学徒制下校企联合育人协议》为基础，建立了四维"校企交替、工学结合"教学运行机制。

（1）教学内容的对接与补充

本专业按照工作过程系统化课程开发思路形成了12门钟表类课程，海鸥独立负责4门，校企联合课程8门。对于后者，校企共同确定了《一体化课程标准》，规定了每门课程选取的项目、项目内容、课时分配、考核标准、教学衔接点、授课顺序与授课主体等，有效保障了8门课程在校企有序交替中相互补充、有效衔接。

（2）教学空间的对偶与交融

围绕培养高端制表匠的定位，学校将实训场所改造成一个迷你制表厂，且建设标准与海鸥对等车间基本保持一致，使8门校企联合课程基本实现：学校相应实训车间完成项目1，然后在海鸥对等车间或教学基地，借助生产任务与师傅经验，将学校掌握的基本步骤内化于手后，跟随师傅完成项目2经验层面的学习，再回到学校跟随教师从理论层面消化项目2收获的经验，并进入项目3的学习，如此反复。在此过程中，教学空间的对偶使得学习过程更连贯。同时海鸥人力资源部下设校企合作办公室，专设全职管理协调员1名，选派1名副总工常驻学校专业教研室，承担专业规划、教学沟通与落实事务，穿行于双育人主体之间，保障两个对偶的教学空间更有效交融。

（3）师资队伍的多元与协作

为高质量完成企业教学任务，海鸥配备四类员工实施教学：高管和国家级钟表大师承担《钟表文化与职业认知》的讲座；2名工程师各承担1门课程教学；4名专职师傅完成8门联合课程中的企业教学任务；12名兼职师傅按1：3的师生比承担轮岗和定岗教学。学校为每个实训室选聘了1名来自海鸥的实训教师，配合专业教师完成学校教学项目。校企两支多元化与互补性师资队伍，成功实现了系统、科学、合理地协作育人。新引入的校企学徒网络管理平台使得两支队伍的沟通协作更流畅与有效。

（4）教学时间的交替与衔接

在三年培养过程中，学生不是固守在学校象牙塔里，而是在校企有规律、有

节奏地交替学习。第一学年倾听四场来自企业高管、行业协会专家和钟表大师等精彩专题讲座，走进海鸥、亨得利瑞表销售中心，在现场体验中建立职业认知；第三至六学期依次以6周、6周、12周和18周的频次集中到海鸥跟随师傅完成相应项目的学习。为保障校企在教学时间上的有序交替和顺畅衔接，学生在第二学期末4周集中实训中掌握一款简单机械钟和机械表的装配后，即刻进入企业直至第三学期第7周返校上课，而第四学期则从第15周起进入企业直至第五学期开学再返校，完成校内7周学习后，继续进入企业直至学期结束的最后一周返校完成毕业项目的选题、选双导师和定岗位，第六学期带着毕业项目进入确定岗位，完成相应内容的学习和毕业项目，第六学期最后两周返校完成答辩和毕业事宜。

四、成果的推广应用效果

1. "海鸥学徒制"成为中国现代学徒制试点工作的范式

自2014年全国现代学徒制试点工作推进会被教育部誉为"海鸥学徒制"后，这个称谓已成为天津市乃至我国构建中国特色现代学徒制的一种范式。迄今为止，海鸥学徒制以新闻、纪录片、访谈等形式被中国教育台、天津卫视等电视媒体报道5次；被《中国教育报》《宁夏日报》、德国《腕表》杂志等报刊报道10余次；在《中国职业技术教育》《职教论坛》等期刊发表相关论文10余篇；被搜狐网、新华网、北方网等网站报道20余次；2次入选全国高职校长联席会议优秀案例；在全国现代学徒制试点工作推进会，中国职业教育际合作峰会，教育部现代学徒制国际研讨会，广东、辽宁、四川、宁夏等教育厅组织的研讨会中做主题发言。

2. 在校生在国内国际舞台崭露头角

在校企多年的精心培育下，学生在专业技能和创新能力上崭露头角。近年来，共计23名学生获得CAXA软件制造工程师证书，在全国三维数字化创新设计大赛天津赛区中分别获特等奖2个、一等奖1个、二等奖2个、全国总决赛三等奖2个；2013年全国职业院校学生技能作品展洽会一等奖1个，2015年全国职业院校学生技术技能创新成果交流赛获二等奖1个，2015年全国大学生电子设计大赛（天津赛区）二等奖1个，范忠序、罗帅的作品《ST3D10·秒盘旋转系列表》获"2016'台湾国际发明设计比赛"金奖等，13级王娅楠在读期间还收获了发明专利。

3. 实现专业内涵提升与外延拓展

校企合作育人使本专业建立了以高端钟表装调为重点，兼顾钟表零件与结构设计和加工制造两大领域的宽度，并新编写出版了 5 本专业教材；改扩建校内实训室 5 个，新建钟表大师工作室 1 个，开发专业教学资源库、国际化专业教学标准与模拟仿真教学软件 3 个，完成国家级、省市级相关课题 5 项，全面实现了专业内涵提升。伴随着海鸥品牌国际化战略的推进，2012 年还将专科层次人才培养拓展到本科层次。专业的提升实则是教师队伍的提升。近五年来，专业带头人主讲的《钟表学概论》入选"东西部高校共享课程联盟"共享选课，成为天津市首个面向全国授课的高职教师；获得全国职业院校信息化教学比赛三等奖。整个专业团队发表论文 21 篇，专利 3 个，指导学生专利 1 项；指导学生获国际发明设计金奖 1 个；国家级各类比赛一等奖 1 个，二等奖 1 个，三等奖 2 个。

4. 高端制表匠助力海鸥及钟表行业的腾飞

借助"校企交替、工学结合"的育人机制，学生不仅 100% 双证毕业，还通过了海鸥的中期与出师考试，2014 级毕业生全部进入海鸥；2015 年以后海鸥受经济下行影响，只吸纳了 50% 的毕业生。在海鸥有十余名毕业生快速晋升为企业核心技术人员，多名获"天津滨海新区优秀外来建设者"与国资委"计时仪器仪表装配工大赛"等荣誉。海鸥最高领导层将储备的毕业生视为企业转型升级、再次实现新高度的潜在力量。未进入海鸥的毕业生，因扎实规范的专业技能进入北京手表厂、中国工程物理研究院等单位。毕业生入职时间虽短，但是在学校扎实的知识储备和工作的磨砺将使他们成长为我国钟表行业乃至高精尖科研院所的高端匠人与工程师。

"合作学习"在高职环境艺术设计教学中的实践研究

成果名称　"合作学习"在高职环境艺术设计教学中的实践研究

成果完成人　何靖泉、赵肖、刘巍、张洪双、李卓

成果完成单位　辽宁轻工职业学院

一、成果内容

随着社会的发展、高等职业教育体制的改革，当代高职教育思想发生了极大的转变，以学生为主体的教育模式，已经越来越受到重视。课程改革强调学生学习能力、职业技能的培养，课程标准更是提出了学生自主学习和合作学习的教学方式。高等职业院校加强和重视学生合作意识与合作能力的培养已经成为课程改革推进实施的重要保证措施。"合作学习"是高等职业院校新课程体系所倡导的重要教学模式；在教学过程中，学生的主体作用已经得到认同。合作学习可以使学生优势互补、形成良好人际关系；促进学生个性与共性一同发展，扩展学生自主学习空间，是发展学生创新性、思维性的一种重要途径。所以，合作学习已经成为现代课堂的一道风景线，高等职业院校越来越多的老师在课堂教学过程中采用这一方法。

在立项期间，我们通过一年多的研究与探索，总结出高职环境艺术设计教学中"合作学习"教学模式的有效实践体系，本课题研究的基本结论总结如下。

1. 实施合作学习实效性的方法和策略

"合作学习"这一课堂教学环节以"关注学生职业技能发展"为目标，以培养和发展学生创新能力和合作能力为重点，改变旧的、单一的灌输式教学模式和课堂结构，努力创设一个"先学—展示—检测—评价"新的课堂教学模式，形成我校环境艺术设计专业特色的创新型教学体系。在"合作学习"的教学模式上，我校虽然还不是非常成熟，对如何进一步提高小组合作学习的实效性，还有待进一步研究和实践。通过本课题研究和实践以下是小组合作学习的方式与实效性有机结合的几种做法：

（1）合理构建合作学习小组，增强小组合作的兴趣

①合理构建合作学习小组，发挥小组长的调控作用。在分组时，应尽量做到合理，可考虑两方面：一是争取各小组间的零差距；二是组内成员的特性互补。

每个组员在小组学习过程中都应担任一个具体的角色，如：小组长、记录员、总结员和汇报人等。一定时间后，还应该角色互换，这样，就可以使每个成员都能从不同的角色上得到不同的体验，来锻炼和提高成员之间的合作意识和沟通能力。

②明确合作的目的、任务和目标，提高小组合作效率。教师可以采取多种形式，来呈现小组合作需要解决的问题、合作步骤、合作的分工、合作中需要记录的思维、创意和所达到的效果等。

③培养学生良好的合作学习习惯。培养学生独立思考、自主学习、沟通交流、取长补短、达成共识的习惯是非常重要的。在这个过程中老师们当然要发挥自己的作用，思考和研究如何可以帮助学生学会思考、学会交流、学会合作的小策略。

（2）摆正合作学习中教师的角色

高等职业院校在新型教学体系下，更重视以人为本，发挥学生的主体性，但不等于抹杀教师的主导地位，否则将是无序的课堂，最终导致低效学习，所以提高小组合作的实效性要充分发挥教师在小组合作中的作用。

①合作学习环境的营造者。教师不是万能的，不会是永远对的一方，所以，教师应抱着一种向学生学习的心态经常参与学生的小组讨论。因此，教师与学生之间不再是一教一学的灌输式教学方式，而是互相学习，互相促进，互相激发对方潜能，这就形成了良好的师生互动关系。

②合作情境的创设者。培养学生养成合作意识和发展协作能力主要是在课堂上进行的，因此，教师应是小组合作性学习情境的创设者。

A. 要建立对话式、交互式的教学模式。在环境艺术设计教学中，要建立师生互动、生生互动、探索研究全新互动式教学模式，发挥学生的创新思维，根据他们的设计水平、心理特点，创设小组合作性学习情境，激发他们的好奇心和求知欲，使他们有合作学习的兴趣与热情。

B. 选准"切入点"。教师要根据教学内容，创设学习情境。教师应引入合作学习教学模式，给学生提供更多互相交流、互相交换设计思维的机会，形成良好的生生互动关系。

C. 采取有效办法。为了让学生积极参与合作学习并顺利完成学习任务，教师要精心策划，采取有效办法，融入竞争机制，优化合作学习。

③合作学习的引导者、合作者。在合作学习活动中，教师由传统教学中的知识传授者变为引导者、合作者。

A. 合作学习前的引导，精选设计案例，分步解读设计思维，方便学生合作学习。

B. 合作学习中的引导，正确把握小组合作学习的时机。

C. 合作学习中的引导，适当时候充当为难者。

（3）认真做好合作学习的问题设计，激发小组合作兴趣

在日常教学中发现，合作学习的题目设置不合适，很难引起学生的兴趣，以致这个环节不能顺利进行。问题设计的关键是要把握住学生的心理特点、设计水平、学习能力等方面，在问题设计上要注意以下几点：

①问题要有思维开放性。

②问题的难度要适中，要有讨论价值。

③问题要有创新性、层次性，使学生感兴趣。

④问题要有创新性，体现高职艺术设计专业的特点。

（4）建立科学灵活的评价体制，激发学生竞争动力

科学评价是合作学习的重要组成部分，也是一种有效策略。对小组进行评价性时应以小组的集体成绩作为考评的依据，不宜过度地突出个人的表现。

①评价要面向小组。小组讨论后，老师根据小组交流的情况，进行评价，激励学生不断提高合作学习的水平。

②评价应采取多种形式。除了传统的表扬以外，还会有某种时候采用一些奖励措施，或者可以采用辩论大赛的方式。这样，可以引发小组展开竞争，这种竞争调动了每个学生的积极性。

③评价要关注后进生。成果展示环节是优等生的特权，为了实现最大面积的合作学习，我采用了小组成员成绩平均化的方法，即小组成绩等于组员成绩要加除以人数，得到的平均值即为小组成绩。

④评价要全面。这种评价方法可以使学生充分认识到自己的不足，看到别人的长处、取长补短，达到教学的最优化，可以最大极限的提高合作学习的有效性。

2. 研究成效

经过一年对于合作学习应用的课题研究，我发现学生各方面的能力提升等方面发生了改变，主要有以下几点：

（1）改变了课堂教学的交往对象，提高了课堂教学的质量

改变了"师—生"的单纯交往状况，转变为"生生、师生、小组等"多维交往状况，这表明课堂上的学习交流改变了传统的直线式而成为网状立体的交流，从而提高了教学的质量。

（2）进行合作学习教学模式应用后，实验班学生成绩有了变化

学校在环境艺术设计专业抽取 2 个班进行实验，实验班学生的专业成绩有了很大提高，从实验中学生成绩的显著提高来看，有效的小组合作学习能有力地促进学生的学习。

（3）有效的合作学习促进学生的表达与交流，使每个学生学会发表个人见解

现在我们的课堂真正体现了学生是学习的主人，学生更善于表达，自信心更

足，思想更活跃，更能适应高职院校对于高素质技能人才的需求。

（4）培养了学生的合作沟通精神

有效的小组合作学习的开展使学生在各项活动和比赛中表现出良好的团队精神，取得了许多成绩，班级多次被学校评为先进班集体。

二、成果特色与创新点

主要特色表现在以下几个方面。

1. 建立了新型的师生关系

在合作学习中，师生之间的关系不再是教师一味传授、学生只管倾听的传统模式，而是师生之间平等交流与互动的新模式。教师在教学过程中充分体现了师生双方的主动性和创造性，教师的活动与学生的活动及学生之间的活动有机地融合为一体，提供了一种师生互动的新形式。

2. 体现了学生的主体性

合作学习营造了一个和谐民主的课堂氛围，为学生提供了主动参与的机会。通过对课题的研究，转变学生学习的方式方法，通过合作学习，建立学习群体，互帮互学，取长补短，以达到面向全体，全面提高学习效率。课堂教学中时时处处体现合作学习，培养他们合作精神。

3. 培养了学生的创新能力

通过课题研究使学生的创新思维、设计能力、获取新知识的能力、提出问题解决问题的能力、交流合作的能力都得到真正的提高。合作学习最大的特点是变"教"的课堂为"学"的课堂。

4. 增强了学生的合作和竞争意识

合作意识是现代高职院校学生必须具备的基本素质，合作将是未来社会的主流，而合作学习是培养学生合作意识的重要方式。学生在合作学习中，必须得做到互相帮助，互相监督，其中的每个成员都要对其他成员的学习负责。通过小组讨论、互相评价、互相反馈、互相激励、互帮互学、互为师生等合作互动的活动，最终达成思想上的共识。他们的合作意识潜移默化地得到了培养。

创新具体表现在以下几个方面。

1. 依托课堂教学、建立合作支架

改变传统的教学观念，树立以培养学生合作学习为核心的教学宗旨，有重点地培养学生与他人交往、合作的能力，建立良好的人际关系，增强群体意识，努力做到组与组之间学力均衡，力求让每个学生都有机会参与到学习过程中，以充分调动每个学生的积极性。

2. 根据新的课程标准，创立新的教学模式

（1）设置情境，使学生在合作学习所营造的特殊合作、互助的氛围中，同学们朝夕相处的共同学习与交往中，增进彼此间的感情交流，培养彼此间的合作与协作精神。

（2）根据不同教学内容，创立新的教学模式，联系教学内容，把多种教学手段有机地结合起来，对合作成果进行巩固，合作学习能激励发挥出自己的最高水平。

（3）教师在教学中营造出平等、和谐、民主的教学氛围，尊重学生个性发展，使学生在寻找的过程中充分体现合作。

3. 在实践活动中，体现自我，发展合作学习能力

学生在互相学习中，能够不断地学习别人的优点，反省自己的缺点，就有助于进一步扬长避短，发挥自己的潜能，使大家在共同完成学习任务的同时，不断提高学习能力。

4. 以竞赛项目作为合作学习的载体，突出合作学习的效果

课程载体选择上尤其重要。选择竞赛项目作为课程载体，让学生在合作学习教学模式中学习相关知识的同时参与全国同类专业学生的竞赛，提高学习兴趣，发现差距，体现学习成就感。

三、成果推广应用效果

1. 推广应用效果

小组合作学习得到了学校领导的全面认可，并在环境艺术设计专业进行试点，全面实行导学案、小组合作学习一体化。教育的发展决定了教学活动不是一个人的事情，而是集体智慧的结晶。只有集体的共同努力，才能成功解决教学中的很多问题；只有集体合作，共同探究，才能有最佳成效。随着新课程改革的不断推行，素质教育的不断深入，我将进一步扩大课题组成员，吸收不同学科的老师参与。进一步从理论和实践中进行论证，跟踪完善各种方案，解决在研究实施中存在的问题。在课题组全体人员的共同努力下，有效合作还将进一步得到高效的研究，合作学习能力研究还将进一步作深入的、科学的、系统的理论与实践研究，使小组合作学习达到高效，全面提高教育教学质量。

"合作学习"教学模式研究，已经在辽宁省内各高职院校得到全面推广，并且在省外部分高职院校应用，并得到各高职院校领导、专家以及专任教师的普遍认可。

2. 存在问题

（1）重形式轻内容，缺乏实质合作

在新课程的课堂教学中，一些教师过分追求时尚技法，合作学习成为督导听课时制造主体学习热烈气氛的工具，而在常态教学中往往不采用或很少采用。有的教师提出问题后未留学生独立思考的时间就宣布"合作学习开始"，不到两分钟就叫"停止"。这时，学生并未真正进入合作状态，使"小组合作学习"只能流于形式。

（2）顺其自然，缺乏监控，学生放任自流

在我们的课堂中，经常出现这种情况，教师放手让学生自由地、开放地学习，教室里也马上会出现一片热烈讨论的局面，但只要细想一下，我们就能发现，这只是一种表面上的"假热闹"，实际上学生的收获很少。有的小组合作只是学优生的特权，而学困生处于从属或被忽略的地位；有的小组互相推辞，没有发言人；有的小组成员借此机会闲聊，无拘无束，课堂秩序混乱。归根到底，主要是老师缺乏必要的指导，小组内没有学习的规则，正所谓"没有规矩不成方圆"。

（3）小组讨论问题设计或易或难，学生缺少小组合作的兴趣

合作学习讨论的问题设计太过容易，缺乏思考性、启发性和探索性，不足以引起学生讨论的价值，讨论缺少争议、碰撞和生成；合作学习所讨论的问题太难，学生无从讨论，不知切入点是什么，也失去讨论的效果，造成学生的参与度不均衡，一部分学生游离于学习过程之外，部分学生常表现出不友好、不倾听、不分享、不合作的现象，影响合作学习顺利进行，它只会挫伤学生合作的热情，养成不愿参与小组合作学习的不良习惯。

（4）评价重个人，评价观念落后和方法陈旧

教师对组内交流后的汇报评价偏重于对个体的评价，忽略对整个小组的评价，使我们的合作学习达不到理想的效果。不少教师过分地看重学习的结果而忽视对学习过程的评价；只重视教师主导的评价而忽视学生主体的评价；对学优生偏爱，有意无意间冷落学困生；不太重视对"小组学习"的整体性评价。

针对以上情况，分析影响"合作学习"实效性的因素，大大降低了课堂教学的有效性，所以增强"合作学习"的实效性研究迫在眉睫。

国际视野，异质互补——中法共建师资培训体系推动教学改革的创新与实践

成果名称　国际视野，异质互补——中法共建师资培训体系推动教学改革的创新与实践

成果完成人　孙丽、龚瑜行、徐雪漫

成果完成单位　苏州工艺美术职业技术学院

一、成果背景

20 世纪末，随着经济全球化的迅速发展，教育国际化成为大势所趋。在各级教育管理部门的支持和鼓励下，一大批中外合作办学项目在国内高校启动。在这样的背景下，江苏省教育厅与法国国民教育部合作举办的"江苏中法时装培训中心"于 1998 年 12 月在我院挂牌成立。与国内众多高职院校中外合作办学项目走"2＋2""3＋1"模式不同，我院率先认识到，真正的教育国际化体现在教育观念、教育内容、教学手段、教学活动和教育对象的国际化，而师资队伍的国际化是实现这些国际化的核心环节。

因此，我院自 2000 年起，依托"中法时装培训中心"，联合法国国民教育部、法国艺术设计院校和国际知名企业，共同搭建了政府、院校、企业三方联动的国际化师资培训平台，提出了"以师资培训和教学团队建设带动教学改革"的创新理念。通过这个中法共建的艺术设计专业师资培训体系，使得西方设计教育的"主题教学法""跨界教学""文化融合课程体系"等先进方法和理念得到本土化的创新和推广，切实推进了教育国际化，实现了教学模式的创新和教学质量的提高，提升了人才的国际竞争力。2009 年至 2015 年，学院师生共获批专利 278 项，其中发明专利 7 项，实用新型专利 81 项，外观专利 190 项。2016 年申报 160 项专利，部分已获批。国际化师资培训提升了人才创新能力的培养，助力国家从"中国制造"到"中国智造"的产业结构转变。

此外，我们将中法合作模式移植到中非合作项目中，联合苏州农业职业技术学院、苏州经贸职业技术学院共同为塞内加尔、几内亚等西非国家提供教师培训和学历生培训，向西非输出"中国经验""中国智慧"。

二、成果内容

成果主要解决了以下问题。

1. 艺术设计教育缺乏国际竞争力

（1）在专业层面，我国的现代艺术和设计创作理念、方法和技术与西方发达国家有着很大的差距。即使在资讯非常发达的今天，也很难通过书籍或者网络获得国外最新的行业和技术发展讯息。我们的老师接收到的资讯滞后于设计强国，对学生的教育就输在了起跑线上。

（2）在教学层面，我国传统的艺术设计教育重知识灌输轻辩证思考，重技艺传授轻创意开发，重标准规范轻个人风格，重作品成果轻创作过程，不利于人才创新思维的开发和综合能力的培养。

（3）在课程层面，我国大专院校里，设计课、工艺课、专业基础课主要采用单元式单科独进的教学方式，老师只需上好自己单元内的课，课程之间缺乏衔接和交叉，文化课完全游离于专业教学之外，学生很难将学到的知识点融会贯通，无法将每一个音符合奏成一个优美的乐章。

2. 师资培训体系不完善，培训效益不明显

很多学校意识到师资培训的重要性，近年来组织教师到国内外培训的项目也迅速增加。但是传统的师资培训重理论和观念的灌输，有一定的理论高度，但是缺少实战演练。对参培教师来讲，对新的理念和方法缺乏直观认识，会影响到其对新知识接受、运用的积极性。另外，缺乏完善的培训选拔、考核机制，也对师资培训的效益产生负面影响。

成果解决问题的方法和措施主要有以下几个方面。

1. 瞄准世界最高水平，开拓教师国际视野

（1）定标杆，搭平台

法国的艺术设计及教育都代表了世界领先地位，同时，想要成为法国教育部认可的教师，都必须在教师培训学院（IUFM）经过 2 年教学法培训和实习，并且通过最后的考核。因此，我们选定法国作为学习目标，依托中法时装培训中心，搭建了一个由法国国民教育部牵头，巴黎杜百利、布尔等知名设计院校和法国鳄鱼、迪卡侬等跨国公司共同参与的"政府＋院校＋企业"三方联动师资培训平台，充分利用其在师资培养方面的成熟经验，让我们的老师系统学习国际先进的艺术设计教育理念，教学内容，教学方法，紧跟世界艺术设计思维和技术发展潮流，推进教育国际化进程。

（2）学理念，拓视野

自 2000 年以来，在中法师资培训平台基础上，学院选送 50 名教师通过 11 期"驻法艺术设计教育研究工作室项目"前往法国各设计院校观摩、学习、研究法国艺术设计的教学理念和方法，参观专业展览和沙龙，了解艺术设计领域前沿动态，提高专业水平，开拓国际视野；通过 11 期"法国督导培训周项目"把权威专家请进来，以"设计中创意能力的培养""课程设计与评估方法""跨界、融合和校企合作"等教学中的重点难点问题为主题做专题培训，逾千名本院和来自全国各地的教师接受专业的教学法培训，提高艺术设计专业教师的教学能力。通过走出去，请进来的培训项目，老师们开拓国际视野，丰富教学内容和手段；通过教师自觉的教学改革，提高学生的创新设计能力，提高设计教育品质与国际竞争力。

2. 学习先进教学模式，异质互补，扬长补短

（1）学模式，建团队

邀请法国设计院校的教学团队来苏教学，我院教师跟岗实践，学习其先进的教学设计、授课方式和评估标准，在此基础上分析总结中法艺术设计教学模式的差异和差距。通过与巴黎杜百利实用艺术学院合作"中国餐饮""英雄的品质""桃花坞年画与丝绸"等教学课题，学习法国"主题教学"模式；通过与勃艮第实用艺术学院合作"管道"教学课题，与迪卡侬公司合作"可变的几何"自行车头盔设计等项目，学习"跨界教学"模式。

在"主题教学"和"跨界教学"模式的要求下，学院组建"文化 + 设计 + 技术"的结构多元、异质互补的教学团队，以"集体备课、团队教学"为主要授课方式，推动文化课与专业课、设计课与技术课、理论课与实践课等有机融合与联动，形成多元融合的课程体系，培养学生的"横向联系"与"综合思考"能力，知识体系由松散的线型结构变为交错的网状结构，能发挥更大的个人成长支撑效应。

（2）引标准，本土化

通过翻译、学习和研究法国教育部艺术设计教育五大专业（平面设计、多媒体、空间设计、服装纺织品设计、产品设计）高职教学大纲，比较、分析中法艺术设计教育在培养目标、课程体系、课程设置、评估标准等方面的差异，探索造成差异的文化、历史、经济、技术等原因。在此基础上，遵循同质促进、异质互补原则，将法国艺术设计课程体系、标准、运行模式有选择地引入我院人才培养方案。一年级主攻专业基础，二年级引入主题教学，三年级拓展跨界课题。一方面保留我国传统设计教学注重知识体系的完整性、系统性、注重技艺训练的优点，另一方面学习西方通过培养学生的观察能力、批判能力、研究能力、好奇心，启发其创新能力的先进方法，发挥两种教学模式的效益最大化，实现

$1 + 1 > 2$。

提出"双融合"课程体系，构建与素质育化课程体系相融合的专业课程体系，以此来加强专业课程与公共文化课程的有机融合，加强专业技术技能与综合素质的有机融合，培养素质全面的高技能人才。在专业课程体系的构筑中，除了知识点、能力、职业素养的培养目标，也结合专业特点融入了可持续发展、绿色环保等现代设计理念，使得"双融合"在专业课堂教学中真正落实到位，实现对设计人才的全面教育。

3. 完善师资培训体系，提高师资培训效益

（1）系统化，制度化

为兼顾师资培训的系统性、延续性、时效性，一方面以学院教育教学改革发展战略为导向，以"主题教学""跨界教学""文化融合"中涉及的课程设置、创新能力培养、教学团队建设、教学质量评估等核心问题为主线，制定符合学院自身持续发展的中长期培训计划；另一方面，为满足学院短期核心需求，解答国家教育热点问题，量身定制"'中法服装设计高等职业课程设置比较'课题调研""人才培养方案制定方法""法国非遗保护政策"等专项培训。

制定相应规章制度，完善参加师资培训的人员选拔、管理、考核、激励机制。形成培训项目公示、选拔标准规范、培训成果共享、培训考核挂钩的公开透明、奖惩分明的师资培训管理体系。通过完善的考核奖励机制实现"要我学"到"我要学"的态度转变；通过共享机制，实现从"我学故我知"到"我学大家知"的效益提升。

（2）个性化，多样化

充分考虑教师的自我发展需求，将教师个人发展纳入学院发展的轨道，让教师在教学实践、推动学院战略目标的同时，通过参加不同主题的培训，实现个人的发展，获取个人成就。根据不同的培训主题和内容，采取目标集训、海外研修，示范教学，专题研讨，考察调研，workshop 等培训形式，组合成为活化立体复合的中法师资培训格局。

三、成果创新点

1. 培训平台创新

依托"中法时装培训中心"，搭建了由法国国民教育部牵头，艺术设计教育督导、设计院校、跨国企业三方联动的师资培训平台。该平台囊括了教育管理部门，教学单位和用人单位，保证我们通过师资培训第一时间了解到西方最新的教育战略动态，教学体制改革，教学方法更新，校企对人才的评估标准等，保证师资培训的权威性，全面性、新鲜度和国际化。

2. 培训实践创新

提出了"以师资培训和教学团队建设带动教学改革"理念，形成"实践先行，理论提升"的培养模式，彻底改变传统师资培训重理论和观念的灌输的现象，教中学，学中教，保证了知识的动态更新，促成了教师的终身学习。教学团队异质互补、教学内容跨界交融、教学手段融合创新，培养学生养成跨学科、跨专业、跨文化研究问题的能力，提高人才综合素质。

3. 培训体系创新

建立中长期常规培训方案和热点特色培训项目相叠加的培训体系，满足培训的系统性和延续性，时效性和针对性。通过建立有效的激励机制，规划个性的发展路径、设计丰富的培训形式，提高教师参加培训的主动性和积极性，实现培训效益提高。

四、成果的推广应用及效果

1. 获批国家级培训基地，产生示范引领作用

经过多年实践学习，我院的师资队伍教学水平显著提高，《主题教学法》《跨界教学》《素质育化课程体系》等理论和实践都达到国内领先水平。2011年获批全国重点建设职教师资培养培训基地，2015年入选文化部《中国非物质文化遗产传承人群研修研习培训计划（2016－2020）》首批委托高校。至今已举办培训班50期，培训人数1008人。

2. 带动周边院校共同输出"中国方案"

我院与法国共建师资培训体系，提高教学水平的成功经验和与欧洲接轨的教学理念和方法引起了塞内加尔高校的注意，他们希望将这套师资培训体系移植到对西非教师和学生的培养中，以中国为榜样，学习中国的职业教育发展之路，推动西非经济发展。

在我院牵头下，塞内加尔达喀尔经济学院于2014年来苏，与苏州大学、苏州农业职业技术学院、苏州经贸职业技术学院洽谈合作项目，各方达成了共同培养西非教师、接收西非留学生的共识。2016年我院联合苏州农业职业技术学院、苏州经贸职业技术学院于与塞内加尔中非校园联盟签约，正式启动西非学历留学生招生计划，推进先进经验输出。

3. 将该培训模式运用到与其他西方国家合作交流中，进一步加强教育国

际化

与奥地利、英国、美国、加拿大等国家开展形式多样的师资培训项目近40期，吸引匡威、Superdry、Fake Natoo、Specialised、Diffus Studio 等知名品牌公司共同参与培训课程，受益教师逾300人次，学生1500人左右。国际化师资培训体系提升了教师的国际视野和国际沟通能力，学院培养了双语教学师资40余人，建设刺绣、篆刻、书画等富有中国文化特色的留学生课程包10个，获评省江苏省留学生英语精品课程2项。

凭借与国际接轨的教育理念和教学方法和特色鲜明的专业设置，我院自2008年以来吸引来自法国、英国、加拿大等国留学生400余人，他们学习中文和中国传统工艺，参与跨界设计课程，感受现代与传统、东方与西方碰撞带来的火花。

4. 师生创新能力显著提高

实践证明，向西方学习，经本土创新的教学模式对提高人才创新能力有着非常积极的作用。2009年至2015年，学院师生共获批专利278项，其中发明专利7项，实用新型专利81项，外观专利190项。2016年申报160项专利，部分已获批。

2014年以来，学生参加各省级技能大赛，获得一等奖2项，二等奖1项，三等奖11项。师生在国际国内重大设计比赛获奖，仅服装设计系学生就获得国际级金奖6项、银奖2项、铜奖4项、入围奖2项；国家级金奖5项、银奖8项、铜奖5项、优秀奖6项；省级金奖2项、铜奖1项、优秀奖2项。

引企入校　移植内置　传承创新
——"桃花坞模式"的创新与实践

成果名称　引企入校　移植内置　传承创新——"桃花坞模式"的创新与实践
成果完成人　华黎静、张适、孟歆、张伟、房志达、叶宝芬
成果完成单位　苏州工艺美术职业技术学院、苏州桃花坞木刻年画社

一、成果内容

2000 年，四百多年历史的苏州桃花坞木刻年画濒临消亡的边缘。集体所有制企业的桃花坞木刻年画社创作设计人员仅有 3 名，刻工、印工仅剩 2 人，年画几乎停产。2003 年 10 月，联合国教科文组织颁布《保护非物质文化遗产公约》，特别要求对各国和各地区现有的非物质文化遗产进行清点，列出急需抢救的重点和有重要代表意义的遗产项目。2003 年，几乎同步展开的我国首个超大型文化工程中国民间文化遗产抢救工程开展了对全国 50 多个产地的中国木版年画全方位的记录和抢救。2006 年国务院将桃花坞木刻年画列入第一批国家级非物质文化遗产名录。

2013 年，教育部、文化部、国家民委三部门出台《关于推进职业院校民族文化传承与创新工作的意见》，其中要求：借助职业教育改造民间传统手工艺父子师徒世代相继、口传身授的传承模式，使传承更加规范、系统和科学；推动传承手工技艺与时代发展相结合、与科技进步相结合、与国际市场相结合，提升传统手工艺品的品质；推动职业教育人才培养和非物质文化遗产传承相结合，围绕非物质文化遗产的传承与保护，调整专业设置、加强专业建设、更新课程内容、创新教学方式、实施对口培养，为非物质文化遗产的传承、创新、研究和管理提供有力的人才保障。

1. 培养非遗传承人

（1）学院历来重视传统工艺美术非遗的传承、保护、发展。

（2）将传承与创新内容纳入到教学计划、人才培养方案中，借高职艺术教育的资源优势抢救"古老工艺"。

（3）培养新一代有文化素养、高技能传统手工技艺和高水平艺术设计能力的非遗传承人，是学院深化教育教学改革的出发点和落脚点。

2. 形成桃花坞模式

（1）苏州桃花坞木版年画具有四百多年历史，现为国家级非物质文化遗产。

（2）由于人们生活习俗和审美观发生变化，桃花坞木刻年画社面临技艺失传和传承人后继无人的危险。

（3）2001年，为有利于桃花坞木刻年画的生存和发展，学院将濒临倒闭的桃花坞木刻年画社引企入校，移植内置。这在全国工艺美术院校中尚属首创。

3. 桃花坞模式的成效

引企入校后的15年来，使年画社既成为学校的一个教学职能部门，又是一个将教学成果直接转化为商品投放市场的企业。培养出一批新型的、具备文化艺术素养、能够设计研发并掌握桃花坞木刻年画全套手工艺技能的非遗传承人，其教学科研成果也多次获国家及省级政府奖励。

融保护非遗、培养传人、设计研发、市场经营为一体、带有创新性的多维度、立体化人才培养模式称为"桃花坞模式"值得国内高职院校和非物质文化遗产传承人培养机构借鉴和推广。

二、成果特色与创新点

1. 项目特色

（1）立体化

"桃花坞模式"——移植内置模式将非遗企业苏州桃花坞木刻年画社整建制地移植内置入学院，引企入校，让非遗企业在学院的怀抱中健康成长。

（2）高位化

以工艺美术大师工作室为核心，双向选择、择优录取优秀学生进入工作室学习，同时与高职艺术设计课程教学相结合，为培养高素质、技能型和创新能力的新型非遗传承人搭建了完备而高位的平台。

（3）数字化

桃花坞木刻年画社建设有专题网站，并将已经出版的教材和学术课题成果、历代桃花坞年画作品、传承人的口述史记录、传承人谱系、年画制作技艺视频等悉数录入数据库，采用数字化存储。同时，还研发有桃花坞年画制作技艺的虚拟体验软件，提高了数字化教学与管理水平。

2. 创新点

（1）引企入校，移植内置，体制创新

苏州桃花坞木刻年画社划归苏州工艺美术职业技术学院，这种体制上的创新在国内非遗保护机构和高等职业院校中可谓史无前例。集体所有制企业的改革和改制一直是当前政府的难题。桃花坞木刻年画社划入高职院校前，面临严重生存危机，人才短缺，丧失市场活力。纳入学院后，使年画社既成为学校的一个教学职能部门，又是一个将教学成果直接转化为商品投放市场的企业。桃花坞模式是校中厂式的新传承人培养的经典模式，它由大师对传承人进行考核选拔，然后进入大师工作室进行传承与创新能力培养的形式。通过该方式不仅救活了濒临倒闭的集体所有制企业，同时让设计、制作和生产与高等职业院校的专业教学相结合，在专业人才的培养机制上形成互补和协同创新，实现了企业的健康、有序的发展。

（2）培养创新，职教非遗，相互融合

从高职院校的学生中选拔优秀人才进入大师工作室培养进行培养，将职业教育课程与非遗传承人的手工艺技能传授课程进行有机结合。通过职业教育中专业课程的培养和非遗传统技艺的传授，培养具备文化艺术素养、能够设计研发并掌握桃花坞木刻年画全套手工艺技能的新型、复合型非遗传承人才，为行业与企业储备人才资源，助推工艺美术行业的人才质量提升，为传统工艺美术产业发展增添了后劲。这是国内工艺美术院校中课程体系和教学方式前所未有的重大改革和创新举措。

（3）立足产地，数字立档，系统全面

建立桃花坞木刻年画档案数据库，收录桃花坞木刻年画社健在传承人的口述史访谈资料、年画制作技艺教学的影音影像资源数据库、历代桃花坞木刻年画的图像与信息、桃花坞木版年画的研究著作及出版文献等。年画社还研发了桃花坞木刻年画数字化虚拟体验系统，鼓励各系、各专业学生和有兴趣的体验者通过人机交互的触屏技术学习年画技艺制作，所有数据库信息面向社会开放式共享。有数据表明，以上举措在目前全国 50 多个木版年画产地独树一帜，具有典型意义。

三、成果的推广应用效果

1. 新型复合人才，弥补非遗断层

桃花坞模式突出体现了专业设置与社会需求对接、教学过程与生产过程对接、课程内容与职业标准对接。桃花坞木刻年画社截至目前已培养 25 名新传人，其中 7 人在非遗保护传承岗位上就业。也有毕业生自创桃花坞年画文创产品品牌在业界内产生影响。实现人才培养和区域经济紧密融合，为地域文化传承提供稳定持久的内驱力，增强区域文化发展的可再生能力。

2. 教研成果转化，辐射业界市场

发挥校企融合优势，将教师科研以及老艺人与教师指导学生完成的全部成果，如博物馆藏品、数据库资源面向社会免费开放、共享，《百工录》等相关研究成果得到出版并转化为教材，新老传承人"新版老印项目"完成经典年画复制品被文博档案机构保存且又投放艺术市场，将《一团和气》注册企业商标，建立网络销售平台，申报 20 余项新型实用和外观设计专利，设计衍生品进驻诚品书店等知名文创销售平台。受到业界和国内文化艺术市场的广泛好评。

3. 服务地方文化，助推非遗传承

大师工作室带领学生与苏州市政府合作进行复制多套古版年画，复活印刷空套、刻版排刀等失传的古法复制技艺。设计、复制桃花坞木刻年画作品和衍生品。学生积极参加社会服务，奔赴社区、博物馆、美术馆，演示和培训桃花坞木刻年画的制作技艺，创新工艺美术的社会服务模式。立足苏州，建设打造服务苏州文化发展的共享型研创基地、实验实训基地、服务平台、市民展馆，让现代职业教育接地气、顺民意。

4. 非遗走进校园，年画跨出国门

将国际交流与合作转型为规划超前、目标明确、质效优良、管理有序的开放系统，形成了包括目标集训、专项研修、双向留学（游学）、课程导入、专题研究、计划课题等多模态的立体复合的合作交流格局。如建立网站、互联网 + 非遗、拍摄专题片、与学校（高校、中小学）合作展演、选派优秀学生参加国家艺术基金高级研修班。赴美国、法国等欧洲国家展览。桃花坞木刻年画社组织"非遗"文化跨出国门，推动传统手工艺立体化传承。

专业群对接产业链 校企协同共建塑料产品制造专业群的探索与实践

成果名称 专业群对接产业链 校企协同共建塑料产品制造专业群的探索与实践

成果完成人 戴伟民、滕业方、许昆鹏、罗广思、吴志强、陈海明

成果完成单位 常州轻工职业技术学院、常州星宇车灯有限公司

一、成果背景

塑料产品制造业是以塑料制品加工为核心的，涵盖化工原料、装备制造、模具设计与制造及其新技术研发等为一体的新兴制造业，是为工业、农业、建筑、交通、运输、航空、航天等国民经济各行各业提供重要产品、配件和各种新兴材料的国民经济基础性产业，同时也是为广大消费者提供安全可靠消费品、生产和生活资料的民生产业，是国民经济新的支柱产业之一。

作为一个典型的工作过程，塑料产品制造过程所涉及的主要岗位（群）有：塑料产品造型与结构设计、塑料配制、塑料模具设计与制造、塑料材料与加工工艺和塑料产品成型等。2010年以来，成果团队从产业链所涉及的主要岗位分析入手，运用行业调查与职业分析方法，紧密地依托中国塑料工业协会，聘请企业专家与生产一线专家，围绕岗位（群）需求，在把握服务该岗位所需的知识、技能要求的基础上，找出共同点，将分属于化工、材料和机械三个类别的五个专业（计算机辅助设计与制造、精细化工技术、高分子材料工程技术、高分子材料加工技术、模具设计与制造）组成塑料产品制造专业群。建成的专业群与产业链对接，解决了专业群与产业链契合度不高的问题，增强了学生的岗位适应能力和迁移能力。

二、成果内容

1. 专业群建设体制与机制创新

专业群建设主要目的是以专业建设为核心的资源整合活动，最终实现群内各专业的资源共享。为达到专业群资源共享、集成创新的目的，从学校层面，专门成立由分管校领导、教务处、人事处、财务处、信息技术中心和系部组成的专业

群建设组织领导机构，出台《常州轻工职业技术学院专业群建设与管理办法》等系列规章制度，强化对专业群带头人、专业带头人和骨干教师的选拔、培养与聘任，通过传、帮、带，提高专业群教师的整体水平。

2. 深化专业群人才培养模式改革，校企协同育人

基于行业企业需求、学生学情和职业教育发展规律，6 年来，成果团队对人才培养模式进行适应性和前瞻性研究和实践，并通过与行业企业的紧密合作，实现了培养模式的创新与持续优化。在与省内塑料产品制造行业常州星宇车灯股份有限公司、瑞声精密制造科技（常州）有限公司、玫瑰塑胶（昆山）有限公司等知名企业合作实施"订单培养""工学交替"等多种形式的校企合作培养基础上，2012 年始，本专业群核心专业与德国工商会上海代表处（AHK）及德资企业玫瑰塑胶（昆山）有限公司等合作，实施"双元制"人才培养模式，实现了校企协同育人。

3. 以职业核心能力为导向，构建了知识、能力、素质递进的专业模块化课程体系

结合国家职业资格标准和行业标准，制订各专业人才能力标准。建设共享型课程资源库，实现平台课程共建共享。系统构建"基础通用、方向对岗、能力递进"的"平台＋模块＋方向"的专业群课程体系，完善各课程的课程标准，以分层递进的方式培养学生职业能力和职业素质。

4. 利用已组建的校企混编教科研团队，共同开发共享型教学资源

为适应新的学习习惯和多终端学习特点，满足学生随时、随地、终身学习的要求。根据以岗位能力分析得到的课程体系和课程，成立了由校企双方代表参与的开发小组，融入国家塑料制品制作工职业标准，以塑料加工工艺类别、塑料成型工艺流程为主线，基于职业活动构建和序化课程结构与课程内容，在开发成功《塑料注射成型》《塑料配制》和《使用 UG 软件的机电产品数字化设计与制造》三门国家精品课程及国家精品资源共享课基础上，建成包括专业标准模块、课程资源模块、媒体素材（积件）模块、试题库模块、工业案例与仿真实训模块、行业企业信息资源模块、专业特色资源模块等七大模块的网络化学习资源。

5. 建成产教深度融合的塑料产品制造实训平台

建成完整对接塑料产品制造产业链的，满足技术技能型人培养的需要，全面覆盖产品设计、快速成型、模具设计与制造、塑料原料配制、塑料制品生产、塑料原料与产品检测等塑料产品制造全过程的塑料产品设计制造实训平台。学院主平台完成学生及企业员工的基本操作训练，企业分平台主是为弥补学校实训平台建设中自动化程度及缺少典型产品作为实践教学案例的不足，完成学生及企业员工的生产性训练。塑料产品设计制造实训平台由校企双方共建、共用、共管，学生实训与员工培训结合、实践教学与项目研发结合，充分发挥了实训平台在校企协同育人和协同创新中的作用。

三、成果应用及推广的实践效果

1. 促进专业群整体建设水平及群内各专业水平的提高

通过人才培养模式创新、课程体系构建、教学资源开发、产教深度融合实训、平台建设等方面进行探索与实践，促进了专业群整体建设水平及群内各专业水平的提高。2012 年，塑料产品制造专业群被列为江苏省"十二五"高等学校重点专业群建设点，在群内核心专业高分子材料工程技术专业（省级特色专业）的带动下，计算机辅助设计与制造专业和精细化学品生产技术两个专业建成了省级特色专业。

学生培养质量得到显著提高。据麦可思第三方调查显示：群内各专业学生就业竞争力在省内同类专业中排名第一；学生获省优秀毕业设计（论文）一等奖；学生参加技能竞赛，获 39 项省及国家级奖项；创新创业大赛获奖 1 项；省级大学生实践创新项目 16 项。

团队成员参与起草了高分子材料加工技术专业及高分子材料工程技术专业（塑料加工方向）的教学规范和塑料职业标准，并将该职业标准融入课程标准，效果显著，被国内同类专业效仿，促进了本专业群建设水平的提高和在同类院校中的知名度。

2. 共享型教学资源的建成，为专业群内外师生及企业员工学习提供便利

校企共同参与建设的三门国家精品资源共享课《塑料注射成型》《塑料配制》和《使用 UG 软件的机电产品数字化设计与制造》，已在"爱课程"网上线，供国内相关专业师生及业内人士在线学习。常州科技攻关项目《基于仿真与人工智能的塑料注射成型虚拟试模平台》于 2014 年验收通过，并被群内外学生及相关企业使用。

3. 以建成的产教深度融合的塑料产品制造实训平台为支撑，开发技能竞赛项目并成功承办二届全国高分子材料专业技能竞赛

借助已建成的塑料产品制造实训平台，校企混编教科研团队共同设计技能方案、开发竞赛项目，分别于 2011 年和 2016 年，成功承办了两届全国高分子材料专业技能竞赛。国内近 20 所高职院校的相关专业学生参加或观摩竞赛，中国轻工联合会及中国塑料工业协会领导亲临竞赛现场，指导竞赛工作。

四、成果的推广应用效果

1. 专业群实力显著增强

在群内高分子材料工程技术核心专业引领带动下，新建成精细化工技术和计算机辅助设计与制造 2 个省级特色专业，其中计算机辅助设计与制造还建成为中央财政支持建设的专业。成果的取得，显著增强了塑料产品制造专业群的实力，对其服务"长三角"地区乃至全国塑料产品制造产业奠定了坚实基础。

借助已建成的塑料产品制造实训平台，近年来为常州塑料集团新材料公司、常州明月塑料有限公司等企业完成技术服务 20 余项，为常州星宇车灯股份有限公司、英特曼电工（常州）有限公司等企业完成技术培训 300 多人次。我院是目前全国唯一拥有"中国塑料加工行业职工培训中心""轻工行业特有工种职业技能培训基地"和"江苏省塑料加工国家职业技能鉴定所"三个称号的挂牌学校。在 2011 年承办首届"星宇杯"全国高分子材料专业技能竞赛的基础上，2016 年我院再次承办该项赛事，吸引了国内近 20 所高职院校参加大赛或观摩比赛，《扬子晚报》等多家媒体对大赛的成功举办给予报道。我院是全国高分子材料专业技能竞赛举办两届以来唯一的承办学校，两届大赛的精彩承办，得到中国轻工联合会领导和参赛学校的称赞。

2. 人才培养更富竞争力

通过校企合作、工学结合，构建并实施基于塑料产品制造专业群的人才培养方案，探索实践"工学交替""订单培养"。六年来，150 余名群内专业学生在玫瑰塑胶（昆山）有限公司、罗斯蒂精密制造（苏州）有限公司等中外知名企业进行"工学交替"，为常州星宇车灯股份有限公司、宜兴协联化学有限公司和卡尔迈耶（常州）有限公司、"瑞声精密制造（常州）有限公司"等企业开办 6 个"订单班"。学生在省级以上学生技能大赛中获特等奖 4 项、一等奖 3 项、二等奖 5 项，获省级二等奖 7 项；获省级优秀毕业设计（论文）一等奖 1 项，获江苏省职业学校创新创效创业大赛二等奖 1 项、常州市大学生创新创业大赛二等奖 2 项。毕业生初次就业率一直保持在 96% 以上，"双证书"获取率 100%，毕业生就业质量高、社会声誉好。

3. 标志性教学成果丰硕

建有《塑料注射成型》《塑料配制》和《使用 UG 软件的机电产品数字化设计与制造》3 门国家精品资源共享课程，现已全部在"爱课程"网上线。主编 5 门国家"十二五"规划教材、1 门省级精品教材；在建教育部职业教育专业教学资源库 1 个子项目、完成教育部轻化工企业实际教学案例库 1 个子项目；与企业共建共用塑料产品制造实训平台（含3个校内省级实训基地和3个企业实训基地）。与华中科技大学、常州星宇车灯股份有限公司合作开发了"基于仿真与人工智能的塑料注射成型虚拟试模平台"，既弥补了塑料注射成型仿真实践教学的不足，又用于企业员工培训和职业技能鉴定等。

4. 示范辐射作用更加明显

受中国塑料工业协会委托，成果团队主要成员牵头起草了高分子材料加工技术专业及高分子材料工程技术专业（塑料成型方向）的教学规范和塑料职业标准，并将该职业标准融入课程标准，效果显著，被国内同类专业效仿，有力促进了兄弟院校同类专业建设水平的提高。

成果团队的省教育厅高等教育教改课题"塑料产品制造专业群信息化教学资源共建共享与协同创新机制的研究与实践"、省教学科学规划办课题"基于塑料产品制造专业群的专业人才培养方案构建研究"的研究成果，被全国高职高专校长联席会议2014年度研究课题"高等职业院校基于产学研协同创新提升服务产业能力的研究与实践"（2016年验收通过并获奖）采纳应用。

2010年以来，国内30余所高职院校同行来我院与塑料产品制造专业群内专业对口交流、学习互鉴；近三年来，我院参加全国轻工职业教育教学指导委员会模具、材料成型、日用化工分委员会年会，汇报交流了塑料产品制造专业群内专业在课程及资源建设、教学改革方面的情况，与会的专家学者、同行对我院专业群教学改革和实践成果给予了充分的肯定。

5. 专业群建设体制与机制创新

专业群建设主要目的是以专业建设为核心的资源整合活动，最终实现群内各专业的资源共享。为达到专业群资源共享、集成创新的目的，从学校层面，专门成立由分管校领导、教务处、人事处、财务处、信息技术中心和系部组成的专业群建设组织领导机构，出台《常州轻工职业技术学院专业群建设与管理办法》等系列规章制度，强化对专业群带头人、专业带头人和骨干教师的选拔、培养与聘任，通过传、帮、带，提高专业群教师的整体水平。

装备制造类专业 EPIP 人才培养模式的探索与实践

成果名称　装备制造类专业 EPIP 人才培养模式的探索与实践
成果完成人　蒋正炎、檀祝平、徐伟、潘安霞、沈治、韩迎辉、黄祥源、牟华军
成果完成单位　常州轻工职业技术学院、江苏恒立液压股份有限公司

一、成果背景

1. 创新型人才培养已成为促进区域产业转型升级的急迫需求

创新是引领发展的第一动力，《国务院关于大力推进大众创业万众创新若干政策措施的意见》以及江苏省大力推进"两聚一高"中"聚力创新"，引领发展转型升级。强化高校创新教育，培养创新型技术技能人才是加快发展现代职业教育，提升高职教育发展内涵，为社会经济转型升级提供高素质人才。百年科技进步与发展都源自于 EPIP，工程项目是科学技术的应用，通过学生兴趣为前提的自觉自我实践，唤起创新意识的起点和基础，形成以新思维、新发明、新行动和新描述为特征的高职制造类专业创新人才培养模式，高效培养创新型技术技能人才，更是推进产教融合、校企合作、工学结合、知行合一的人才培养新思路。

2. 专业品牌质量和品牌效应是高职院校内涵式发展的当务之急

专业建设是高职教育发展的核心问题，是推动高职院校内涵发展、提升办学水平、提高社会声誉的着力点和突破口。强化品牌意识、创建品牌专业是高职院校获得竞争优势的必然选择。2015 年我院机电一体化技术和数控技术专业入选江苏省启动高校品牌专业建设工程一期项目，并是省重点专业群核心和省特色专业，均有国家级示范性高等职业教育实训基地依托专业。如何在原有基础上进一步拓展专业发展内涵，提升人才培养质量和水平，更好地服务于区域经济发展的需要，进一步深化产教融合，真正做出名气，树立品牌，这是专业建设的重大责任，更是高职院校在未来竞争中的立命之本。

3. 实践 EPIP 创新型人才培养模式纵深推进产教深度融合

EPIP 是我院制造类专业在品牌专业创建和建设过程中针对创新型技术技能人才培养的一种特色培养模式，涉及工程（Engineering）、实践（Practice）、创

新（innovation）、项目（Project）四大环节，以实际工程项目为载体，以实践应用为导向，以创新能力培养为目标，以项目实践为统领，构成一个人才培养套环和高效路径，其内涵类似于STEM教育（科学、技术、工程、数学），也受TRIZ教育（发明、问题、解决、理论）创新方法所启发，是一种非常适合高职制造类专业创新型人才培养的有效模式。

二、成果内容

以我院机电一体化技术和数控技术两个江苏省品牌专业为依托，在江苏省教育厅教改重点课题"高职院校品牌专业建设研究与实践——以'数控技术'专业为例"研究的基础上，探索EPIP创新型人才培养模式，以实际工程项目为载体，以实践应用为导向，以创新能力培养为目标，以项目实践为统领，融理论实践为一体，校企深度融合，打造制造类专业创新型人才培养的有效模式。

对品牌专业建设的目标定位、课程设计和培养模式、产教融合和实践教学等问题进行了研究与实践，并进行EPIP顶层规划设计，破解了品牌专业目标定位不准的问题；在相关理论研究基础上不断创新，以实践项目导航，破解了品牌专业课程设计和培养模式单一的问题；校企共建"跨企业联合培训中心"、"恒立学院"等教学工坊平台，资源共享，破解了产教融合和实践教学乏力等问题。创设了以"工程项目"为载体的校企全方位协同育人的新路径，创建了"共建、共享"实践教学资源的校企合作新机制，为装备制造类专业建设和发展探索出了一条高效可行的建设新路径。

1. EPIP人才培养模式的内涵

EPIP人才培养模式以校企共建平台为依托，校企双主体共同育人，从"兴趣"切入，以"工程"入手，用"创新"作为拓展，实现从工程到实践再到创新项目，在培育学生"工匠精神"的同时，不断拓展学生的专业视野，以"项目"为载体，着力提升学生的工程技术应用能力、工程实践创新能力和职业素养，真正实现工学结合、知行合一。EPIP通过工程项目中实践与创新的交替与融合，使学生的知识和技能、方法与过程、情感与价值的改善和升华可以得到持续变化。

项目是教学实施的载体，是为创造独特的产品、服务或成果而进行的工作，也是指一系列独特的、复杂的并相互关联的活动。通过EPIP统领构建工程技术环境和载体，通过校企合作，贯穿工程实践能力、沟通能力、管理能力、团队合作、严谨的作风、质量意识、时间意识、成本意识等工程思维和素养培育，进而达成工程实践创新能力的培养。

EPIP需要校企共同谋划，强调从人才培养目标、课程体系、教学内容、教学方法到质量评价的整体改革，反映了一种创新型技术技能人才培养模式的系统、要素、结构和功能关系。

2. EPIP 人才培养模式的实践

从 2010 年开始，装备制造类专业团队在校企总体规划设计实施 EPIP 人才培养模式，以机电一体化技术专业探索实践为例。

（1）以"工程实践和创新能力培养"为导向的课程体系

以工程实践为核心，以工程项目为课程教学载体，理论与实践学习紧密结合，创新教育融入教学计划各个环节。实施知、会、熟、精的能力进阶培养，依托校企实践平台和资源，将教学项目由简单到复杂，从单一技能训练到综合能力培养进行设计。真正做到学做创一体，建立"课程小项目、学期大项目、毕业总项目"的课程体系，注重能力培养，个人综合素质训练放在教学首位，以专业内容学习和实践训练为载体系统培养学生非专业素质。

"课程小项目"是把专业平台课程中核心技术融入小项目中，采用任务驱动式项目教学法，让学生学得有乐趣，产生兴趣并形成一种工程思维和意识。例如：江苏省精品课程《电工技术》设计了贴近日常生活的常用电工仪器仪表使用、万用表装调、照明线路装调、变压器应用等四个项目涵盖核心技术知识点。

"学期大项目"是在连续几个学期的课程或实训周中，围绕一个大型综合项目，让学生"站在高处"从总体到局部进行系统化分析。例如：自动线方向的综合项目以技术合成为主线贯穿，从气动组件（PLC 编程）到传输带分拣（变频器技术）再到小车搬运（伺服驱动技术），最后是自动生产线（综合）；工业机器人方向的综合项目以工程设计实施为主线贯穿，从机器人工作站三维建模到离线编程仿真再到电气系统构建，最后进行工作站综合调试。

"毕业总项目"是选择企业项目或自主创新项目，也可选择每年的三菱、西门子、台达、罗克韦尔、GE、ABB 等知名工控品牌的大学生自动化创新设计比赛，完成模拟工程应用的机械电气设计、制作装配和编程调试。

三年的项目贯穿中，学生"做中学"，大大激发了学生的学习兴趣，学生综合运用所学知识、技术。老师"做中教"，提高老师专业能力和教学质量，促进校企联系和产学互动，并融入核心能力教育和创新教育，真正做到"润物细无声"。

（2）以"三结合、三级竞赛、三导师制"为导向的创新平台

EPIP 人才培养模式围绕"聚力创新"构建了金字塔式的运行体系，由底层"四个平台"、中层"技能大赛"、顶层"工程师训练营"组成。这种培养路径也是从"学徒工"到"技术员"到"工程师"的专业化成长路径。

①平台——三结合：按职业发展导向理念，构建"创新教育课程平台"；以强化创新能力训练、创建真实创新载体为目标，构建"创新自主学习平台"；以

观念更新与教学能力提高为目标，构建"创新素质师资平台"；积极发挥第二课堂作用，构建"社团活动平台"。将创新与第二课堂相结合，将创新与竞赛相结合，将学校培养和企业实践相结合，形成校企教师主导、学生主体的全方位创新教育氛围，校企共同培养学生创新能力。

②载体——三级竞赛：技能竞赛是创新实践的有效载体，营造"以赛促教，以赛促学，以赛促创新"的竞赛文化，构成国家级、省级、院级的三级竞赛体系，促进学生人人参与课外技能训练、参与技能竞赛与选拔赛。我院已开展十二届"建军杯"技能竞赛，赛项设置既紧贴专业技术发展，同时增加趣味性，学生参加率达到60%以上。学生在全国职业院校技能大赛中获得7金4银1铜的佳绩，在其他省市级竞赛中获奖100余项，在国内同类专业中领先。

③团队——三导师制：工程师训练营培养职教精英，成为高级蓝领工程师的摇篮。优秀学生加入工程师训练营的5个创新技术团队，实行"企业导师、校内导师、学长导师"的三导师共同负责制，重点围绕柔性制造、工业机器人、新能源、LED照明工程、智能电子产品等方向，引进企业创新项目、技改项目、创新竞赛项目等。聘任国家"千人计划"苏州凯蒂亚半导体制造设备有限公司创始人景建平博士，担任机电专业群校外专业带头人和工程师训练营总导师，聘请中科院常州先进制造技术研究所赵江海博士、"校中厂"常州阿通摩尔机器人科技有限公司总经理（12届毕业生）赵丹等担任工程师训练营团队导师。

（3）以"真实工程、仿真再现、实践创新"为导向的课程项目资源围绕真实工程进行课程开发，以实践应用为导向，注重多元化能力培养。在项目选择、项目计划构思、项目分析设计、项目实现运作、项目展示答辩的五个环节里，考虑培养学生团队合作、语言表达、信息技术、专业核心技术、专业创新技术等能力。

确立以工程项目为主线，通过"认识工程、分析工程、实践工程、创新工程"的项目组织形式，培养学生的工程能力。首先从企业实际工程需求入手，调研认识真实工程，分析结构、工艺和流程；第二步分析提炼出真实工程项目中的核心技术，思考真实工程如何转换为模型；第三步，通过EPIP平台实现完成实践工程，搭建仿真模型调试运行；最后展示完成工程情况，也是工程验收，接受校企导师组综合考核，完成实实在在的工程技术创新。

建设具有"学有所乐、学有所成"的教学资源，突出三个重点"真、仿、实"。教学项目资源来自于真实企业工程案例，通过技术提炼、标准融入、场景再现，风趣化地将工程案例内容引入教学，服务教学，丰富教学。充分利用现代信息化技术手段搭建模拟仿真环境，加强原理与技术的理解，最终在教学设备上实践项目过程。

开发基于"互联网＋"的EPIP系列教材，将多媒体教学资源和纸质教材相融合，实现"线上线下互动，新旧媒体融合"。《电气控制系统安装与调试项目教程》新形态一体化教材，通过真实工程项目引领，通过"破壳、起步、助跑、展翅、腾飞、翱翔"六篇 13 个项目的结构编排教学资源。从工程实践案例的"真度"，专业技术应用的"深度"，创新实践空间的"广度"，再到教学学习过程的"乐度"都进行了创新和探索。每个项目实现从工程到实践再到拓展的项目单元编写方式创新，让教学者和学习者了解、体验工程实践创新的教学和学习方式，丰富学习者的工程实践知识、经验和技术应用，拓展学习者的专业视野，内化形成良好的职业素养，提升学习者的实践创新能力。

（4）以"开放实践、技术递进、回归企业"为导向的教学工坊

EPIP 教学工坊是一个实践教学场所，有材料、有工具、有项目，学生能够根据需要找到制作作品、工程再现、工程创新的实际依托。EPIP 教学工坊延伸课程教学内容，将理论与实际、知识与能力在"工坊"中相融合，相比单纯的理实一体更为综合。EPIP 教学工坊在时间上是开放，管理是项目化的，任务是明确的，项目是学生、教师、企业专家多方参与，技术要素是和工程现场一致的。

①实践教学工坊：依托学院 8 个国家级和省级实训基地，实现教学资源统一调配，实验实训一体化，教学效益最大化。在开放式实践教学工坊中，实践技能训练内容紧跟科技发展步伐，实践技能训练场所具有一定的灵活性。以智能轻工为背景，与工控名企（ABB、三菱、西门子、台达、安川、康尼等）个性化合作，共建技术服务中心、培训中心、迷你车间等，校企互利互惠共同发展。

②竞赛创新工坊：竞赛创新工坊起到承上启下作用，把工程创新理念从教学工坊传递给技术工作室。主体是学生，在实践教学工坊中以实践核心技术为基础，再以竞赛设备进行核心技术应用与创新。主导是教师，采取分阶段递进训练，构建了专业综合实践课程体系和培养学生的综合职业能力的平台，强化了模拟真实工作条件下的职业能力训练。竞赛创新工坊也是一种传承，竞赛融合了技术、技能、精神、团队、意志力等要素，做到学生主体和教师主导的和谐统一。

③创新技术工作室："工程师训练营"的 5 个创新技术团队工作室分别依托在省市级技术服务平台和校中厂，部分优秀学生根据兴趣寻找实践创新课题，成立实践创新小组，在三导师的指导下，开展工程调研、技术分析、机构设计与搭建、工程激活，让学生结合自身的专业知识和创新设想，逐步将自己的设想孵化成果。部分学生加入师生项目团队，感受国际通用技术工艺、企业现代化管理、工程实施过程。以企业工艺创新、设备改造、技术攻关等项目为载体开展企业技术服务，探索带教现代学徒，师生在"工坊"中教学相长。

三、主要特色与创新点

1. 创建了制造类专业 EPIP 人才培养的新模式

EPIP 模式以实际工程项目为导引，以实践应用为导向，以创新能力培养为目标，以项目实践为统领，开拓出了高职院校制造类专业技术技能型人才培养的新路径。通过品牌专业建设，把工程实践创新项目贯穿在人才培养全过程中，探索一种产教融合、校企合作的新模式，重构以 EPIP 为背景的课程体系、课程标准、教学项目、教学资源、教材学材、实践基地、师资团队等，校企共同制订专业人才培养方案，依托校企合作平台，实施课程小项目、学期大项目、毕业总项目、信息化资源、工程师训练营、教学工坊等教学改革，达到职业核心能力和专业核心能力的协调发展，形成了极具特色的制造类专业创新型人才培养新模式。

2. 创设了以"工程项目"为载体的校企全方位协同育人的新路径

EPIP 模式以"工程项目"为载体，校企共建品牌专业，共享师资，共定质量标准，共同制定和实施人才培养方案，共同开发课程和教材，共同实施教学，共同评价，真正实现了校企全方位协同育人。学生依托项目，实行技术能力进阶训练，通过企业开放式实践教学环境的工程素养形成，选拔进入竞赛创新体系继续技术积累，最后在校企共同组成的"工程师训练营"中实践新技术和感受先进企业文化，完成个性化创新项目。在"企业导师、校内导师、学长导师"的三导师联姻共同负责下，选择完成自主创新项目、企业创新项目、竞赛创新项目等，最终培养一批高素质的技术型精英团队，成为"高级蓝领工程师"的摇篮。通过 EPIP 模式培养，涌现了像赵丹、唐宏生、肖永华等技术创业典型，以及像冯斌、李育梁等一大批企业欢迎的技术骨干，他们是新时代的"邓建军"。

3. 创建了"共建、共享"实践教学资源的校企合作新机制

EPIP 创新型人才培养模式的着力点就是培养企业能用得上的技术技能人才，人才培养从规格定位到培养过程都体现了校企双方的共同意愿，实际工程项目也都来自于真实企业，达到了校企合作双赢的目的。校企双元主体育人，打破了校企合作的体制性和利益性壁垒，校企联合共建"跨企业培训中心"和"恒立学院"，为制造类专业学生提供了真正的实践教学场所，有材料、有工具、有项目，学生能够根据实际需要制作作品、进行工程再现和工程创新。它延伸了课程教学内容，将理论与实际、知识与能力在校企合作平台上相融合，相比单纯的理实一体化课堂教学更为综合，学生根据兴趣寻找实践创新课题，结合自身的专业知识和创新设想，通过实践创新实践平台逐步将自己的设想孵化成果，形成学生、企业、学校三方共赢。

四、成果的推广应用效果

1. 专业实力增强

机电一体化技术专业和数控技术专业建成为江苏省品牌专业、特色专业、重点专业群等，"智能制造生产线实训基地"立项为江苏省产教融合实训基地。依托校企"跨企业联合培训中心""智能轻工装备制造技术产教园""产业学院"，EPIP 教学工坊已建有 2 个国家级实训基地（人才培养中心）、6 个省级实训基地（工程中心）、2 个省市级技术服务平台、5 个竞赛创新工坊和 4 个校中厂，其中建有江苏省第一个 ABB 工业机器人实训室（培训中心），全国高职院校中第一个基于可视化三菱 - factory 柔性生产线等。培养了省"333"人才工程 4 人、省"青蓝工程"骨干教师 7 人，行指委专指委副主任 2 人和委员 5 人，"双师"素质达到 90% 以上。建有国家精品资源共享课 4 门，国家教学资源库子项目 4 个。"十二五"国家规划教材及省重点教材 25 本，获得江苏省信息化大赛一等奖和二等奖各 1 项，获得江苏省微课比赛一等奖和二等奖各 1 项。

2. 人才培养质量显著提高

学生通过"课程小项目、学期大项目、毕业项目"的工程实践，激发了学习兴趣，提高了学习积极性和主动性。60% 学生参加各类竞赛，学生在全国职业院校技能大赛中获得 7 金 3 银 1 铜的佳绩，在其他省市级竞赛中获奖 100 余项，成绩名列全国前茅。毕业生可选就业岗位超过 4 个，就业率近 100%，在江苏恒立液压、常州百兴集团、麦格纳动力、上海大众等高收入的大企业就业多，半年后薪资达到 3898 元/月，毕业生就业满意度高。训练营成员完成了 25 项江苏省大学生实践创新训练项目，师生共同完成了"基于 IRB120 双机器人电机装配系统设计""大功率 LED 路灯散热系统的优化设计"等多项企业合作项目。据江苏省高校招生就业指导服务中心和麦可思数据有限公司联合调查结果——《江苏省普通高校本专科毕业生就业、预警和重点产业人才供应报告》显示，我院 2013 届毕业生毕业半年后的就业竞争力指数为 94.2，在江苏省参与调查的 54 个公办高职高专院校中排名第一。

3. 科研及社会服务能力突出

品牌专业团队承担企业横向科研项目 43 项，纵向项目 32 项，其中国家级项目 4 项，省级项目 9 项；"关键零部件激光非传统制造控性控形技术与装备"项目成果获 2013 江苏科技进步一等奖。"大功率 LED 散热器基覆铜箔印制电路层压板的研制开发"获得 2016 江苏省高校科技进步二等奖。"面向中小企业的数字化设计与制造科技创新公共服务平台"项目成为 2012 年度国家创新基金项目主持单位中唯一的高职院校。"常州市数字化设计与制造高技能人才培训基地"为2013年国家火炬计划项目,"机电产品数字化设计与制造"科研团队获得江苏省优秀科技创新团队。

4. 示范作用明显

EPIP创新型人才培养模式在光明日报、职教论坛多家媒体推介,多次受邀在教育部行指委等会议做宣讲,并在安庆职业技术学院、江苏经贸职业学院等省内外学院做经验交流,天津机电职业技术学院、安徽机电职业技术学院、威海职业技术学院等二十多所院校来我院学习交流EPIP人才培养模式的实践情况,相关专业承办了全国电力行指委、全国轻工行指委等学生技能竞赛,中国职教创新联盟调研组也对此进行了专门采访和调研。

对接职业标准的陶瓷专业教材建设与教学资源开发

成果名称　对接职业标准的陶瓷专业教材建设与教学资源开发
成果完成人　陆小荣、王超、徐利华、费文媛、施建球
成果完成单位　无锡工艺职业技术学院

一、成果内容

本成果的主要内容是：从现代职教理念出发，开展相关课题研究，基于生产工艺链重构陶瓷专业课程体系；对接职业标准开发核心课程，编写出版 6 本特色教材，教材获奖 6 项；开发企业生产案例、精品课程等教学资源 8 项。本成果解决了陶瓷专业课程体系模糊、教学内容陈旧、教学资源缺乏等问题，填补了国内专业教材与教学资源的空白，提升了人才培养质量，在国内同类院校中得到广泛应用。

1. 基于生产工艺，重构专业课程体系

以陶瓷生产工艺过程与专业面向的主要职业岗位为依据，分析其典型工作任务与职业能力，设置专业课程，形成了基于生产工艺链的特色课程体系。

2. 对接职业标准，开发专业核心课程

对接岗位职业标准，制定了核心课程的课程标准与项目设计方案。

3. 通过校企合作，编写出版特色教材

开展职业教育教材建设研究，与企业生产技术人员一起，主编出版特色教材 6 本，教材获奖 6 项。

4. 实施案例转换，生产教学案例融合

建设了教育部行指委项目"陶瓷企业生产实际教学案例库"。

5. 建立立体资源，服务多元教学需求

开展教学资源建设研究，建立相关精品课程、教学资源 8 项。建设了全国陶瓷职业技能大赛题库，服务专业教学与社会培训等多元教学需求。

二、成果特色与创新点

本项目特色包括以下几个方面。

1. 本成果遵循以就业为导向的职业教育人才培养理念，从岗位职业能力要求出发，满足对知识、技能、素质等教学要求，从而使教学内容与岗位需求更加吻合，具有很强的针对性和实用性

2. 从素质培养着手，知识结构设置由易到难，逻辑清晰

通过典型案例、任务实训来巩固学习知识要点，完善实训教学体系。教学内容深入浅出，强化应用。

3. 教材实现了内容的新颖性、案例的多样性和版式的创新性

注重教学内容的科学性、先进性、实用性，与我国现有陶瓷生产技术发展的紧密结合，与职业教育教学改革的理念相适应。

4. 建立立体化教学资源

通过现代教学技术和手段，充分考虑教师教学、学生学习的需求，应用精品课程、课件、案例、视频等，方便学生的学习。

创新点主要包括以下几个方面。

1. 率先建立了基于生产工艺链的陶瓷制造工艺专业课程体系

以陶瓷生产工艺链与主要职业岗位为依据，分析其典型工作任务与职业能力，设置专业课程及实训项目。对接岗位职业标准，制定了核心课程的课程标准与项目设计方案。着眼学生的职业技能需求和可持续发展。

2. 率先编写出版了与岗位职业标准相应的系列特色教材

以教材建设促进课程改革与教学内容的改革，引领教学方法与教学手段的改革。充分体现教材与行业、企业紧密结合，实现了教材的多用途化。系列教材填补了我国陶瓷专业高职教材的空白。

3. 率先开发陶瓷企业生产实际教学案例等教学资源

将企业生产中的生产案例转变为教学案例，将企业实际生产过程中的项目转化为学生实际操作项目。率先开发建设了教育部行指委项目"陶瓷企业生产实际教学案例库"。充分利用信息化手段，建立精品课程 7 门，包括江苏省精品课程、教育部教指委精品课程、无锡市精品课程、院级精品资源课程等。

三、成果应用推广情况

1. 校内推广应用效果

本成果对校内各专业教学改革也有借鉴与示范作用。陶瓷制造工艺专业成为江苏省特色专业、江苏省示范校建设重点建设专业、无锡市示范专业、学院品牌专业。经过几年的教学实践检验，显著提高了教学质量与人才培养质量，拓宽了毕业生的就业领域，为学生的成才成长创造了良好的条件。

2. 校外推广应用效果

（1）兄弟院校应用

本成果对省内外陶瓷专业教材建设与教学资源建设也有示范性作用和积极影响。在江西陶瓷工艺美术职业技术学院、德化陶瓷职业技术学院等应用，取得了良好的效果。

（2）行业企业应用

本成果形成的相关教材也用于企业职工培训、职业技能鉴定、全国职业技能大赛用。教材被作为陶瓷企业如台宜陶瓷（宜兴）有限公司、金帆陶瓷等员工的培训教材使用。

（3）社会高度认可

本成果所形成的课程、教材、资源等，其职业教育特色鲜明，先后获多项奖励。

高职服装专业群"一体两翼三环四进"
人才培养模式的探索与实践

成果名称　高职服装专业群"一体两翼三环四进"人才培养模式的探索与实践

成果完成人　陈珊、穆红、许家岩、严华、徐毅

成果完成单位　无锡工艺职业技术学院

一、成果背景

自《国家中长期教育改革和发展规划纲要》实施以来，国务院、教育部先后出台了《国务院关于加快发展现代职业教育的决定》《高等职业教育创新发展行动计划（2015－2018年)》等一系列指导文件，进一步明确了职业教育未来发展改革的道路，有利于高职院校在人才模式改革、专业建设与调整、课程体系设置、校企深度融合和创新创业等方面的探索与实践。

江苏省背倚上海发达的国际贸易港口，面向中原人力资源雄厚的豫皖晋，纺织服装产业发展的基础条件雄厚、人才集中，具备了技术设备、服装面辅料和配件等辅助工业发达等优势，纺织面料、服装加工、服装设计等产业是江苏省经济支柱。江苏省纺织服装产业产值位于全国前三甲，有完整的纺织服装产业链。无锡地区服装产业主营业务收入超100亿元的企业集团3家，超50亿元6家，超10亿元17家。江苏及长三角地区服装产业正由生产制造向智能制造和自主品牌建设转型升级，通过建立品牌全面提升企业核心竞争力。

随着服装产业转型升级，需一大批能够服务服装制造企业，具备提供产品设计、智能制造和视觉营销等的高素质技能型人才。导致原有的服装类专业人才培养规格与区域服装产业对人才需求契合度欠佳，专业设置和专业拓展与区域服装产业发展需求脱节，专业对学生缺乏吸引力；原有高职服装课程体系不能满足学生可持续发展需求，在创新创业能力培养上欠缺；实践教学内容繁杂且与企业岗位需求不密切，原有实践平台难以支撑"智能制造＋创意设计"服装实践能力培养，导致服装专业教学改革迫在眉睫。

我院服装专业从2012年开始至今，依托江苏省"十二五"重点专群——服装设计与工程，围绕专业群与产业链的对接，以服装与服饰设计专业为核心，开展了为期5年的高职服装专业群"一体两翼三环四进"人才培养模式的探索与实

践，为服装业培养了一大批高素质技能型人才，推动了学院服装专业的全方面发展。

二、成果内容

加速服装行业人才培养，尤其是高素质技能型人才培养迫在眉睫。本研究及时关注国内外高职人才培养模式及教学改革的不断发展，更新教育观念，以学生能力培养为本位，创新人才培养模式，主动适应长三角地区服装产业转型升级对服装专业人才的需求，为区域服装行业的快速发展提供人才支撑和智力保障。

1. 构建了学生为主体的服装专业群"一体两翼"人才培养模式

将人才培养与产品设计研发紧密结合，将教学过程与工作过程融合，构建以学生为主体，以校内项目工作室与校外实训基地为两翼的"一体两翼"人才培养模式，最终实现专业建设与行业产业对接、人才培养规格与企业需求对接、学生学业与社会职业对接。制定专业群内三个专业人才培养方案，并自 2013 级学生开始试点实施。

2. 构建了适应学生可持续发展需求的"三连环"课程体系

通过对工作任务和职业能力的归并、梳理，从岗位、任务和能力三个维度进行课程定位，确定专业课程与实训项目，建立底层共享、中层分立、高层互选的"三连环"课程体系。开展了现代学徒制试点——"卓越技师"培养计划。

3. 构建了突出职业实践能力培养的"四递进"实践教学体系

以服装专业岗位职业能力为主线，通过实训平台和校外实训基地的建设，实现服装专业教育教学和企业需求"无缝对接"，构建了"四递进"式校内外相结合的专业群实训体系。与阿仕顿、波司登等多家企业建立了"厂中校"的合作形式，对学生的专业教学实行校企双向培养。

4. 创设了产教深度融合的"双主体"实训教学平台

深化校企联合培养，推行校企"双主体"运行机制，形成了产教融合的实训教学体系，实现五个对接：职业教育与服饰产业对接、教学场景与企业环境对接、项目作品与工业产品对接、专业技能与职业岗位对接、专业教学与创新创业对接。开展大学生"创梦广场"活动，孵化出一大批创新作品。成功立项 2016 江苏省数码印花服饰产教融合实训平台。

5. 打造了"五个一"工程"双师"教师团队

结合"五个一"工程建设——"一师一室一方向、一师一企一项目、一专一兼一课程、一师一企一岗位、一师一徒一技能",校企组建技能工作室团队,制定教学名师、双师队伍和兼职教师等不同层次的实习培养计划,与国内外院校开展教学、科研等合作交流,培养在省内服装行业有一定影响力的"教练型"教学名师,打造一支"专兼结合、优势互补"的服装专业群教学团队。

三、成果特色与创新点

1. 创新实践了"一体两翼"人才培养模式

本成果吸收了德国"双元制"职业教育模式的优点,立足于"让学生成为德才兼备、全面发展的人才"为宗旨,整合校内外实训基地资源,创新实践了基于学生能力本位,校企协同育人的"一体两翼"人才培养模式,为培养高素质技能型服装专业人才开辟新路径。

2. 构建了"三连环、四递进"课程体系

区别传统项目教学体系,基于职业岗位分析,以"生产过程(设计流程)"为导向,引入企业资源进课堂,强化学生文化素质与职业素养教育,注重学生核心能力与拓展能力培养,符合人才发展规律,提升了学生的职业能力与就业质量。实现了"课程体系模块化;教学内容项目化;教学环境实境化;教学评价综合化;实训基地生产化"的专业教学思路。

3. 创设了产教深度融合的协同育人新路径

深化校企联合培养,推行院校、企业的"双主体"运行机制,形成了产教融合的实训教学体系,实现五个对接:职业教育与服饰产业对接、教学场景与企业环境对接、项目作品与工业产品对接、专业技能与职业岗位对接、专业教学与创新创业对接。校企共建专业,共同设计人才培养方案、共同开发课程和教材,共同组织实施教学和评价,共同成立"创新创业指导团队",实现服务育人。

四、成果推广应用效果

1. 人才培养效果

该成果自 2012 年应用以来,受益学生 985 人,学生的实践能力明显提高,学生获国家级二等奖 3 项,省级比赛获奖 26 项;

学生创新创业能力有效提升,完成省级大学生创新创业项目 6 项、创梦广场项目 16 项,公开发表创新型论文 7 篇,孵化"创梦广场作品"30 多项;

吸引江苏阿什顿服饰、波司登服饰、江苏海澜集团、宜兴乐祺集团等国内省内知名企业来校招聘，就业率98%以上。

2. 专业辐射效果

2012年以来，已有20多所高校前来学习、考察与交流；

承办由全国纺织服装职业教育教学指导委员会、中国纺织服装教育学会主办"首届全国纺织服装信息化教学大赛"，累计24所院校72名教师参加比赛，为服装陈列与展示设计专业教师搭建了交流与学习平台，学院获"最佳组织奖"及"卓越贡献奖"；

发表教育教学论文22篇，《传统手工艺资源在高职艺术教育中的传承模式探究——以锡绣为例》等6项省部级教学研究课题立项，开发特色教材《服装结构设计与工艺》《服装概论》等8本；

为区域服装企业开展业务培训3000余人，教师申报设计实用新型专利13项，发明专利1项，开展横向课题26项，到账经费98万元；

与苏龙集团的麻织物服装开发合作项目案例入选《2013年中国高校产学研合作成功案例》；

我院获江苏省教育厅、江苏省服装设计师协会颁布的最佳育人奖、最佳组织奖2项。

2016年被纺织教育学会授予"全国纺织服装教育先进集体"称号。

3. 社会评价

专业改革建设中，先后得到了中国纺织教育学会倪阳生会长、乐祺纺织集团总经理李敏、江苏新雪竹服饰董事长史建珍等行业专家的肯定，也得到了江南大学服装学院吴志明教授、广东时尚研究院院长陈桂林教授、浙江纺织服装职业技术学院服装学院院长张福良教授等同行专家的好评，更是得到众多毕业生及其父母对院校专业的高度认可。

《中国教育报》先后对我院服装设计与工程专业群进行了《"一体两翼，三环四进"培养人才》《"共栖同体"根治校热企冷"顽疾"》等报道，《新华日报》、江苏教育电视台视频新闻等媒体对"大学生创梦广场活动"、我院承办的全国首届纺织服装信息化教学大赛做了新闻宣传。

4. 师资建设成效

打造了以学院教学名师和企业大师为双带头人的专业教学团队，"双师素质"教师23人，比例提升到92%；海外学习培训经历的教师达12人，占总数48%，12人获服装设计定制工二级技师证；

专业群教师中2人被评为"纺织教育先进工作者"；

1 人评为江苏省"青蓝工程"中青年学术带头人；

1 人被评为江苏省"333"第三层次培养对象；

1 人评为"江苏省高校大学生最喜爱教师"；

1 人被评为"江苏省十佳服装设计师"。

5. 专业建设成效

建设课程资源库 15 门，其中《服装结构设计与工艺》评为"十二五国家规划教材智慧职教网络课程"、《服装立体裁剪》和《女装造型表达》两门课程评为无锡市精品资源共享课程；

"服装设计专业'一体两翼'人才培养模式的探索与实践"被中国纺织工业联合会评为教学成果三等奖、"互联网＋《女装造型表达》课程教学改革与实践"被中国纺织工业联合会评为教学成果二等奖；

与三家企业合作开展的"数码印花服饰产教融合实训平台"项目立项为江苏省产教融合实训平台项目；

建成"江苏省艺术创新实训基地"；

建成无锡市职业教育重点专业群"时装创意设计专业群"；

"服装与服饰设计专业"被评为无锡市特色专业。

基于混合所有制理念下校企共建专业二级学院的实践与探索

成果名称　基于混合所有制理念下校企共建专业二级学院的实践与探索
成果完成人　杨战民、丁龙刚、张庆海、徐丽萍、吴国中、李罡、梁广德
成果完成单位　南京工业职业技术学院

一、成果背景

当前职业教育办学过程中，普遍存在校企合作企业方主动性难以发挥、师资队伍能力提升见效慢、人才培养与社会需求匹配度不高等问题。南京工业职业技术学院（简称南工院）和行业领军企业中兴通讯股份有限公司（简称中兴通讯）基于混合所有制理念，开展校企深度融合，共建专业二级学院，打造"你中有我、我中有你"的运行准实体——南工院中兴通信学院。同时，借力中兴通讯的全球化战略，开辟专业二级学院国际化人才培养的新途径。打造多维度立体式协同育人平台，全面提升人才培养质量，取得了良好成效。

混合所有制，是指国企通过引进民资或外资来增强企业活力，提升企业的市场竞争力的现代企业制度。根据《国务院关于加快发展现代职业教育的决定》的精神，南工院在多年来与中兴通讯深度校企合作办学实践中，凝练出基于混合所有制理念下的专业二级学院共建模式。该模式能够充分汲取现代企业的管理手段和激励机制，明确界定校企双方的责、权、利，从而充分发挥企业的主动性，快速提升师资队伍综合能力，全面提升人才培养质量。多年来，经过南工院中兴通信学院的实践，该模式已日趋成熟，形成高职院校专业二级学院校企共建可行方案。

二、成果内容

基于混合所有制理念下校企共建专业二级学院模式有效解决了职业院校办学过程中的如下问题。

1. 解决校企合作中校企双方责、权、利不分，企业主动性难以发挥的问题

基于混合所有制理念下校企共建专业二级学院机制，清晰界定校企双方的

责、权、利，有效解决校企双方共建实训基地的资金和产权问题，成功建立校企双方资源持续投入的长效机制，充分发挥校企双主体作用，全方位打造校企运行准实体，有效调动企业积极性，使得校企双方的优势得以充分发挥。

2. 解决"教练型"师资队伍能力提升见效慢的问题

基于混合所有制理念下校企共建专业二级学院机制，组建了由企业工程师和学校专职教师的混编师资团队。引入企业的纵向行政管理和横向项目管理有机结合偏平化的矩阵管理方式，规避了金字塔式管理的弊端，提升了管理的有效性。引入企业 KPI 考核管理机制，充分调动混编团队的工作积极性。通过"三互一享"机制（校企双方的优势"互补"，技能"互通"，文化"互融"及综合资源"共享"）和 5A 沙龙（任何人 Anyone、任何时间 Anytime、任何地点 Anywhere、任何方式 Anyway、任何主题 Any－topic）推进混编师资团队深度融合，成功打造一支"明师德、乐教学、懂行业、能科研、精技能、通市场"的"教练型"师资团队。

3. 解决职业教育人才培养与社会需求匹配度不高的问题

基于中兴通讯 ICT 行业创新基地的企业云平台，引入企业实际项目，打造校园的准企业环境，实施项目育人、环境育人和文化育人。在人才培养的目标上，更符合创新型高素质技术技能人才的培养要求；在人才培养的内容上，教学资源来源于企业真实项目，课程体系更符合职业人的学习和认知规律；在人才培养的过程上，引入企业职业管理体系，建立校园准企业环境和人才需求资源池，让学生快速熟悉和适应企业岗位，培养学生的职业素养和工匠精神，有效提升高职院校人才培养的社会需求匹配度。

采取的主要方法及措施包括以下几个方面。

1. 建立运行准实体，创建矩阵式共建共管运行模式

南工院与中兴通讯联合建立混合所有制运行准实体——中兴通信学院，共同出资建设 ICT 行业创新基地和云计算产品工程交付中心。ICT 行业创新基地包括 4G－LTE、光传输、数通、云计算及工程实训五个可在线运行的实训中心，明确了中兴通信学院建设的资金来源和资产归属。在运行体制上实行校企"双主体"，即行政管理上学校"主体"和业务管理上企业"主体"的矩阵式共建共管模式。常规教学和学生管理等方面纳入学校的整体运行机制；专业运行实施企业管理方式，开展"大学教育专业运行的企业化管理"实践，在专业建设发展以及科研创新等方面突破体制机制局限，充分发挥了校企双方的优势，为开展高等职业教育体制改革提供深度创新样本。

2. 组建混编师资团队，构建育人质量保障机制

中兴通信学院的混编师资团队由学校的专业管理人员和专职教师，以及企业的项目经理和工程师组成。团队的组建经过严格的双向选择，企业工程师进入中兴通信学院需要校方对其进行资质审核和备案。同样，学校教师进入中兴通信学院需接受企业方的选择与考核。混编师资团队各司其专，分工协作。

在教育教学方面，采用"一课双师"机制，即由一名学校专职教师和一名企业工程师来共同承担一门专业课的教学任务，其中，专职教师主要负责专业理论知识教学，企业工程师主要负责专业实验实训教学。通过一课双师机制，有效地解决当前专业理论知识的系统性和实验实训的实用性不能兼顾的问题。

在学生管理方面，采用"双班主任"机制，即通过配备一名学校教师和一名企业工程师共同承担一个班的班主任工作，共同负责学生的基础管理和职业素质管理。通过双班主任机制，大幅度提升了大学生的综合职业素养。

在混编团队管理方面，引进企业 KPI 考核机制，给校园引入企业元素。通过混编团队的 5A 沙龙活动，实现了学校教师和企业工程师在专业理论、专业技能、行业经验、文化理念等话题的深度交流，有效的促进校企双边"三互一享"，成功打造具有行业影响力的"教练型"师资团队。

3. 融合校企资源，创建协同育人体系

利用校企优质资源，采用行业最新技术标准和现网实际设备，共建中兴通讯－南工院 ICT 行业创新基地，既满足教学要求，也可用于科研创新和社会服务。通过挑选校企双方既善于教学又擅长科研的优秀人才组建混编师资团队。引入企业项目，组建师生项目团队，让学生在项目研发中学习，在实践中成长，实现项目育人。引导学生参加职业技能大赛，以赛促学，以赛促教，激发师生的学习热情。丰富职业素养培养手段，培育学生的职业精神，唤醒学生意识，培养学生的双创能力，全面提升人才培养质量。

借助中兴通讯海外资源，与法国普瓦捷大学开展"3＋1＋1"模式的联合培养，即南工院学习 3 年＋普瓦捷大学学习 1 年＋中兴通讯海外事业部实习 1 年，获得普瓦捷大学本科文凭和学士学位，并提供中兴通讯海外事业部就业机会。与荷兰萨克逊大学进行为期 3 至 6 个月的师生互派互访交流合作，提升了电气工程学院国际化人才培养水平。

三、成果特色及创新点

该成果具有以下创新点。

1. 创建专业二级学院校企共建模式

在混合所有制理念下，创建运行准实体——南工院中兴通信学院，明确校企双方的责、权、利，充分发挥企业积极主动性。共建 ICT 行业创新基地，组建混编师资团队，构建协同育人平台，建立配套运行机制，有效提升我校电气工程学院的综合实力，为高职院校专业二级学院提供建设模式。

2. 构建混编师资团队"四维融合"体系

引进企业矩阵管理模式，实施 KPI 考核激励机制，提高混编师资团队管理的融合；开展 5A 沙龙等活动，有效建立校企双方"三互一享"机制，实现校企综合资源的融合；采用一课双师制，促进混编师资团队教育教学方法的融合；实行双班主任制，促进混编师资团队校企文化的融合。借助中兴通讯企业资源，对混编师资团队成员展开企业顶岗、海外研修、国际化培训。通过以上举措，有效促进了混编师资团队深度融合，实现混编师资团队综合能力的快速提升，打造具有国际视野和行业影响力的"教练型"师资团队。

3. 打造多维度立体式协同育人平台

通过中兴通讯 ICT 行业创新基地，引入企业实际项目，实施项目育人，培养学生的职业技能和工匠精神；建立人才需求资源池，实时跟踪企业岗位需求，动态调整人才培养方案，有效提升高职院校人才培养的社会需求匹配度；设立中兴通信学院国际合作部，借力中兴通讯的全球化战略，培养具有国际视野的师资队伍，通过招收留学生和在境外建设分校，为"一带一路"沿线国家和地区培养本土化技术技能人才，开辟专业二级学院国际化人才培养的新途径。多维度打造立体式协同育人平台，极大提高了人才培养质量。

四、成果推广及应用效果

1. 协同育人成果丰硕

中兴通信学院不仅创建了技术先进、设备一流的硬平台，而且锻造了一流"教练型"师资队伍的软平台。科研教学环境优越，协同育人硕果累累。学生的学习积极性和成绩普遍得到明显提高，毕业生专业对口率和就业质量得到大幅提升。中兴通信学院 ICT 创新基地为学校的通信、物联网、电子信息、计算机网络等多个专业及南京周边高职校的相关专业提供先进的实训环境，提供实训教学服务 1 万余人次，极大地提升了人才培养质量。涌现了祖比亚·加帕尔、翟俊鹏、云曙先、王陈正志、吴青雁、周燕璇等一批优秀学子。在全国"挑战杯""发明杯""互联网＋"等大赛中获得一等奖 20 余项；获得全国职业技能大赛一等奖

10 多项，其中高职院校 4G－LTE 职业技能大赛连续三年荣获一等奖；学生获得专利授权 100 余项。

2. 专业二级学院综合实力提升明显

在专业共建方面，通过建设"教育部—中兴通讯 ICT 行业创新基地与技术研发中心"，快速提升专业综合实力，并极大丰富了专业内涵。获得国家职教先进单位称号，有国家级学徒制试点专业 2 个、省品牌专业 1 个、省重点建设专业群 2 个、省产教融合平台项目 1 个，完成国家级教学资源库子项目 4 个、国家规划教材 5 本等。

在师资能力提升方面，通过混编师资团队深度融合，成功打造一支"教练型"师资团队。有省"青蓝工程"创新团队 1 个、省科技创新团队 1 个，获得中国轻工业联合会 2016 年科学技术进步奖二等奖等奖项，混编师资团队成员均获得中兴通讯职业资格认证证书，企业和海外研修近 100 人次，获得微课和信息化教学设计大赛等各类奖项近 20 项。

在科研与社会服务方面，依靠中兴通讯雄厚的技术实力与资源，充分发挥二级学院的社会服务窗口作用。成立"中兴通讯—南工院云计算产品工程交付中心"，承担与交付各类横向科研项目 100 余项，主持市厅级及以上纵向课题 50 余项，发表论文 100 余篇，获得专利授权 50 余项。承接各类培训项目，培训规模达 1 万余人次，服务收益到账近千万元人民币。

在国际化办学方面，借力中兴通讯全球化战略，依托中兴通讯海外丝路国际学院，二级学院国际化办学取得新突破。与法国普瓦捷大学开展"3＋1＋1"模式的联合培养。通过招收东南亚、非洲等国家和地区留学生，以及在境外援建专业，为"一带一路"沿线国家和地区培养本土化技术技能人才。与荷兰萨克逊大学进行师生互派互访交流合作，提升了电气工程学院专业建设的国际化水平。混编师资团队承接中兴通讯海外市场的客户培训工作，为当地客户提供培训服务，获得了海外客户的高度认可，提升了电气工程学院和混编师资团队的国际影响力。

3. 示范引领成效显著

基于混合所有制理念下校企共建专业二级学院模式在国内高职教育界引起较大反响。在 2015 年举办的江苏省职业院校智慧教育研讨会上，南工院 ICT 行业创新基地和中兴通信学院的合作模式得到了来自全国 100 多所高校的领导、专家、学者和企业界人士的充分肯定。创新成果得到日照职业技术学院、九江职业技术学院等国内 20 多所职业院校和 30 多所应用本科院校的广泛借鉴和复制。混编师资团队已有两名工程师成长为运行主体负责人，派往兄弟院校主持专业二级学院校企共建工作。该成果在职业院校专业二级学院的校企共建工作中发挥着引领和示范作用，有效地促进我国的职业教育事业的发展。

汽车检测与维修技术专业现代学徒制的实践探索

成果名称　汽车检测与维修技术专业现代学徒制的实践探索

成果完成人　丁继斌、丁守刚、许江涛、夏燕兰、王晓勇、李特、高俊

成果完成单位　南京工业职业技术学院、捷豹路虎汽车贸易（上海）有限公司

一、成果背景

现代学徒制是学校与企业合作式的职业教育制度，是通过学校、企业的深度合作，教师、企业师傅的联合传授，对学生实施以技能培养为主的现代人才培养模式。

我校与捷豹路虎汽车贸易（上海）有限公司合作，在汽车检测与维修技术专业按现代学徒制人才培养模式实施"捷豹路虎南京卓越培训项目"（以下简称"JLR项目"），进行了现代学徒制的实践探索。面向汽车后市场，按"招生即招工、学习即学徒、入班即入职，毕业即就业"的培养目标，培养具有学徒、企业准员工和学生三重身份的汽车维修领域"工匠"型技术技能型人才，实现了专业设置与产业需求对接，课程内容与职业标准对接，教学过程与生产过程对接，毕业证书与职业资格证书对接，职业教育与终身学习对接；为高职汽车类专业现代学徒制模式提供了一个成功的案例。

二、成果内容

本成果主要解决了以下问题。

1. 本成果解决了学校人才培养质量和针对性和企业招工、用工，员工稳定性差等问题

进入本项目的学生具备学徒、学生和捷豹路虎准员工三重身份，增强了与企业合作的紧密度，做到了学生培养和企业用工标准的统一，通过项目文化建设、奖学金、捷豹路虎学徒精英赛等，培养学生对捷豹路虎的认可度，使学生自身价值得到有效实现，提升了学生在捷豹路虎工作的稳定性；学生毕业后进入捷豹路虎经销商工作，成为经销商的正式员工。解决了企业招工、培训学生就业问题。

2. 本成果突破了学校教学内容与企业脱节、学生技能水平低的瓶颈

由于我国职业教育不能在第一时间得到企业的新技术，专业教师的技术水平滞后于技术发展水平，导致教材、方法滞后于企业，严重影响了职业教育培养质量。本项目融合捷豹路虎在职业培训方面多年全球成功经验，引入捷豹路虎全球统一的"卓越"级别认证体系；企业定期更新实训设备，教师必须通过企业的考级认可方可授课，且每年必须要进行"年审"，达到了学校教学内容与现代汽车技术发同步，提升了学生的专业技能水平。

3. 本成果打通了学生到员工转变的高效渠道

由于我国职业教育实现真正意义理实一体化教学尚受到学校设备，教学理念、专业教师的技术水平等诸多因素的制约，造成培养出来的学生不能马上胜任企业的岗位。本项目通过融合捷豹路虎在职业培训方面的成功经验，通过对教学内容，课程体系，教师培训，共建培训基地，并由企业和学校教师交替式授课，由企业工作场地和学校培训场地亦实现交互式进行，从而不仅职业技能上得到保证，企业素养也同步得到提升。

4. 本成果应用于企业员工培训，提高了设备利用率，解决了企业员工培训的问题

"捷豹路虎南京卓越培训中心"为校企双方共同投资的校内理实一体培训基地（占地 $1800m^2$，设备总值 1200 万元，其中企业投资 450 万元，且设备即时更新），在该基地实施汽车机电技术、汽车钣金技术两个子项目。项目既培养学生，又承担企业对员工的培训，提高了项目运行效率，确保了项目健康、稳定发展。

本成果采取的主要方法及措施包括以下几个方面。

1. 面向企业需求的校企联合招生

校企双方合作，每年秋季在二年级在学生中招生，学生经过两轮笔试和一轮实操合格，再经面试合格后方可进入 JLR 项目学习。录用后按双向选择原则，学生、学校和企业签订三方协议，学生正式成为基于现代学徒制的 JLR 项目学徒（以下简称学徒），学生具有我校学生、捷豹路虎"成就卓越"校企合作班的学徒和捷豹路虎准员工三重身份，学生学习期间，JLR 项目的在学习期间，两次考核分数 80 分以下者将会被淘汰，确保向企业输送优质技术技能型人才。

2. 对接产业需求的人才培养方案

JLR 项目的专业设置与捷豹路虎全球统一的企业标准对接，校企共同制定人才培养方案。根据捷豹路虎的员工入职标准，校企共同制定与实施人才培养技术标准、课程标准、实施标准，校企共同组织与实施理实一体教学与实训；针对高职院校教学中存在人才培养目标滞后于行业的发展，不能适应企业的用工需求的问题，引入捷豹路虎全球统一的"卓越"级别认证体系，增强了汽车维修专业人才培养质量及与企业合作的紧密度，做到了学徒培养标准和企业用工标准的统一。

3. 基于企业职业标准的课程教学

（1）教学过程与生产过程对接

采用捷豹路虎全球统一的、同时适用于捷豹路虎学徒和捷豹路虎员工的课程标准实施教学。

学徒在理论学习、综合实训和企业实习期间，校企共同对捷豹路虎全球统一的精华教学课件进行本土化处理，使 JLR 项目教学始终紧跟国际化企业的先进的学徒式教学理念。

——共享捷豹路虎官方 Excellence 学习网站，学徒免费学习 300 余门捷豹路虎全球统一课程；

——共享捷豹路虎官方 JLR 维修平台 Topix，与全球捷豹路虎企业共享维修案例；

——共享捷豹路虎官方 SDD，与全球经销商维修精英（4S 店）实时互动沟通，确保学徒能够将所学知识正确运用到未来的捷豹路虎汽车产业之中。

（2）学习情境与工作职场一致

"捷豹路虎南京卓越培训中心"完全按工作职场建设，学徒学习环境与工作环境做到一致，培训车辆等教学设备采用捷豹路虎全球统一标准；量身定制 JLR 项目课程体系，严格按标准实时理实一体化教学，确保了学习情境与工作情境的统一，保障学徒的职业技能水平满足捷豹路虎企业的需要。

（3）毕业证书与职业资格证书对接

学徒经过捷豹路虎为期 80 天的一级标准培训周期，取得捷豹路虎全球统一的汽车机电（钣金）一级职业资格。企业完全负责学徒的就业，企业推荐学徒进入捷豹路虎经销商工作，学徒经过 6 个月的顶岗实习正式成为其员工。经经销商推荐，JLR 项目对学徒进行捷豹路虎汽车机电（钣金）二级职业资格认证。达到了毕业证书与职业资格证书对接，人才规格完全满足企业职业资格的目标。

4. 面向新技术的教学设备更新

JLR 项目的设备由校企合作按照 1：1 比例共同投入，企业的设备占（教学用车、设备、工具、仪器等）根据企业技术的发展不断更新，确保了 JLR 项目学徒能够学习接驳路虎最新技术，保障了人才培养质量。

5. 学校和企业相结合保险体系

JLR 项目的学员在校内培训期间，除了实现严格企业 4S 管理外，以人身意外保险和医疗保险来防范教学过程中出现的意外事故；在企业学习期间以企业强制的相关保险来保证学员学习实习期间的意外情况。保证达到了学徒培养与企业培训良好进行。

6. 持续提升质量的激励平台

（1）捷豹路虎年会

捷豹路虎每年举办一次年会，总结年度经验，为提升学徒培养质量、校企合作及院校间交流提供了一个交流平台。

（2）奖学金及精英赛

企业向每届不少于 20% 的学徒提供奖学金，激发学徒的学习热情，目前，本 JLR 项目已有两届 18 人获取捷豹路虎奖学金（其中一等奖 4 人，二等奖 6 人，三等奖 8 人）。

（3）捷豹路虎中国学徒精英赛

企业每年举办"捷豹路虎精英学徒大赛"，我校 JLR 项目参加 2015、2016 年赛项，获优秀指导教师 1 名，二等奖 2 人，三等奖 3 人。

三、成果创新

1. 企业融入课程教学

学企共同招生、共同投资、共同制定人才培养教学方案、共同教学，共同对学徒认证。充分使用了企业的人力物力资源、学校的教育教学资源，保障了 JLR 项目的健康稳定发展。按捷豹路虎全球统一培养标准和课程体系，实现了学习与实习、实训与理论、实习与就业一体化培养。

2. 教学内容与企业工作任务的融通

从根本上解决了学校专业教学内容与企业脱节的弊病。教师培训与认证、学生培养与考级，企业实训设备的及时更新、经销商实习通道的完全畅通，使 JLR 项目能够及时更新教学内容与实训项目，给予学徒最新汽车维修技术。

3. 职业教育与终身学习对接

学校通过与跨国企业捷豹路虎合作，为已经就业的学生和正在接受培训的学生提供同等机会参加全捷豹路虎企业职业资格证书的考试，并与捷豹路虎培训中心和捷豹路虎经销商一起为学生更高层次证书的培训提供了机会，实现了职业教育和终身学习对接。

4. 培训教师与经销商培训师角色一致

学校教师与企业教师交替授课，学校教师经过捷豹路虎考核认证后方可授课（也自然成为捷豹路虎经销商培训师）。学校教师在认证之后，每年还需进行不少于 50 小时的职业技能培训，确保其技术水平与捷豹路虎最新技术同步，保障 JLR 项目的学徒培养质量。

5. 企业参与学徒评价

引入考工认证和企业反馈，形成了培训单位（学校），认证单位（捷豹路虎中国）和用工企业（4S 店）三方互评互通的评价体系。

6. 合作院校互评

捷豹路虎每年举办一次年会，校企合作及院校间交流提供了一个交流平台，通过对一年培训过程的先进经验分享和不足之处互评，可以及时扬长避短，查漏补缺，从而保证了学徒的培训质量。

四、成果推广应用效果

JLR 项目成果辐射到江苏省中、高职院校汽车检测维修技术专业建设、校企合作等各项工作之中。

（1）项目成果使汽车检测与维修技术专业群学生受益，2016 年 20 名学生通过德国 AHK 汽车机电项目认证。

（2）充分利用 JLR 项目设备人力物力资源，2017 年申报成功承办江苏省汽车检测与维修技术师资培训。

（3）与全国机械行委达成合作意向，充分利用 JLR 项目汽车钣金设备人力物力资源，2017 年承办全国高职院校汽车整形技术大赛。

（4）与中国标准科技集团公司合作进行"基于 JLR 项目的新能源汽车技术标准与教材开发"项目合作。

基于"2341"人才培养模式下高分子材料工程专业课程体系构建、专业课程内容设计与实践

成果名称　基于"2341"人才培养模式下高分子材料工程专业课程体系构建、专业课程内容设计与实践

成果主要完成人　翁国文、徐云慧、刘琼琼、宋帅帅、杨慧、侯亚合、聂恒凯、王艳秋、张馨、赵桂英、朱信明、徐冬梅、臧亚南、柳峰、刘太闯

成果完成单位　徐州工业职业技术学院

一、成果背景

进入 21 世纪，我国工业化进程加快，经济发展处于世界领先地位，当今我国在新常态下进行的产业结构调整，由制造向创造的升级不断深化，社会对技术技能型人才的需求也在不断变化，高职教育如何适应国家产业结构调整、技术升级成为职业教育共同的问题。经济快速发展及对职业人才要求不断变化，需要对高职专业课程体系构建技术及专业课程内容进行合理科学设计，以便毕业生职业能力很好满足社会经济发展需求。

课题的研究基础包括以下几个方面。

1. 政策理论基础

以国发〔2005〕35 号，教高〔2006〕14 号和教高〔2006〕16 号文件精神为指引，遵循职业教育本质规律，以创新的思维，实践了"双能并重、三元融入、四层递进、产学互动"的人才培养模式，即"2341"人才培养模式，在课程体系设计上，坚持通用能力和专业能力并重；在教学内容上，坚持行业元素、企业元素和国际元素融入；在教学程序上，坚持认知（感知）实践、模拟（仿真）实践、生产（项目）实践、创新（创业）实践四层递进；在实现方式上，合理利用校内外实训基地，坚持生产与教学的互动，进一步推进多种形式的工学结合改革。科学地构建新型高职教育人才培养方案，从而切实提高人才培养质量。

2. 借鉴当代国际先进职教理念和模式

第二次工业革命后，现代工业对职业人员的技能和素质不断提高，催生了现代职业教育和培训的"双元制"等，为本课题研究提供了有力的技术指导。

3. 良好专业基础

高分子材料工程专业是我校传统优势专业，具有历史悠久，1980 年开办，曾获江苏省示范专业，2006 年和 2015 年获江苏省品牌专业，2012 年评为江苏省"十二五"高等学校重点专业。教学队伍强，高级职称教师比例高，都是双师型教师，是江苏省高校优秀教学团队（2008 年），江苏省高校"青蓝工程"科技创新团队（2014 年），有江苏教学名师 1 人、江苏青蓝工程培养对象 3 人。实训资源丰富，实训中心是江苏省职业教育实训基地（2005 年），实训机器全，数量充足。

4. 精良研究团队

我院组织以行业专家、职教专家、企业管理人员、工程技术人员、毕业 3 至 5 年以上在岗毕业生、专业老师等组成课程体系和专业课程开发团队，将以往毕业生引入开发团队主要他们能以自己亲身经历对课程体系提出实用信息。

二、成果内容

1. 形成了具有校本特征的高职教育高分子材料工程专业"221"课程体系结构模式和课程体系

该模式的基本内涵包括：

（1）课程体系的建构原则

①符合专业培养的目标要求：具有从事橡胶行业的基本操作、常规技术管理、生产岗位群管理、初步的新产品开发能力及一定的创新创业能力，适应社会主义生产、建设、管理和服务第一线需要的技术技能人才。

②遵循学院"2341"人才培养模式的要求："双能并重、三元融入、四层递进、产学互动"的人才培养模式，通用能力和专业能力并重。

③工学结合、以能力培养为核心的原则：专业课程内容的选取必须以工学结合为原则，坚持"学做一体""理实一体"。

④以学生为主体：以学生可持续发展为中心，注重学生成长规律，提高学生学习主动性、积极性、参与性。

（2）课程体系的建构工作流程

通过反复设计、实践、修订形成课程体系的建构工作流程，成立以行业专家、职教专家、企业管理人员、工程技术人员、毕业 3 至 5 年以上在岗毕业生、专业老师等组成课程体系和专业课程开发团队，以专业调研为逻辑起点，针对职业岗位进行分析后，得到岗位的工作任务（内容），得出专业的主要专业能力和通用能力要求，再细化为能力点和知识点，综合考虑毕业生就业后的职业成长路线和社会发展要求，注重能力和素质的养成，重新归纳分析确定所需要的知识，能力，素质为导向构建出工学结合的课程体系。

通过认真调研及与企业一线专家研讨，结合江苏省及淮海地区情况和企业对人才需求状况，我校高分子材料工程专业主要就业岗位的工作任务是生产操作、设计和产品开发、管理与营销三大类岗位，细分为 13 个具体岗位。

再对每个岗位的典型工作任务确认，通用能力和专业能力分析，并对这些能力进行解构和重构、归纳，通过反复研究讨论设置对应的课程。

（3）课程体系的构成

针对职业能力要求和职业发展的需要，归纳形成基于高分子材料工程专业课程体系，课程体系基本由五大块组成，"二级平台二个方向一项置换"课程体系结构模式即"221"结构模式。

二级平台即是二级（校级和院系级）平台课，校级平台课为通识必修课包括思修品德课、自我健康课、公共工具课、职业发展课，是以培养通用能力和素质服务。院系平台课为专业群平台课是按大专业群设置课程，高分子材料工程属于高分子材料专业群，分为专业基础课、专业核心课、跨专业类课，这是培养学生通用专业能力的课程，拓展学生基础职业能力。

二个方向即是专业方向课和自主方向课，专业方向课包括专业必修课、毕业设计和顶岗实习，这是学生从是本专业必修课程；自主方向课包括公共选修课、专业选修课、任意选修课。这是拓展课程。

一项置换课程，主要是学分置换课程，鼓励同学积极参加第二、第三课堂活动，包括：校内自主实践、社会实践、各类社团活动、学科竞赛、技能竞赛、各类考证考级、科技活动、艺术特长等。

2. 确立了具有校本特色特征的高分子材料工程专业主要专业课程模式和课程内容

主要包括：

（1）确定原则

①工学结合、学做一体、理实一体，项目化课程；

②坚持行业元素、企业元素和国际元素融入

③符合高职学生认识水平，以学生为主体为中心，教师为主导；

④考核方法实现了过程化，以学生能力考核为主；

⑤加强学生的创新能力培养。

（2）专业课程内容的构成模式

依据职业工作岗位对"知识点""能力点"实施重新排列、组合，并按照职业能力培养的要求，融行业职业标准、企业工作任务和国际先进技术，将课程内容以一贯穿项目为主线，重构在几个分解的子项目或任务中。即"1＋N"或

"一线多点"模式。

（3）范例

《配合与塑混炼操作技术》课程内容设计：《配合与塑混炼操作技术》是本专业的核心主干课程，专业必修课程。主要培养学生从事配合、塑炼、混炼岗位的职业能力和职业素质。结合我校教学软硬件条件，通过与橡胶行业、企业充分合作，掌握国外先进技术，聘请企业一线管理者、专家、往届毕业生研讨，分析对应岗位职业标准、企业配合塑炼混炼岗位工作任务工作过程要求、国外先进生产技术，确定了职业能力要求。

本课程对应的专业职业岗位是配料工和炼胶工岗位，综合考虑江苏省及徐州周边地区企业实际案例和教学软硬件条件，以一主项目为主线，将课程知识点能力点以真实工作任务为依据整合、序化到分化的4个工作任务中，涵盖课程体系的能力点和知识点，使学生以完成工作任务时掌握相关技能和知识，教、学、做结合。

3. 毕业设计的"工程化"

通过校企合作经办学集团、校友联盟等多种形式，由专业老师、企业工程师双方或单方指导学生在学校或企业，以解决现实生产技术课题为核心进行毕业环节。

毕业设计所确定的题目全部来自于企业中生产实际，包括配方设计、新产品开发、工艺问题、模具设计、综合调研等，提高了毕业设计实用性，实现与生产零距离接触。

4. 优化了课程体系和人才培养方案

在该模式及方法的指导下，学院对每年高分子材料工程专业人才培养方案修订过程的实践，并且我院其他专业进行借鉴，已经在汽车检测与维修技术等专业进行推广应用，课程体系和人才培养方案得到了明显的优化，人才培养质量显著提高。

5. 促进了专业建设

学院以"221"课程体系模式为抓手，全面启动教育教学改革，学院内涵建设成果斐然，现本专业成为省级重点专业、省级品牌专业；教师队伍为省级教学团队，实训中心为省级实训基地，省级名师1人，省级青蓝工程3人，国家级精品课程1门，国家级精品资源共享课1门，教育部教指委精品课程1门，省级精品课程1门，省级教学成果一等奖1项。

6. 形成了一批研究成果

在该模式的探索过程中，我院教师加强实践总结和理论探索，完成了《新型生产性创业型实训工厂建设模式研究》等 15 项教研项目，发表了《浅谈高分子材料应用技术专业顶层设计对教与学的引领作用》等 60 多篇教改学术论文，2015 年高分子材料工程专业（原名高分子材料应用技术专业）建成为江苏省品牌专业，建成了《配合与塑混炼操作技术》国家精品资源共享课（2016 年通过验收），《基于"校中厂、厂中校"的工学交替人才培养模式创新与实践》获2013 年江苏省教学成果一等奖，建成了《配合与塑混炼操作技术》等 19 门专业课建成校级资源共享课、《橡胶物理机械性能测试》等 10 门精品课程，编写并出版了《配合与塑混炼操作技术》15 门"项目化"专业教材。

三、成果的特色与创新

1. 创新了高职高分子材料工程专业课程体系结构模式和建构技术与理论

立足国情，借鉴国际先进职教理念模式，融专业能力和通用能力并重和工学结合理实一体，创造性提出了高职高分子材料工程专业在"2341"人才培养模式下高分子材料工程专业"二级平台二个方向一项置换"课程体系结构模式即"221"结构模式，形成了逻辑严谨、程序科学，流程清晰、要求明确、操作规范的构建方法流程，从而创新了一种高职教育课程体系构造理论。提出了高职高分子材料工程专业课程体系确定基本流程、方法。

2. 提出了高分子材料工程专业融行业元素、企业元素和国际元素的"一贯穿项目为主线多个子项目或任务驱动"即"1＋N"课程内容设计方式

提出了高分子材料工程专业课程内容设计方法、流程和原则。

3. 创造性阐述并践行了毕业环节服务于地方经济"工程化"新模式

四、成果的推广与应用情况

1. 人才培养质量稳步提升

随着本成果的推广应用，学院教育教学改革不断深入，专业能力和通用能力得到加强提高，学生就业质量不断提高，2010 至 2016 届毕业生一次性就业率保持在 97% 以上、专业对口率在 80% 以上。培养的学生得到企业的好评。

2. 学生职业综合能力不断增强

学生获市级以上技能竞赛奖项 50 余人次。其中，2011 年荣获"星宇宙杯"首届全国高分子材料专业技能大赛一等奖，2013 年第一届中国大学生高分子材料创业创新大赛三等奖，获省优秀毕业论文 8 人次。学生自主创业人数不断

增加。

3. 成果得到广泛推广和应用

本成果得到多位国内知名职教专家高度评价；除在我院其他专业参考并实施外，还辐射到江苏及其他地区多所高职院校，其中江苏建筑职业技术学院、扬州职业技术学院等院校相关专业推广和参考实施了"221"课程体系模式。所编写项目化教材在其他院校相关专业采用。

基于创新创业能力培养的食品营养与检测专业实践教学体系的构建与实践

成果名称　基于创新创业能力培养的食品营养与检测专业实践教学体系的构建与实践

成果完成人　刘靖、王正云、张军燕、展跃平、战旭梅

主要完成单位　江苏农牧科技职业学院

一、成果内容

过去几年，食品工业面临经济新常态，同时面临食品在数量上的刚性需求和在安全健康方面的更高要求，GDP 贡献率稳居在 12% 左右。食品工业发展的必由之路是创新，食品企业必须不断加强产品和技术的创新，开发安全、营养健康的食品，引领市场消费。近年来，食品工业规模化、智能化、集约化、绿色化发展水平明显提升，食品工业与教育文化、健康养生深度融合，食品工业旅游、食品制造工艺体验、食品产品设计创意等新业态纷纷涌现；对创新创业人才的需求已迫在眉睫。因此食品企业亟须大量高素质创新型技术技能人才。构建基于创新创业能力培养的实践教学体系具有十分重要的现实意义。但目前食品营养与检测类专业实践教学仍存在不足：

一是以往的人才培养没有将创新创业能力培养贯穿于整个实践教学过程中，未将创新创业"萌动、体验、实战"各阶段课程形成统一整体，学生创新创业能力培养欠缺。

二是缺乏具备集"体验、示范、实践和孵化、引领"为一体的创新创业基地；相应各知识模块无地生根，不能得到有效落实。

三是教师业务能力、实践创新能力、社会服务能力有待进一步加强。

四是完善的创新创业教育管理与考核体系有待建立。

针对以上问题，我们以食品营养与检测专业为突破口，着重从以下几方面进行改革实践。

1. 构筑融"生产、教学、创业"为一体的专业实训和创新创业实践双平台

从教学内容、形式、手段改革入手，打造以专业技能实训为基础，综合实训为提高，创新实践求发展的，融"生产、教学、创新创业"为一体的专业实训

平台和创新创业双平台。通过专业实训和创新创业实践双平台的建设，既培养学生专业岗位能力，又培养学生专业创新创业能力，实现"产、教、创"深度融合的教育目标。

2. 以创新创业能力培养为核心，构建互动互融的"三模块双平台"实践教学体系

以专业人才培养方案为依据，以培养创新创业能力为目标，将实践教学内容重新整合为专业实训模块（食品质量管理实训、食品检验实训、食品加工实训）、综合实训模块（肉品生产与质量管理生产实训、乳品生产与质量管理生产实训、焙烤生产质量管理生产实训、农产品生产与质量管理实训）和创新创业实践模块（科研创新训练、社会实践、各类技能大赛、创业计划），促进知识内容的相互渗透和融合，立足专业实训和创新创业实践双平台，构建互动互融的"三模块双平台"的实践教学体系。

3. 紧扣人才培养目标，实现创新创业培养和专业能力培养的双融合

依据能力层次理论，在人才培养方案中嵌入创新能力培养。即创新萌动阶段，大一年级学生通过学习创新创业教育课程、校内外认知实习，配备学业导师等培养学生的专业情感和创新理念。创新体验阶段，即大二年级学进行专业实训和综合实训的同时，根据兴趣爱好进入专业社团，培养创新能力。创新实战阶段，即大三年级，在学院创业孵化中心，参与教师科研项目、大学生科研立项、顶岗实习、加入企业创新团队或自主创业等，逐步强化创新创业能力的培养。

4. 多举措并进，促进"三类型"师资力量创新创业教学能力的提升

一是学院通过选派优秀专业教师到国内外知名高校学习先进教学理念和实践技术，组织教师参加各类教学和技能大赛等，鼓励教师赴企业锻炼等措施，不断提高专业教师创新创业教学能力。其次，学院通过开设创新创业指导培训班，创新创业教育强化训练等途径专门培养一批创新创业指导教师。另外，邀请食品行业企业中优秀人才或者杰出校友担任行业兼职教师，生动展现食品行业中最新创新创业案例。

5. 以制度为抓手，建立创新创业教育管理与考核体系

组建学生创新创业管理组织机构。对有关基地建设、创新创业型人才培养与管理的重大事项做出决定并对所有创新创业项目进行规范的过程管理与定期考核，对运行效果、考核结果较好的项目，学院对创新创业学生或团队以及指导教师予以表彰，对创新创业学生在项目资金扶持、学分替换、评奖评先等方面予以支持；对指导教师在年度考核、评奖评先、职称职务晋升等方面予以适当倾斜。

二、成果的创新点

1. 运用创新能力的层次理论，构建"三模块双平台"实践创新教学体系

依据创新能力的三层结构，即表层的知识、中层的技能和深层的品格，紧扣食品营养与检测专业人才培养目标，结合食品行业背景和特点，嵌入创新创业教学内容，构建互通互融的由专业实训模块、综合实训模块、创新创业实践模块和专业实训平台、创新创业实践平台组成的"三模块双平台"的实践教学体系，实现专业能力和创新创业能力培养的总体目标，有效提升学生的创新能力和创业成功率。

2. 融"产、教、创"为一体，打造专业实训和创新创业双平台

从教学内容、形式、手段改革入手，建立以专业技能实训为基础，综合实训为提高，创新实践求发展，融"生产、教学、创业"为一体的专业实训平台和创新创业双平台。

（1）专业实训平台

模拟企业生产与检验过程，与江苏省畜产品检测中心、南京雨润集团等行业企业共同建成了农畜产品质量安全与检测和食品质量安全两个省级实训基地，为学生提供模拟企业的实训环境，通过"做中学、做中教"，培养学生扎实的食品检验、食品质量管理和食品加工实践技能和创新能力。

（2）创新创业平台

联合行业企业组建江苏省协同创新中心和江苏省畜产品深加工工程技术研究开发中心，为校企合作研究、开发学生创业等搭建优质平台。设立大学生创新训练中心，满足学生从事实践创新训练、科学研究与发明以及各类技能大赛等项目。建立大学生创业孵化基地，为大学生的创业活动提供实操平台，引导创业活动向长期化、社会化、实战化发展，提高学生创业能力和意识、就业核心竞争力和经营管理经验，为实现就业创业夯实基础。

3. 建立创新创业教育管理与考核体系，创新创业教学质量得到有力保障

组建学生创新创业管理组织机构，制订并实施学生创新创业与课程学分互换制度、学生创新创业项目的准入与退出制度、考核与激励制度、创业孵化基地管理制度等，强化过程管理，固化创新成果，促进学生创新创业项目规范、科学运行。

三、成果推广应用效果

本成果推广到我院40多个专业，成效显著。学院先后荣获全国就业典型经验50强、全国创新创业典型经验50强、全国经验50强、全国高职服务贡献50强。

成果相关内容"创新融入教学"的做法被省教育厅《高等职业教育创新发展行动计划（2015—2018）——江苏省2016年度绩效报告》采纳。

江苏省教育厅丁晓昌副厅长主编的《江苏省高等职业教育改革发展创新案例集》遴选了本成果关于深化产教融合的体制机制创新、创新型人才培养模式、创新型人才培养课程体系、创新型人才培养实践教学等7个案例。2016年7月何正东院长在《2016年全国高职院校创新创业教育联盟理事长会议暨第二届全国高职院校创新创业教育论坛》会长做了"依托专业开展创新创业彰显农牧院校人才培养特色"的主旨演讲。在2016年12月第四节海峡两岸高等职业教育校长联席会议上，吉文林研究员代表学院做题为"高等职业院校科技创新和创新创业教育研究"经验交流，在全国产生重大影响。

高职食品类专业探究性综合实践活动
课程的开发与实施

成果名称　高职食品类专业探究性综合实践活动课程的开发与实施
成果完成人　卢洪胜、谢明芳、高小娥、尹喆、刘明华
完成单位　武汉职业技术学院生物工程学院

一、成果背景

1. 产业背景

传统食品技术与现代生物技术、中药技术、信息化技术等融合发展，食品配方、生产工艺、安全管理、包装设计及营销模式等环节的创新需求迫切，创新实践的题材非常丰富。

2. 创新教育现状

高职院校开设了基于知识的通识性创新教育课程，但"与专业教育结合不紧、与实践脱节"的比较突出问题突出；由于缺乏课程的规制、大班制教学的师资短缺、学生主动性和积极性偏失等原因，创新实践活动成了少数有创新意愿的学生的课外"小灶"，而多数学生则游离其外。

3. 学情背景

主体意识、主体人格、主体能力是创新实践的内驱力。受长期的应试教育影响，我国高校学生普遍具有被动认知的习惯；与普通高校相比，高职院校学生的认知内驱力和自主学习动能又普遍偏低，主动性、能动性比较薄弱而急需"补课"。

4. 政策背景

《国家中长期教育改革和发展规划纲要（2010 - 2020 年)》（中发〔2010〕12 号)、国务院办公厅《关于深化高等学校创新创业教育改革的实施意见》（国办发〔2015〕36 号)、教育部发布《关于深化职业教育教学改革全面提高人才培养质量的若干意见》（教职成〔2015〕6 号）等文件分别提出，要"开发实践课程和活动课程""倡导探究式教学"；要"关注学生不同特点和个性差异，发展

每一个学生的优势潜能";创新创业教育要"面向全体、分类施教、结合专业、强化实践、促进学生全面发展"等。本成果既是在上述文件精神指导下的固化，也是文件精神的贯彻落实。

二、成果内容

成果简介（包括成果解决的主要问题、采取的主要方法及措施、创新点、成果推广应用效果、机制体制创新等）：

传统食品技术与现代生物技术、中药技术、信息化技术等融合发展，食品配方、生产工艺、安全管理、包装设计及营销模式等环节的创新需求迫切，创新实践的题材非常丰富。为促进创新实践活动与专业实践、与生产实际有机结合，在理论探索和十多年课外探究性综合实践活动总结的基础上，武汉职业技术学院食品生物技术专业提出了"面向产业、依托专业、尊重个性"的创新教育实践教学理念，并于2014年率先开发了"四结合"（创新实践活动与专业实践、与生产实际、与学生个性化发展需要）的探究性综合实践活动课程；为解决个性化指导与大班制教学的矛盾，构建了以教学组织形式多样性、灵活性和校内外教师团队教学为主要特色的协同教学机制。

1. 弥补创新实践活动与专业、与生产实际相结合的综合性实践环节的缺失

探究性综合实践活动课程以学生自主探究的方式调动学生个性潜能，探究的问题源于生产实际，问题的解决主要依托专业知识和技能，解决了创新教育"与专业教育结合不紧、与实践脱节"的突出问题。

2. 创新实践活动从针对少数学生到面向人人

大班制背景下，由于师资力量的局限性，创新实践活动成了少数学生的课外"小灶"。协同教学机制以教学组织形式的多样性、灵活性以及教师团队化教学，解决了学生人人个性化创新实践的教学师资问题、个性化指导与规模化教学效益相统一的问题。

3. 采取的主要方法及措施

（1）创新实践活动课程开发的理论与实践探索

在食品行业发展特点和学情分析、总结课外探究性综合实践活动经验的基础上，以活动课程理论、主体性教育理论及协同学原理等为指导，确立了高职创新教育实践教学的理念、课程模式及教学模式。

（2）开发探究性综合实践活动课程，为学生的个性化创新实践活动搭建平台

①依据活动规律，设计课程内容与结构。课程的主要内容及序化结构为：基

本认知学习→考察食品相关企业→确立探究主题→自主探究→展示成果→总结与考核评价

②制订课程标准，引领和规制课程行为。主要规定课程性质——专业必修课，课程目标——以增强学生创新精神、意识和实践能力为基本价值取向，探究主题——专业性、实用性。

③编制教学指导书，为教学活动提供行动指南。探究性综合实践活动课程没有教材，以教学指导书作为活动指南，主要内容包括：各项活动的具体内容及规范、典型案例，各阶段教学组织形式，教学进程，考核评价细则（各项考核的内容、权重及考核方式等）。

（3）构建柔性化的协同教学机制，实现个性化指导与规模化教学的统一

①以教学组织形式的多样性，平衡个性化指导需求与规模化教学效益。以小组教学为主，班级集中教学与个性化指导相互衔接与配合。

②建立教师团队协同教学机制，弥补师资数量与教师个体能力的局限性。专业主导教师分别负责班、组的教学组织与协调，校内外"嘉宾"应邀分担教学任务；师生之间通过沟通协商而灵活安排教学活动。

③制订协同教学的运行管理制度。主要从教学组织形式、教学团队组成与职责、过程管理及教学工作量计算办法等四个方面，制订协同教学的工作规范。

三、成果创新点

1. 高职创新教育实践教学理念创新

从高职教育特性、高职学生主体性薄弱的现实出发，有针对性地提出了"面向产业生产实际、依托专业特长、尊重学生个性兴趣"的创新教育实践教学理念。

2. "四结合"的综合实践活动课程模式创新

探究性综合实践活动课程以学生依托专业知识与能力，自主探究解决产业实际问题为主要活动内容，实现创新实践活动与专业实践、与生产实际、与学生个性化发展需要的有机结合，凸显了职业性。

3. 柔性化的协同教学机制创新

为适应大班制背景下学生个性化创新实践的教学需要，通过教学组织管理机制创新，创建了柔性化的协同教学机制。以教学组织形式的多样性，实现个性化指导需求与规模化教学效益的统一；以"主导教师＋嘉宾"教师团队的协同教学，弥补师资数量与教师个体能力的局限性；以基于"师—师""师—生"沟通协商的教学活动安排的灵活性，有效释放教师教学与学生个性化学习的潜能。

四、成果的推广应用效果

1. 学生发展

2004 至 2016 年，食品生物技术专业共有 200 名学生参加了探究性综合实践活动的锻炼，创新意识与实践能力显著增强：

①六名学生合作的作品《食品中青霉素类抗生素残留快速检测试纸卡》，获 2016 年"挑战杯——彩虹人生"全国职业学校创新创效创业大赛特等奖。

②在教育部食品工业职业教育教学指导委员会、生物技术类专业教学指导委员会主办的职业技能竞赛中，有 8 名学生获个人一等奖，1 名学生荣获食品营养与安全检测技能大赛银奖。

③200 名学生的毕业设计成绩全部为良好及以上，22 人为优质，占 11%，而全校每年毕业设计"优质"的评选比例不超过 5%。

2. 促进教学改革创新

①在食品生物技术专业探究性综合实践活动课程模式带动下，武汉职业技术学院现有药品生物技术、药品经营与管理等 6 个专业开设了探究性综合实践活动课程，有 70% 以上的专业开设了课外探究性实践活动项目。

②借鉴探究性综合实践活动课程的协同教学机制，武汉职业技术学院于 2014 年制订并实施《开放性毕业设计组织管理办法》，消解了毕业设计教学师资不足的困扰；2016 年开始实施基于教师团队协同教学、学生自主学习、因材施教的《武汉职业技术学院"英才计划"实施方案》。

3. 推广

①自 2014 年开设探究性综合实践活动课程以来，共邀请了 12 所学校的教师现场观摩或参与教学指导。目前，该成果已在 2 所高职院校的食品及生物技术类专业应用。

②《"专创结合"的探究性综合实践活动课程及柔性化协同教学机制》作为创新创业教育课程开发的典型案例，列入《武汉职业技术学院高等职业教育质量年度报告（2017）》，通过教育部高职高专网站向社会发布。

③发表论文。在 10 多年的理论与实践探索中，本成果组先后发表相关的学术论文 5 篇，分别为：

《高职通专一体化综合实践活动课程的开发与实施》，《职教通讯》，2016 年第 18 期；

《基于开放性的高职院校通识教育与专业教育的融合——以药品经营与管理专业医药商品学课程为例》，《科技创业》，2015 年第 17 期；

《校企合作教育下高职毕业设计的开放性组织管理模式创新》，《武汉职业技术学院学报》，2015 第 2 期；

《高职高专生物技术专业面向创新意识培养的导师制模式研究》，《科技信息》，2006 年第 11 期；

《高职院校通专融合课程体系建设及教学管理创新》，《职教论坛》，2015 年第 9 期。

互联时代"文创为本、多元促学"广告设计专业整合式教学法的实践与探索

互联时代"文创为本、多元促学"广告设计专业整合式教学法的实践与探索

成果完成人　吴倍贝、李斐韦华、向宁、邹红、叶振、杨柳、余克敏、黄济云、赵璐、张绮媚、欧建达、黄文勇

成果完成单位　广东岭南职业技术学院

一、成果背景

国家"互联网＋"文化战略和供给侧改革的重大部署，让跨界融合、科技文化双轮驱动，让文化创意和广告传媒类产业实现无缝对接。

国家规划十二五时期文化创意产业早已明确指出：随着人民群众对文化产品服务的需求日益多元化和精良化，必须要深耕文化内容。

"十二五"到"十三五"时期是我国全面建成小康社会的决胜阶段，文化消费时代的到来让广告产业链升级，广告传媒服务业整合传播人才供不应求，《国家工商行政管理总局广告产业发展"十三五"规划》指出：随着广告业集约化深入推进，互联网广告规模化发展，鼓励广告业以"文化创意＋互联网＋广告"为核心，实现跨媒介、跨平台、跨终端整合服务。

综上背景，以现代广告市场人才的需求（广告企业、广告行业协会的要求）、广告行业现在和未来发展的趋势，广东岭南职业技术学院艺术与传媒学院广告设计与制作专业 2012 年起就在"文创为本"、为纲的思路用特色机制链接本土文化，进行多元促学手段联动整合式教学法的实践探索，引进特色课程内容设置和特色实践教学方法，国际职业课程教学模式 CBE（Competency－Based Education），深化广告市场人才培养改革，激发广告专业学生的创造力，培养"创品牌"的生力军；推动赛事成果转化，促进"互联网＋"新业态形成；以创意整合能力，推动广告专业毕业生更高质量带动高平台就业；在职业教育技术技能的基础之上，培养"文化创意＋互联网＋广告"的现代广告人才。

二、成果内容

五年来，本成果坚持"文创为本"为导向，"多元促学"为手段，整合式教

学法为方法，以本专业省级教学成果奖培育项目《粤台合作背景下广东岭南职业技术学院广告人才培养——粤台特色课程开发探索与实践》为依托，以区域性粤台合作为背景，引入港澳台和国际特色课程创意案例到部分核心课程的教学内容，立足本土文创精神，把文化创意整合训练内容，贯穿核心课程。

1. "文创为本"为导向，打造特色课程训练内容

以"文创为本"为纲，在 2012 版人才培养方案的基础上，经过国际、港澳台课程体系调研，引入韩国新罗大学、香港知专设计学院、台湾昆山科技大学的部分优质课程设置，制定独具广东岭南职业技术学院艺术与传媒学院特色的广告专业"文化创意 + 互联 + 广告"的特色课程包，叠加国际特色课程创意案例到部分核心课程的教学内容中，融合国际教育背景师资与案例，部分课程教学内容与毕业设计内容链接人文内涵，孵化本土文化与互联文化消费品牌，培养学生专业设计能力、创新与创造能力，促竞赛、促专利产成果。

2. "多元促学"为手段，联动整合式教学法

以多元促学为手段，实行"竞赛 + 孵化专利"促学，课程"结课"促学；课程教学以小成果提案"结课" + 创意市集促学，毕业设计以大成果的答辩 + 展示促学，将竞赛、专利成果化，形成整合式教学法：

（1）打造内涵基础

一年级文化创意跨界思考以本土文化元素为价值观与内涵引导学生，用心去探索去实践。

（2）构建文创核心

二年级核心课程结课模式与文创产品开发孵化专利至其他核心课程，形成常态的文创设计开发模式；

（3）提升整合能力

三年级文创毕业设计与答辩展示，提升学生的整合设计能力；

（4）联动整合教学

特色课程贯穿四元核心训练实践（创意 + 策划 + 视觉 + 互联）整合式教学法实行多项能力的项目教学，促广告设计逻辑思维学习和广告设计执行能力。

通过五年实践，该方法有效解决文理兼招，零基础广告设计人才培养，推动本土文化品牌与互联文化消费品牌打造与延伸，达到课内外互动促竞赛、促考证、促专利、促就业，形成人才培养链，培养"文创 + 互联 + 广告"即互联新媒体思维的文创型、全案策划型、科技创新型的现代广告人才。

三、成果创新点

1. 特色课程训练包创新

根据行业进行课程项目包逐级提升，通过整合建立特色课程内容，形成以互联策划为特色的课程，《广告策划》《品牌互动与推广》用互联策划特有教学方式和手段开发出整合式教学法捆绑多元促学，学生用互联策划概念和文创视角对企业品牌进行推广设计。

2. 项目内容整合创新

课程教学以单项成果提案促学，毕业设计以答辩展示促学，联动整合式教学法四元核心训练实践，提升学生的创新、创意、创客的综合广告设计能力。

3. 教学终端控制创新

实行台湾 CBE 结课教学方式有施有结的进行终端成果控制教学。

4. 人才培养多元创新

结合文创原创孵化，通过课程促学生整合设计能力输出现代广告或自主创业人才。

四、成果推广应用效果

1. "文创为本"导入特色课程内容出特色成果，加强学生"原创项目孵化促成果、促竞赛、促专利"设计技能，项目组成员进行专利项目孵化，成效明显

其中，2014 年文创商品设计展《南得有展》的举办影响强烈，得到了各新闻网络媒体的争相报道与追访，该展览检验特色课程内容，既是成果应用也是成果推广。

2016 年我专业学生参加广东省住房和城乡建设厅、共青团广东省委员会主办广东大学生南粤古驿道微纪录片大赛，我专业学生 PK 本科一流院校获得一等奖，新闻网络媒体的争相报道与追访，该竞赛捆绑《动态影像》《毕业设计》文创内容既是成果应用也是成果推广。

在 2014 年广东省高职艺术设计专业指导委员会说课大赛推广《文创商品设计》特色课程内容：参加本次年会共有全省 61 位青年教师参加说课竞赛，本教学团队获得二等奖。在 2014 年 5 月首届广东省高职艺术设计类专业教育指导委员会年会上，仅 4 所高职院校代表进行特色教学推广，广东岭南职业技术学院广告专业在大会上进行了《特色课程开发实案探索》的讲演，成果推广得到了广东省高职艺术设计类专业教育指导委员会的认可。

2. 整合式教学法应用成果：学生加强互联思维策划推广能力，达到企业直招、自主创业的显著成果

（1）广告设计与制作专业毕业生平均就业率98.67%（就业指导中心数据），高于广东省、国家高职学生平均就业率

学生专业开拓创新、实践能力强，受到对口企业的欢迎和好评，就业平台好，企业直招，自主创业人员多，成效显著。在广州城市美化方案中标，13级邓存欣的SOUR艺术店铺进行了广州有轨电车车体广告项目获得各大媒体的相关报道，又一次扩大了本专业在广东省的影响。

（2）多元促学辐射相关教学成果与获奖情况

①学生获奖情况面广，量大，效果好：2012年至2016年，本专业师生在各项设计大赛中获奖467余人次，其中国际级11人，国家级223人，省级233人，面广，量大，效果好。专业学生自2012年起连续4年在省级广告设计职业技能大赛中获得一、二等奖，学生群体形成良好的学习氛围和常态竞争模式。同时，在2016年广告艺术设计大赛广东赛区策划类获奖比同类院校相比取得大面积成果，得到广东省高职艺术设计专业指导委员会刘境奇主任的好评，开拓了职业院校广告设计专业在广告策划传播类领域占领一片天地的先例。

②教师获奖情况提升教学质量：五年来，教师获省级以上奖项25项，国际级奖项1项，国家级1项，省级23项。另外，2016教育部高职艺术设计专业教学指导委员会推广数字化课程内容《品牌推广与互动多媒体》并获第七届全国青年教师讲课大赛金教鞭金奖，本次竞赛与标杆院校同台竞技（苏州工艺、深职院、广轻工、顺德职院等），新颖超时代的内容获得教育部高职艺术设计专业教学指导委员会专家主任的好评。

③成果的相关论文、作品及教材、教学改革与科研项目：本专业基于此项目基础上，连续六年进行重点培育专业建设，发表国家核心论文与作品8篇，省级以上论文，省级教研课题立项4项，校级教科研立项4项，精品课程打造4项，10项特色课程包课程标准，十三五规划教材4本。

文化消费时代的来临，更需要文化内涵的延伸，本专业教学团队踏踏实实以教学为本，打造特色课程内涵的建设与改革，为能把零设计基础学生培养成多元人才，在文创为本、多元促学的教学改革内容方法上想尽办法，改革实践仍在继续，一如既往，我们团队将继续努力在广告人才培养方法上增砖加瓦扬帆远航。

家具设计与制造专业"赛学融合"培养创新型技能人才的模式与实践

成果名称　家具设计与制造专业"赛学融合"培养创新型技能人才的模式与实践

成果完成人　干珑、文麒龙、王荣发、孙亮、刘晓红、彭亮、柳毅、黄嘉琳、王永广、曾艳萍

成果完成单位　顺德职业技术学院

一、成果内容

顺德职业技术学院家具专业通过"赛学融合"培养创新型技能人才的模式与实践，强化家具专业作为国家级教学团队的教学、科研能力，依托一个平台两个中心（广东省家具专业政校企协同育人平台、广东省家具工程技术开发中心、广东家具工程与装备数字化技术协同创新发展中心），与"政行校企"通过项目实现共赢，着力提升产业服务能力，通过"赛学融合"，获得家具设计大赛奖项300多项，获得实用新型、外观专利120多项，学生的创新设计能力与就业质量得到全面提升，连续三年就业率100%，已成为了国内一流的家具专业，深受企业用人单位好评，一些创新设计能力较强的毕业生创业开办家具设计公司，取得可喜成绩。

1. 赛学融合，以设计竞赛项目驱动课堂教学

该模式是将设计大赛作为课程教学载体，融入教师工作室、学生工作坊，以赛促教、以赛促学，用竞赛提炼教学内容层次和创新能力，为具有竞争意识的职业素养与设计创新能力打下基础，培养创新型家具设计人才，家具专业师生共获得各类家具设计专项赛事金、银、铜等奖项300多项，成为国内家具专业获奖最多的院校。

2. 赛学融合，承办国内高水平、有影响力的家具设计大赛

基于专业在业界的影响力，学校地处家具原材料、生产、销售产业链完善的顺德，联合政府、协会、企业，由我专业组织并承办了四届"乐从杯"家具设计大赛、三届"龙"家具设计大赛、一届"帝标杯"家具设计大赛，取得圆满

的成功。"赛学融合"推动了"政行校企"的密切合作，实现了多方共赢，扩大了专业的影响力。

3. 将企业真实设计项目以校园家具设计大赛的方式植入课堂教学

企业以真实设计项目为命题，设立校园家具设计大赛，校企合作先后举办过5次校园设计大赛，校园大赛奖励获奖学生与指导老师，奖励面广，提高了师生的积极性，为企业解决了设计难题，提供了大量有价值的创新设计方案与创新设计素材，校企合作取得实质性的成果，通过真实项目设计竞赛，学生的专业技能得到全面的提升。

二、成果特色与创新点

成果特色包括以下几个方面。

1. "赛学融合"推动人才培养模式改革，成效显著

将"赛学融合"作为专业人才培养模式改革的突破口，提高教师工作室、学生工作室的内涵建设，改革教学内容和教学组织，学生实践能力与创新能力得到提高，就业率与就业质量明显提升，本专业成为国内高职院校家具专业获奖最多，增强专业影响力。

2. "赛学融合"创新了"政行校企"新模式

通过"赛学融合"，加深了"政行校企"的合作，借助院校优势为政府、协会、企业承办设计大赛，推动家具创新设计事业的发展，为家具产业转型升级贡献力量，"政行校企"实现多方共赢，合作实现了可持续发展。

成果创新点包括以下几个方面。

1. "赛学融合"的模式实现了教学从被动式向主动式转变

"赛学融合"的模式以参加设计大赛驱动课堂教学，到承办高水平的设计赛事，升级为企业以真实计项目设立校园设计大赛，实现了教学从被动式教学向主动式的转变。

2. "赛学融合"的模式实现参加设计大赛由虚拟设计向校企校园设计大赛真实设计项目的转变

由参加虚拟设计大赛到真实项目设计大赛的演变，反映了企业对家具专业师生设计研发水平与能力的认可，通过真实项目设计大赛的开展，校企双方实现共赢。

3. "赛学融合"的校企校园设计大赛的模式，让学生参与及获奖面实现了由窄向宽的转变

校企合作的校园设计大赛设立教师组、学生组，奖励所有参赛学生、教师，提升了师生参赛的积极性，将企业真实设计项目大赛融入教师工作室、学生工作坊，以赛促教、以赛促学，解决了企业设计难题，为企业提供了大量有价值的创新设计方案与创新设计素材。

4. "赛学融合"的模式实现了学生由技能型专业能力向技能型创新型专业能力转变

通过"赛学融合"，学生创新能力得到全面提升，实现了技能型专业能力向技能型创新型专业能力转变，每年有上百家家具企业参加设计学院"答辩、展览、推介"三位一体的毕业设计展与人才招聘会，"赛学融合"提升了就业率与就业质量，不少毕业生在深圳、顺德开创设计公司，创新设计能力的提高带动了学生创业的比例。

三、成果应用推广及效果

1. 通过"赛学融合"的深入推进，"政行校企"合作更加密切

"赛学融合"模式的推广，实现"政行校企"多方共赢，专业通过校企合作举办校园设计大赛5次，为企业提供创新设计800多项，家具专业的教授长期担任"政行企"举办的大赛评委，扩大院校的影响力。

2. "赛学融合"推广后，专业创新设计技能整体提高，毕业生对口率、就业率全面提升

通过"赛学融合"模式的全面推广，学生课堂的主动性、能动性大大提高，创新设计能力全面提升，通过设计学院每年"答辩、展览、推介"三位一体的毕业设计展与人才招聘会，毕业生对口率达到95%，就业率连续三年为100%。毕业生创业比例大大提高，为学生的职业发展打下坚实基础。

3. 在兄弟院校的推广应用，收效良好

10多年来，共计有300多所国内高职院校来我校家具设计展览参观学习，还有联合国教科文组织、欧洲、美国、澳大利亚以及港、澳、台地区的20多所设计院校以及国内清华大学美术学院、中央美术学院、中国美术学院、同济大学、浙江大学等国内著名高校来参观交流。每年有上百高职、本科院校慕名而来我校调研家具专业，我们将"赛学融合"的做法推广宣传，如：龙江职业技术学校先后连续与企业举办了三届"虹桥杯"校园师生设计大赛，通过"赛学融合"促进校企合作，提高了学生创新设计能力，中山职院家具专业也参与到我校校企合作校园家具设计大赛，同台竞技，共同促进。

面向轻工行业智能制造的无线传感技术实践教学系统的研发及应用

成果名称　面向轻工行业智能制造的无线传感技术实践教学系统的研发及应用

成果完成人　吴琦、冷报春、邓春生、赖冬寅、韩代云、戴臻、毛丁、苏学明

成果完成单位　四川工商职业技术学院、北京华勤创新软件有限公司、捷普科技（成都）有限公司

一、成果内容

在我国轻工行业"智能制造"转型升级的背景下，面临着两大教学问题，一个是轻工行业在"智能制造"转型升级期间，高职机电类专业对行业内"工程创新、综合应用"的技术人才培养，针对性差，对行业支撑度不够；另一个是传统机电类核心课程相互孤立、实践教学资源分割、课程内容严重滞后于企业技术，效率不高，成本难降。

本项目采取四条应对方法和措施解决教学问题：（1）针对轻工行业需求，改革教学内容，提高实践教学的针对性；（2）校企密切合作，整合教学资源，提高实践教学的效率，（3）校企共同开发实践教学系统，提升实践教学的技术先进性和行业特色；（4）拓展企业资源，扩大实践教学的改革范围。

本项目成果成功研发出了"五合一"（传感器、嵌入式 ARM、单片机、EDA、无线通信）、"1＋3"（一个平台、三种核心处理技术）的无线传感技术实践教学系统，独创了5门课程共用一个平台的教学方式，为同类院校专业创新了可复制的教学模式。

期间，阶段性成果包括了"无线传感技术实践教学系统"1套，实践教学指导书1本，实用新型专利3项，相关论文10余篇（其中，SCI收录1篇，中文核心4篇）。

二、成果主要特色与创新点

本项目针对轻工行业机电类高职学生而开发，以综合应用为主，同一个平台

上采用了三种不同核心处理技术，可实现 5 门课程的融合，实验组合方式灵活，可实现 1 + 4、2 + 3、4 + 1 等不同课程之间的组合，效率提高，单位成本降低；实践教学系统硬件以模块化的方式构建，具有可拆分组合的特点，系统软件以统一化的界面构建，模拟生产过程管理系统，具有轻工行业特色；整个实验系统硬件、软件都是自主研发的，具有独立的知识产权。

采用行业内先进的技术方法和手段，成功研发出了具备开放式二次开发功能，具有"五合一、1 + 3"特色的无线传感技术实践教学系统，拥有独立的知识产权。

针对轻工行业需求，整合课程和实践资源，独创 5 门专业课程共享共用一个实践教学系统的教学方式，建立了"五合一"模式下的教学标准及其对应的教学模式，增强了专业核心课程之间的衔接，缩短了专业核心课程的学习时间，高效提高了学习应用效率，并有效降低了教学成本。

三、成果应用推广情况

自本项目成果从 2012 级机电类专业开始应用，毕业生对口就业率每年提升近 5%，平均工资水平每年提升，毕业生受到"一汽大众""捷普科技"等知名企业的好评，知名企业的订单班数量逐年增加，就业质量明显提高。

教学团队先后取得了四川省 2013 年至 2016 年高等教育人才质量和教学改革课题"以小型产品制作项目为载体的高职电子信息专业人才培养模式改革"等多个省、院级课题的立项，主持建设 1 门院级精品资源共享课《单片机应用技术》，编写 1 本教材。教学科研成绩显著，教学团队受邀参加四川省政府举办的"2016 智能制造——工业 4.0 中德论坛""2016 年四川省机器人产业发展年会"等大型活动。

成果自推广应用以来，专业技能竞赛获得质量和数量的突破并在同类院校中领先。学生创新创业项目连续受邀参加"2015 年四川省职业教育改革发展成绩、教育教学成果展示""2016 年四川省科技活动周启动仪式""2017 年中国成都全球创新创业交易会"等大型活动，获得社会、企业、学生的高度认同。

建设混合所有制特征的生产性实训基地，培养学生实践和创新能力的探索与实践

成果名称 建设混合所有制特征的生产性实训基地，培养学生实践和创新能力的探索与实践

成果完成人 孙勇民、岳鹃、殷海松、刘鹏、潘志恒、王芃、牛红军、范兆军、陈珊、张乐

成果完成单位 天津现代职业技术学院

一、成果背景

2014年2月26日，在李克强总理主持的国务院常务会议上，"将探索发展股份制、混合所有制职业院校，允许以资本、知识、技术、管理等要素参与办学并享有相应权利"确定为加快发展现代职业教育的措施之一。在国务院及其部委发布的《国务院关于加快发展现代职业教育的决定》和《教育部关于深入推进职业教育集团化办学的意见》等文件中多次强调了探索发展混合所有制职业院校的重要性。

混合所有制生产性实训基地是探索发展混合所有制职业院校的具体实践形式之一。所谓混合所有制特征的生产性实训基地，定义为两个及其以上不同性质的主体（独立法人）通过以资本、场地、设备、人员、智力、产品等有形或无形资产的方式共同建设生产性实训基地。核心要素包括：一是国有资本与非公资本中的一种或几种的混合；二是混合所有制主体必须参与各方按出资比例享有相应权利，实行资本管理等。

二、成果内容

"建设混合所有制特征的食品生产性实训基地即校企所站协同发展，创新校企合作长效机制、提高人才培养质量、提高社会服务能力，提高实践和创新能

力"是以国家两个重点项目（"国家高等职业院校提升专业服务产业发展能力项目"和"国家示范骨干校建设"）为支撑的建设内容，中央财政和天津财政共支持1240余万元，2013年和2015年分别通过国家和市教委财政的验收。国家骨干高职建设项目验收时专家组一致意见：学院主动服务区域经济转型和产业升级，校企所站协同发展，引导教师开展技术服务和项目研发，为行业和社会提供智力技术服务，多元化社会服务成效显著（摘自国家骨干高职建设项目验收专家组意见）。

经过探索与实践，创新了"五对接"校企合作长效机制即"实训基地对接生产车间、教学设备对接生产设备、实训课程对接岗位项目、授课教师对接技术人员、产品生产对接科技研发"；形成了"实践型实训、实用型研发、实战型创业"运营模式；建立了基于利益共享机制的实训基地，培养了学生实践和创新能力。成果实现了①"五对接"校企深度融合，助推教学改革。②搭建社会服务平台，服务区域经济。③调动企业积极参与全员育人的积极性。

食品营养与检测专业混合所有制特征的功能性食品生产实训基地主要包括"一车间两中心"，即生产加工车间、分析检测中心和研发中心。校（天津现代职业技术学院，简称现代学院）、企（天津市益倍建生物技术有限公司，即美国自然之源国际集团控股合资公司，简称：益倍建）、所（天津市轻工业化学研究所有限公司，简称：轻化所）、站（天津市质量监督检验站第3站，简称：质检站）——"校企所站"（4个）独立法人所有制主体，通过以资本（益倍建，民间资本出资170万元）、场地（现代学院，公有资本出资500余万元）、设备（益倍建，生产设备投资100余万元）、人员（质检站，投入检测人员享有公办高职教师工资待遇的地位和权利；现代学院，"双师型"教师）、智力（现代学院，专利10余项；轻化所，科研项目技术研发及应用累计投入700多万元；质检站，具有市场签批资质的市场检测和抽测，项目创收累计500多万元）、产品（现代学院、益倍建、轻化所共同研发产品10余项，效益逾千万元）等有形或无形资产共同投资建设混合所有制功能性食品生产性实训基地，参与各方按出资比例享有相应收益。

1. 采用"企业主导、校内生产、教师和学生参与"实践型实训

益倍建公司投入170万元相关硬件设备，建成功能性食品生产加工车间，车间运营由企业主导，开展校内生产实践型实训和实用型研发。"企业主导"指盘活各类资源，在产品开发、专业建设和课程教学上起到主导作用。"校内生产"指质检站将部分市场样品放"校内检测"进行实践型实训，以企业的设备和实践为标准，将先进的生产技术和检测技术转化为专业实践项目，教师和学生的专业实践能力得到实质性提升。解决了学生专业实践技能与产业先进的生产技术和检测技术脱轨的问题。

2. 基于科技创新的实用型研发，使校企双方科技资源互享、实现双赢

轻化所基于科研管理制度、优秀研发科技人员、国家及市科委科研项目等智力资源投入混合所有制特征的生产性实训基地，与学院食品营养与检测依靠95%的具有硕士学位、25%的具有博士学位的专业教师团队一起成立了研发中心。几年间，轻化所累计投入的市科委创新项目、科研项目等10余项、资金700多万元，同时学校师生和企业人员共同参与科研项目和产品的研发，《农田根际促生剂》、《固定化 β - 半乳糖苷酶催化生成低聚半乳糖的研发》等多项成果达到国内领先水平，部分产品已经实现产业化，获得了较好的经济效益。

3. 基于生产性实训基地的教学、研发、生产，学生实战型创业取得显著成果

学生王梓朝获得台湾地区设立的"国际发明设计比赛"金奖；王昊哲获高职唯一的"天津市大学生杰出创业项目成长激励金"优秀奖，奖金1万元、毕业后于2013年8月创办了冬青（天津）生物科技有限公司，是一家专业致力于生物医疗科学技术研究与临床应用的高新技术企业；王晓丽、孙甜甜等同学在世界500强企业美国宝洁公司以及全球领先的第三方检测机构SGS和法国罗荣必维国际检测集团等世界知名企业担任主管。

4. 建立"融合混编"师资团队，使专职教师和企业兼职教师真正融合

对"校企所站"混合所有制生产实训基地的教师身份进行了规范，使质检站和轻化所等企业兼职教师享有公办高职教师的地位和权利，使工资待遇无差别和职称晋升无障碍，提高积极性，全程参与改革各环节，把生产实践中最新的知识和技术带到实践性教学中。

三、成果特色与创新点

（1）创新了"五对接"校企合作长效机制，实现"实训基地对接生产车间、教学设备对接生产设备、实训课程对接岗位项目、授课教师对接技术人员、产品生产对接科技研发"，突出职业教育的能力培养。

（2）创新了"实践型实训、实用型研发、实战型创业"的基地运营模式，提高了基地内涵建设和学生实践与创新能力。

（3）创新了混合所有制特征的生产性实训基地师资队伍的"融合混编"机制，企业兼职教师享有学院教师的地位权利、工资待遇、职称晋升、评优奖励，建立了稳定的"专兼混编"师资团队。

四、成果推广应用效果

1. 成果应用助推教学改革成效显著

2016 年，《发酵过程控制技术》获得首批国家精品资源共享课程称号；教育部教改项目《食品发酵企业生产实际教学案例库》通过教育部验收；2015 年，殷海松获第二届天津市黄炎培杰出教师奖；《发酵过程控制技术》等 2 部评为国家"十二五"规划教材；2014 年，获全国食品工业职业教育教学指导委员会教学成果奖一等奖；2013 年，《发酵过程控制技术》获全国信息化网络课程二等奖；2014 年至 2016 年，发表教改论文 30 余篇。

2. 成果应用有效推进专业国际化建设

食品营养与检测专业与美国丹尼斯克等企业合作建设专业国际化平台，共同开发专业建设标准。2013 年至 2015 年开发了《高等职业教育食品营养与检测专业国际化专业教学标准》，并于 2015 年 6 月由高等教育出版社正式出版发行，全国推广使用。

3. 成果应用提升了教师科技创新能力

2016 年，学院师生团队与益倍建研发的产品《复合红酒素》获得台湾地区设立的"国际发明设计比赛"（World Invention Intellectual Property Associations）金奖，产品年销售额达 200 多万元。2012 年至 2016 年，教师主持并参与《聚苹果酸高产菌株的选育及生产条件的优化》等国家 863 项目、国家自然科学基金和天津市科技计划项目 10 余项，累计科研资金 800 多万，部分成果达到国内领先水平，并已经进行了成果转化；获得天津市科技进步一等奖和二等奖，津南区科委科技进步三等奖；申请专利 30 多项，其中发明专利 20 余项；发表论文 100 多篇，其中 SCI、EI 等 20 余篇。

4. 成果应用提升了社会服务能力，服务京津冀区域经济

2011 年至 2015 年，师生年完成食品类企业产品检测 500 多批次；2012 年至 2014 年，承担食品和生物类专业国家骨干教师培训，为全国 20 多个省市、40 多个学校、160 多位骨干教师开展培训。2012 年至 2013 年，申请并立项天津市人社局《食品检验工》等 5 工种 25 个职业培训包项目，委托资金 300 万元。助力京津冀协同发展，与河北省唐山市盛川农产品股份有限公司和河北省邱县政府签订培训、研发等方面合作协议。

5. 成果应用提升了人才培养质量和学生实践创新能力

2012 年至 2016 年，学生获得国家和天津市奖学金 12 人，天津市大学生创新创业奖学金 4 人；获全国职业技术学校（院）在校生创意西点技术大赛一等奖 2 项；全国职业院校技能大赛高职组"农产品质量安全检测"赛项二等奖 1 项；全国食品营养与安全检测技能大赛一等奖。王梓朝获得台湾地区设立的"国际发明设计比赛"金奖；王昊哲获得高职唯一的"天津市大学生杰出创业项目成长激励金"优秀奖，创办生物医疗的高新技术企业。学生参与科研，并转化为创新创业项目，申请专利 5 项。

6. 成果应用增强社会影响力，充分发挥示范、推广和引领作用

承办召开了"京津冀食品产业协同发展高峰论坛·产教融合对接会"，达成产教合作意向 21 个，新产品推介 5 个，签订校企合作协议 14 家，52 名相关专业的学生签订就业意向；对口帮扶宁夏民族职业学院食品加工技术专业建设，指导了 30 余所中高职院校的各级各类参观学习 5000 余人次。

面向轻工行业经管类职业能力"一体化双闭环三层次"培养模式的实践

成果名称　面向轻工行业经管类职业能力"一体化双闭环三层次"培养模式的实践

成果完成人　戴颖达、郑书燕、高立荣、李颖、李悦、孙彩英

成果完成单位　天津轻工职业技术学院

一、成果背景

本成果是近十年面向轻工行业人才培养目标转型的实践教学成果，体现"学生就业为导向、行业需求为中心、职业能力为核心"的高素质高技能人才培养目标。

本成果是对接轻工行业需求、基于"一体化双闭环三层次"，培养高职经管类学生职业能力，构建了"精品课程网络资源、企业项目工作训练、虚拟课堂仿真模拟"的理—实—虚"一体化"教学资源共享平台；开发 PDCA 模式的人才培养体系和六阶段工作项目教学过程的"双闭环"人才培养质量控制；实施应用层次—综合层次—拓展层次的"三层次"职业能力实现路径。

本成果是天津市教育科学"十二五"规划课题《提升高职管理专业学生就业竞争力对策研究》研究成果的实践；已获得教育部教指委、天津市教育委员会等级别的精品课程以及天津市级精品资源共享课程等立项建设。以我院工商企业管理等国家示范校重点专业的先行建设，总结高职经管类专业职业能力培养模式，已经服务数十所全国各类高等院校，满足轻工行业经管类人才培养需求，获得广泛关注和社会影响。

二、成果内容

1. 面向学生，解决了经管类学生职业能力不足的提升对策问题

教学团队以天津轻工职业技术学院工商企业管理专业为典型案例，开发理—虚—实一体化教学资源共享平台，揭示高职经管类职业能力培养规律，总结面向轻工行业的经管类专业学生培养的有效经验和基本模式。

2. 面向学校，解决了经管类学生职业能力培养的模式创新问题

职业能力课程体系不仅决定高职教育的专业内涵，而且解决企业用人需求等核心问题，依据职业能力培养层级设计我院市场营销专业职业能力课程体系。横向依次是学生与课堂价值、企业与课程价值和创新与沟通价值等层次展开，分别按照案例分析—项目教学—企业诊断的思路设计专业课程内容；纵向依次是选择学习、教师引领、开发实践、系统策划和多元创造等维度展开，分别从职业入门—岗位实操—能力拓展的进阶设计专业训练项目。横向和纵向的交叉部分就是专业课程体系的具体模块内容，每一模块对于学生而言就是专业课程、对于企业来说就是工作任务、对于行业来说也是人才需求。

3. 面向企业，解决了项目教学与轻工企业对接的实践路径问题

"三层次"职业能力实现路径的训练过程，工作任务难度逐渐增加、学习场所不断贴近企业、学生操作技能逐步增强，坚持工作项目训练与企业岗位实际需求相结合，教学内容与职业资格取证相结合。强化学生职业能力的培养，并且不断贴近企业实际问题，学生一毕业直接可以胜任企业工作岗位。

我们教学团队与天津轻模工贸公司、天津市津兆机电开发有限公司等轻工行业企业合作建立校外实训基地，聘请企业技术人员担任实训教师，对学生进行现场指导，培养学生对企业基层问题的综合性认识，拓宽学生视野，提高了学生专业知识综合运用等职业能力。同时学院与企业共享"一体化"教学资源平台，帮助企业解决产品质量、现场改善等各类实际问题。

4. 面向行业，解决了培养目标与轻工行业需求的质量控制问题

根据麦可思（MyCOS）《天津轻工职业技术学院社会需求与培养质量年度报告》的调研数据，本校2013届毕业半年后就业率较高的专业共10个，其中经管类专业占到40%如电子商务、工商企业管理、物流管理、会计电算化等，占经管类全部调查专业的80%。在毕业一年后就业率指标上，2012届所调查的17个专业当中，有5个专业毕业一年后就业率高于全国骨干校2012届毕业半年后的同专业水平，其中4个是经管类专业。可以看出教学改革引领学生职业能力的有效提升、人才质量契合就业竞争能力的持续加强，满足行业、企业、学生等相关方人才需求。

三、成果特色与创新点

1. 职业能力培养层级

职业能力培养层级是《面向轻工行业经管类职业能力"一体化双闭环三层

次"培养模式的实践》教学成果的理论依据，并且在高职教育中首次提出。该模型不仅体现高职教育顾客价值层次与优势竞争的关键来源，而且实现高职院校与行业、企业、社会等相关方的相互渗透，重构高职教育职业能力培养层级。基于职业能力培养层级构建职业能力课程体系，随时满足轻工行业发展需要、对接学生职业能力培养、适应高职国家战略。

2. 职业能力课程体系

以我院市场营销专业（装配制造产品）为例，按照职业能力培养层级设计职业能力课程体系。市场营销专业 28 个教学模块内容的重构更加适合专业培养目标和行业企业需求，实现学校和企业、专业和职业、学生和岗位等多重对接。

基于职业能力课程体系设计专业课程，当其中任何一个因子或要素发生变化，课程体系中的每一个模块都要随之调整。这个动态职业能力课程体系，随时满足轻工行业人才需求、关注学生发展、提升职业能力、适应轻工行业人才战略。

3. 职业能力教学模式

我院工商管理专业核心课程《企业质量管理实务》的职业能力教学模式，是以轻工行业真实的工作任务为依据，将其工作过程整合、序化到学习情境中，围绕企业工作项目实施教学，把专业能力、方法能力、社会能力等综合职业能力培养目标融汇在完成项目任务的过程中。其中质量检验过程职业能力教学模式是培养学生在"抽样检验管理""过程控制管理""质量改进管理""60 质量管理"等企业质量检验方面的职业能力，具体形式为"质量检验工作项目"，质量检验职业能力教学模式是从单一、简单的抽样检验项目过渡到综合、复杂的 60 检验项目，形成系统化的企业质量检验工作过程。学生每完成一个质量检验工作项目，师生共同进行项目检查确认、项目评估整理等教学过程，使学生逐步提高质量检验工作能力，实现由单一到综合的职业能力培养过程，并通过建立普适化的质量检验工作思路实现质量检验工作能力的迁徙，适应不同企业质量检验工作需求。

四、成果推广应用效果

1. 项目教学对接轻工行业

在我院经管类专业《企业质量管理实务》《市场调查与分析》等专业核心课程教学过程中，教学团队与轻工行业企业合作开发项目教学，面向轻工行业实际工作需要确定具体工作项目。不仅面向学生创造了企业实践的机会、接触企业学习专业知识，解决了经管类学生职业能力不足的提升对策问题，也面向企业，解决了项目教学与轻工企业对接的实践路径问题。

（1）面向轻工行业校内企业项目

主讲教师带领工商企业管理专业学生深入校内企业——天津轻模工贸有限公司车间现场等场所，调查塑料件产品的生产工艺过程和相关质量问题，指导学生对存在质量问题做出工艺分析、质量改进等工作项目质量分析报告。

（2）面向轻工行业校外企业项目

教学团队利用到轻工行业企业咨询、评审等机会，了解企业实际的需要和收集信息，为课程教学、项目开发积累素材。主讲教师带领工商企业管理专业学生到天津市津兆机电开发有限公司等校外企业，进行产品质量检验、质量标准管理等工作项目调研，完成相关的质量管理报告。

（3）面向轻工行业市场调查项目

市场营销专业学生按照主讲教师要求，学生项目小组分别深入电梯、数控设备、机床模具等制造业产品的使用场所做市场调查方案实施，分析顾客使用、顾客满意等情况，收集一手资料，做出相关的市场调查报告。

经过几年的项目教学实践，教学团队充分利用背靠天津渤海轻工投资集团有限公司的行业优势和地处天津滨海新区的地域优势，和众多轻工企业建立了良好的校企合作关系，以真实企业项目为载体，以具体工作过程为导向，在企业实践中培养学生的职业能力和职业素养。随着学习的深入，学生能够完成的工作项目随之增多，提升了学生的职业适应能力。

2. 教学资源平台辐射全国高校

教学团队主编多本项目教学教材，《质量管理实务》教材于2009年出版、2013年再版，"十二五"职业教育国家规划教材。苏州大学、天津财经大学、佛山职业技术学院等全国数十所应用型本科和高职院校等各类高校使用，累计发行上万册。工商管理专业核心课程《企业质量管理实务》被评为天津市和教育部教指委等级别精品课程；《企业质量管理实务》获得天津市精品资源共享课程立项。

《企业质量管理实务》网络课程获得天津市高等职业院校信息化教学大赛三等奖。这些教学资源共享平台近十余年已经点击几十万次，服务众多高校学子和轻工行业企业培训。

教学成果论文发表在北大核心期刊、《EI》全文检索、具有博士授予权学校的学报、国际会议等，并被中国引文等数据库多次引用、下载数百次；被百度文库、万方数据、龙源期刊网、维普网等网络广泛转载。面向学校，解决了高职经管类学生职业能力培养的模式创新问题。

3. 国际合作交流引领专业提升

教学团队在"中国—新西兰现代职业教育发展论坛"，做《项目教学，助推专业课程的持续发展》主题演讲，与来自国内外高校的专家分享该课题成果。在"国家级高等职业教育骨干教师精益管理培训班"，做《企业质量管理课程项目教学设计》专题讲座，向来自全国几十所高职院校的骨干教师讲授本课题成果、分享"理—实—虚"一体化教学资源建设过程。

教学团队参与我院与新西兰怀卡托理工学院（WINTEC）的国际合作市场营销专业建设，在专业建设实践中引入中新双方的教学成果，利用中新双方优质教学资源联合培养人才。参与我院与教育部职业技术教育中心、WINTEC 等合作的"中新职业教育质量标准研究"课题，完成"市场营销（装备制造业方向）专业评估标准体系"模块研究。

4. 各类技能大赛实践职业能力

教学团队与轻工行业合作开发 ERP 生产制造软件等多媒体教学软件和企业管理沙盘模拟训练，建立虚拟企业的仿真教学环境，将抽象的管理理论以最直观的方式让学生们去体验，同时每个学生都直接参与企业运作，极大地提高了学生们的职业能力。组建 ERP 沙盘模拟、物流管理等各类专业社团，教学团队教师悉心辅导并选拔优秀学生参加大赛，已连续在全国职业院校创业技能大赛、全国大学生企业经营管理沙盘模拟大赛和天津市现代物流储存与配送作业优化设计与实施大赛等各类大赛获奖。

根据麦可思（MyCOS）对我院《社会需求与培养质量年度报告》的调研数据，本校 2013 届毕业生半年后就业率较高的专业共 10 个，其中经管类专业占到 40%，占经管类全部调查专业的 80%。在毕业一年后就业率指标上，2012 届所调查的 17 个专业当中，有 5 个专业毕业一年后就业率高于全国骨干校同专业水平，其中 4 个是经管类专业。因此经管类职业能力培养模式改革，面向行业，解决了培养目标与轻工行业需求的质量控制问题，满足学生、企业、行业、社会等相关方的人才需求。

高职模具专业基于"互联网＋"课堂教学的O2O（线上线下）教学模式的探索与实践

成果名称　高职模具专业基于"互联网＋"课堂教学的O2O（线上线下）教学模式的探索与实践

成果完成人　周树银、张玉华、苏越、王振云、黄颖、安薪睿、杨国星、商丹丹、李扬、王朋、张建营、段春红

成果完成单位　天津轻工职业技术学院

一、成果内容

"高职模具专业基于'互联网＋'课堂教学的O2O（线上线下）教学模式的探索与实践"是天津轻工职业技术学院模具设计与制造专业经过探索和实践形成的体现高职人才培养特色的教学成果。《冲压模具设计及主要零部件加工》课程是模具设计与制造专业的一门专业技术核心课程，是理论与实践紧密结合的一体化课程。在O2O平台教学模式中，整个教学过程由线上和线下两部分构成。线上平台为学习者提供分享平台，学习者在爱课程网上注册登录后即可进入课程；通过平台，学生可以观看该课程的全程教学录像，查阅相配套的电子教案、习题资料库等大量信息，并且可以在线聆听企业专家的新技术讲座；另外，学习者还可以在社区平台留言、交流、反馈和答疑。线下学生主要通过本地教师的实际课堂讲解对本课程进行系统的课堂学习，期间学生可以接触到各种实体的模具，并进行实训学习，参与课堂讨论，并且线下教师可以组织各种课堂内的面对面学习活动；另外，线下教师针对学生的反馈，再去进行实操和教学资源的整理和上传。该模式真正打通了线上和线下的信息交流渠道。较好地解决了教师教学资源不足、校内学生课外学习不方便以及社会学习者渴望学习专业技能的具体问题。在教学模式、教学方法、课程内容及课程实施、师资队伍建设有突破，特别是突破传统的课堂界限，实现无边界教学方面有较大突破和创新。

成果解决以下4个问题。

（1）教学模式陈旧；

（2）教学资源不足；

（3）师资队伍结构不合理；

（4）校内学生课外学习不方便及社会学习者渴望学习专业技能的具体问题。

采取的主要方法及措施包括以下几个方面。

1. "人本主义学习理论"贯穿O2O（线上线下）教学模式全过程

即强调以人的发展为本，强调学生自主学习，自主建构知识意义，强调协作学习。体现在教学理论上，就是以学生为中心，鼓励学生积极主动地学习。

2. 实施O2O教学模式

在O2O平台教学模式中，整个教学过程由线上和线下两部分构成。线上平台为学习者提供分享平台，学习者在爱课程网上注册登录后即可进入课程；通过平台，学生可以观看该课程的全程教学录像，查阅相配套的电子教案、习题资料库等大量信息，并且可以在线聆听企业专家的新技术讲座；另外，学习者还可以在社区平台留言、交流、反馈和答疑。线下学生主要通过本地教师的实际课堂讲解对本课程进行系统的课堂学习，期间学生可以接触到各种实体的模具，并进行实训学习，参与课堂讨论，并且线下教师可以组织各种课堂内的面对面学习活动；另外，线下教师针对学生的反馈，再去进行实操和教学资源的整理和上传。该模式真正打通了线上和线下的信息交流渠道。

3. 更新课程设计的理念

（1）课程标准职业化以国家三级冲压模具设计员的职业标准和全国职业院校技能大赛的评定标准为具体教学考核目标

（2）教学案例工作化课程组与企业人员共同开发课程内容，选取挡板等七个典型冲压制件为载体，在教、学、做一体的环境中完成工作过程

（3）课程内容层次化遵循学生的认知规律，选择的载体由简单到复杂，由浅入深培养学生设计模的能力

（4）先进知识融合化教学中引入当前模具行业设计人员急需提高的知识，进行讲解和训练

4. 优化教学资源

创设四个学习情境组织教学，提取并序化了七个教学项目，实现学习能力、创新能力、就业能力三个能力的培养。

5. 打造优秀教学团队

与行业企业的合作，形成了一支"双师"结构稳定、"双师"素质优良的教师队伍。教学队伍整体结构合理，具有一支教学水平较高，冲压模具设计与制造理论扎实、教学实践能力突出，年龄、学历、职称结构合理，富有敬业精神、团队精神和创新精神的教学梯队。

二、成果特色与创新点

1. 教学模式创新

线上平台为学习者提供分享平台，观看该课程的全程教学录像，查阅相配套的电子教案、习题资料库等大量信息，在社区平台留言、交流、反馈，线下进行课堂讨论，感受实物拆装、加工、制造的实训学习，实现线上线下同步实施，全面提高人才培养质量。

2. 构建课程网络平台

在基于在线课程的校企教师合作混合教学中，应用课程管理系统作为教师远程合作教学的基础平台，教师可以方便地上传和编辑课程中各种类型的在线课程教学资源，开展丰富的以师生互动为主的在线教学活动。该模式真正打通了线上和线下的信息交流渠道。

三、成果应用推广情况

1. 高职模具专业基于"互联网＋"课堂教学的O2O（线上线下）的教学模式得到广泛认可

高职模具专业核心课程《冲压模具设计及主要零部件加工》被教育部办公厅授予第一批"国家级精品源资共享课"称号，在爱课程网上向全社会公布，目前课程在线注册用户数220人，课程访问量4743人，资源基数165，更新率33%，学生评论数161，教师答疑数296，老师评论数96，学生提问数300。

该课程含有全程教学录像、课程介绍、教学大纲、教学日历、教案或演示文稿、重点难点指导、作业、参考资料目录等教与学活动必需的基本资源，实现了本专业90%学生的自主网络学习，构建了适合在校学生及社会学习者进行在线学习和交流的网络学习环境。毕业生就业率一直在98%以上。

2. 该教学模式的运行促进了教师素质能力的发展

团队教师完成"模具设计与制造相关专业骨干教师国家级培训项目"，课程所用教材《冲压模具设计及主要零部件加工》为评选为"十二五"职业教育国家规划教材，全国出版发行8000册，被全国12所高职院校使用推广，获得2014年度中国轻工业联合会优秀教材一等奖。

基于运动视觉检测系统的开发，
创新国际化人才培养的研究与实践

成果名称　基于运动视觉检测系统的开发，创新国际化人才培养的研究与实践

成果完成人　高雅萍、姚家新、陈丽萍、李丽华、王海英、戴群、王翠英、常淑芝、江洋琳、王立书、张荃、张妹贤

成果完成单位　天津职业大学、天津体育学院、天津市眼科医院

一、成果背景

运动视觉主要包括基本视觉能力、视觉眼动能力和视觉动作能力。运动中，任何视觉技能活动都对视觉系统的能力有着严格的需求。在体育竞技中，运动员所接收的视觉信息的质量和各种感观接收器提供的大量反馈信息，是影响其赛场表现的关键因素。视觉能力直接影响着运动员完成任务的能力。

国内关于运动视觉的研究刚刚起步，本研究之前我国尚未有较为系统的运动视觉测试体系和评价方法。

2011年至2015年天津职业大学以眼视光技术专业为试点，与天津体育学院、天津市眼科医院合作，招募天津体育学院的运动员和天津职业大学的大学生为研究对象，进行运动视觉检测系统的开发。

本成果主要解决了高职眼视光技术专业的教师与学生专业创新不足，缺少服务社会、服务民众的临床实际工作能力，特别是运动视觉的相关研究实践更是匮乏，教师学生科研实践的运行管理机制不健全等问题。

经过我们的积极努力，完成了天津市自然科学基金面上项目《运动与视觉功能的相关性研究》；在全国率先提出对运动员的运动视觉进行系统的定量检测，基于运动视觉检测系统的开发，创新了眼视光技术专业科研实践促人才培养，引领国际化人才培养的新思路，取得了显著的成效。

多名专业教师、视光师和学生得到了充分的锻炼成长，多次被选派到美国学习深造，目前在工作中都已担当重任；他们积极组织运动员进行测试，创新测试方法和测试系统，科研创新能力不断提升。2011级王燕君任天津欧普特公司培训主管，面向全国视光专业人员进行培训，得到业界同行的关注和好评；2011级刘小明开办了爱卡尚（天津）科技有限公司，目前已经发展为2个连锁体验

店，用专业的服务赢得了顾客的充分认可和好评；天津眼科医院刘春燕荣获第二届全国验光与配镜技能大赛一等奖，并获得全国"五一劳动奖章"。还有许多毕业生，他们用自己的出色表现为学校赢得了社会的赞誉。

二、成果内容

紧密追踪国际视光领域前沿运动视觉的发展，广泛吸纳和运用国际先进的视光知识与技术手段。采取走出去，请进来的办法，与国际先进的国家广泛开展合作交流。

与天津体育学院紧密合作，准确挖掘运动视觉检测技术在体育运动员的选拔评价中缺失的实际问题和需求，创新运动视觉功能检测技术。

与国内视光技术水平顶尖的天津市眼科医院验光配镜中心合作，研究开发适合于我国运动员的运动视觉检测流程，采用临床最实用、有效的技术方法进行视觉功能的检测和研究。

依托科研项目，规范、科学、深入地开展研究实践，深入开展运动视觉检查测试系统及方法的研究与实践，创新测试手段，建立规范的检测流程。

建立和完善与合作单位的管理运行机制，保障与天津体育学院、天津市眼科医院的紧密合作，保障项目的顺利实施。

完善师生科研活动的管理制度，鼓励教师和学生积极报名加入"科研小组"，选拔优秀的师生参加课外科研活动，锤炼视觉功能检查训练的应用方法与手段，向能工巧匠学习实践技能，把先进、规范、科学、精准的技术手段应用于实践活动中，为广大师生的综合素质、专业技能和创新能力不断提升提供保障。

1. 加强国际交流与合作，把握运动视觉技术的前沿发展

与美国、日本等视光技术先进的国家广泛开展交流与合作，团队成员先后赴美国、德国进行学访、进修学习，并邀请美国太平洋大学、日本菊池眼镜专门学校的杨顺南教授、关真司教授、黑斯教授等国际知名视光专家、同行来学校进行交流、指导，深入研究探讨当今时代运动视觉技术的新知识、新方法，把握运动视觉技术的新发展。

2. 在实践中开发创新运动视觉功能的检测技术

分别从天津体育学院和天津职业大学招募运动员 240 名和非运动员 60 名作为受试对象，运动员来自乒乓球、羽毛球、篮球、排球、网球和足球 6 个不同的运动项目，非运动员来自天津职业大学眼视光工程学院的在校生。由相关运动项目的教练或老师提供运动员相应的运动成绩，然后根据运动视觉的金字塔不同水平，对不同层次的运动视觉能力进行测定，开发创新检测方法。

3. 依托科研项目开展规范、科学、深入的研究

申报立项天津市自然科学基金面上项目"运动与视觉功能的相关性研究"，规范、科学、深入地开展项目研究，深入开展运动视觉检查测试系统及方法的研究与实践，创新测试手段，建立规范的检测流程，形成《运动视觉技术指导手册》《运动视觉评价指导手册》和《运动与视觉功能的相关性研究》的测试报告。

4. 建立校企合作共育共赢机制

与天津体育学院、天津市眼科医院建立和完善一系列的管理运行机制，保障项目的顺利实施。

5. 完善师生科研实践促成长的管理办法

建立一系列的师生科研实践活动的管理措施办法，鼓励教师和学生积极报名加入"科研小组"，选拔优秀的教师和学生参加课外科研实践活动，锤炼视觉功能检查训练的应用方法与手段，向能工巧匠学习实践技能，把先进、规范、科学、精准的技术手段应用于科研活动中，为广大师生的综合素质、专业技能和创新能力不断提升提供保障。

三、成果特色与创新点

1. 在全国率先提出对运动员的运动视觉进行系统的定量检测

建立了全国首个适用于我国球类运动员的运动视觉评价方法，填补了国内该领域的空白，为今后运动员的选拔提供依据和手段。

形成了《运动视觉技术指导手册》《运动视觉评价指导手册》和《运动与视觉功能的相关性研究》测试报告，为挖掘运动员潜力，提高体育竞技成绩，提供了有效的措施。

2. 首次对运动员的动态平衡情况进行量化的测定评价，创新发展了运动视觉的检测技术

创建了"一种运动视觉检查测试系统及方法"，获得国家发明专利1项，为球类截接型运动员的筛选提供可靠的依据。

3. 创新建立了校企合作共育国际化创新型人才的管理运行机制

与天津体育学院、天津市眼科医院建立了较为完善的合作单位的管理运行机制，保障合作的顺利实施；完善师生创新科研实践活动的管理办法，鼓励师生把先进、规范、科学、精准的技术手段应用于实践活动中，为广大师生的综合素质、专业技能和创新能力不断提升提供保障。

四、成果的推广应用效果

本项目的实施，推动了天津职业大学眼视光技术专业、天津体育学院视觉心理研究中心、天津市眼科医院验光配镜中心的各方面工作，取得了显著的成效。

1. 推动了合作单位的国际交流与合作

进一步加强了天津职业大学、天津体育学院、天津市眼科医院与国际视光领域同行的交流与合作，促进了与视光国际前沿的密切联系。定期邀请国际知名视光专家做外聘教授，指导眼视光技术科研实践工作。

天津职业大学 2014 年先后邀请美国太平洋大学杨顺南教授、黑斯教授等多位专家做《眼动心理学》《如何做科研数据统计分析处理》等讲座，指导科研项目的开展；2010 年至 2016 期间，邀请日本菊池眼镜专门学校的关真司教授定期来学校做《视觉功能检查分析处理》的系列讲座；2011 年至 2016 年期间，先后派出专业教师 6 人次赴美国交流学习，极大地开阔了师生的专业视野，提升了专业水平。

天津体育学院聘请杨顺南教授为天津市特聘专家，定期来学校讲授《运动认知》，指导科研工作，主持天津市自然科学基金项目《视觉线索与知觉动作能力对截击动作精确性的影响》；派专业教师赴美学习交流，丰富了教学内容，推动了科研工作的发展。

天津市眼科医院先后 3 次聘请杨顺南教授、哈努教授为临床视光师进行专业培训，并派视光师赴美学习深造，极大地提升了专业技术水平。

2. 创新了运动视觉的评价方法，填补了国内空白

本项目建立了首个适用于我国球类运动员的运动视觉评价方法，为今后运动员的选拔提供依据和手段；在国内率先形成运动视觉技术指导手册，为挖掘运动员潜力，提高体育竞技成绩，提供了有效的措施。

3. 专业师生、临床视光师的专业能力水平显著提升

专业带头人高雅萍教授，作为全国验光与配镜职业教育教学指导委员会副主任，将掌握的眼视光新技术、新发展与我国高职眼视光技术专业的发展相结合，牵头参加组织了教育部全国第二轮眼视光技术专业目录的修订，参加组织建设了国家首批高职眼视光技术专业教学资源库项目并通过验收，主持完成了天津市自然科学基金面上项目"运动与视觉功能的相关性研究"，主持国家精品资源共享

课程《眼屈光检查》《眼镜材料与工艺》2 门，主持完成天津市培训包《眼镜验光员培训包项目》，主持完成省部级课题 4 个，极大地提升了把握国际前沿新技术、掌握国内专业领域新发展的能力。

陈丽萍、王海英先后入选天津市中青年骨干教师国外进修学习项目，赴美国太平洋大学、美国东南大学做访问学者；先后入选中国眼镜协会、教育部全国验光与配镜职业教育教学指导委员会组织的"中国视光教育项目"，赴美国萨鲁斯大学深造学习。陈丽萍 2015 年被评为天津职业大学最美教师奖、获天津市教育委员会"教工先锋号"等荣誉；王海英 2014 年晋升为教授职称，在工作中担当重任。

王立书、张荃、王翠英等专业技能不断提升，组织师生通过"光明行"活动，为社会免费咨询服务、义务验光配镜 3 万余人次。在第二届全国验光与配镜技能大赛中指导 6 名同学分别获得二、三等奖（学生组），得到行业社会的一致好评。王立书 2015 年获得天津市"五一劳动奖章"，2016 年学校成立了"王立书大师工作室"，带领师生不断提高专业技能素质。

高职包装类专业技术技能创新型人才
培养模式的研究与实践

成果名称　高职包装类专业技术技能创新型人才培养模式的研究与实践
成果完成人　牟信妮、魏娜、尹兴、王小静、孙诚
成果完成单位　天津市职业大学

一、成果背景

　　创新是一个民族进步的灵魂，是一个国家兴旺发达的不竭动力，21世纪国际竞争将主要体现为创新人才的竞争，在2006年至2020年《国家中长期教育改革和发展规划纲要》、教育部、财政部《关于实施高等学校创新能力提升计划的意见》《国家教育事业发展第十二个五年规划》进一步明确提出了推进国家创新体系建设的宏伟蓝图和具体规划，培养大量的一线高素质技术技能创新人才，是当代中国高等职业教育重要的历史使命。

　　面对全球包装经济发展的新形势，随着包装产业技术不断升级和经济全球化进程的加快，包装产业转型升级和包装企业技术创新，包装创新技术技能型人才所在岗位对他们的知识、能力、结构也提出了新要求。在培养学生技术技能的同时，培养学生创新精神、创新思维和创新方法，适应社会变革需求的包装创新型技术技能人才，对丰富包装创新教育理论、引领高职包装院校的教学改革、满足创新型社会需求、促进经济社会发展具有重要的理论意义和现实意义。

二、成果内容

　　以包装设计大赛为引领，完成高职包装创新型技术技能人才培养模式构建及实施。对规范和提升高职技能创新教育、促进高职院校的创新教学改革具有重要的理论意义。

1. "一目标"——确立创新型技术技能人才目标

　　包装创新型技术技能人才的培养目标可以概括为两个层次：一是包装职业技术技能素质，拥有扎实的岗位基本知识及专业理论知识，熟练掌握岗位技术、熟练操作技能，动手能力强，具备职业意识，能服务于一线操作环节等；二是包装

职业创新素质，包括包装创新理论、包装创新意识和包装技术技能创新能力，既要有自主学习的能力，又具备自主创新意识，敢于质疑、勇于担当，能够根据工作包装产品对象更新换代需要提出创新性的设想，实现包装产品创新和包装技术技能创新，具有专业性、实践性、创新性、复合性以及时代能动性的特点。

2. "两观念"——提出创新教育理念应贯穿于各教学环节始终观念

将包装创新教育的基本思想融入教学各个环节，如授课方法、考试、技能大赛、第二课堂、顶岗实习、毕业设计等，以学生创新意识和自主学习培养为导向，将自主探索与包装创新教育融入教学过程，在注重学生各种技术技能培养的基础上更注重培养学生未来的包装创新技能竞争力，为企业和社会更好的服务。

（1）课堂教学环节

①营造创新氛围，培养学生创新意识。创新意识是学生进行创新性活动的内在动力。将外在的包装教育理念内化为自己的教学设计行为和课堂的教学行为上，优化课堂教学环节，营造独立思考、自由探索、勇于创新的良好氛围，鼓励创新，培养学生包装创新意识。

②丰富创新能力培养方法。在"教学做一体""案例教学""项目化教学""工作过程导向"等"工学结合"教学模式前提下，针对教学中每一个能与包装创新能力培养相关的知识点，通过发散、逻辑和批判等多种思维训练方法引导、锻炼学生的创新思维；激励学生多思考，培养学生的问题意识，挖掘其创新潜力。

③充分利用包装实训基地创新平台，教学实训相结合。通过将包装课程与实训相结合的教学方式，对课程进行"教学做一体"课程整体设计和单元设计改革，以企业设计、包装设计大赛为载体在实训室利用实训资源进行授课，将岗位的分项任务与学生岗位技能培养紧密结合起来，形成科学合理的教学内容设计程序，鼓励学生进行改进、优化等创新尝试，让学生敢于、乐于创新实践。

（2）课程评价环节

建立具有创新激励的公平评价方案，为学生创新提供公平竞争的舞台与动力。创新课程评价，做好创新教育的有力推手。根据实践经验，针对评价过程中的两关键方面具体做法如下：

①分散评价权重。改变以往一锤定音期末考试做法，将期末评价转变为过程评价与期末评价相结合，增加过程评价权重，除课堂小课业外，每一个情境结束都对学生进行一次评价，将创新能力的培养作为课堂教学的重要评价方向之一，使学生在整个学期的学习过程中始终保持充足的动力和积极性。如表1为包装结构课程的评价权重表：

表1 《包装结构与模切版设计》评价考核权重表

过程考核						终结考核
单元小课业（个人考核）			情境大课业（小组考核）			
纸盒创新设计制作	计算机平面绘图	计算机三维动画纸盒制作	盒型打样	模切版制作	情境大课业创新设计	
17%	8%	6%	7%	8%	14%	40%

②及时反馈评价结果。认真对待每一位学生的每一份成果，及时反馈评价结果及存在问题，普遍问题集中讲解，个别问题重点辅导。如表1所示，本课程通过分散评价权重、及时反馈评价结果、改革评价方式、重视创新考核权重等评价改革措施，使学生创新能力的发挥得到客观支持，促进学生的创新积极性。

（3）第二课堂环节。

学生第二课堂类型和形式多种多样，如学生社团的课外活动、社会实践、各类竞赛等等，都能有效激发和锻炼学生的创新意识和能力。通过社会实践积极地把学生推向社会，是培养其创新能力的有效途径。如暑期带学生去宣传的"绿色包装、低碳生活"的活动。引导和鼓励学生参加各类技能竞赛、课外科技活动，拓展学生的职业能力，培养学生的创新意识。学生的奖学金、助学金向第二课堂积极学生倾斜，彻底调动了学生的活动积极性。

（4）顶岗实习环节

顶岗实习中利用企业真实环境创新平台，结合实际生产任务，针对工作中的每一处细节问题思考改进创新方案。例如，包装专业某学生在包装印后加工纸盒手工成型岗位顶岗实习时，针对以往纸盒成型效率低、成型质量参差不齐等问题，顶岗学生积极研究创新纸盒手工成型技巧，使纸盒成型质量及成型效率得到改善与提高，受到顶岗实习企业的好评。

（5）毕业设计环节

通过毕业设计培养学生创新能力，重在选题。允许学生依据自己的要求和兴趣或教师科研、大赛、用人单位的需要等选择课题。例如我校教师与企业合作开发"电焊条半自动包装生产线"项目，在毕业设计环节教师将项目划分成多个子项目，学生作为毕业设计课题参与其中，真题真做，使学生在设计创新、综合技能等方面都得到充分锻炼。如10级包装专业毕业生选题方向之一是参加2013中国包装创意设计大赛，大赛要求即是毕业设计要求，大赛提交作品内容即是毕业设计提交内容。通过真实的毕业活动提高学生的兴趣，通过大赛的创新要求锻炼学生的创新能力，通过规范的作品要求提高学生综合能力。

3."两观念"——提出高职创新型技术技能人才需要技能大赛作引领来进行创新教育实践的观念

提出将大赛与创新教育相结合,形成了"以赛促教、以赛促学、以赛促改"的创新能力培养方案。通过融入创新元素的技能大赛作引领,同时在技术服务、科研等方面进行创新教育实践,具有很高的时效性。通过大赛作引领组织教学的同时将实践方式扩大化、网络化,如可实行"课程与大赛相结合""作品与技术服务相结合""毕业设计与科研项目相结合""第二课堂与实践服务相结合"等实践创新方式,提升创新培养成果价值。

(1)课程与大赛相结合

将创新教育与大赛相结合组织教学,融入创新能力培养的技能大赛对于引领职业院校专业教学改革、促进工学结合人才培养模式创新具有重要作用。以包装专业"济丰杯"运输包装创意设计大赛要求为例,其要求如"根据电子商务产品或行业的特点,针对电商企业在包装物流方面,提出创新性、革新性的点子与意见,可以涉及多个环节";"要求创意设计的包装结构至少能够解决一个电商产品现有的包装问题"等都可作为包装专业课程整体设计的一部分,对教学内容进行及时调整。同时技能大赛也是检验课程改革效果的有效手段,通过技能大赛的备赛与参赛过程,能够发现很多教学过程中存在的问题,及时修正完善,促进课程整体方案的不断优化创新。

(2)作品与技术服务相结合

通过与企业交流沟通,引入企业有创新要求的真实客户订单与课程作业相结合。作业提交后,可由企业、客户和教师共同评判,继而根据客户的满意程度转化成产品,实现"作业作品相结合"到"作品产品相结合"的培养模式。

以装潢艺术设计专业为例,引入客户真实案例,要求学生按照实际设计工作流程展开,学生在完成项目的过程中,接触到流程中的工作任务,能够创新设计实际产品,完成客户生产要求,学生作品以"招投标"形式进行竞争展示,被客户采用的设计方案,企业需要付给学生一定的报酬作为奖励,通过这种方式,学生的学习兴趣、创新意识和能力得到激发,同时各方面综合素质得到锻炼和提高。

(3)毕业设计与科研项目相结合

将毕业设计与教师的科研项目相结合,如包装教师在毕业设计时,带领学生与企业合作开发"电焊条半自动包装生产线"已投入生产,填补了国内空白,参与开发项目的学生作为生产骨干被企业录用,做好毕业设计,同时提升创新技术技能水平。

(4)第二课堂与实践服务相结合

包装学生在第二课堂组织社会实践社团,参与学校印刷包装实训中心承揽校内外订单,在学习实践的同时参与经营和生产,包括印刷版式设计、工艺设计、操作技能等全方位工作，学生的参与热情高，技术技能创新易于培养与实践。

4. "三保障"——提出实训基地是培养创新型技术技能人才的有效保障

（1）深化校企合作，服务大众

创新型技术技能人才的培养离不开与企业的深度合作。广泛的校企合作和校内外实践教学基地建设是培养创新型技术技能人才的重要保障。包装专业根据自身特点，与行业企业合作成立天津市级工程技术中心，一方面发挥学校整体资源优势，为特殊工业产品开发研制其包装生产线和包装制品，另一方面借助职业培训包、校企合作、校会合作、职教集团等优势，建立学校、行业、企业的网络服务共享平台，学生、教师通过工程中心项目牵引，培养与开发创新能力，成为引领行业和社会的技术源和创新源，达到共享、共赢的目的。

（2）工学结合，发挥实训基地作用

①教学实训相结合。通过课程与实训相结合的教学方式，对课程进行"教学做一体"课程整体设计和单元设计，以企业工作项目、技能大赛为载体，鼓励学生进行改进、优化等创新尝试，让学生敢于、乐于创新实践，全面提高人才培养质量。在课程设计与实践中结合大赛要求注重创新能力的培养，以使教师和学生更好地利用实训基地创新平台，教学实训相结合，适应产业转型升级和企业技术创新的需要。

②实训与技术开发、创新相结合。利用校内外实训基地，拓展实训项目、承接社会项目，在锻炼学生技术技能的同时，开拓学生思路，培养创新型技术技能人才。成立包装创意设计兴趣组，针对客户产品的要求，为学生提供市场需求、市场调研、设计规划、项目管理、制作实施、市场效果等诸多环节创意实践活动，在解决实际问题的过程中，深入实际锻炼创意设计实践能力。

③顶岗实习与创业培养相结合。校内外实训基地为学生顶岗实习提供必要的人力和物力资源，在定岗实习锻炼技能的同时培养学生的创新意识和创业能力，为其终身发展奠定基础。

5. "三保障"——提出管理与评价激励机制是高职创新型技术技能人才培养的动力源泉与根本保障

（1）校企共建评价标准的保障

技术技能人才最终走向企业，服务于企业，但是否符合企业用人需求，企业有自身的评价标准。将企业的评价体系提前纳入学校人才培养方案中，由学校和企业共同建立评价体系，校企共同监督，使学校培养目标更明确，培养人才更符合企业要求，企业更合理的利用创新型人才，实现其价值。

（2）教师激励机制的保障

"创新型"教师是高职创新型技术技能人才培养的重要保障，如通过参加大赛、指导大赛、下企业成果鉴定、专利申请、新产品/工艺/技术/材料研发等成果作为教师职称评定、聘期聘任等依据之一，同时实行创新绩效评定等机制激励"创新型"教师培养，可以为学生创新能力培养做好保障。

（3）学生评价与激励机制的保障

在进行学生技术技能评价的同时，应建立创新考核评价与激励机制，在校园营造大学生参与创新的良好氛围，强化校内每一个人的创新意识和创新精神，如将各类大赛、项目研发等创新活动按等级作为评定各类奖学金、三好学生、优先推荐、免试等的重要参考依据。对获奖学生、作品及奖励表彰大会、校园宣传、橱窗展示等活动，加大学习交流与宣传，提高学生创新积极性。

6. "三保障"——提出"创新型"教师是高职创新型技术技能人才培养的重要保障

提升教师创新素质，做学生创新培养领航人。教师的创新意识、治学精神、科学态度和思维方式对学生创新能力的培养起着示范作用。要提高学生创新能力首先要提升教师创新综合素质，提出"加强自主发展意识""开拓创新精神和创新能力""强化创新教育理念"和"彰显人格魅力"四方面对策建议。

三、成果特色与创新点

本课题基于横向比较与纵向梳理、理论与实践、宏观与微观等方法手段，丰富高职包装类专业创新型技术技能人才培养模式方面的理论研究，将包装技术型人才、技能型人才和创新型人才合三为一，即"包装创新型技术技能人才"。提出"一目标""两观念""三保障"。

"一目标"即高职包装类专业创新型技术技能人才目标；"两观念"即包装创新教育理念应贯穿于各教学环节始终和培养高职包装创新型技术技能人才需要技能大赛作引领来进行包装创新教育实践的观念；"三保障"即实践锻炼是培养包装创新型技术技能人才的有效保障；"创新型"教师是高职包装创新型技术技能人才培养的重要保障；管理与评价激励机制是高职包装创新型技术技能人才培养的动力源泉与根本保障。

建立了全面的、针对性和操作性强的高职包装创新型技术技能人才培养模式，培养立足于现实而又面向未来的高职包装创新型技术技能人才。使学生具备以创新能力为特征的高度精湛的包装技能；以创新精神和创新意识为中心的团队协作性；积极的人生价值取向和崇高的职业精神。

四、成果推广应用效果

1. 学生创新创业能力提高

大赛获奖数量逐年增加，如中国包装创意设计大赛由 2011 年 3 项增加至 2016 年的 31 项，2011 年至 2016 年共获一、二、三等奖各 15、30、55 项。

2. 教师创新能力得到提升

青年教师通过创新能力培养锻炼，在"2012～2014 中国包装创意设计大赛"中获得专业组金奖 1 项和一等奖 2 项。包装教师利用"天津市包装生产线技术工程中心"的场地设备，带领学生与企业合作开发"电焊条半自动包装生产线"填补国内空白，企业获得财政部 60 万创新项目资助，学校获得"中国包装产学研合作优秀项目"荣誉称号，同时参与工程中心包装制品创意研发项目多项，使师生创意水平和技术技能水平均大幅提升。

3. 创新成果辐射全国，应用效果好

基于创新教学思想编写的《包装结构与模切版设计》配套教材，获 2015 年中国轻工业优秀教材一等奖。被北京印刷学院高职学院、广州轻工职业技术学院、上海出版印刷高等专科学校、武汉职业技术学院、中山火炬职业技术学院等 50 多所高职院校均采用本教材；因教材以创新能力培养为主线，又结合生产实际，深受企业一线设计、生产技术人员欢迎。

4. 创新培训辐射兄弟院校

本专业 2008 年至 2014 年连续举办四届教育部高等学校骨干教师"包装结构与模切版设计"高级研修培训班及 4 届"包装结构与模切版设计"国家职业教师培训班。共培训北京印刷学院高职学院、广州轻工职业技术学院、四川工商职业技术学院、上海出版印刷高等专科学校等 38 所院校的 64 名骨干教师。另外其他包装类创新相关培训惠及近 1000 人。

5. 创新平台取得成效

包装创意设计平台和包装创新设计平台在职业教育"包装技术与设计"国家教学资源库中已经应用，包括全国相关专业职业院校师生、企业人员及社会学习人员，目前注册人数已达到 1523 人。

基于现代学徒制的人才培养体系构建与探索

成果名称　基于现代学徒制的人才培养体系构建与探索

成果完成人　孙秀春、郑兴我、张建军、黄瑞芬、华芳

成果完成单位　唐山工业职业技术学院、唐山陶瓷集团美术瓷厂、唐山亚洲时代陶瓷有限公司

一、成果背景

唐山是具有百年历史的工业重镇，是国家创新型试点城市、曹妃甸京津冀协同发展的重要支点。在当前唐山产业转型升级中，陶瓷文化创意产业和装备制造业是产业发展重点。1995年，唐山工业职业技术学院的前身唐山陶瓷技校开始探索"招工与招生同步"的"双招"模式，连续四年招收学员500多名，学校主要讲授理论课程，企业技术人员讲授专业技术课程，在校企联合招生、联合培养方面积累了一定的经验。

陶瓷艺术设计专业是国家专业教学改革试点专业、中央财政支持的国家重点建设专业，拥有中国陶瓷职业技能培训基地、河北省工艺美术协会陶瓷艺术创作基地。学院是河北省及唐山市陶瓷协会副会长单位，建有河北省高校骨质瓷应用技术研发中心、省级快速成型制造（3D打印）院士工作站、陶瓷烧成实训中心、国际陶艺工作室、陶艺大师工作室等。唐山美术瓷厂、唐山陶瓷机械厂是校内生产性实训基地，是学院所属具有独立法人资格的生产企业。借鉴、融合国内外优质教育资源和建设成果，由专任教师、企业陶瓷艺术大师、工程师和国外著名陶艺教育家和特聘外籍陶艺教师共同组成课程教学团队，在设计生产一线开展真实的理论与实践一体化的"校企双师授课"。作为唐山地区骨干高职院校，采用现代学徒制的人才培养模式，传承区域特色陶瓷技艺，培养先进制造业所需要的技术技能人才，成为学院不可推卸的责任。2013年我院与多家企业合作，共同开展了职业教育现代学徒制试点工作。

二、成果内容

学院与相关企业联合成立了现代学徒制改革领导小组，研究解决改革中遇到的体制机制性障碍，为改革提供制度保障。

1. "整合资源"搭建现代学徒制改革平台

充分利用学院河北省曹妃甸工业职教集团的平台，结合学院国家骨干高职院校建设项目，按照项目组确定的现代学徒制企业标准选择了唐山市美术瓷厂、亚洲时代陶瓷有限公司等企业作为合作伙伴，形成校企之间的合作培养机制。校企共同制订自主招生办法，制定人才培养方案，进行技术服务、产品开发、联合培训等工作。与合作企业签订了现代学徒制合作培养协议，利用国家骨干高职院校单独招生的政策，联合进行自主招生。合作企业参与学院单独招生考试方案制定和专业技能试题命题工作，为选拔学徒做准备和铺垫，校企共同进行单独招生考试，在录取后与学生签订学徒协议、做到招生与招工同步进行。

加强现代学徒制实施硬件建设。协助企业完成了陶瓷艺术设计学徒培养实训室各功能区布置，作为学徒培训的校内基地和产学研合作基地。

积极争取实施资金保障。唐山市政府按照国家骨干校要求，为学院实现当地本科院校标准生均拨款制度，为现代学徒制的实施提供资金保障。

2. "企业主导"构建现代学徒制培养体系

现代学徒制实施过程中，充分体现企业主导作用，学院协助企业做好招工（与学校招生同步）、企业培训方案等人才培养工作，使企业成为育人的重要主体。学生（学徒）能够以工作本位学习为主。

在企业专家和公司领导参与支持下，优化校企双方的"现代学徒制"人才培养方案。制订完善的标准文档（培养标准、总体方案）、教学文档（尤其是企业培训方案、培训手册）、考评文档（企业培训考评手册）、监管文档（制度文件、跟踪工具）等系列化的人才培养过程文件，用于指导校内和企业的教学组织与运行。突出企业的主体作用实行开放式培养模式。学校以理论教学和技能训练为主，适当吸收企业人员参与；企业以生产性实践教学为主，适当吸收学校人员参与。

校企双方分别制订人才培养目标、开设课程、工作项目、课时分配、组织与实施等内容。确保校企两个部分课程的紧密衔接，保证总体培养目标实现。教师与师傅共同编写基于现代学徒制实施的课程标准，包括理论课程标准和实践课程标准两部分，分别列出课程目标和内容要点。根据教学需要分别编写理论教学和实践教学讲义，经过试用、修改后使用。

为完善现代学徒制实施保障条件，提高行业参与度，吸引行业精英参加人才培养工作。我院承担省市行业协会研讨活动，了解企业在转型升级过程中的需要，作用于专业建设，完善课程体系。吸纳陶艺大师评比、技能大赛的先进工艺及技术成果，融入教学课程内容的调整。

发挥行业的领导作用，让行业专家参与制定标准、过程监管、考评认证等人才培养工作。利用陶瓷艺术大师、校友等社会资源，扩大陶瓷艺术设计专业现代学徒制人才培养队伍。

3. "双导师制"组建专兼结合师资队伍

与企业合作，制定《陶瓷艺术设计专业现代学徒制师傅标准》，并遴选出企业师傅（培训师）作为企业指导教师。强化校内外教师队伍建设，根据现代学徒制实施要求，严格选取校内专职教师，成为教学主力。

4. "协同共管"校企共同进行教学管理

建立现代学徒制教学组织、实施、校企合作机制等监控管理系统，加强教学实施过程监控，做到"计划周密、过程规范、检查有力、反馈及时"。为适应教学空间延伸到企业和参与主体多元化的需要，在教学管理运行中做到工学衔接的合理，充分体现以合作企业为中心和一切为了学生更好地发展的教育理念。教学过程中，根据学生职业兴趣和学习基础，共同研究师徒结对问题，每位师傅指导学徒2至3名。教学时间组织方式为"工学交替"。具体是以周为单位，在学校学习1周，在校内实践工厂工作岗位由师傅指导学习1周，如此反复，以"周倒"方式进行"工"与"学"的交替。同时，按照实践工厂的整体生产安排、紧急订单生产任务、指导教师根据学生完成情况等，机动调整交替的时间与节奏。在实践工厂学习时间由校企双方共同实施教学管理，具体包括教学运行管理、师傅工作管理、工作环境常规管理以及理论教学和实践教学考核工作。

校企双方共同对学徒督查与指导、考核。在陶瓷产品装饰设计、现代陶艺等课程中探索实施企业考官评价制度。参研企业遴选"考官"6名，经常开展督查与指导，监督评价教学质量，确保学徒的培养质量满足企业的要求。考核过程中，结合企业岗位和职场要求，对学生的作业、作品、产品进行基于企业和市场角度的评判，并对学生提出中肯的意见和建议，提高了学生对产品和市场的认识，以及技术技能的改进与提升，从而强化了学生的企业岗位意识。

5. "形成合力"校企合作育人

优化组合传统学徒制和学校教育制度，完善提升现代学徒制运行的运行机制，为现代学徒制人才培养模式改革与创新提供体制机制保障。针对学校和企业两种不同的教育环境和教育资源，实施校企合作新模式，突破体制与机制上的瓶颈，使校企合作向纵深发展。对传统学徒制和学校教育制度重新组合，实现学生和学徒身份相互交替。培养方案实施中，首先解决学生和员工双重身份问题，探索同时取得企业员工资格和学校学籍的具体实现方式。校企共同制订培养方案，共同实施人才培养，各司其职，各负其责，各专所长，分工合作，从而共同完成对学生（学徒）的培养。

三、成果特色与创新点

（1）充分利用现代教育技术手段，发挥学校和企业双主体育人作用，完善现代学徒制运行机制，形成相应的教学体系、组织体系、制度体系和资源体系。

（2）"校企双主体育人（1+1）"的现代学徒制校本教材，把课程教材分成企业和学校两部分，以适应现代学徒制教学的需要。教师和企业指导教师联合开发的教材《陶瓷绘画技法》《陶瓷产品装饰设计与制作》2016年由中国轻工业出版社出版发行。

（3）开发服务于学徒制教学的网络教学资源体系，支持"网络学知识，基地练技能，企业做产品"的学习模式。2016年陶瓷设计与工艺国家级专业教学资源库被遴选为国家级教学资源库备选项目。

四、成果推广应用效果

1. 师生、学校、企业共同受益

师生综合素质均得到提高。实施现代学徒制，使专业教学质量稳步提高，具体表现在学生（学徒）的实践技能与动手能力得到显著增强。与企业合作组织了陶瓷艺术设计现代学徒制"师生教学作业展"。师生参与省市陶瓷作品展览、技能大赛，并获得多项奖励。河北省陶瓷艺术作品展共展出陶瓷作品247件套，课题组师生共展出作品46件套，获得金奖一项，银奖4项。承办行业协会陶瓷艺术大师的评选及作品大赛，1名学徒获得唐山市陶瓷艺术画师称号；陶瓷专业学生职业技能鉴定通过率100%。专业特聘企业教授（师傅）刘冠伟、崔德喜、李汉民获河北省陶瓷事业杰出贡献奖；专业教师里昂获在冀外国专家突出贡献奖、孙秀春获首届河北省陶瓷优秀论文一等奖、郑兴我获首届河北省陶瓷优秀作品二等奖。

专业影响力显著提升。专业将现代学徒制人才培养模式改革与双示范建设结合起来，把现代学徒制理念贯穿于教育教学改革之中，成为骨干、示范院校建设的动态调整内容、增亮创新的支点。今年4月、6月相继通过省级验收和教育部、财政部抽查验收，均为优秀。

实施现代学徒制的企业得到了实惠。唐山美术瓷厂与学院进行了合作招工（单独招生），新招收了的学生为企业带来了新的活力，解决短期用工难问题。现代学徒制培养模式恰好可以满足其发展需求。亚洲时代陶瓷有限公司在陶瓷创意造型产品开发与本专业有较多的契合点，因此与该企业主要在技术服务、合作招生方案论证、产品开发等方面开展合作。

2. 辐射带动其他专业共同发展

在陶瓷艺术设计专业探索现代学徒制的同时，辐射动车组技术专业按照现代学徒制内涵，实施"虚实交替、学做交融"的"四阶段工学交替"人才培养模式。该专业于2014年3月初应合作企业的要求，共有82名学生走进工厂实训45天，进行工学交替培养。学生工学交替学习期间，每天有车间主任、工厂师傅、专任教师进行授课。实习期间，三年级学生每月工资4000元，二年级学生每月工资3000元，实习后安排工作。中央电视台在全国教育工作会议前夕，走进工职院、走进唐车集团动车调修车间，采访了工厂领导、岗位师傅和实习学生。

"八德"式"健康快乐"德育的创新与实践

成果名称　"八德"式"健康快乐"德育的创新与实践
成果完成人　刘晓敏、林静、张吉林、马慧娜、苏丰涛、李晓旭
成果完成单位　大连市轻工业学校

一、成果内容

创新是包装类专业服务行业的生命力。包装专业学生不仅要具备基本的包装类专业技术技能，更应该注重培养学生的创新意识、创新思维和创新能力。

1. 针对包装类专业创新创业教育理念滞后，创新能力培养目标不明确、定位多样、模糊等问题，完善"包装类专业高职创新型技术技能人才"培养目标，建立包装类专业高职创新型技术技能人才教育理念和创新教育内涵

包装类专业创新型技术技能人才的培养目标可以概括为以下两个层次：一是包装职业技术技能素质，拥有扎实的包装岗位基本知识及专业理论知识，熟练掌握包装岗位技术、熟练操作技能，动手能力强，具备职业意识，能服务于包装一线操作环节等；二是包装创新素质，包括包装创新理论、创新意识和技术技能创新能力，既要有自主学习的能力，扩大知识面，扩展知识结构，并具备自主创新意识，敢于质疑、敢于展示意识、勇于担当，能够根据工作服务、产品和技术技能更新换代需要敢于提出创新性的设想，实现包装创新、包装技术技能创新，具有专业性、实践性、创新性、复合性以及时代能动性的特点。

2. 针对包装类专业高职学生创新能力培养与专业教育结合不紧、教学方式方法单一，针对性实效性不强、体系不系统问题，提出包装类专业创新教育理念应贯穿于各教学环节始终观念

通过宏观与微观相结合，在对包装类高职学生、教师以及企业用人单位调研的基础上，结合与学生培养息息相关的各个教学环节，如课堂授课、考试、第二课堂、顶岗实习、毕业设计等，以学生自主学习和创新意识构建为导向，将自主探索与创新教育融入教学过程，探讨包装技能型创新人才培养的具体实施策略，在注重学生各种技术技能培养的基础上更注重培养学生未来的包装创新技能竞争力，为企业和社会更好的服务。

3. 针对包装类专业学生创新能力培养与实践脱节、创新培养及创新实践动力不足等问题，提出高职包装类创新型技术技能人才需要技能大赛作引领来进行包装创新教育实践的观念

包装创新型技术技能人才强调在实践中对理论的应用能力和创新能力。通过融入创新元素的包装设计大赛作引领，增加包装创新教育与创新实践动力，通过包装专业课程与包装设计大赛相结合、包装作品与技术服务相结合、毕业设计与科研项目相结合、第二课堂与实践服务相结合等方式，既可以将理论及时应用于实践，又可为解决实际问题开拓创新思路。有的创新成果还能满足实际生产需要，具有很高的实用价值。

4. 针对实践平台短缺，指导帮扶不到位，包装专业教师开展创新创业教育的意识和能力欠缺等问题，提出实训基地是培养包装创新型技术技能人才的有效保障、提出管理与评价激励机制是包装创新型技术技能人才培养的动力源泉与根本保障，提出创新型教师是包装类专业创新型技术技能人才培养的重要保障

创新型包装技术技能人才的培养是一个系统过程，包装实训基地在其中发挥重要的作用。因此，创新校企合作、工学结合等实践锻炼，充分利用实训基地的资源，尤其要注重发挥包装企业在创新型技术技能人才培养中的重要作用。

包装专业教师的创新意识、治学精神、科学态度和思维方式对学生创新能力的培养起着示范作用。要提高包装学生创新能力首先要提升教师创新综合素质，提出"加强自主发展意识""开拓创新精神和创新能力""强化创新教育理念"和"彰显人格魅力"四方面对策建议。

完善的人才培养管理与评价激励机制是一切活动的动力源泉与根本保障。在人才培养中涉及的企业、学校、教师、学生等多个方面都应建立可观的激励机制，刺激包装创新型技术技能人才的培养。提出"校企共建"、教师与学生三方面激励策略建议。

5. 针对教学、科研、实践结合不紧密，创新创业教育体系不健全问题，突破人才培养薄弱环节，建立包装创意、包装创新设计平台

为了进一步提高学生创新能力，开发并设置两个拓展平台，分别为由本专业和中国包装创意中心主持开发包装创意设计平台，内储历届中国包装创意设计大赛优秀作品和创意设计信息；由本专业和天津市包装生产线技术工程中心主持开发包装技术创新平台，内储在指导学生研制新设备、新制品过程中开发的动画、视频，进一步拓展、提高学生的创新能力发展空间。同时利用平台网站、移动终端、QQ等媒体手段营造宽松自由的教学气氛，鼓励学生发表不同的看法，使他们认识到，包装设计并不是简单地掌握那些用既定方式即可，而是要他们去探索新的方法，展开新的视角，从而促进包装学生积极进取，自由探索，有所创新和发展。

二、成果特色与创新点

成果通过搭建实践感悟、自我教育的平台和载体，重构了德育体系。从理念、载体、内容、方法及模式等层面赋予职业教育德育实践新的内涵，提出了"健康快乐"的德育新理念，在全国率先系统创建了"信念立德、读书养德、师爱润德、管理育德、疏堵正德、服务筑德、实践修德、激励明德"全新形态的"健康快乐"德育实践体系。主要创新点如下。

1. 创新了"健康快乐"成长的体系架构和实践模式，系统架构"健康快乐"成长的德育实践体系

探索符合中职学生认知和成长规律的有效途径，"八德"相互关联、互为支撑，是"健康快乐"体系的内容，又是"健康快乐"体系的载体；是学校德育工作体系的总体架构，又是具体实施体系的渠道、形式、手段和方法。实现了八个德育核心要素培养的整体性、关联性以及动态平衡性。

2. 创新"健康快乐"的德育新理念

以学生健康快乐成长为目标，围绕学生健康发展的核心要素，以"八德"为载体，从渠道、方法和内容上，对职业教育德育实践进行了全面提升。

3. 创新"成长课"为引领的德育评价模式

以"成长课"为载体，构筑指标多维化、方法常态化、主体自主化的新型学生成长评价体系，建立成长档案，形成自主式、常态化评价与定期表彰相结合的激励机制，引导学生在自我诊断、自主激励中找到自我尊严和自我价值。

三、成果推广应用效果

对职业学校而言，学生"健康成长、快乐学习"几乎是奢望，通过五年的努力，我们已初步把它变成现实。

1. 改革成效突出、育人成效显著

五年中，1850 余名来自特殊家庭的学生在学校感觉到了家一般的温暖、亲人般的关爱，98 名濒临退学的学生重返课堂；学生规则意识明显增强，文明自律，违纪率由五年前的 11.8% 下降至 4.1%，有 4200 多名学生进步突出荣获了

"校园之星"荣誉称号，近千名从没得过奖状的孩子和家长一起踏上了学校"德技星光"工程的领奖台；学生们把执行标准和规范当成乐趣，积极参加志愿服务、乐于担当奉献，职业素养不断提升，每年都有 30% 左右学生在二年级的教学实习中就因"肯吃苦、有眼色、上手快"，被企业认定为"好苗子"，提前签订聘用合同。

2. 社会影响巨大，示范引领凸显

成果被教育部指定在贯彻落实《中等职业学校德育大纲（2014 年修订）》座谈会上作示范交流推广，得到了教育部、职业教育专家的好评，成果教育部官方网站进行专题宣传报道。175 所院校同行来校现场学习、考察，为全国职业院校德育改革实践提供了成功范例，成果已在全国百余所职业学校推广应用。

校研企"1+1+1"产学结合人才培养模式的研究与实践

成果名称 校研企"1+1+1"产学结合人才培养模式的研究与实践
成果完成人 姜旭德
成果完成单位 黑龙江民族职业学院

一、成果内容

1. 主要研究内容

深入食品企业生产实际调研,根据食品行业工作岗位群,建立基于校研企"1+1+1"人才培养模式的食品专业群,与食品企业共同建立乳品工艺、食品机械与管理、食品分析与检验专业人才培养方案,实施专业课前置、工学结合、三支导师育人,以任务驱动开展项目化教学,实现"教、学、做一体化"。实现与食品企业零距离就业接轨。最终制定具有鲜明高职高专教育特色的人才培养方案。

通过调研与分析,与食品企业密切协作,建立各专业群主干课程工学结合式教学体系,制定出各专业主干课程框架教学计划,在研究与建设中"要统筹主干课程框架教学计划和专业人才培养方案,兼顾课程教学覆盖国家职业资格标准;专业课程标准建设中要按照'就业导向、能力本位、岗位人才需求'的目标,统筹各专业教育体系,兼顾专科学历教育知识与专业职业能力的培养;专业主干课程设置中要统筹课程的职业能力考核与评价,兼顾学历标准和行业岗位的要求,使学生真正成为高素质技能型食品职业人才"。

通过职业分析,建立专业课程体系——以培养职业能力为教学目标,以职业能力的培养规律序化专业课程——课程内容来自于现实的工作任务和工作过程,经教学化处理后,构建学习性工作任务——校企合作共同建设、更新和完善课程。

通过校企合作以及对食品企业岗位群的分析,建立符合食品企业人才需求的各专业群的校内教学实训、职业技能证书考试培训和工学结合式的"实践实训—顶岗实习—企业就业"系统,优化和完善适合于食品企业岗位群的模块与项目教学相互渗透的实践实训教学系统,各实践教学系统要体现各专业的特色。

根据食品专业校研企"1+1+1"人才培养方案和主干课程框架教学计划,

编写与制定各专业主干课程标准，并组织专业教师编写符合工学结合的各专业主干课程"校本教材"，该教材要统筹"教、学、做"一体化教学方法和手段，合理设计工学结合情境教学，兼顾理论教学系统与实践实训教学系统的"工学交替"一体化，体现出教材的先进性、实用性和可操作性。

2. 研究目标

建立基于高职食品专业群和就业岗位群的校研企"1＋1＋1"人才培养方案、专业核心课程与专业主干课程教学计划；建立基于高职食品专业群和就业岗位群的校研企"1＋1＋1"人才培养模式的专业主干课程标准及其"校本教材"的开发与建设；建立基于高职食品专业群和就业岗位群的校研企"1＋1＋1"人才培养模式的理论教学系统和校内教学实训、职业技能证书考试培训和"实践实训—顶岗实习—企业就业"系统；实现系统的教育理念创新、人才培养格局创新和三方（校研企）共赢之目的；最终实现中国达鲁姆人才培养模式。

3. 研究途径：文献研究

（1）研究学习国内外人才培养模式（丹麦达鲁姆乳品学院），收集分析资料。

（2）调研走访。走访食品企业，国家乳业工程技术研究中心，示范性高职院校，针对食品企业岗位群开展调研活动；比较分析。分析比较高职院校食品专业教育体系及现有专业群，完善优化主干课程理论教学体系和实践教学体系，制定食品类校研企"1＋1＋1"产学结合人才培养模式，发表创新人才培养模式的相关论文，开发食品类校研企"1＋1＋1"产学结合人才培养模式专业群"校本教材"；征求意见。形成食品企业及社会各界的综合评价报告，对研究阶段性成果，征求部分专家意见，进行论证。

（3）工作报告。形成研究报告，通过专家组结题验收。

4. 解决的关键问题

校研企"1＋1＋1"产学结合人才培养模式的研究与实践项目，是建立形成工学交替食品专业群建设的改革思路。即把学生的培养与食品企业的生产实际紧密相连，制定出乳品工程类校研企"1＋1＋1"产学结合人才培养方案，编写出项目化食品类各专业群主干课程校本教材。实施专业课前置、工学结合、三支导师育人，以任务驱动开展项目化教学，实现"教、学、做、考一体化"。是建立工学交替的食品专业群主干课程设置与教学体系。即把食品企业工作岗位群的技术需求作为首要条件，确定制食品各专业的主干课程设置，建立具有职业核心能力、专业拓展能力和综合职业素质的教学体系，使学生真正成为食品类高素质技能型职业人才。是建立工学交替与企业人才需求相适应的实践教学系统的有效途径。既能实现系统的教育理念创新，又能实现人才培养格局创新，最终实现三方（校研企）共赢之目的。

二、成果特色与创新点

校研企"1+1+1"产学合作人才培养模式：乳品工程类专业学生第一年入学军训后，直接到国家乳业工程技术研究中心和乳品企业进行专业基础课、专业课学习与实训；第二年回到学院完成基础课、公共课和系统专业课的学习，以及有关的实验实训；第三年到乳品企业进行轮岗实训、顶岗实习、毕业论文设计和答辩，实现高质量就业。

为切实加强管理、保证育人质量、提高学生素质、增强就业能力，新的教学模式采取了新的管理和教学运行方式。

一是三方共管创新管理和运行机制。成立了由学院、国家乳业工程技术研究中心和企业人员共同组成的合作办学领导小组，下设三方人员共同组成的工作委员会。在教学、实训、实习和管理工作中都有三方人员参与，确保人才培养方案的有效实施；

二是满足企业要求制定人才培养方案。根据企业生产工艺、检验技术等工作岗位对人才需求的标准，在广泛征求企业、行业人士意见的基础上，制定合理的高素质高技能人才培养方案；

三是多方强强联合构建雄厚师资队伍。学校、企业和科研单位分别派出理论知识渊博、工作经验丰富、责任意识强烈的教师和工程技术人员组建食品专业的专兼职教学团队；

四是学院投资 7000 万元建设了 10024 平方米国内规模最大、设备一流、功能齐全的食品实训中心。

这种创新培养模式，首先是大部分学生能够完全自主地去学习新的知识，能够亲自操作设备完成产品的生产；能够亲自拆卸机器零件完成设备维修维护；能够亲自设计方案完成一种新产品的研发乃至研究一种乳制品的深加工。其次是使生产实习内容和将来的工作岗位紧密地对接起来，免除了学生就业之忧，学生能安心学习和实训，并且根据企业的实际情况选择毕业设计，结合实践解决生产实际问题，使得培养的学生更加符合企业的要求，到岗之后，很快胜任本岗位工作。

三、成果推广应用效果

1. 领军同类专业，引领改革创新

乳品工程类校研企"1+1+1"产学结合人才培养已被黑龙江省教育厅评为我省首批高职人才培养模式创新实验区，学院已跻身黑龙江振兴东北老工业基地

紧缺人才培养高校行列。

2. 教学团队建设，奠定人才培养

乳品专业类实行校研企"1 + 1 + 1"产学合作人才培养模式，实行校企深度融合，与乳品企业工作岗位紧密结合，专业教学团队有专兼职教师 28 人（专职教师 5 人、兼职教师 23 人），兼职教师占教师总数的 82%，有专业类带头人 1 名，企业技能大师 6 名，双师素质教师 25 名，双师素质教师占教师总数的 89.3%。专任教师由三年前的 5 名增加到 12 名，行业企业兼职教师由 12 名增加到 23 名。为人才培养提供了重要保证。2015 年，食品教学团队荣获黑龙江省高等职业教育实践教学体系研究团队称号。

3. 内涵建设成效显著，机遇支持纷至沓来

2011 年，三个乳品类专业，有 1 个专业成为国家级重点建设专业，2 个专业成为省级重点建设专业；2010 年，学院争取到财政部专项资金 300 万元，用于实训条件建设，2011 年省财政支持专项资金 380 万元，学院新建专业实验室 16 个。

中央财政支持高等职业学院重点建设专业 1 项：乳品工艺。

省级财政支持高等职业学院重点建设专业 2 项：乳品工艺、食品分析与检验。

乳品专业校研企"1 + 1 + 1"人才培养模式创新试验区。

2012 年专业所在的系（部）获得集体"第一届黑龙江省普通高等学校教学管理质量奖"。建立了我院独特的"三支导师育人"的综合素质培养机制。

建立和完善以乳品工艺岗位工作任务为课程设置与内容选择，以项目为单位组织课程内容并以项目活动为主要学习方式的课程体系。启动精品开放课程建设 5 门（乳品工艺、食品分析与检验、食品机械与管理、乳品微生物、肉品加工技术），课程标准 8 门。

参加教育部食品加工技术专业资源库建设。

4. 合作企业剧增，人才供不应求

三年中，与学院签约的企业已由最初的 15 家增加到 100 余家，订单需求远远超过人才培养数量。订单企业人才需求 1096 人，超过招生计划的三倍以上。与国家乳业工程技术研究中心、伊利、蒙牛、完达山、沈阳辉山、飞鹤、龙丹、摇篮、旺旺集团等大中型乳品企业共同建立学生实训基地 50 多个。

成立全国首个伊利 Y 家班。2015 年 10 月，伊利集团酸奶事业部对食品工程系 2014 级乳品工艺、食品分析与检验、食品机械与管理三个专业的 200 多名学生经过严格甄选，最终选拔了 36 名同学组成第一届"伊利 Y 家班"。为使学生

尽早认知企业、了解职业、接触一线岗位，公司会将企业文化、安全生产、质检化验、品控管理、职业规划等内容植入"伊利 Y 家班"学员，培养"伊利 Y 家班"学生的社会能力、职业能力、发展能力，提升就业成长优势。

5. 校内实训基地建设，增强社会服务能力

学院建有 16 个食品实验实训室，建有专业培训综合实力全国一流、培训技术与设备国际先进国内领先及多功能的食品实训中心一座。

实现了"校研企"深度融合。引研入校（国家乳业工程技术研究中心的培训部、维修部和设计院已进驻该中心开展人才培养和面向行业的培训工作）；引企入校（引进大兴安岭超越野生浆果开发有限责任公司，投资建设乳品、蓝莓饮料、蓝莓口服液、蓝莓酒 4 条生产线），实现"校中有厂"。实训中心以"开放共享"为理念，面向学校和企业，主要采用短期职业资格培训，中、高职学历与职业技能培训，校企结合培训产业员工、中高级技术人才和高技能型"双师资格"培训方式，年培养培训人员能力为 6000 人以上。

2012 年，该中心是黑龙江省开放共享型大学生实训基地。实现了一流的实训基地；一流的高端人才；一流的就业保障；一流的社会服务。

6. 媒体长期跟踪，引发社会广泛关注

一是领导重视。副省长程幼东同志说"这一首创人才培养模式是我省高等教育领域的一件大事，也是落实高教强省战略的具体举措。它立足龙江经济的发展需要，服务大局、突破常规，不仅能够培养出社会、企业需要的人才，而且为创新高职高专人才培养模式奠定了基础。"他称赞黑龙江民族职业学院"小学校做出了一篇大文章"，希望教育行政部门在指导全省高校改革和人才培养模式创新的过程中，借鉴黑龙江民族职业学院的办学实践，认真总结和提炼校研企"1 + 1 + 1"产学结合人才培养模式的经验和做法，并加以宣传和推广，创新人才培养模式，努力探索具有龙江特色的高职办学之路。

二是企业的认可。面对称心的人才，企业敞开了大门。沈阳辉山乳业有限责任公司副总经理王特说"这些经过'校研企'合作培养出来的学生正是我们迫切需要的。"黑龙江摇篮乳业股份有限公司副总经理李铁红在接受记者的采访时说："不是我们企业不缺人才，而是急缺专业对口、动手能力强的人才。像这次黑龙江民族职业学院的 1 + 1 + 1"人才培养模式设定的乳品工艺、食品机械与管理、食品分析与检验这三个专业培养的人才，一定是我们企业所期盼的人才。哈尔滨市万家宝乳业有限公司副总经理宋潇竹表示，企业在招人的过程中，并不是以学历论能力，能在短时间内适应企业、熟练业务是企业最期望的人才。黑龙江民族职业学院设立的这三个专业，就是为乳品行业而量身打造的，所以这样的专业生产人才不怕没有销路。同时，这样的专业也为企业省去了大量的培训资金。

三是学生满意、家长放心。学生入学军训结束后，经过一周的相关培训，直接到国乳中心和企业，边学习边实训，学生们第一周就亲手做出了酸奶、干酪和奶粉，并派专人把它们拿回学校送给老师，我们感到学生洋溢出的是一种前所未有的成就感，学生的自信心得到了空前增强。

四是媒体长期跟踪、高度关注。自三年前签约以来，中央电视台、新华社、光明日报、中国教育报、黑龙江电视台、黑龙江日报、生活报、新晚报、哈尔滨电视台、黑龙江广播电台等各媒体对此项改革长期跟踪报道，中华人民共和国门户网站、光明网、中国教育新闻网、东北网等上百家网站转载。学生家长和社会广泛关注，其影响已由我省辐射到我院有招生计划的所有省份乃至全国。

7. 教科研硕果累累

省级以上教科研课题如校研企"1 + 1 + 1"产学结合人才培养模式的研究与实践等10项；发表普洱茶酸奶的工艺研究、校研企产学结合人才培养模式的创新与实践等论文16篇；

开发《乳品工艺》等高职高专十一五、十二五规划教材10多部；由国家乳业工程技术研究中心编写《乳品分析与检验》《乳品生产设备》等乳品类培训教材一套11本；印刷了《二月花》（第一辑、第二辑）；学生成长档案（毕业后5年跟踪调查）；实习与顶岗实习手册。

许多学生、老师在食品类专业学生技能大赛和青年教师教学技能大赛上纷纷获奖。

8. 人才培养成效显著

校研企"1 + 1 + 1"产学结合人才培养破大学生就业瓶颈。就业率高，专业对口率高。就业率达100%，其中到乳品企业工作的占82%，自主创业、就业占6%，考入企事业单位占3%，其他食品企业占9%。

薪水高，就业质量高。学生进入乳品企业一线技术岗位、管理岗位、检验员岗位、后备干部岗位工作。学生在顶岗实习期间挣回了自己的学费和大部分生活费。

人才个性鲜明，技能素质优良。首批学生中，出现了完达山乳业年度人物、2012年省高校大学生年度人物提名奖于冬贵，该生在实习期间即走上了天津完达山乳业枕机段段长岗位，现为车间主任；出现了在大学期间在国家核心期刊发表学术论文的陈美君等同学；杨洁同学被评为完达山乳业"三八红旗手"，一批学生成为企业的先进个人。这些还没有毕业的学生能取得如此骄人的成就，预示着我们的学生可以进入研发领域，可以成为企业的管理者，可以胜任生产一线的各个技术管理岗位。

根植传统文化培养动漫原创人才的课程体系构建与实践

成果名称 根植传统文化培养动漫原创人才的课程体系构建与实践——以苏州工艺美术职业技术学院动漫设计专业为例

成果完成人 何敏、秦慧、钱华、杨海涛、马华、陈辉、杜雪娟、朱效迅

成果完成单位 苏州工艺美术职业技术学院

一、成果背景

中国动漫产业作为文化创意产业的重要组成部分，作为"十三五"国家战略性新兴产业，作为弘扬我国优秀传统文化的重要载体，正受到国家和政府的大力扶持与关注。国务院相关文件强调："动漫产业要加快转型升级，深入挖掘优秀文化资源，提高创意内容原创水平，促进优秀文化资源创造性转化，努力形成具有世界影响力的动漫创意品牌，让中华文化走出去。"

目前，中国动漫产业发展主要面临三个问题，一是国内劳动力成本上升，大量外包业务转东南亚地区，以服务外包为主的动漫公司面临生存压力，迫使企业转向"IP研发、制作、品牌推广、衍生品开发"的全产业链发展；二是企业在转型过程中呈现出较强的功利性，大量抄袭、模仿国外优秀作品，缺乏本土创新思维，作品没有生命力；三是高校动漫专业人才培养定位与产业发展需求脱节，大量培养低端的技术工人，而具有原创能力的高端技能人才缺口却越来越大。

我院动漫专业在充分调研的基础上，敏锐地察觉到当前动漫产业"产业发展在前，人才培养滞后"的问题，主动树立需求导向，提出"根植传统文化，培育原创人才"的专业课程体系改革思路，着力培养"厚文化、善创新、精设计"的高端动漫技能人才。

二、成果内容

1. 基于行业需求导向，提出"根植传统文化，培育原创人才"的课程体系建设思路

面向行业需求，确立了"厚文化、善创新、精设计"的人才培养理念；以提升学生文化底蕴为切入点，将传统文化的创新作为动漫设计原创来源，达成

"传统文化对培养原创能力至关重要"的一致共识；优化现有的课程设置，改革教学方法，创新评价机制，建立服务学生的文化资源平台，构建"文化浸润、多元融合"的课程体系。

2. 基于能力培养目标，优化"文化融入、逐层递进、相互关联"的课程设置

（1）确立传统文化"认知—内化—创新"的分层教学目标

在课程体系建设理念框架下，明确传统文化融入专业课程的教学培养目标：一年级实现传统文化认知，系统了解地域文化，帮助学生建立学习兴趣；二年级实现传统文化内化，通过文化课题研究，深入挖掘文化背后的价值，将人文精神内化于心；三年级实现传统文化创新，形成传统文化元素解构重塑能力，创新文化内涵。

（2）建立"传统文化课题导入、职业能力进阶"的专业课程体系

依据职业岗位能力需求，优化原有课程设置：一年级平台基础课程，以单元主题课程的形式实施教学，培养专业基础能力；二年级工作室项目课程，以传统文化课题，串联专业核心课程，以项目教学的形式实施教学，培养专业核心能力；三年级开设联合项目课程，完成毕业设计和顶岗实习，培养学生综合能力。课程设置实现纵向专业能力"逐层递进"，横向文化素养"螺旋上升"。

（3）设立"思维能力培养"的专业拓展课程

一二年级分别开设《研究方法（1）（2）》《设计思维（1）（2）》4门专业拓展课程，帮助学生开拓思维，更好地掌握研究与创新方法，提升设计创新能力。

（4）设立"文化浸润"的人文拓展课程

开发设立6门传统人文拓展课程：一年级开设《苏州文化十二讲》《中国传统文化典型元素》《中国传统文化赏析》《中华传统故事与形象》；二年级开设《中国传统文学经典导读》《中国民间艺术》，拓展了学生的知识面，帮助学生形成对传统文化知识的系统性认知。

3. 聚焦创新能力培养，改革"问题导向、任务驱动"的教学方法

（1）以"问题意识"为导向，引导学生掌握"如何去学"的探究性学习方法

以传统文化为主题，教师设立先导问题，分组调研，以"头脑风暴"和"团队沙龙"的形式引导学生发现问题背后的问题，学会自主释疑、小组合作释疑；以问题为核心，引导学生打破传统固有思维，建立传统文化的"三维联系"，即思考"传统文化与现代生活、传统文化与现代科技、传统文化与哲学"的关系，培养学生发现问题和解决实际问题的能力。

（2）以"实务项目"为驱动，促进教师向"开放式、合作型"教学方式转变

按照真实项目流程，将职业规范和职业标准融入项目教学，以"项目任务单"的形式动态安排教学时间、教学内容、完成进度、交付成果及完成形式，实现"开放式"教学管理；组建"能力互补、团队协作"的教学团队，一是建立跨学科教学团队，包括传统文化研究专家、动画导演、高级技术人员、专业教师等；二是建立能力互补的学生项目团队，培养学生团队协作能力，实现教学方式向"合作型"转变。

4. 基于教学质量提升，创新"全程跟进"的评价反馈机制

一是确立以"学业报告书"为主的评价载体。"学业报告书"是学生用文字和图像记录教学和设计全过程的学习笔记，全面展示了学生的学习方法、创作过程及学习成果，是学生原创设计能力"过程性评价"的主要依据。二是建立以"学业报告书"为平台的教学动态评估反馈机制，及时了解每个学生的学习情况，分析学生的个性能力，及时实现双向信息反馈，帮助学生开展自我诊断评价，实现自我反思、自我觉醒、自我定位；同时，教师团队依据反馈信息，及时调整教学计划，优化教学内容，最终形成"全程跟进"的评价反馈机制。

5. 基于文化素质养成，建立"文化浸润"的课程教学资源平台

建立了 1 个兼职人文师资库，利用学术活动月，邀请社会文化名家、工艺美术大师来校，每年开设将近 30 场人文讲座，近 20 场文化主题论坛，拓展学生人文知识，提升学生文化学习兴趣；建立了 1 个在线非遗学习平台——《百工录——国家非遗资源库》，上传了 45 个国家级非遗资源教学案例，制作视频文件1481 个、音频文件 3 个、演示文稿 1081 个、文本文件 2547 个、交互软件 32 个；建立了一批校外传统文化实践教学基地，与苏州当地 8 家博物馆、3 个传统工艺聚集区、桃花坞木刻研究所签署教学合作协议，建立服务专业教学的文化调研基地。

三、成果特色与创新

1. 以"传统文化"为路径，提出高职动漫专业课程体系构建思路

动漫产业是以"文化内容创新"为核心的产业，传统文化是动漫内容创新的源泉活水，中国传统文化在动漫创作中起着举足轻重的作用。以"传统文化"为路径构建高职动漫专业课程体系理念，敏锐把握了"原创人才"培养的核心要素，给出了清晰可操作的实现路径；在这一理念框架下，构架了传统文化与专业教学"有机融合"的专业课程体系，实现了传统文化从"基本认知"到"内

化于心"再到"重构创新"的分层育化的目标，优化了课程设置，改革了教学方法，创新了评价机制。

2. 以"文化创新"为目标，组建"团队协作、能力互补"的教学共同体

以"传统文化"驱动课程教学，组建"跨学科、合作型"的教师团队和"能力互补"的学生项目团队，形成"教师与教师、学生与学生、教师与学生"成长共生的教学共同体；以"一单三融合"的形式动态管理教学，即以"项目任务单"的形式实现"职业规范和教学标准的融合、学习方法和工作方法的融合、教学内容和工作任务的融合"，并最终实现职业目标和教育目标的融合，培养学生"价值挖掘—内容解构—元素提取—框架重构—故事整合"的"破题立题"创新思维。

3. 以"学业报告书"为载体，创新实时评价反馈机制

确立了"公正、客观、有效"的评价载体，以"学业报告书"的形式实现学生原创能力"过程化、可视化、客观化"的评价。创新了教学过程"实时跟踪反馈"机制。基于动漫专业人才培养"核心能力点"构建评价标准，以单个项目课程作为评价单元，并针对不同进阶项目的教学检查点进行动态考评反馈，实现对学生发展性和完整性的评价，推动学生反思和自我诊断，实现个性发展和创新能力的提高。

四、成果推广及应用效果

1. 社会认可度高

课程体系改革全面实施以来，教书育人取得双丰收。师共生获得各类比赛奖项 220 余项，我院动漫专业被江苏省人民政府授予"江苏省高技能人才摇篮奖""苏州市高技能人才培养突出贡献奖"。学生连续两年获"江苏省状元技能大赛"一等奖；学生作品入围"全国美展"3 项；获"江苏省文化创意设计大赛紫金奖"金奖；其他国际比赛获奖 8 项，国家级获奖 32 项，大学生实践创新获奖 47 项，省市级赛事 180 余项。教师作品入选"全国美展"3 项；动画短片《桃花源》入选"柏林电影节"展映单元；动画短片《消失的身影》获"国家公祭日原创大赛"二等奖；作品《UNDEAD》获 E3 最佳原创剧本大赏；我院动漫专业教师获教育部艺术设计全国教指委"金教鞭"二等奖。

毕业生就业和可持续发展能力突出。依据麦可斯调研报告，我院动漫专业有 65% 的毕业生在行业内就业；由于文化素质高、创新能力强，大部分人已经晋升为企业中坚力量，有的已经成为企业高管或主美。同时涌现了一批创业典型，形成创业集聚效应。教学实践证明，学生的创新能力，教师的专业素养获得行业企业一致赞誉，区域龙头企业连续 5 年在我院设立专场招聘会，动漫专业已经成为区域行业、企业原创人才首选基地。

2. 示范辐射面广

依托教育部全国重点职教师资基地，举办了 6 期动漫专业师资培训班，培训人数达成 328 人。其中来自江西水利职业学院、黄山旅游管理学校的老师，培训结束后，专门组织骨干教师团队来我院学习，聘请我院专业带头人、骨干教师担任专家，帮助其建立动漫专业。

连续 2 届成功主办"中国独立动画电影论坛"，我院动漫专业带头人在论坛上作教学改革主题发言，影响和辐射来自全国近 600 位师生。参加论坛的苏州职业大学、苏州工业职业技术学院、苏州农业职业技术学院、无锡工艺职业技术学院等周边院校纷纷聘请我院专业带头人为专家，帮助指导其制定动漫专业人才培养方案；参加苏州动漫人才培养高职论坛，苏州动漫协会年会等活动，共进行高职动漫人才培养经验交流 12 次；我院动漫专业教师出版的"十二五"规划教材，被全国 16 所同类院校使用，受到一致好评。

本成果还吸引了来自全国近百所高职及本科院校专程来校考察，促进了这些院校人才培养的研究与实践。同时，通过"中英""中法"两个国际平台，不断扩大成果影响力，先后派出 5 位访问学者，32 位教师赴英国提赛德大学、英国温彻斯特艺术学院、法国格勒诺布尔等 12 所大学，进行教学交流，介绍教学经验。

3. 助推传统文化创新与传播

师生通过项目教学，共同参与完成社会文创项目 50 余项，完成专利 100 多件，著作权登记 210 项，受到苏州市文创办、知识产权局一致好评。其中大型动画纪录片《先生》中 6 集动画部分均由我院动画专业师生团队独立完成，并在"凤凰卫视"和"中央电视台纪录片"频道播出，《先生——晏阳初》荣获第八届中国纪录片人文类一等奖、"国家记忆 2012·致敬历史记录者"年度历史纪录片奖；师生团队独立完成的《二十四节气——大暑》在中央电视台戏曲频道播出；校企共同研发和孵化的动漫 IP 项目《太乙仙魔录之灵飞纪》，在腾讯 B 站上获得超高点击率，已经实现近 5000 万的品牌价值；师生团队参与前期美术设计的动画电影《神笔马良》和《我是哪吒》分别获得 1000 万和 6000 万的票房；师生团队独立完成"百工录"非遗资源库全部 30 个交互动画设计项目，并已成功上线，完成了近 5000 人的在线培训任务。此外，以苏州本土文化为题材，师生共同完成了《中国工艺美术大师系列动画》《苏州水八仙》等民间传统动画项目，参加苏州创博会；绘本《试剑石》在姑苏晚报连载。这些项目弘扬了地域传统特色文化，助推了传统文化的创新与传播。

开放－协同－融合：区域大健康产业双创人才培养体系的构建与实践

成果名称　开放—协同—融合：区域大健康产业双创人才培养体系的构建与实践

成果完成人　马林、翟玮玮、刘艳云、王霞晖、罗建光、焦宇知、沈维青、丁勇、李红

成果完成单位　江苏食品药品职业技术学院

一、成果背景

学校 2009 年出台《江苏食品职业技术学院大学生创新创业实施方案》，并成立就业创业教研室。为整合优化资源，先后组织实施了"就业创业教学与管理一体化""大学生创新创业教育的载体构建与管理创新""基于翻转课堂的创新创业教育资源库建设""大学生创新创业教育生态体系建设""创客学院建设"等教育教学改革，取得了一系列成绩，形成了《基于"开放—协同—融合"理念的区域大健康产业创新创业人才培养体系构建与实践》教学成果。

双创人才培养对资源的需求是多方位的，不是学校一个部门或一所学校能够独立完成的事情，培养双创人才是校政行企社共同之责。"开放—协同—融合"是双创人才培养的必由路径。

多年来，学校积极出击、主动拆除围墙，打破双创教育资源壁垒，全方位、多层面地推动对内对外开放、协同合作、融合发展。通过"开放—协同—融合—开放"，推进体系不断递进循环、螺旋上升、动态优化和持续改进。

在"开放—协同—融合"理念的统领下，学校紧紧围绕"区域双创教育生态链、大健康产业链"双链条，努力贯通"互联网＋双创、专业＋双创、行业＋双创"三通道，健全六项机制，构筑六大载体，逐渐形成了"明确一个理念、围绕两个链条、贯通三个互＋、健全六项机制、构筑六大载体"的"12366"双创人才培养体系。

成果的形成，解决了高职双创教育长期存在的许多重点和难点问题，如双创教育方向定位问题、校内校外部门协同问题、双创教育脱离人才培养体系与本末倒置问题、双创教育资源匮乏与低效配置问题、双创教育模式趋同与空心化问题等。

二、成果内容

成果以"开放－协同－融合"为理念，构建了"一理念、双链条、三互＋、六机制、六载体"的双创人才培养体系，简称"12366"模型。"12366"是纳税服务热线，借此赋予了双创教育对促进依法纳税和增进社会福祉的价值追求。

1. 明理念——坚持开放协同融合，打造区域大健康产业"教科创"联合体

学校于2010年牵头成立江苏食品职教集团，现有省内外职业院校、科研院所、政府部门、食品药品及健康类企业等成员200多家。2012年牵头成立了中国食品药品职业教育联盟，现有中国大陆、中国台湾及新加坡等海内外成员单位44家。2014年举办了中外高职教育校长论坛，2016举办中美餐饮职业教育峰会，开始以国际化视野培养人才。学校已经形成全面开放格局，为双创人才培养拓展了广阔的合作空间和发展舞台。

做强优势特色专业群，紧密对接区域主导产业。学校先后与淮安市农委等5家政府单位、淮安市康复医学协会等8家单位、与淘宝大学淮安人才培训中心等30余家企业单位签订合作协议，共同打造大健康产业教学、科研、创新创业强大综合体。

2. 聚优势——围绕两个链条，提高双创人才培养体系核心竞争力引领构建区域双创教育生态链

学校通过建立联盟、深化合作，积极引领区域双创教育生态链的构建与完善。学校与淮安市妇联、淮安民建企业家协会、淮安创业者协会等合作，汇聚创业英才，建立创业导师库；与江苏护理职业学院、淮安市创业指导中心等共同开展创业培训；与淮安市大学科技园共建创客空间、与洪泽区共建食品产业科技园，与淮阴区共建国家级农业科技园等；与国内知名企业新道科技公司合作，引入创投基金，支持项目孵化等。

聚焦大健康产业链。发挥食品、药品、烹饪、健康管理等专业优势，积极与淮安市食品药品监督管理局、江苏省餐饮行业协会、淮安市药学会、淮安市糕点行业和饮料行业协会、淮安市康复医学协会、淮安市医疗康复机构与社会养老保健机构等单位合作，围绕食品、药品、健康等产业转型升级和提质增效，深耕大健康产业，全力打造区域大健康产业双创人才培养一流服务平台。

3. 融渠道——贯通三个"互＋"，做深做透，打通双创人才培养的三条通道

融通"专业＋双创"，推进双创教育与专业教育的融合。推进以双创为导向的专业课程改造和建设，开发跨专业综合实训项目，建立院系创新创业工坊，鼓励跨专业辅修等，以双创教育促进专业人才培养模式改革。

接通"行业＋双创"，推进创新创业与行业企业的融合。发挥专业和科研优势，引导学生围绕餐饮、烘焙、啤酒、奶制品、保健饮品、中医药、养生养老等开展创新创业。深化校企合作，引入行业和企业资源，联合开发双创实训项目、实践载体等助推创新创业人才培养。

贯通"互联网＋双创"，推进"互联网＋"与双创教育的融合。全面实施互联网＋课程、互联网＋双创实践平台建设。重点孵化"互联网＋"食品、药品营销、养老医生、健康管理、旅游休闲等创业项目，促进"互联网＋"新业态形成，服务区域经济转型升级。

4. 建机制——构建六项机制，健全运行高效的双创人才培养长效机制

（1）部门协同机制，实现校内双创教育工作无缝对接

为促进校内资源协同，学校建立了由大学生创新创业教育工作委员会领导，创客学院统筹管理，教务处、科技处、学工处（团委）、校企合作办公室、就业创业指导中心五部门分工负责的创新创业教育工作机制。

创客学院统筹管理全校创新创业教育工作，发挥核心纽带作用。其他部门分工合作，合力推进政策与制度体系、教学体系、训练与实践体系、服务指导体系、孵化体系、校企项目体系等六大体系建设。

（2）项目推动机制，实现双创教育工作的节点突破

以项目推动双创教育工作在重要节点上取得进展。举办"双创杯"教学设计大赛，主要专业课程科学设计专门用于讲授技术前沿、产业趋势、市场机会等内容的 2 个以上学时的专题。举办"双创杯"优秀论文评选活动，促使各专业开设了 2 门以上双创特点显著的专业课程，如"糕点店经营与管理""互联网＋大健康"等课程。通过"一院（系）一特"工程，积极推动各院系发挥自身专业优势，开设特色双创教育项目。

（3）教改助推机制，推进双创教育与专业教育深度融合

推进多元化学习。加强慕课、微课、数字教材等资源建设与应用，不断丰富学生自主学习资源，扩大学生学习自主权，支持学生个性发展。

优化教学方式。开展研讨式、项目式、案例式等教学方法改革。推进现代师徒制人才培养模式改革，以"师傅授徒"方式指导学生参与双创实践。

改进学业评价办法。鼓励教师探索灵活多样的开放考核方式，促进知识考核向能力考核、单一考核方式向多种考核方式的转变。学生毕业设计（创新类）、毕业设计（创业类），经审核可以参加毕业论文答辩。

（4）制度保障机制，促进双创教育可持续开展

制订和完善相关管理制度，如新创业学分积累与转换管理办法、慕课学习管理办法、创新创业奖学金管理办法、教师科技成果转换管理办法等文件。强

化制度倒逼与激励保障机制，增强学校双创活力，推进双创教育的可持续发展。

（5）文化育人机制，涵育双创人才的品质素养和企业家精神

邀请创客进校园、进课堂；举办各级各类创新创意创业大赛、职业技能大赛等赛事；支持KAB创业社团及60多个专业社团开展学习与实践；发掘树立校友双创先进典型；实施学生发展"十个一"工程等，实现双创活动100%全覆盖。积极培育创客文化，全面弘扬工匠精神和企业家精神，努力把校园建成创新创业的热土。

（6）诊断改进机制，持续优化双创教育生态体系

通过"毕业生实习就业创业管理系统"对毕业生创新创业进行跟踪服务。委托第三方麦可思公司对学校进行人才质量进行评估。将双创教育工作纳入《江苏食品药品职业技术学院人才培养质量报告》，接受社会监督。不断完善两级管理考核指标体系，对二级院系双创教育工作进行考核和诊改。定期诊断师资队伍、课程体系、实践孵化等建设，促使双创教育工作持续改进。

5. 筑载体——构筑六大载体，打造双创人才成长强大综合平台

（1）分层递进课程，定制化课程融入人才培养各环节

学校以课程群建设为基本载体，建成了"四层递进"双创课程体系，满足了学生个性化定制学习需求。

打造"3＋30＋300"通识类双创课程群，即3门精品必修课、30门慕课选修课、300门微课及双创专题。打造"2＋2＋T"专业类双创课程，90%以上的专业课程开设不少于2学时的双创教学专题，各专业开设至少2门以上双创特色的专业课程，各专业实施一个特色双创实践项目。打造"20＋20＋20"专项实践类双创课程，每年重点完成20个省级大学生创新创业训练计划项目、20个双创大赛项目以及20个学生专业社团活动的培训辅导。打造"1＋1"精英类双创课程，每年组织一期创新创业实验班、一期创业精英训练营活动，开展精益创业教育。

（2）联合开发项目，面向校内外学员开展双创实战培训

学校主动承担起区域双创人才培养的社会责任，通过校内资源整合和社会资源引入，多渠道开发优质实战培训项目。与淘宝大学淮安培训中心等企业合作，2016年开展农产品电子商务等实战培训6720人次。与淮安市妇联共同开展巾帼创客培训280人次。利用学校实训中心、国家级技能鉴定所，面向社会开展焙烤、烹饪、西餐、面点、酿酒等职业培训及技能鉴定，2016年完成培训鉴定4080人次。国家级《食品加工技术教学资源库》面向社会就业创业人员提供烘焙技能、饮料生产、乳制品生产、果蔬贮藏与加工、水产品生产、食品质量安全管理等30余门课程，2016年完成13000余人次培训。学校主持的《中华酿酒教学资源库》进入教育部备选资源库，现已面向社会开展在线培训。

（3）整合网络资源，建立大健康生态圈双创虚拟学院

建立"就创吧"公众号，为学生学习提供查询、交流、导学等服务，支持学生个性化学习和自主学习。建立虚拟创业学院——i 健康商学院，与线下创客学院配合，提供课程培训、实战训练、资源导航等服务。虚拟创业学院通过自建网络课程，整合和再开发网易公开课、央视和地方电视台双创网络视频资源，建设适合不同学生个性需求的课程包。通过与威客、阿里云创业等平台合作，打造线上创业实践基地。

（4）共建共享基地，集聚融合资源构筑一流众创空间通过挖潜、合作、整合，推动资源融合集聚，共同构筑区域大健康产业创新创业实践大平台

整合校内资源。以省级大学生创业示范基地建设为引领，不断挖潜校内创新创业实践资源。主要实验实训室每周免费向学生开放时间不少于 2 小时，大学生创业模拟实训室、农产品电子商务实训室年培训校内外学员约 1000 人次，食品药品科技园、苏食苑宾馆年服务超过 40 支大学生创新创业团队。大师工作室、创意创新创业工作坊，年均指导约 200 名学生进行创意创新创业项目实践。

集聚校外双创资源。与多家知名企业合作，建成华艺网科、海尔智能家居馆等校内双创实践基地。与淮安市大学科技园、淮安市清城创业园等单位合作，建成约 3000 平方米校外创新创业孵化基地。与淮阴区政府、洪泽区政府共建江苏食品科技产业园和健康产业园，共建苏北食品安全分析检测中心。坚持"开放—协同—融合"理念，融聚整合校地优质资源。

（5）汇聚内外英才，构筑区域双创人才共同成长平台建设校内教师、校外导师、创业校友、创业社团 4 支创新创业人才队伍，打造双创人才汇聚交流与学习成长平台

校内师资队伍。推进创新创业教师专业化，76 人次通过培训取得创业咨询师等资格证书。双师型教师比例超 85%，教师下企业挂职锻炼比例达 82%。学校聘请校内有创业经验的教师讲授创业课，支持教师以成果作价入股、自主创业等形式带领学生创业。

校外导师队伍。聘请创业成功者、企业家、投资人、产业教授、知名学者等各行各业人士，通过开展讲座、论坛、走上讲台、一对一帮扶指导，增强学生创业实战能力。与淮安市妇联、淮安市创业者协会、淮安市民主建国会合作，建立了超 500 人双创导师专家库。

毕业生创业典型。每年组织开展毕业生创业调查，挖掘树立大学生创业典型。

邀请创业校友举行事迹报告会，以校友榜样力量激发学生创新创业热情。学校现建成 400 多人的校友创业英才库。

校内创业社团。充分发挥 KAB 创业俱乐部、大学生职业发展协会、健康协

会，以及 60 多个专业社团的作用，配齐指导教师，做好培训和服务，搭建学生创新创业自主学习和实践交流平台。

（6）科技平台嫁接，助推区域健康产业优质创新创业

依托江苏省食品加工工程技术研究开发中心等科技服务平台，促进区域食品、生物、医药、健康产业的协同创新，建成由 80 多家单位参与的 10 多个技术创新联盟。2012 年以来，为企业技术攻关 450 项，授权专利 126 项，技术服务到账经费 1447.6 万元。

以营养咨询中心、健康养生堂、营养配餐实训室为依托，有效服务区域食品企业、营养咨询公司、医疗机构、健康管理公司等。围绕淮安区域现代高效农业、食品生物技术倍增计划，努力建设集"人才聚合、创新研发、创业孵化、科技服务"四大核心功能于一体的食品产业创新创业核心载体，努力打造国内一流的食品产业创新研发基地和国内知名的创新创业服务中心。

三、成果特色与创新点

本成果在双创人才培养体系的构建与实践中主要创新点如下。

1. 提出以"开放—协同—融合"为理念的构建模式

坚持基于资源融聚的协同育人正确理念，解决双创教育资源总量不足与闲置浪费现象，推进双创教育工作持续健康发展。

2. 提出"双链条"的构建定位

为避免双创教育的同质化、空心化、低端化，学院积极引领区域创新创业教育生态链的构建与完善，聚焦大健康产业链增效升级，凸显双创教育特色，打造核心竞争优势。

3. 提出"三互 +"的构建途径

学院将"互联网 + 创业、专业 + 创业、行业 + 创业"的融通贯通作为双创人才培养体系构建的主渠道和基本路径。

4. 凝练了构建体系的六项机制和六大载体

六项机制、六大载体是理论和实践的高度凝练总结，具有较强的创新性和实效性。

四、成果的应用推广情况

学校 2013 年荣获江苏省大学生创业示范基地称号，连续 6 次荣获江苏省就业先进集体称号、3 次淮安市优秀创业服务机构称号等。2014 年学校被江苏省教育厅推荐为全国高校创业 50 强参评单位。

《食品专业技术教学资源库》高水平通过验收，并获 2017 年升级改造支持项目，年开展就业创业技能培训 13000 余人次。《中华酿酒教学资源库》被教育部遴选为入库项目，现已面向社会开展就业创业技能培训。食品药品科技馆累计接待学生和社会参观者 3 万多人次。

《高职创新创业教育专门课程群的开发与建设》被"江苏省高等职业教育创新发展行动计划（2015—2018）"立项建设。完成市厅级以上双创教育课题 16 项，发表双创教育论文 80 余篇，主编教材 6 部，《大学生创新创业拓展与训练》为国家十二五规划教材等。赵炳起教授的《高职创业教育的载体构建与管理创新》被教育厅录入江苏省高校教改成果汇编。

2015 年江苏省高职大学生创业示范基地现场会在我院召开。学校先后承办淮安市第五届大学生创业大赛、江苏青年创新创业大赛淮安分赛等 10 多项赛事。近三年，在市级以上大学生创新创业大赛中 86 人次获奖，毕业生创业比例高于全省同类院校平均水平，净资产千万元以上的校友企业 30 多家。学校现为中国高等教育学会创新创业分会会员单位、中国职业素养和创新创业教育学会副主任会员单位，创新创业人才培养工作产生了广泛的积极社会影响。

创新创业教育工作全面推动了学校综合教育改革，有力助推了学校在专业建设、科技服务、产教融合、人才培养等方面取得了一系列成绩。学院正积极与国内知名创业服务机构合作，共同打造国内一流的大健康产业创新创业服务中心。

基于 HACCP 理念的食品类专业人才培养质量保障模式创新与实践

成果名称　基于 HACCP 理念的食品类专业人才培养质量保障模式创新与实践

成果完成人　郑虎哲、贡汉坤、罗建光、崔春兰、丁兴华

成果完成单位　江苏食品药品职业技术学院

一、成果背景

教育部、财政部关于"十二五"期间实施"高等学校本科教学质量与教学改革工程"的意见中明确指出，"提高教育质量是高等教育发展的核心任务，是建设高等教育强国的基本要求，是实现建设人力资源强国和创新型国家战略目标的关键"。教学质量保障体系是指全面提高教学质量的工作体系和运行机制，具体包括：以提高教学质量为核心，以培养高素质人才为目标，把教学过程各个环节、各个部门的活动与职能合理组织起来，形成一个任务、职责、权限明确，能相互协调、相互促进的有机整体。

HACCP（Hazard Analysis and Critical Control Point）指危害分析和关键控制点，是生产（加工）安全食品的一种控制手段；对原料、关键生产工序及影响产品安全的人为因素进行分析，确定加工过程中的关键环节，建立、完善监控程序和监控标准，采取规范的纠正措施。近年来 HACCP 作为食品安全控制手段，正逐渐被运用于高等教育管理实践。目的是通过对高等教育各环节中影响培养人才的诸多因素进行分析和评估，并制定相应预防措施，确定关键控制点，建立能有效控制关键控制点的体系。

江苏食品药品职业技术学院对国内外各种成功的质量保障模式进行分析，探索适合对应行业和企业的人才培养需求的基础上，率先在食品质量与安全专业的人才质量保障系统的关键环节引入 HACCP 管理方法，创新人才培养质量保障模式，并针对如何完善和提高高职专业教学质量，提高专业人才培养水平而开展的研究，通过适度引进 HACCP 管理理念和方法，应用于专业的内部保障和外部保障的模型构建，从而形成一个任务明确，职责、权限相互协调、相互促进的科学、高效、实用的专业教学质量支撑体系。

二、成果内容

1. 基于 HACCP 理念的影响人才培养质量的"危害"分析

通过创新"基于 HACCP 理念的高职院校人才培养质量保障模式",引入 HACCP 体系的基本原理于专业人才培养中。在"危害"分析的基础上,将学生个体差异考虑进去,通过识别、分析以及评价的方式确定严重影响人才培养质量的关键控制点(表1),将影响培养技术技能型人才的"危害"因素降到最低。

表 1 基于 HACCP 理念的影响人才培养质量的"危害"分析

影响因素	可能潜在"危害"	潜在"危害"是否显著	"危害"显著理由	控制"危害"措施	是否CCP
学生因素	生源差异	是	不同生源(如单招、注册生、统招生;高中阶段文理科生源)之间存在学习能力差异	根据生源类型,制定适用各类别生源的人才培养方案	是
	对专业兴趣	是	盲目申报专业,导致入学后对所录取专业失去兴趣,影响学习积极性	通过交流,把握学生心态,引导其树立理性的人生观、职业观	是
学习环境	教学设施	是	教学资源的欠缺,严重影响培养实践操作能力过硬的技术技能型人才培养质量	完善实验实训条件、开拓顶岗实习企业资源	是
教师因素	专任教师	是	教师对教学过程的控制和知识传递能力,直接影响人才培养质量	通过培训、国内外交流、继续教育等形式提高教师素质	是
	兼职教师	是	缺乏理论水平、对教师工作不熟悉	通过"一课双师"、"双导师"等举措,提高兼职教师素质	是
	辅导员	是	辅导员对"问题学生"的正确引导直接影响班级的凝聚力和氛围	通过建设"心理健康辅导站"共享优质辅导员资源	是

续表

影响因素	可能潜在"危害"	潜在"危害"是否显著	"危害"显著理由	控制"危害"措施	是否CCP
培养体系	人才培养方案	是	人才培养方案的制定以及定位直接影响培养质量	以"优者成才、能者成功、人人成长"为理念，构建适用于不同生源的人才培养方案	是
	课程体系	是	课程体系与工作岗位群的脱节、影响学生毕业后发展	构建"校-行-企融合，三线并行"课程体系	是
	考核评价	是	期末考核无法客观评价学生掌握知识水平	实施过程考核等多途径综合评价学生能力	是

2. HACCP 计划的制定与实施

通过影响专业人才培养质量的主要因素，即学生素质、学习环境、教师因素、人才培养体系等因素的确认，形成较为完整、有序、明确的专业管理方案；形成一个任务明确，职责、权限相互协调、相互促进的科学、高效、实用的HACCP计划的制定与实施方案。最终制定纠正措施及相应制度，确立"临界极限标准"，并制定有效的记录程序，从而验证HACCP体系在培养合格人才中的作用。通过将HACCP原理引入高职专业人才培养质量保障体系中，系统地搭建起完整的高职专业质量内部、外部保障系统的外部框架，形成科学、合理、实用的关键环节的具体管理模型，基于HACCP理念的"危害"分析及控制结构。

3. 创新"三驱动，四要素，五步骤，六体系"的人才培养质量保障新模式

引入HACCP管理理念时紧紧围绕"提升学生职业能力"这一核心，多角度、分层次分析影响人才培养质量的因素，建立"三驱动，四要素，五步骤，六体系"的人才培养质量保障新模式，即以"专业—企业—学生"三方共同需求为驱动，明确"组织、过程、资源、监测"四个保障要素的具体关系，引入HACCP的五个步骤（"危害"分析、确定关键控制点、建立关键限值、监测、纠正），最终创新涵盖人才培养方案、课程开发体系、实践教学管理机制、师资队伍建设、教学效果评价体系以及质量监控体系等六个体系。

三、成果特色与创新点

1. 借鉴 HACCP 管理理念，重构专业质量保障体系

将 HACCP 原理引入高职院校人才培养质量管理整个过程，通过对人才培养各环节中影响的诸多因素进行分析和评估，找出对人才培养质量有显著影响的因素，并制定相应预防措施、确定关键控制点、建立能有效控制关键控制点的专业质量保障体系。

2. 创新实践教学模式，实现多专业知识的有效融合

将多兵种协同作战理念引入"多专业融合综合实训"的整个过程，针对食品专业群的各专业不同的培养方向，设计多专业、多岗位并用的、共享的食品企业生产项目作为实训主题，构建崭新的食品类"多专业融合综合实训"教学模式及应用体系。在教学内容上突破了单专业实训模式，学生们全程参与了从原料入库及检验、生产过程在线检验、品控、产品检验等一系列环节，并实现了多专业知识的有效融合和衔接。

3. 优化教学质量监控体系，提升专业人才培养质量

紧紧围绕提升学生职业能力这一核心，评价主体从校内到校外、从学生本人到老师、家长和企业，评价客体也从校内到校外，综合学生素养、知识技能和可持续发展几大方面，构建一套通俗易懂、客观全面、简单易行的多元化人才培养质量评价体系。通过主体对客体的多元化评价，全面了解本专业人才培养质量，根据教学质量监控结果进一步修订人才培养方案，做到持续更新，螺旋式提升专业人才培养质量。

四、成果推广应用效果

本教研成果应用于人才培养方案的实施过程以来，教师的教学能力明显提升，教学方式和教学手段不断创新，学生学习兴趣和学习热情显著增加，学生的实践能力得到了有效提升。校企合作更加紧密，教师为企业开展多项技术培训、解决技术难题，真正实现了互利互惠，合作共赢。

1. 专业建设食品质量与安全专业为校级重点建设专业、特色专业

这是教育部高等职业学校提升专业服务产业发展能力项目专业。这些前期成果为开展本教科研项目奠定了有力支持，提供了有益的经验和启发。以本专业为基础申报的"3＋2"高职与本科分段培养试点项目（食品质量与安全），高职与本科联合培养试点项目（食品科学与工程）先后被江苏省教育厅审批。从2014年开始，与淮阴工学院共同申办了食品质量与安全"3+2"本科专业，已开设了2014级与2015级两个班级，培养了80余名学生。从2016年开始，与淮海工学院共同申办了食品科学与工程本科专业，已开设了2016级1个班级，培养了40多名学生。这些尝试为开展高职本科教育工作奠定了重要基础。

2. 人才培养及师资队伍建设

近三年学生的整体素养和精神面貌显著改善，在各类项目、竞赛中获得优异成绩，专业学生先后获得省级技能大赛二等奖2项、三等奖5项，国家级技能大赛个人金奖1项，银奖3项，团体银奖2项，省优秀毕业设计团队奖1项，优秀毕业设计二、三等奖3项；主持省级大学生创新项目8项；在省市级大学生创新创业大赛中获一等奖2项，二等奖3项。教师的科研成果显著。近几年，教师主持和主要参加各类自然科学研究项目30项，国家星火计划立项项目3项，省级课题立项5项，其中江苏省科技支撑项目3项。2010年获得国家财政支持的实训基地项目1项，项目经费500万元。获得国家专利10项，省、市级科技进步奖5项。发表学术论文100篇，其中SCI、EI收录论文10篇。

3. 资源共享平台建设

我院于2013年7月份主持立项申报高等职业教育食品加工技术专业教学资源库建设项目，并于2015年12月通过验收。项目参与单位包括20所兄弟院校和16家知名企业及全国食品工业职业教育教学指导委员会等4家行业机构。到目前为止，资源库建设发布了25320条素材资源，开发了21门学历课程、81门培训课程，制作微课419个；建成专业信息库、课程资源库、技能训练库、素材资源库、行企信息库、培训认证库、特色专题库、健康生活馆等8个子库，成为集高职食品加工类专业教学、食品企业技术进步和员工技能提升、就业创业者培训和食品消费者自学等功能于一体的开放式数字化专业服务平台。通过资源共享平台建设，推动了全国高职食品类专业教育教学改革与发展，整体提升我国高职食品类专业人才培养质量和社会服务能力，对我国食品工业技术进步和产业发展起到积极的推动和引领作用。通过近一年半年的推广，食品加工资源库在全国范围内得到应用，学习量超过91400人次，并逐步实现应用、更新、完善的资源库建设可持续发展。

学习体验为导向的食品生物化学课程立体资源建设和多维联动共享推广

成果名称　学习体验为导向的食品生物化学课程立体资源建设和多维联动共享推广

成果完成人　郝涤非、翟玮玮、焦宇知、万国福、孙芝杨、翁梁、师文添、杨福臣

成果完成单位　江苏食品药品职业技术学院

一、成果背景

1. 高职课程资源存在的普遍问题是本研究的创新驱动

高等职业教育作为高等教育的一种类型，主要为生产、建设、管理和服务第一线培养高级应用型专门人才。要实现目标，必须围绕课程建设这一主要抓手，而课程资源作为课程的基本要素，其质量高低直接影响教学效果。课程资源的质量判定的主要依据之一是学习者的学习体验。学习体验是指学习者在亲历完整的学习过程中产生的纯主观感受，强调的是学习者个人主体的作用，包括学习者对整个学习流程的感受，即对学习的活动、形式、内容、交互、效果、评价等多方面综合的感受。具体到课程资源建设，学习体验是指学习者在学习课程的过程中对其各方面的纯主观感受，包括学习者对课程平台、课程内容、课程活动、课程评价、课程学习效果和课程学习服务等感受，与"用户体验"类似。用户体验（User Experience，简称 UE 或 EX）最早被广泛认知是在 20 世纪 90 年代用户体验设计师唐纳德·诺曼（Donald Norman）提出，在计算机和互联网产品中被广泛使用，是用户在使用产品过程中建立起对产品的纯主观感受。

本成果项目团队一直注重搜集学习者对课程及课程资源的感受，他们集中反馈的问题主要有：资源内容不丰富，形式单一；注重线下，轻视线上，使用不方便；理论与实践脱节、实践与企业真实环境脱节、真实案例少；教材内容陈旧且理论性太强，深奥难懂；互动途径匮乏，被动较多，对学习效果没有自我检测的标准；视频太长，枯燥无味，资源不按需更新且不及时等。这些正是本项目团队要解决的关键问题。

2. 建设优质共享型高职课程是行政主管部门对课程资源建设的时代要求

《教育部关于加强高等学校在线开放课程建设应用与管理的意见》（教高〔2015〕3号）、《关于建立职业院校教学工作诊断与改进制度的通知》（教职成厅〔2015〕2号）、《教育部关于全面提高高等职业教育教学质量的若干意见》（教高〔2006〕16号）等多个文件均强调了课程建设与教学方法改革的重要性，特别是在教高〔2015〕3号文件中明确指出：要建设一批以大规模在线开放课程为代表、课程应用与教学服务相融通的优质在线开放课程；建设在线开放课程公共服务平台；促进在线开放课程广泛应用。由此可见，传统课程资源已远不能满足学习者的需求，优质课程资源的建设、共享和推广应用被赋予了时代性。

3. 食品生物化学课程性质的特殊性为资源建设和推广提出了更高的创新要求

《食品生物化学》是高职食品加工技术专业群的一门核心平台课程。同时又是满足食品企业岗位（群）人才需求的通用职业能力培训课程，是在学生完成化学分析能力综合训练等课程基础上开设的。本课程以食品类专业学生通用职业能力培养为核心，对学生在食品专业技术领域的职业素养养成起主要支撑作用。该课程理论性强，内容琐碎抽象，知识技能点多，学生学习兴趣普遍不高，增加了与后续专业课程及生产实践接轨的难度。针对以上问题，2010年以来，项目团队以国家示范（骨干）高职院校课程建设、国家级精品资源共享课建设、国家规划教材建设、泛雅超星教学平台建设和国家级教学资源库建设为契机，以学习者的学习体验为导向，开展了一系列课程资源建设改革和多维联动共享推广实践研究。

二、成果内容

1. 以学习体验知识和技能需求为导向确定资源内容和难易度

高职院校的办学特色应体现在教学过程的职业性和学生职业技能的养成上，课程资源应注重与社会、行业、企业需求接轨，与技术前沿相结合，实现课程教学与企业生产零距离。项目团队先后深入校、政、行、企、生等进行岗位知识能力需求调研、毕业生跟踪调研和在校生学习体验调研。几年来共调研相关企业100家以上，访问毕业生513人次、在校生712人次、企业人员822人次。通过调查、研讨和分析，明确了岗位需求、毕业生应具备的职业能力和素质，紧密结合在校生的学习体验，分析与食品生物化学相关的知识和能力目标对教学资源作了如下改革：

（1）以食品的基本成分知识为主线，以食品加工过程常见的生物化学变化为引申，以各种类型的食品特性为拓展确定内容，体现专业性、实践性和开放性。以服务后续课程和培养学生职业能力为目标，化繁为简，化难为易，精简理论，增加实践。同时开发了符合岗位职业技能技术需求的教材、覆盖全课程的视频教材、项目手册、学习手册和课程标准等。

（2）模块化组织课程内容，注重课程教学内容内在属性的连续性和相关性以及与前导、后续课程的合理衔接，实现课程内容的整体优化。

（3）以基础知识认知、通用职业技能训练和综合技能训练为逻辑主线，将专业知识融入学习性项目任务或案例中，减少验证性实验，增加研究性实验，增加企业常用的实验（如油脂过氧化值测定等），实验方法与最新国家标准接轨，与企业实际应用接轨，与先进技术接轨。提升了实践项目的职业性、实践性、时代性和创新性。

2. 以学习体验兴趣为导向确定资源形式

课程学习体验如同商品的用户体验，课程资源的建设和更新完善如同商家的售后服务，尊重学习者的主体感受，提升学习体验效果是检验课程资源质量的首要标尺。因此，团队每学期多形式多途径深入在校生人群，实名或匿名收集学习者的学习体验反馈，近三年来，共调研在校生 1222 人次，收集反馈信息 4536 条，针对性地对资源做了如下优化：

（1）针对资源形式单一，使用不方便的情况，丰富了资源呈现形式，视频、图片和案例等网络资源与平面教材、实验实训指导、专业文献、科普读物等纸质资源互为补充，形成立体化课程资源。

（2）针对反馈视频时间太长的情况，添加了微课资源；增加小视频、仿真软件、模拟动画及图片，使知识碎片化、动态化，增强了时效性、趣味性。

（3）针对专业课程间的关联较少的情况，链接了食品加工技术专业国家级教学资源库，实现课程内及课程间的资源调配和高度共享。

（4）针对只有线下没有线上，学习不方便的情况，课程资源通过泛亚超星教学平台上线共享，作为国家级精品资源共享课在"爱课程"网站上线共享，并通过手机 APP 实现移动学习。

3. 以学习体验企业需求为导向确定实操形式

课程实践资源的时代性、创新性、易学性和有用性是影响学习体验的关键因素，这是由高职层次学习者课程学习的职业性决定的。因此，在课程建设中，更新和完善了实操内容和形式，针对课程理论与实践脱节、实践与企业真实环境脱节等学习体验反馈，及时丰富了实操资源，主要包括行业企业库、标准库、案例库、技能培训鉴定包、仿真软件和模拟动画等仿真类素材资源和建设了校外实验实训基地、食品药品科技馆等实体实操资源。

4. 以学习体验项目研究为导向开发创新资源

以学习体验为导向，从满足"用户"最基本的心理需求出发，要不断差异化，创新产品和服务得到"用户"的认可。以学习体验项目研究为导向开发创新资源。

针对书本和资源总是落后于实际，学习动力不高的情况，在课程资源中及时添加大学生实践创新训练计划、科技创业大赛、学徒制改革中的成果、参与横向合作项目等，添加教师的最新的科研项目、成果、论文、专利等。

5. 以学习体验效果反馈为导向确定资源更新和完善

坚持"用户"至上，重视学习体验效果反馈，及时进行资源更新和完善。针对缺少学习效果自我检验和互动反馈途径的情况，建立了学习者社群和在线自测系统。学习者社群，及时搜集学习体验情况，更新课程资源，尊重学习者主体需求，提高学习体验效果。在线自测系统，使学生和社会学习者可随机练习和在线考试。此外，在师生中推广使用超星"学习通"手机软件，使学习者之间实现无障碍交流。

6. 加强信息化教学资源建设，形成立体化服务体系

顺应"互联网＋"的发展趋势，坚持信息化与教育教学深度融合。利用国家、学院课程网站平台，整合国家、行业、学院多方资源，实现课程教学管理、课程资源更新和推广应用，做到《食品生物化学》课程人人皆学、处处能学、时时可学，实现课程资源课堂用、课外用、随时用、普遍用。

课程团队先后完成了教育部国家级精品资源共享课建设平台、"爱课程"网课程建设、泛雅超星网络教学平台课程建设，开发了课程在线自测系统，并作为一门主干课程入选教育部食品加工技术专业国家级教学资源库。通过对课程资源的及时维护、更新和完善，为校内外学生和社会学习者提供了丰富、安全、稳定的课程学习服务。

以国家级精品资源共享课为例，课程资源包括：一、课程资源素材：开发和完善了基础资源905个，同时建立了标准与规范、仪器与设备、行企资源，案例库、仿真实训、动画、行业资源和在线自测系统等拓展资源325个。二、创新资源：创新案例库中融入了145项纵向横向项目、14项大学生实践创新训练计划、12项科技创新大赛、36项各级技能大赛、62项毕业项目和58项专利等成果。三、资源库素材：包括课程资源库、技能训练库、行企信息库、标准库、培训认证库、特色专题库、健康生活馆，包括学历课程21门、培训课程81门、微课419个，资源总量25320条。

所链接的食品加工技术专业国家级教学资源库，包括课程资源库、技能训练库、行企信息库、标准库、培训认证库、特色专题库、健康生活馆，包括学历课

程 21 门、培训课程 81 门、微课 419 个，资源总量 25320 条。实现了专业内课程间的高度共享和调配，为学习者提供了强大的专业资源支撑。

此外，团队成员在 2011 年主编行业部委统编教材基础上，2014 年主编"十二五"职业教育国家规划教材，该教材吸取了近几年来的课程建设成果，精选教学内容，兼顾学生的认知顺序和技能养成规律，基础理论以"必需、够用"为原则，内容循序渐进、重点突出；实践教学内容注重技能培养，突出职业特色，联系生产、生活实际，追踪先进技术。该教材 2014 年出版以来，受到校内外师生广泛好评。

三、成果特色与创新点

1. 学习体验为导向，尊重主体学习需求

根据学习体验的反馈确定资源建设的内容、方法与形式。

2. 课程资源立体化与专业课程间高度集成共享，满足主体关联需求

形成了包括教学视频和微课资源、配套教材和学习手册等立体化资源共享。资源课实现课程内资源共享，同时与国家级教学资源库相链接，实现了不同课程资源的互联互通。

3. 以项目为载体师徒制形式开发创新资源，满足主体创新需求

以纵横向项目开发、大学生实践创新训练计划、科技创新大赛、实验实训技能大赛等为载体，以师徒制的方法让学习者亲自参与创新资源的开发，激发学习者的学习热情，提升学习体验效果。

四、成果推广和应用情况

1. 成果推广方式

主要方式有：依托教育部"食品加工技术专业教学资源库"项目，向参与共建的院校和企业推广。通过食品、生物类国家师资培训项目、教育部食品工业行指委、食品药品行指委平台推广。依托中国食品职教联盟、江苏省食品职教集团、江苏省烹饪协会、江苏省食品工业协会等，向全国相关行业和会员企业推广。毕业生向用人单位推广。教学中应用，并公开发表教研论文 3 篇。

2. 成果推广和应用效果

（1）推进了学院课程建设整体水平的提高

通过课程立体资源示范建设，带动了全院建成院级精品在线开放课程 45 门，

网络辅助教学课程 190 门。同时，项目团队在课程资源建设和推广过程中经受了锻炼，更新了教学理念，提高了业务能力。

（2）推广应用单位范围和数量显著增加，学习者群体不断增加

国家级精品资源共享课资源自上线共享以来，宣传推广 60 余所高职院校、70 余家企业，社区和创业再就业等社会学习者 25000 余人，38 所高职院校将课程所在的资源库链接到其网络教学资源，12 所学校将课程纳入日常必修或选修课程，学习者提问和互动交流信息 31189 条，教师答疑和互动交流信息 41194 条；得到全国企业、同类院校师生和社会学习者的一致好评。

（3）配套教材学习体验效果好，全国同类院校普遍使用

主编的配套教材被列为"十二五"职业教育国家规划教材，仅 2014 年和 2016 年就已印刷 12000 余册，使用范围遍布全国各地，受到相关院校师生广泛好评。出版社统计了教材使用情况，并给予了高度评价。

（4）日常教学广泛应用，学习体验反馈良好

泛雅超星教学平台课程资源建设，紧贴教学，互动性强，实现了利用手机进行班级管理、作业批阅和学生自测，日常教学中被师生广泛应用，并受到一致好评；在线自测系统的建设和不断更新，使学生和社会学习者可随机练习和在线考试。

校企共同体半导体照明产业学院协同培养
LED 匠人才的创新与实践

成果名称　校企共同体半导体照明产业学院协同培养 LED 工匠人才的创新与实践

成果完成人　袁锋、蒋新萍、王志平、陈志刚、徐伟、吴志强、蔡瑞林

成果完成单位　常州轻工职业技术学院

一、成果背景

2010 年以来，成果团队针对校企合作中校企双方的利益与价值追求差异、技能型人才培养难以达到工匠精熟的操作水平、技能型人才难以传承工匠不断追求完美和极致的职业精神等问题，按照"目标主线主体举措平台"的问题解决路径，即以现代工匠人才培养为目标，以"技艺传授与精神传承"为两条主线，依托行业、企业、学校三大主体构建半导体照明产业学院，通过创新体制机制建设、推行现代学徒制教学改革、营造校园文化育人环境、强化专业训练＋技能竞赛等四大举措，共建招工招生、教育教学、师资建设、考核评价和协同创新五大资源共享平台。

成果团队研究挖掘"工匠精神"的价值内涵与时代特征，以杰出校友、"大国工匠"——邓建军"爱岗敬业，自强不息"精神为引领，创新实践了"职业技能＋工匠精神"LED 工匠人才培养模式，构建了"兴趣激发－经验积累－强化训练竞赛实践体验－生产实际操作"为路径的"学训研创"一体化教学体系，形成了"精于工""匠于心""品于行"LED 工匠人才培养完整方案，成功践行了工匠精神的"技""术""心""神"四个层面的价值理念，实现了"专业共建、人才共育、团队共建、文化共融、校企共赢"的校企共同体五要素协同创新。

经过 4 年的实践，培养了一大批能工巧匠和创业典型，学院连续 3 年获得江苏省职业院校技能大赛和就业先进单位等荣誉称号；校企共同体合作开发 2 门国家级精品资源共享课程；校企协同科技创新成果得到科技部立项资助，形成了校企"深度融合、共享共赢"的典范。全国近百所高职院校到校学习并运用推广，成果也获得了国家与教育部领导的高度重视与肯定，成果体系对高技能人才培养具有较强的引领示范与应用推广价值。

二、成果内容

1. 针对职业院校和企业合作办学中存在明显的利益与价值追求差异，合作企业参与积极性不高、资源共享意识不强烈等问题，寻求学校与企业之间的利益共同点

与常州市半导体产业技术创新联盟联合共建了"常州市半导体照明（LED）产业学院"。产业学院秉承"行业指导、企业主体、学校主导、资源共享"的建设理念，依托常州市半导体产业技术创新联盟，与联盟下属的 21 家企业构建了充满活力的办学理事会。产业学院实行理事会领导下的院长负责制，下设招工招生工作委员会、专业建设委员会和校企合作委员等。

校企共建招工招生、教育教学、师资建设、监控考核评价和协同创新五大资源共享平台。校企通过共享设备设施、训练基地、竞赛基地、创业基地、城域网等硬件资源，"校企有形资源的开放共享"；校企通过专业共建、师资共建、教材共编、评价互通、文化共融等软件资源实现"校企无形资源的开放共享"。

校企共同制定 LED 工匠人才培养方案，共同参与专业建设、课程建设，共同参与教学改革，共同培养师资，共建师资团队，共同参与质量监控考核评价，共同参与科技创新与社会服务，真正形成了人才共育、过程共管、责任共担的校企合作办学机制，校企双方由"共想共营"走向"共享共赢"。

2. 针对职业院校技能型人才培养难以达到工匠精熟的操作水平难题，半导体照明产业学院采取了一系列创新举措

（1）积极推进现代学徒制，校企共同体双导师制

重视"工匠型教师"的培养，积建设校企共同体"教练型师资团队"。构建师徒型师生关系，创新设立师徒制实训项目，校企合作开发适合工匠人才培养的课程体系，将真实项目引入课堂教学，加大实践教学的力度，不断推进项目导向、基于工作过程、案例推演、角色扮演以及理实融合的教育教学活动，增强专业教学的职业性，提高学生学习兴趣，激发学生创新创业灵感。

（2）创新实践"职业技能＋工匠精神"现代工匠人才培养模式

以工匠人才标准改革技能型人才评价方式，全面改革创新教育教学体系，实行"教学组织柔性化、教学方式行动化、教学评价多元化"。构建了以"兴趣激发（0.5 学年）—经验积累（1 学年）—强化训练实践体验（0.5 学年）—生产实际操作（1 学年）"为路径的工匠"学训研创"一体化教学体系。

（3）建立开放型教学与训练环境

全天候开放实验实训室、工作坊、训练坊、研创坊和工程训练中心、校内实训基地，由专业教师与企业师傅全天候指导。通过模拟项目引导演练、仿真项目

实战训练、生产项目真做真练，在实训实战中不断磨炼技艺，体验并形成精雕细琢、精益求精、严谨专注的工匠精神。

（4）充分重视名师名匠榜样的示范传授作用

引进技术能手、技艺大师、劳动模范、大国工匠等来校任教，建立"名师名匠"工作室，实施"名师高徒工程"。校企名师名匠坐镇工作坊、训练坊、研创坊共同指导，言传身教，传授技艺传承精神。

3. 针对职业院校通常重视学生职业技能的培养，而忽视职业精神的培养，技能型人才难以传承工匠不断追求完美和极致的职业精神问题。半导体照明产业学院采取了一系列创新举措

（1）健全"技艺传授与精神传承"双主线育人机制

在学院层面设置"双主线育人"实施推进机构，党委书记牵头，学工处以及教务处主抓，各系部按照计划具体落实。以杰出校友、"大国工匠"——邓建军"爱岗敬业，自强不息"精神为引领，把"工匠技艺传授与工匠精神传承"的现代工匠人才培养理念渗透到办学思想、治校方略中，贯穿于技能型人才培养全过程。

（2）营造浓厚的文化育人环境

通过塑建军像、铺建军路、修建军桥、植建军林、建建军班，每年新生开学典礼举行《中国技工——邓建军》授书仪式；以班级为单位，组织观看《大国工匠·匠心筑梦》宣传片，召开培育工匠精神主题班会，开展"树立工匠精神，争做优秀学子"演讲比赛、"树立工匠精神，打造轻院品牌"校园戏剧作品大赛等活动增强学生对工匠精神的认同感。引名企进校园，加强校企文化融合，精心布置训练竞赛场所环境，营造职场文化育人环境，让"工匠精神"内化为自身的一种职业情感与职业意识。

（3）通过专业技能训练与技能竞赛等环节培养工匠精神

完善"以赛促教、以赛促学、以赛促练"机制，从学院顶层设计入手，探索寓赛于教的工匠人才教学改革方案，即：竞赛内容与工匠人才培养内容融合；竞赛组织过程与工匠人才培养过程融合；竞赛考核与工匠人才培养项目化教学考核融合；竞赛要求与工匠人才精神培育融合；竞赛项目所体现的综合素质与工匠精神的养成融合。

（4）形成富有成效的"双主线"育人方案与体系

深入研究挖掘"工匠精神"的价值内涵与时代特征，总结提炼创新举措，最终形成了富有成效的"精于工""匠于心""品于行"工匠人才双主线育人方案与体系。

三、成果特色与创新点

1. 校企共同体产业学院培养现代工匠人才的理论创新

提出"校企利益共同体产业学院"理论模型，概括共同体内涵和特征。校企共同体是指高职院校与区域主导行业的主流企业以合作共赢为基础，以协议形式缔约建设的相互融合、相互渗透、相互依赖、相互促进的利益实体，是校企合作的新型组织形式，具有共同规划、共构组织、共同建设、共同经营、共同管理的"五共"特征，校企双方通过协同共建"招工招生、教育教学、师资建设、考核评价和协同创新"五大共同体平台，最终实现"专业共建、人才共育、团队共建、文化共融、校企共赢"的五要素协同创新。

2. 校企共同体产业学院培养现代工匠人才的实践创新

成果遵循"技艺传授与精神传承"举措并重理念，探索"职业技能＋工匠精神"现代工匠人才培养模式，创新构建"兴趣激发—经验积累—强化训练实践体验—生产实操"为路径的"学训研创"一体化教学体系。培养学生对职业认可和热爱的"初心"、对职业专注和执着的"专心"、对职业务实和淡泊名利的"素心"、对职业进取和创造的"创心"、对渴求职业成功的"雄心"。探索出"精于工""匠于心""品于行"现代工匠人才教学改革方案，成功践行了工匠精神的"技""术""心""神"四个层面的价值理念。

四、成果推广应用效果

本成果经过 3 年的研究探索，4 年实践，收到良好的育人效果，先后得到了政府、社会和企业的充分肯定，获得了广泛社会影响，取得了一系列标志性成果。

1. 学校文化建设成果

"爱岗敬业，自强不息"已成为学院的校园文化，"工匠精神"内涵已经融入校园文化。通过校园文化潜移默化的熏陶，充实了学生的人文底蕴，提升了学生的职业素养。文化建设成果获得教育部 2010 年高校校园文化建设成果三等奖。"学校文化引领下高职生职业素养培养模式的探索与实践"获得 2014 年江苏省教学成果二等奖。

2. 人才培养成果

（1）为轻工行业和区域 LED 企业培养了近万余名高素质技术技能人才

在众多毕业生中，涌现出一大批能工巧匠和创业典型，如江苏省五一劳动奖章吴传权、高卫勇，江苏省技能状元周晶，金牌教练韩迎辉，"感动江苏"十大人物王辉等时代楷模，为学院赢得了较高的知名度和美誉度。更培养了无数个奋斗在各行各线，默默无闻、踏实专注的高技能"工匠人才"。

（2）学生技能大赛摘金夺银

十二五期间，学生全国职业院校技能大赛中获得一等奖 6 项、二等奖 8 项，在江苏省职业院校技能大赛中获得一等奖 10 项、二等奖 15 项。学院先后三次（2011 年、2013 年、2015 年）被省教育厅授予"江苏省职业院校技能大赛先进单位"荣誉称号；2014 年，学院被江苏省人民政府授予"江苏省高技能人才摇篮奖"。

3. 教育教学质量工程建设成果

"电光源技术"专业成为中央财政支持的国家重点专业；校企共建的"半导体照明（LED）工程技术研究开发中心"成为省级工程中心；"机电一体化技术实训基地"成为中央财政支持职业教育实训基地；校企合作开发国家级精品资源共享课程 2 门，正式出版"国家十一五规划教材"2 部，"国家十二五规划教材"5 部，校企协同开发了三十多个 LED 项目教学案例。

4. 教科研团队建设成果

"数字化设计与制造教科研团队"被评为江苏省优秀教学团队。"机电产品的数字化设计与制造科技创新团队"被评为江苏省高校优秀科技创新团队。

5. 校企协同创新与社会服务成果

学院成为"常州市 LED 产业技术创新联盟"副理事长单位、"常州市半导体照明 LED 专业委员会"副主任单位，参与了"国家半导体照明产品质量监督检验中心"项目的申报及规划建设工作，与企业合作开发科研项目 30 余项，培训企业员工 500 余人次。

袁锋教授领衔编制"常州市半导体照明产业十二五发展规划"，参与了"武进半导体照明产业技术发展路线图"的编制工作。

"大功率 LED 散热器基覆铜箔印制电路层压板的研制开发"科研项目 2013 年获得科技部国家科技型中小企业技术创新基金项目立项（项目编号：13C26213201849）。2016 年荣获江苏省高校科技进步二等奖。

校企协同共建的"常州市数字化设计与制造高技能人才培训基地"和"面向中小企业的数字化设计与制造科技创新公共服务平台"得到科技部立项资助。基地与平台惠及常武地区 20 余所职业院校及近千家中小企业。

6. 成果的推广应用效果

（1）成为校企"深度融合、共享共赢"的典范

校企共同体半导体照明产业学院协同培养 LED 工匠人才的创新与实践，推动了学校办学模式、人才培养模式、校企合作体制机制的综合改革，成为本校其他专业探索校企"深度融合、共享共赢"的典范。

（2）形成了人才培养"模式创新"的案例

成果创新实践了"职业技能＋工匠精神"现代工匠人才培养模式，构建了"学训研创"一体化教学体系，形成了"精于工""匠于心""品于行"工匠人才双主线育人方案，对高技能人才培养质量有显著提高。其中 LED 专业人才培养模式被评为江苏省人才培养创新实验基地，成为江苏省人高技能才培养模式的创新案例。

7. 成果辐射效应与社会影响

全国有近百所高职院校到学校参观学习"校企共同体产业学院培养现代工匠人才"的人才培养模式并运用推广。

周大农院长先后在武汉、长春、南京、泉州等地举办的全国性会议上作主题发言与经验推广。本成果还通过《高等教育研究》《中国职业技术教育》等期刊上发表，其中 CSSCI 期刊发表 8 篇、北大核心期刊发表 13 篇、普通期刊发表 3 篇。

成果也获得了国家与教育部领导的重视与肯定，时任中共中央政治局常委李长春同志和教育部鲁昕副部长，均对该校企共同体人才共育模式给予了高度赞扬。

现代职教理念下陶瓷传统手工艺传承人才培养体系的创新与实践

成果名称　现代职教理念下陶瓷传统手工艺传承人才培养体系的创新与实践
成果完成人　邓举青、蒋雍君、杨晓兰、周步芳
成果完成单位　无锡工艺职业技术学院

一、成果背景

本成果针对工艺美术类院校如何培养高质量陶瓷传统手工艺传承人问题，依托"因陶而生，因陶而兴"的陶瓷设计与工艺专业，在"人才共育、过程共管、成果共享、责任共担"的校企四方合作联动机制下，结合现代职教理念，构建"双元双创"人才培养模式，实施"卓越技师"＋"现代学徒"培养计划，通过中高职"3＋3"和高职本科"3＋2"分段培养项目，贯通不同层次的陶艺人才培养；开展师资"双一工程"培养计划，运用"拜师学艺＋大师工作室"、"项目＋教师流动站"和"教学资源＋文化推广"机制开发资源库和提升教师实力；完善"工艺实训室"＋"艺工坊展创中心"＋"学生流动站"的实训运行机制，开展社会服务，深化产教融合；通过"学术研讨"、"国际陶艺交流中心"和"中英文网站"，使宜兴传统陶瓷文化与世界接轨。该成果实施以来取得了较好的效果，具有较大的应用推广价值。

二、成果内容

本成果主要解决以下问题：

（1）通过"大师＋教师"双元师资的协同育人方式，解决了陶瓷传统手工艺"口传心授"的单线教授的传承问题；

（2）通过"学校＋陶坊"双元场所的过程共管途径，解决了陶瓷传统手工艺"家族作坊"的封闭空间的传承问题；

（3）通过"师生流动站"项目引领的产教融合机制，解决了陶瓷传统手工艺"传统学徒"与产业脱轨的传承问题；

（4）通过"创新＋创业"双创目标强化设计新理念，解决了陶瓷传统手工艺"思维固化"创新设计能力弱的问题；

（5）通过"双一工程"分类管理和量身打造的途径，解决了陶瓷传统手工艺"人无技绝"的资源开发与师资问题。

（6）通过"网站＋中心"的中外陶艺文化交流之桥，解决了宜兴陶瓷"五朵金花"独门绝技走向世界的途径问题。

本成果解决问题的方法主要有以下几种。

1. 构建"双元双创"人才培养模式，实施"卓越技师"和"3＋23＋3"培养项目

（1）在校企合作理事会的指导下，构建"双元双创"人才培养模式

搭建"人才共育、过程共管、成果共享、责任共担"的政府、学校、企业和行业四方联动的校企合作理事会，构建"大师＋教师"的双元师资，"学校＋陶坊"的双元场所，"学生＋学徒"的双元对象，强化"创新＋创业"双创能力的"双元双创"人才培养模式，培养符合行业标准且具有"工匠精神"和创新创业能力的陶瓷传统手工艺新人。

（2）在现代学徒制理念的促进下，实施"卓越技师"人才培养计划

在"陶文化特色活动＋主题讲座活动"的熏陶与感染下，通过主动申报、择优选拔、15人小班教学、精英化培育、全过程工学结合、多元化动态考核等措施开展"卓越技师"培养计划。与江苏省宜兴紫砂工艺厂合作探索紫砂工艺"现代学徒制"培养项目，为"非遗"项目的活态传承和保护储备人才。

（3）搭各层次传承人培养立交桥，开展"3＋3""3＋2"分段培养项目

贯通各层次陶瓷传统手工艺新人的培育途径，搭建技艺传承与学历提升的"立交桥"。与宜兴丁蜀中专开展中高职"3＋3"分段培养项目，与南京艺术学院开展高职与本科"3＋2"分段培养项目。中高职"3＋3"分段培养项目现已连续四年招生154人，高职与本科"3＋2"分段培养项目现已连续招收四届学生192人。

2. 实施"双一工程"师资培养计划，提升传承创新和开发数字教学资源能力

（1）在"拜师学艺"技艺积累下，建"大师工作室"保护史料资源

在"拜师学艺"和"一师一徒一技艺"的技艺积累下，建"五朵金花""大师工作室"，大师进驻，通过"一师一室一门类"强化教师对技术的历史、现状、传承人谱系、经典名品的史料研究，撰写相关的研究论文深化"非遗"理论研究。主持国家级"百工录非遗传承与创新《传统紫砂工艺》资源库子库"建设，为推动"非遗"数字化资源库奠定基础。

（2）校企合作建"教师流动站"，"项目引领"促进创新能力提升

建立"教师流动站"，通过"一师一企一岗位"和"一师一企一项目"，提

升专业教师团队的传承创新能力，做好陶瓷传统手工艺传承人培育的引路人。先后为中南海紫光阁、上海世博会等项目设计开发馈赠贵宾的国礼，作品以优异的成绩亮相在各类陶艺创新评比中，并相继在中国陶瓷工业协会、全国轻工职教艺委会和江苏省陶瓷行业协会等占得席位。

（3）构建"项目式"的课程体系，促进教学资源与文化推广相结合

校企共建基于工作过程的项目式课程体系。通过"工作项目转化成教学项目"＋"一线案例转化成教学案例"＋"生产过程转化成教学视频"＋"生产实际转化成教材内容"的"四转化"实现"一专一兼一课程"的资源开发。编写项目式课程标准，开发工学结合教材，建省市级精品资源课，出版国家职业资格培训教材，制作一批覆盖主干课程重要知识点的微课和数字资源，利用"互联网＋"对于宜兴陶瓷传统手工艺的历史文化和工艺进行推广。

3. 深化"产教深度融合"实训平台，培育"工匠精神"和创新设计能力新人

（1）完善"工艺实训室"的条件，育技术与艺术相融的"现代工匠"

完善中央财政支持的国家级职业教育实训基地、江苏省特色工艺实训基地，融合地方历史文化，打造陶瓷文化实训区。建1：1比例仿古龙窑、柴窑以及陶瓷艺术展示中心、茶道工作室、陶瓷艺术体验馆等工艺实训室。提升实践教学质量和管理水平，强化学生精益求精、追求卓越的"工匠精神"，培育技术与艺术相融的"现代工匠"。

（2）建"艺工坊展创交流中心"，"以赛代练"提升创新创业能力

依托"江苏省艺术创意设计实训基地""宜兴市陶瓷艺术研究中心"和"宜兴市创意设计人才培训中心"，校企共建"艺工坊展创交流中心"，与陶艺竞技赛事对接。结合学院"创梦广场"和"大学生创业园"，设立"新锐"创业基金，制定奖励机制，孵化创业项目，提升学生的创新创业能力。

（3）对接企业建"学生流动站"，校企合作促进"产教深度融合"

探索校企"协同育人"机制，设立"学生流动站"，使学生作品与企业产品相对接，企业项目与课程项目相对接，使学生的作品与企业的需求零距离对接。如学生的《梦之凤尾》《舞》等陶艺作品相继被宜兴方圆紫砂有限公司、宜兴经典陶瓷作坊等企业录用并批量生产。2013年学院"校企合作，助推陶瓷行业转型升级"项目入选教育部《职业教育校企合作案例选编》。

4. 架构"中外陶艺文化交流"之桥，使宜兴"五朵金花"独门绝技走向世界

（1）发挥院校技术与文化的优势，深化社会服务和技能鉴定的意识

依托"江苏陶瓷行业协会陶瓷工艺技术培训基地""江苏工艺美术协会陶瓷

创新设计高级研修班培训基地""中国陶瓷工业协会职业技能培训基地"等平台，实施多元化、周期式、多层次的职业岗位培训，承办第三届中国陶瓷艺术大师实操考核项目。依托"国家职业技能鉴定所"，参与国家职业大典、陶瓷职业标准的编写与制定，参加开发全国陶瓷职业技能大赛题库，开展职业技能鉴定。

（2）建立"国际陶艺交流中心"，提升学术研讨和国际交流合作能力

发挥"全国轻工职业教指委陶瓷玻璃专业委员会"主任单位作用，举办全国陶艺教育论坛，ISCAEE国际陶艺教育交流会，国际现代壶艺双年展教育论坛等，引领传承创新思想的交流与碰撞。依托"宜兴市陶瓷艺术研究中心"，举办省工艺美术"艺博杯"陶艺创新作品展，"一带一路"留学生陶艺体验等文化交流活动，促进国内外陶艺文化交流。与台湾亚太创意学院、东京艺术大学等签订合作培养协议，探索跨区域合作培养模式。

（3）面向世界建中英文陶艺网站，促进五朵金花独门绝技走向世界

面向世界开设中英文陶艺网站。通过立体化课程教材资源、虚拟体验中心、技艺资源库等展示陶瓷传统手工艺传承人才培养体系，服务陶瓷产业，定期报道陶瓷资讯、记录陶瓷历史、聚焦陶瓷名家、鉴赏陶瓷精品，动态展示"五朵金花"传统陶瓷手工艺的形、声、色、触、态。及时更新新品开发、国际交流和项目孵化讯息，拓宽世界对于宜兴"非遗"的认识，促进宜兴"五朵金花"传统陶瓷工艺走向世界。

三、成果特色与创新点

1. 培养模式创新

在现代学徒制背景下，结合现代职教理念，构建"双元双创"人才培养模式。

2. 理论研究创新

把教学资源与陶瓷"非遗"文化相结合，进行相关理论与课题项目研究，把独门绝技推向时代前沿。

3. 教学实践创新

实施"卓越技师""现代学徒""3＋2"高职本科和"3＋3"中高职的人才培养计划，为传统陶瓷工艺的活态传承助力。

四、成果推广应用效果

本成果的应用推广主要在以下方面：

校内："双元双创"人才培养模式被学院19个改革专业借鉴。服装设计专业与机电专业相继开展"卓越技师"培养计划；数字媒体设计专业群、空间环境设计专业群获省"十二五"重点建设专业群；环境艺术系牵头组建了无锡艺术设计职业教育集团；经济管理系和江苏融达集团合作建成陶瓷行业电子商务信息平台；数码印花服饰创新实训平台获省产教融合实训平台立项；首届全国纺织服装信息化教学大赛在我院举办。

校外：陶瓷传统手工艺人才的多途径立体化培养方式得到泉州工艺美术学院、江西陶瓷工艺美术职业技术学院的认可和推广，且收效显著。《中国教育报》《中国青年报》《新华日报》《扬子晚报》《中国教育报》和《光明日报》等多家媒体分别以"陶艺，走出大国工匠""把作业变作品把作品变产品""立足地方服务行业产教融合育人才"和"产教融合育'巧匠'"等，对陶瓷手工艺新人的培养实践给予报道与肯定。

应用效果体现在以下几个方面。

1. 专业整体实力得到提升

陶瓷设计与工艺专业2016年被列为全国职业院校民族文化传承与创新示范点，2015年别列为江苏省品牌建设专业，2015年作为江苏省"十二五"重点建设专业群核心专业通过验收，2014年作为江苏省示范高等职业院校重点建设专业通过验收，2016年与紫砂工艺厂的现代学徒制培育被列为无锡市"现代学徒制"培养项目。

2. 理论研究水平得到提升

开展"陶艺专业建设为地方传统陶瓷工艺传承与创新服务的实践研究"和"3+3中高职陶瓷艺术设计专业课程体系衔接的构建与实践"等省级教研课题8项，发表科研论文63篇，其中核心期刊7篇。

3. 学生创新能力得到提升

学生作品在省级以上竞赛中获奖121项，并获得外观设计专利42项，获省优秀毕业设计奖5项，教育部教指委优秀毕业设计奖5项，主持省级大学生实践创新项目6项，毕业生主持APEC峰会国宴用瓷研发项目，"双证书"获得率达到98.53%，学生就业率达到99.8%。

4. 教师团队整体实力提升

教师晋升副教授3名，教师获得"江苏省陶艺大师"称号3名，教师获得"江苏省陶艺名人"称号1名，教师取得高级工美术师职称5名，江苏省第十二批"六大人才高峰"高层次人才1名，江苏省"青蓝工程"培养对象1名，江苏省"333工程"培养对象1人，10名教师获得国家职业技能鉴定考评员资质。教师创新作品获省级金、银、铜奖56项，国家外观设计专利75个。

5. 产教融合深度得到提升

为企业技术服务项目39项，到账金额120.8万，开展技能鉴定776人，社会培训1260人次；举办ISCAEE国际陶艺教育交流学会、第五届中国国际现代壶艺双年展教育论坛、省"艺博杯"陶艺创新交流活动25项，与泉州工艺职院开展跨区域合作培养，2016年获江苏省产教融合实训平台立项。

6. 非遗教学资源得到丰富

建有省级精品课程1门，无锡市精品课程2门，院级精品课程5门；编写出版国家职业资格培训教材《陶瓷产品设计师》，江苏省"十二五"规划教材2本，工学结合项目教材10本；建成国家级"百工录非遗传承与创新《传统紫砂工艺》资源库子库"和一批优质共享型非物质文化教学资源库。

产业转型升级背景下高职院校专业
动态调整机制的创新实践

成果名称　产业转型升级背景下高职院校专业动态调整机制的创新实践
成果完成人　卢兵、杨燕、朱旭平、王红军、王博
成果完成单位　南京工业职业技术学院

一、成果背景

产业转型升级是适应"经济新常态"和推进"供给侧结构性改革"的必然选择，是过去、当前和未来一段时间经济社会发展的主要任务。《国务院关于加快发展现代职业教育的决定》（国发〔2014〕19号）指出，职业教育要"科学合理设置专业，健全专业随产业发展动态调整的机制"，"推动教育教学改革与产业转型升级衔接配套"。通过建立专业随产业发展动态调整机制，实现专业设置与产业转型升级有效对接，是职业教育坚持"服务发展、促进就业"办学定位的本质要求。

长期以来，南京工业职业技术学院（简称"南工院"）将专业建设作为事业发展核心和内涵建设主要抓手，立足南京、江苏乃至长三角产业转型升级需求、聚焦服务装备制造产业发展、结合学校办学综合条件和发展愿景，探索形成了"专业调研为先导、专业评价为依据、专业群架构为支撑、矩阵式团队为保障"的专业动态调整机制，持续优化专业布局结构，为高素质技术技能人才培养奠定了坚实基础。

本成果研究与实践以南工院2009年启动的专业群模式改革和矩阵式专业团队管理机制构建为起点，通过2011年江苏省高等教育教学改革研究重中之重课题《基于江苏新能源产业发展的高职院校的探索研究》总结梳理，将改革模式和经验逐步在全校所有专业推广，最终形成了相对完善的专业随产业动态调整机制。

二、成果内容

1. 建立常态化专业调研机制

专业调研是专业动态调整的逻辑起点。通过常态化专业调研，能够时时了解

产业转型升级、前沿技术革新和岗位人才需求情况，从而使专业调整有的放矢、保持正确的方向。

（1）专业调研内容

一是产业发展情况。清晰国家及区域的产业政策、产业发展规划、区域产业发展现状及前景、产业对各类人才的需求情况等，把握专业办学方向。二是企业的人才需求情况。清晰专业主要服务行业企业的规模、人才需求、主要岗位的典型工作任等，有利于明确人才培养的目标和规格要求。三是专业毕业生的情况。清晰毕业生的一次就业率，专业对口率，平均薪资、用人单位满意度等。四是其他院校的相关专业建设情况。尤其是所在区域的相同或相近专业的人才培养定位与特色，有利于明确自身的优势。

（2）专业调研实施

完整的专业调研主要包括以下方面：一是成立专业设置指导委员会并定期召开会议；二是定期问卷调查、查阅资料、走访产业链上的领军型企业、政府或行业协会的专家等；三是建立教师企业调研制度、建立毕业生跟踪调研制度等。南工院把专业调研作为专业建设常态化工作，采用专业带头人（负责人）制，专业团队每年撰写专业调研报告，动态调整人才培养方案和课程内容。2011年以来，每年调研行业企业1000多家。

2. 建成专业分类评价体系

一是建立了专业招生的管理规定（办法）。明确对达到预警线的专业，所采取的调减招生计划、暂停招生、停止招生等相应的处置措施。二是建立了专业群内的专业设置的管理办法。规定专业设置的条件和要求，对不符合相关条件和要求的，有限期整改的办法，包括对专业进行改造和重组的具体内容，对新建专业要给出详尽的调研报告和立项申请。三是建立了周期性专业评价制度。专业评价指标体系侧重易获取、获取准的指标，并建立数字化的专业状况数据库，用最简单的方法全覆盖地检查全校所办的各专业的状况。四是建立了毕业生跟踪调研的工作制度。明确跟踪调研的对象、责任人、调研方法和调研内容。五是建立了招生、就业、教学、学生等相关部门和单位联动协调的工作机制和工作组织。

自2008年起，学校委托麦可思等第三方机构对各专业进行专业调查，涉及毕业生的就业率，专业相关度，就业满意度，校友满意度等指标，为专业评价奠定了基础。

3. 搭建专业群专业设置架构

按照"资源共享、优势互补"原则，以行业职业技术领域内的岗位群整合设立专业群，以若干个一流重点建设专业为龙头，搭建专业群专业设置架构。构建过程主要是围绕两个方面：一是围绕职业岗位群。职业教育的专业与职业有着紧密的联系，专业是以职业岗位（群）为依据，与职业岗位（群）具有一致性。在专业群的构建中针对某个行业一组相关岗位设置专业，以满足企业岗位群需要。二是围绕产业链构建专业群。专业群的布局和调整以服务产业为目标，通过对某个产业链应用型人才需求状况的结构分析，构建与该产业发展要求相一致的专业群体系。

2013 年，经过第一轮专业评价及梳理，学校由原来的 74 个专业，整合为 19 个专业群，53 个专业。2016 年，经过第二轮专业梳理，进一步整合为 17 个专业群，47 个专业。

4. 建设"一个公共技术平台 + 多个专业方向"课程体系

学校依据岗位典型工作任务确定教学课程内容的知识、能力、素质培养目标。在构建专业群课程体系时，针对高职学生就业中所面向的职业技术领域或岗位群，建成了"一个公共技术平台 + 多个专业方向"的课程体系。其中公共技术平台教学内容模块面向职业技术领域，培养目标定位侧重于职业素质与综合职业能力的培养，同时进行某一岗位群相关职业通用技术与技能的教育，主要着眼于奠定发展后劲的基础，培养学生的职业迁移能力，在专业建设中具有相对稳定的内涵；专业方向教学内容模块则依据市场就业情况灵活设置，注重面向从业岗位的专项能力的培养，着眼于就业适应性的定向教育，其出发点是让受教育者掌握从事第一个职业岗位必需的知识和技能。

教学内容采取平台课程相对稳定、专业课程定期调整的灵活管理方式。在周期性的专业群人才培养方案的修订中，平台课程相对稳定，而专业课程则根据市场调研情况适时调整。这种"几年一大动，年年都小动"的灵活调整方式，减少了专业建设工作量，每年的调整更加具体和聚焦，即符合教学建设的长期、稳定、积累的教育规律，也满足了就业导向的高职人才培养要求，使得专业教学内容在专业群的架构下即保持一定的稳定性，同时又能跟随市场和产业变化进行灵活调整。

5. 构建矩阵式专业基础组织结构

矩阵式基层组织结构，即建立具有行政组织特征的课程部、技术部构成矩阵的行，建立任务型团队，如专业（群）团队、科研团队等任务团队构成矩阵的列。每一位教师在某一个行政组织（课程部或技术部）内，按照工作职责承担教学任务、科技工作等。任务型工作团队则针对任务设置，组合变化灵活且迅速。

（1）矩阵行元素团队

一是课程部。以专业群技术平台的 1~2 个核心课程群为主，按相近原则纳入专业课程，构成教学课程。课程部主要任务：一是制定课程标准，编写课程整体及单元设计，设计制作教学资源等；二是从事课程的教学工作；三是参与项目团队的技术开发与服务。课程部一般配备固定与非固定两类成员，非固定人员主要进行课程教学，来自其他课程部、技术部，或兼职教师。

二是技术部。根据专业群面向的职业技术领域的核心技术，建立若干技术部。技术部主要以应用某一核心技术为主设计开展综合实训教学，及相关的教学建设。技术部另一重要任务是参与到多种项目、课题，开展科学研究与技术服务，持续跟踪技术发展趋势及应用，不断更新自身的技术内涵，并将科研实践丰富教学内容，提高教学质量。技术部一般随着技术的最新发展适时调整，整合、建立新的技术部，使教学、技术服务跟上生产、管理实际。

（2）矩阵列元素团队

矩阵列元素团队为任务团队。对于阶段性、随着市场需求而变化的、适时满足客户需求的各项专业建设、课程建设、项目技术服务以及课题研究等工作，针对其变化快、面向技术领域复杂、任务周期长短不一等特点，按照满足需求的原则，从各技术部、课程部中抽调相关人员组成非固定的教学建设或科技服务团队。团队以完成某一具体任务为目标，目标具体、任务明确、时间界限清晰。团队根据具体任务，分为专业群团队、专业团队、课程团队、项目团队和课题团队等。

近三年来，学校新成立 15 个技术部（教学部）、裁撤 6 个技术部，现有技术部 59 个。各技术部充分发挥和利用了校内外的人力资源，有效促进不同专业之间（尤其是跨系之间）的交流与合作，更好地发挥了协同作用。

三、成果特色和创新点

1. 长期坚持的专业群专业设置架构

自 2006 年以来，南工院基于岗位群或产业链构建了专业群专业设置建构，并长期坚持了十余年，通过不断积累和完善，基本形成了成熟的运作流程和规范体系。在专业动态调整中，专业群设置相对固定，群内专业设置相对灵活，实现了专业建设体系稳定性与灵活性的统一。在这一体系下构建的"一个公共技术平台＋多个专业方向"课程体系，平台课相对固定，打牢了学生职业能力发展的基础，方向课灵活调整，适应了技术快速发展及学生职业迁移需求。

2. 基于技术团队的矩阵式专业基层组织结构

改变传统的基于专业设立教研室（教学部）的基层组织结构模式，建立基于技术团队的矩阵式基层组织结构，用技术部替代传统的专业教研室，根据产业的发展，由不同技术部的专业教师，组成新的专业团队，实现团队的灵活迅速组合与构建。这种基层组织结构有利于快速跟踪技术最新的发展并及时调整，促进专业内涵建设的长期积淀，实现教学资源的充分共享。

3. 基于评价指标体系的专业分类管理机制

依据区域产业发展、学校的行业背景及办学特色设计专业设置与调整指标体系，指标体系涵盖招生情况、就业情况、满意度、与学校主体行业背景的关联度、与区域经济的吻合度、专业建设成效和特色，对现有专业进行综合分析，对拟开设专业进行前景研判，借鉴波士顿矩阵理论，将专业划分为四类，对优先发展、特色发展类专业进行倾斜，对调整发展专业进行预警并限制招生，对限制撤销类专业进行停办或转型，为专业随动产业发展提供科学依据。

四、成果推广应用成效

1. 人才培养成效显著

一是生源质量优。多年来，高考录取分数线名列省内前茅，文理科分数线均高出三本线 10 分以上。2015 年高考录取分数线义史类在 8 个省、理工类在 7 个省超过本科线，位列全国榜首。二是就业形势好。根据麦可思报告，就业率和协议就业率一直保持在 99% 和 96% 以上，用人单位对我校毕业生满意度 96.66% 以上，毕业半年后的月收入较全国示范性高职院校同比高出 8%。三是学生素质高。近 5 年，获全国职业院校技能大赛一等奖 17 项，居全国前列；在首届"挑战杯"全国职业学校创新创效创业大赛中荣获特等奖 1 项、一等奖 1 项、二等奖 1 项，成为全国成绩最好高职院校；在全国高职高专"发明杯"创新创业创意大赛中成为获一等奖最多、获奖总数最多院校，累计获得全国一等奖 97 项；学生申请发明和实用新型专利数 445 项，获批 258 项，分别比前五年增加 300% 和 293%。

2. 专业布局更加合理

通过专业的动态调整，学校现已构建了以机械制造、电气控制、装备维护维修航空、交通等专业提供技术支撑，以计算机、经管、商贸、艺术等专业提供生产性服务，全面推动装备制造业加快发展的专业结构布局。目前 47 个专业完全对应了江苏机械制造业、现代服务业两大支柱产业，并覆盖了我省十大战略性新兴产业的 80%。

3. 专业实力不断增强

学校主持建设了机电一体化、机械制造与自动化 2 个国家级职业教育专业教学资源库，其专业布点数和服务学生数居所有国家级资源库前列；建有 3 个中央财政支持的国家级职业教育实训基地，数量居全国前列、江苏第一位；累计获得国家及省级专业建设相关教学成果奖 16 项；2015 年，机电一体化、电气自动化 2 个专业列入江苏高校品牌专业建设工程一期项目，入选数量与级别居江苏高职第一位；建成国家级精品资源共享课 3 门、省精品课程 7 门；立项省在线开放课程 6 门，立项数量居全省前列；完成"十二五"职业教育国家规划教材 33 部、省重点教材 13 部。

4. 成果获得业内认可

成果相关课题和论文获得诸多奖项：《对接新能源产业发展的高职专业群建设研究与实践》课题获 2013 年江苏省高等教育教学成果二等奖（排名第一）；《高等职业教育学生综合职业能力培养的创新实践》课题获 2011 年江苏省高等教育教学成果二等奖（排名第一）；《基于职业技术领域专业群的高职课程体系的建构实践》课题获 2011 年江苏省第十届高教科研成果三等奖；《紧扣产业发展探索高职专业建设机制》论文获 2011 年江苏省高等学校教学管理研究会优秀论文一等奖；《未来五年江苏省战略性新兴产业对高端技能型人才需求趋势及对策研究》课题获得 2016 年江苏省第十四届哲学社会科学优秀成果三等奖。

5. 辐射带动效应广泛

近年来，学校每年接待来全国 200 余所各类职业院校 3000 余人次来访交流，或在全国相关会议上专题报告，介绍宣传研究成果，获得广泛好评。专业动态调整机制相关内容融入我校主持建设的机电一体化和机械制造与自动化两个专业教学资源库专业类资源，供全国高职同行共享学习。积极承办国培、省培项目，将学校专业动态调整机制相关经验作为培训内容，培训职业院校校长、管理干部和骨干教师 5 年累计 19.8 万人。

基于工程化的高分子材料实践教学改革

成果名称　基于工程化的高分子材料实践教学改革

成果完成人　徐冬梅、聂恒凯、曾长春、柳峰、侯亚合、刘太闯、焦富强、张琳、赵音、焦邦杰、董维钦、李文艺

成果完成单位　徐州工业职业技术学院、徐州同创塑业有限公司

一、成果内容

解决的主要问题：高分子材料加工技术是一项工程技术，其核心内容是将高分子材料转变为具有使用价值的制品。高分子材料加工技术专业就是面向高分子材料成型及应用领域，研究这种转变方法、加工成型过程及加工成型控制的一门学科。因此，实践教学在专业技能教育中起着重要的作用。

高分子材料加工专业实践课程在培养高素质技能型人才上存在以下的问题：

1. 实验室建设满足不了高分子材料加工行业生产和发展的需要

高分子材料品种繁多，成型加工方法多样，且每一类制品都各具特色，加之发展更新快，实验室建设的规模、覆盖面和周期都不能和行业对接。

2. 专业课程教学的内容与行业生产的岗位技能不能无缝对接

多年来的教育实践凝练了以《塑料成型工艺学》为核心的系统化的专业课程体系。体系针对塑料成型工艺中的共性，讲授了成型过程中高分子材料的变化及规律，成功地通过模型分析了成型原理和成型过程中的影响因素。但是对高职学生来说，由于基础偏弱，面对这样的分析犹如天书。而岗位技能的要求来说有很抽象，缺少了具体直接的指导。

3. 课堂教学满足不了制品生产的需要

常规的课堂教学有理论实践之分，通常是理论课上进行了理论知识的讲授和总结归纳，实验课加以验证或演示。但在塑料制品的生产现场，二者是相依相存。因此，新的理实一体化的教学模式成了首选。

4. 学校教学的非营利性与企业生产的利润最大化存在着矛盾

学校的师资、教师甚至实验室资源都是用于人才培养的，如果用于生产容易滋生违法占用教学资源的错误。急需探索一套实验室运行和管理的新模式，实现实验室用于体验生产过程的功能。

5. 实验室运行成本居高不下与专业技能训练间的矛盾

实践训练对原材料的消耗、水电费费用以及设备的维修保养等使得实验室运行成本较高，影响到了实验室的利用率，直接影响学生对实验的需求。

6. 实践教学环节产生的材料的处理、资源回收再利用与职业素养教育的矛盾

开设的实验项目都会产生实验产品，产品即便是合格的具有实用价值的，但也不能在市场上流通，更何况技能训练中的产品多半是不合格品。对这些材料、半成品甚至成品的处理给环境带来了不利的影响。而在我们专业行业发展中力崇循环利用。

采取的主要方法及措施包括以下几种。

1. 塑料成型技术仿真训练软件的开发和应用

以学校实训中心 HTF380 海天注塑机为设备载体，其操作面板为仿真软件的操作界面，模拟注塑机开锁模、注射座进退、射胶松退、储料熔胶、顶进顶退以及调节模厚等各项动作开发塑料注射成型技术仿真软件。通过该可以实现：注塑机的单元操作如开机、停机、开锁模、仿真技术用于塑料成型工艺可以为制品的优化、模具设计及工艺设计等提供科学依据和分师的演示和讲解，方便学生的自主学习，从而可以提高教学效果。

塑料成型仿真训练系统应用于专业的实践教学，可进行塑料成型单元操作训练、工艺过程控制、问题故障查找及解决等。可以大幅度实现训练环节的"节能减排"：省去了用于学生训练的原材料消耗、水电消耗、设备折旧等；避免了废弃产品的产生和排放。尤其是设备的使用方面，有效避免了由于不熟练或者不良习惯的操作对设备的损坏。

2. 重置专业实验课程内容，使实验项目工程化

通过组织市场调研、教学指导委员会专家论证等，修订人才培养方案，从顶层设计专业实验实训课程：包括课程重构、实验内容设计及实验效果评价等。增设了理实一体化课程、提高了实践教学环节权重、明确了实践课与理论课考核中等同的地位、融入了职业技能鉴定等。例如：职业技能方面训练学生可以取得塑料配制

工、塑料注射成型工、塑料挤出成型工、塑料性能测试工等资格证书鉴定。

3. 建设生产性实训工厂，采用"双主体"管理模式，提升创新创业教育功能

以项目化教学为主，依托徐州聚力高分子材料科技有限公司做以产品为载体的理实一体实践操作，有利于教学情境的设计。如塑料挤出成型技术中的项目：聚烯烃膜用填充母料，不只满足于生产出合格母料（即完成了其工作过程），而是在双主体管理模式下，借助"聚力"公司实体，将母料加以推销，用于生产实践，给学生营造一个真实的商品生产销售的氛围。

完善生产性校中厂运行时的各个环节。包括技术指导文件如项目化教材建设、生产技术质量监控系列文件如工业总产值月报表、资金损益表、生产产品台账、原材料消耗台账等。明确各阶段的责任，规范过程管理。真实引入现代企业管理的理念。

4. 校企共建共管，开启立体式校企协作新模式

以行业制品（典型性、具体化）的试生产为实验实训训练任务，其工作过程为导向的理实一体的形式，使实验内容职业化、产业化。在苏州莱克电器股份有限公司、江苏华信科股份有限公司、杭州振华玻璃仪器有限公司等业内具有影响力的企业内成立了莱克班、华信班和振华班，签署了"一地多点、四段融合"的人才培养协议。实行工学交替、工学结合，让学生在职业岗位教育的环境中、在真实的工程环境里接受培养和训练，培养学生将理论知识应用于工作实践的能力、各种职业技能、实践操作能力，同时激发学生学习职业技能、专业知识能力和创新的实用技能和创新能力等。

二、成果特点与创新点

1. 适用于塑料成型技术教学或培训用的仿真软件的研究与实践

近年来，华中科技大学的专家们开发了基于 CAE 的塑料注塑成型教学系统 HSCAE，在优化制品设计，模具设计及工艺设计等方面提供了科学依据和分析手段，在高分子成型机理研究及生产实践中发挥了巨大的作用，改变了传统的模具制造技术和制品的生产技术，但这类软件，在高职教学领域缺不能施展其才能。

结合项目化教学改革，我们致力于教学培训用的仿真训练的研究，探索出适合于塑料成型技术教学用的仿真系统。

2. 塑料成型技术的仿真训练可以使得专业技能的操作训练实现"节能减排"

原来初学者在机台上练习操作时，造成了原辅材料及能源的大量浪费，同时产生会很多的次品、废品。如果借助仿真技术，可以让学生在仿真软件中练习基本操作，达到一定的熟练程度后再上机操作。这样可以大大节约原材料和能源。

3. 依托"双主体"管理模式的生产性实训基地（徐州聚力高分子科技有限公司）

采用项目化教学模式，完善生产各环节，让学生在一个真实的商业活动氛围中锻炼专业技能。有助于学生职业素养的全面提高。

4. 先进的管理理念和管理模式，让实验室成为生产性创业型实训共产

老师是经理，学生是员工，实验任务则是公司的产品……

5. 校企深层次的合作

不仅仅是学生的参观实习、顶岗实习、技术服务和就业。同时请企业专家走进课堂，专业教师走进生产车间，合作培养、合作育人，促进双方的共同提高。此外，还告别了实验实训设备的维修长久依赖于设备生产厂家的现象。

6. 大力推行校企共建共管校内校外实训室

保证了实验室除了具有实验训练的功能外，更将实验室演变成了创新、创业的新天地。

三、成果推广应用效果

本成果成就了高等教育人才培养模式创新实验基地；支撑了我校江苏省品牌专业高分子材料工程技术、江苏省十二五规划重点专业材料工程技术和江苏省示范专业光伏材料生产技术的建设。校中厂生产的用"一辈子的脸盆"承载了学院对新生铸就工匠精神质量意识的职业素养教育。

1. 提高了学生学习高分子材料加工技术专业知识的兴趣

一是实验项目的工程化使得学习内容更直观，更实用，通过实实在在的制品激发学生学习和训练的成就感；一是塑料注射成型仿真软件的应用，借助电脑，借助学生对虚拟世界的兴趣，理解成型原理，掌握操作步骤。这从近两年来学生考工考试、实习、就业等方面的变化不难看出：注射工考试报名率由原来的50%上升到75%；初次就业选择塑料注射岗位的由原来的每班3～5人上升到每班20人左右。实习生的离职率由两年前的50%降到了现在的30%左右。

2. 提高了专业知识的教学效果，提升了学生的专业技能

仿真软件促进了专业的教学效果，塑料注射成型技术课程考核合格率、优秀率在仿真软件应用前后发生了较为明显的变化，由使用前的 85%、20% 提高到了 96%、40%；塑料注射工技能考核合格率和优秀率由使用前的 92%、5% 提高至 100%、20%；实验项目的工程化，不但给予学生增强实战的锻炼，而且实验实训产生的合格的产品入到徐州聚力公司的账上了。通过训练，学生在暑期参加聚力公司新生日用品的生产实践中，产品的生产效率、合格率、材料消耗等也发生了明显的变化。实训室指导老师也反馈学生在模具的安装、工艺参数的调试、产品质量问题的分析与问题的解决等方面都有很高的提升。课程授课老师也反馈，学生的学习积极性提高了，学生上课不再迷恋手机而是对软件界面充满了兴趣，老师也不再像以前那样抽出时间进行课堂纪律的整顿。师生关系变得更加融洽。

3. 降低了教学成本，节省了材料和能源的消耗

注射仿真操作软件让学生在虚拟的界面上练习操作。不但节约了原材料，同时也免去了材料加工时的动力消耗。一个标准班级（40 人）一个学时原来的训练需要消耗原料（PP）16 公斤，耗电 36 度。折合人民币 220 元；使用了注射仿真软件后，在塑料盆的注射训练中一个学时大约消耗 PP4 公斤，耗电 10 度，约 55 元。

4. 减轻了教师的劳动强度，提高了老师的教学质量，促进了老师个人的职业发展

一方面该软件是由项目组的老师自主开发，老师从事的主要专业时高分子材料成型与加工，通过软件的开发，提高了老师现代教学技术的应用能力；另一方面，老师通过应用软件辅助教学，提高了学生的学习兴趣，拉近了师生间的距离，减轻了老师的劳动强度，师生关系和睦融洽。老师的精力更加充沛，为老师的高度和深度的发展提供了可能。

5. 有效减缓了仪器设备机台不足的困难，降低了模具与设备的磨损

延长模具与设备的使用寿命，甚至对设备运行的维护管理和实验室的管理都有积极的作用。

6. 双主体管理模式

行政管理主体、企业管理主体两条线平行管理。依托聚力，学生转身变成员工，实训室成了工厂车间，一批批的新生日用品经学生的双手生产出来。较好地发挥了生产性工厂的创业教育功能。

7. 培养了一支业务精湛的双师队伍，促进了教学能力和办学水平的提升

团队老师通过承担国家精品课程、国家职业教育资源库、省在线开放课程和校级精品课程、资源库的建设，塑料成型仿真训练软件的开发和应用，项目化教材的编写等实践，积累了丰富的专业知识，提高了老师现代教学技术的应用能力；同时体系中校企紧密对接，锻炼了老师的专业实践。提高了老师的教学质量，促进了老师个人的职业发展。近年来，专业老师中涌现了全国优秀教师 1 人，全国化工职业教育教学名师 2 人，校级名师 1 人。江苏省高校青蓝工程优秀骨干教师培养对象 2 人。江苏省 333 高层次人才培养工程培养对象 1 人，2 人晋升副教授，2 人晋升教授。体系的建设和应用还促进教科研工作取得新成效：1 个省级工程中心，4 个市级工程中心落户校中厂，共发表科技论文近 50 篇，其中核心期刊近 20 余篇、完成各类科研课题近 20 项、横向课题 6 项、江苏省产业化课题 3 项。实用新型专利 50 项，其中发明专利 10 余项。

8. 打通了校企深度融合的渠道，促进了技术服务能力的增强

基于工程化的实训改革，集结了行业内较强的企业资源，并且通过远程现场录播系统和智能实训管理系统将这些企业和学校凝聚在一起，具有较强的技术服务能力，承担了各类高分子工程类企业培训、对外检测和横向技术服务。累计培训 20 期，受训人数 4000 人次；年完成横向课题 5 项；年对外检测 10 次。累计到账 300 多万元。

产教融合背景下高分子专业创新创业
教育体系的构建与实践

成果名称 产教融合背景下高分子专业创新创业教育体系的构建与实践

成果完成人 赵桂英、李培培、赵音、李鹏、徐云慧、佟兰、王忠光、王再学、刘琼琼、张馨、张兆红、杨慧、孙鹏、徐冬梅

成果完成单位 徐州工业职业技术学院

一、成果背景

近年来，围绕"大众创业、万众创新"，高分子专业将创新创业教育融入人才培养全过程。在产教融合背景下，让创新创业教育与专业教育深度融合，探索形成了"4+4+6"的创新创业人才培养模式。4+4+6分别代指"四项"育人目标、"四层"递进培养路径、"六维"创新创业人才立体培养平台。

"四项"育人目标：让学生"懂专业、想创业、会创业、能创业"，是"4+4+6"协同的创新创业人才培养模式的顶层设计。

"四层"递进培养路径，即"创业认知—创业模拟—跟随创业—自主创业"逐步递进。

"六维"创新创业人才立体培养平台，即"创业知识普及平台""激发创业热情平台""创新研究提升平台""项目转移平台""创业体验模拟平台"和"创业孵化平台"，为学生的创新创业能力培养提供有效的实践平台，从而将创业教育更加细化、落到实处。

二、成果内容

本成果解决的主要问题主要包括以下几个方面。

1. 创新创业教育目标优化

当前高校普遍开展创新创业教育，但由于缺乏顶层设计，各部门各司其职，各自从自身角度出发开展相应的实践教育。由于缺乏总体设计，对于创新创业教育的整体构建缺乏深刻的认识。因此，对国内外已有成果进行梳理，完善顶层设计，协同推进，构建分类施教的逐层递进目标体系。对教育目标划分清晰，并针

对不同需求的学生开展个性化辅导，从而使得创新创业教育更有针对性。

2. 创新创业教育体系开放化

当前高校大学生创新创业教育存在两大弊端：课程封闭和活动孤立。因此在产教融合背景下，引进行业先进技术力量，探索"嵌入专业、融入行业"的高职学生创新创业开放式教育体系。

3. 创新创业教育平台多元化实践平台

平台是创新创业教育的载体，团队坚持内涵式发展，适应国内外创业教育改革发展的新形势，加强系统谋划，推进"政行企校"之间多种形式的合作互惠、协同育人，打造了全方位、立体化的"六维"创新创业人才培养平台，将创新创业教育和实践更加细化，落到实处。

本成果采取的主要方法及措施主要有几种。

以产教融合为导向，构建了"4+4+6"协同的创新创业人才培养模式，提升创新创业教育的有效性。

1. 优化"广覆盖、分阶段、全程化"的育人目标

科学把握创业教育的新特征、新趋势，聚焦"广覆盖、分阶段、全程化"的教育目标，提出"四项"育人目标：让学生"懂专业、想创业、会创业、能创业"，既满足全体学生的创业普及教育，又满足准创业和已创业学生的个体发展。

2. 开发"嵌入专业、融入行业"的教学资源

为实现"四项"育人目标，团队整合校内外资源，构建开放式"嵌入专业、融入行业"的教学资源库，重点建设创业导师库与创业项目库，实现资源共享，推动创新创业人才的培养。

（1）创业导师库构建

创业导师由校内创业指导教师、校外创业导师组成。学院聘任了一批指导创业经验丰富、科研素质过硬、热衷创业事业的教师作为校内指导教师，关注大学生的创新创业工作，为学生的创业项目提供专业技术支持，并全程帮扶大学生创业从愿景到实体的实现。同时，依托一批具有创业经验和社会责任感的成功企业家，法律、专利、财务、金融界和创业投资领域及管理咨询的行业专家，建立学校校外创业导师队伍，指导创业实践，提供创业服务，促进高校与企业、投资机构的全面对接与有机互动。

（2）创业项目库构建

创业项目库是用来指导创新创业人才培养的各类虚拟或实际项目，包括以下

四种类型：一是自主创业项目；二是学生参加各类创业竞赛或创新训练的虚拟项目；三是学生、教师的科技成果；四是创新创业案例、教材、课件。创业项目库的构建既可成为教师授课的教学内容，又为学生自主学习提供平台，同时也为企业进行技术创新提供交流平台。

3. 设计"四层"递进培养路径

在课程设置调整的同时，创建了"四层"递进的培养路径，即"创业认知—创业模拟—跟随创业—自主创业"逐步递进。

专业教育助力创新创业认知，如该成果主要负责人赵桂英老师开发的《高分子材料性能测试技术》，在专业课中融入创新案例，既激发了学生对专业深度的了解，又为学生创新创业奠定了专业基础。

搭建"大学生创业中心"等多样创业体验平台，引导学生模拟创业。依托大学科技园提供创新创业训练平台，组织学生跟随创业，从而推动学生自主创业。

4. 打造"六维"多元实践平台

（1）在创业知识普及平台上，邀请创业导师开设专题讲座、创业报告、主题沙龙、校友大讲堂等，用实实在在的创业故事和"过来人"的创业历程，丰富学生知识，拓宽学生视野，培养学生对创业的认知。

（2）在激发创业热情平台上，各种创新创业竞赛往往成为学生创业的"发动机"。目前，高分子专业学生连续 4 次中国大学生高分子材料创新创业比赛中获奖，该项比赛汇聚博士、硕士、本科等优秀人才，专科学生的获奖实属不易。

（3）在创新研究提升平台上，大学生创新实践项目成为培养学生创新能力的"大舞台"。近年来，借助高分子实训基地和创新项目，培养和提高大学生的创新思维以及技术研发、创新创业实践能力。

（4）在项目转移平台上，依托学校技术转移中心，线上宣传学生和教师的专利技术成果，线下联系企业，实现技术转让和项目对接，有效落实科技与经济的深度融合，为区域创新创业发展和经济转型升级做出积极贡献。2016 年 9 月，由技术转移中心协办"赢在徐州 - 高新科技成果对接周"，高分子专业徐云慧教授的《耐臭氧老化轮胎胎面胶推广应用研究》成为学校首次推荐技术转移八个项目中的重点推荐项目。

（5）在创业体验模拟平台上，依托校中厂和"大学生创业体验一条街"，不断加强第一课堂和第二课堂的渗透融合。来到"大学生创业体验一条街"，学生可以体验从构思到执行的创业过程，认知并熟悉市场运营规律，培养营销技能，也初步获得了创业经验。目前，高分子专业学生入驻大学生创业中心已达 12 家，进行模拟创业。

"校中厂"在很多高职院校都存在，成为大学生创业体验模拟的重要载体。高分子专业经过多年的建设，已经建成集技术研发、性能检测、职业鉴定、生产培训功能于一身的多功能实训基地，在行业内颇具影响。经过几年的运行摸索，高分子实训基地目前已培育成功创业团队 23 个，其中最大团队年产值已达亿元。

（6）在创业孵化平台上，学校依托大学科技园建立了"徐州工业职业技术学院大学生创业基地"，这个基地充分发挥了"科技园的引擎动力、产业园的引领成长、全方位的政策支持和全生命周期的平台服务"。

三、成果特色与创新点

1. 创新了职业教育人才培养的新模式

在专业人才培养目标基础上融入的创新创业培养指标，旨在以培养学生创新创业意识和精神为核心，以普及创新创业知识和实施创业实践为载体，以提升学生的创新创业能力为关键，构建特色鲜明的"融合专业、四层递进"的创新创业教育模式，形成"创新创业教育 + 创新创业模拟 + 创业实践"三位一体的多层次、立体化的创新创业教育长效运行机制，着力培养具有创业意识、创业品质和创业能力的高素质创新创业型人才。

2. 激发了社会资本投入职业教育的新动力

通过打造命运共同体，集聚整合"政行企校"四方资源，构建"持续更新、联合育人、融合创新、校企共管、服务区域、开放共享"的校企合作长效机制，采取科学合理的运行机制，释放校企合作的新动力，通过将教育的公益性与资本的逐利性有效平衡，进一步激发社会资本投入高职教育的积极性。

3. 探索了多元产教融合育人的新平台

找准"政行企校"四方诉求的结合点——育人，紧密对接政府产业和区域发展规划，整合政府、社会、企业和学校四方资源，打造六维多元实践平台。

4. 完善了开放式教学资源的新内容

创业导师库由创新创业教育单位统筹建设工作，邀请政府、企业、社会、学校专家参与，跨行业和区域整合优势资源，集思广益，共建多赢，为创新创业教育教学内容提供了新资源。创业项目库提供了案例、实践、课程等丰富的开放内容，方便学生学习和使用。

四、成果推广应用效果

1. 育人成果显著

在全面开展理论研究的基础上，以 2012 - 2014 级高分子专业学生为研究对象，以培养学生创业意识和创业精神为核心，并将"四项"育人目标融入人才培养方案，总结形成了"4 + 4 + 6"创新创业人才培养的新模式。本着边实践边研究的原则，不断修正，2013 年学生参加大学生创新创业训练、创新创业竞赛的比例由原来的 0.5% 增加至 15%。2013 - 2016 年，连续 4 年在中国高分子创新创业大赛中获奖，获奖比例高达 66.6%。2014 - 2016 年，材料学院学生申请并授权专利 53 项，其中第一发明人 15 项，以第一作者身份发表论文 22 篇，共申请 29 项省、校级大学生创新训练项目。该成果提出了培养和提高学生创新创业能力的具体措施，特别是开放教学资源库和搭建"六维"的实践平台具有较高的参考价值、很强的操作性和实施性，研究成果已在徐州工业职业技术学院各二级学院推广应用，借助多样化的实践平台，学生的创新创业能力显著提高。

2. 科研成果丰硕

将创新创业教育与专业教育深度融入，打破学科限制、机制壁垒，开发共享教学资源。

在整个教育过程，高分子专业教师在深入探索、总结的基础上，既培养了学生的创新意识、创业意识、创业能力，同时自身的教学质量和科研能力也得到了极大地提高。2013 年，该成果主要完成人徐云慧老师撰写的《高职院校培养和提高学生综合素质的研究与实践》分别获得 2013 年度全国高校学生工作优秀学术成果奖和徐州工业职业技术学院教学成果奖一等奖，该项成果的获得为本成果的提出和精炼提供了参考。2014 年，该成果主要完成人徐云慧老师获得全国高职院校创新创业教育工作先进个人。近年来，高分子专业教师获得 20 项省、市、企业、校级研究项目，公开发表论文 31 篇，申请并授权专利 53 项，专利转让 2 项，省级"青蓝工程"培养对象 4 人，"333 高层次人才培养工程"第三层次培养对象 1 人。

3. 企事业用人单位和兄弟院校好评

"4 + 4 + 6"创新创业人才模式的实施，使得我们的毕业生普遍受到企事业用人单位的好评，日益树立起"创新精神强、实践能力突出"的品牌形象。近几年来，我院历届毕业生的就业率也一直保持在 95% 以上。"4 + 4 + 6"创新创业人才模式搭建的六维的实践平台，将校企协同育人贯穿于人才培养全过程，能够切实增强学生创新能力和创业能力培养质量，能够为其他兄弟院校提供指导和经验。现已在南京科技职业学院、徐州医药高等学校 2 所学校推广。自 2013 年底以来，先后有南京科技职业学院等近 20 所高职院校到我院访问、参观，交流创新创业人才培养的实现途径和措施。他们都对高分子专业实施的"4＋4＋6"人才培养模式与所取得的显著成效表示赞赏和钦佩。

4. 政府、学校充分认可

高分子专业在明确四项育人目标、围绕创新创业，有效推行实践"4＋4＋6"培养模式，取得的各种成效，近几年来，陆续引起了《中国青年报》《中国化工报》等全国性媒体和《都市晨报》等地方性媒体，以及《中国教育新闻网》《江苏质量网》等网站的广泛关注，进行了 10 余次专题报告。高分子实践基地先后评为省级实训基地和中央财政支持的国家级实训基地，是教育部高职高专高分子材料师资培训基地和中国石油化工协会高分子材料示范培训基地，有力促进了创新创业教育的实效性。

5. 拓展空间与预期效果

"4＋4＋6"创新创业教育人才培养模式已在三所高职院校和一所中专校中推广，并且得到同行的肯定。后续将研究成果继续在职业院校中推广并不断收集改进意见。同时，密切关注高分子前沿发展领域，与高新企业合作引入高精尖技术，引领行业发展。

学生创业基地为"能创业"学生提供多项优惠政策，比如前 3 年场地办公费减免、税收减免、低息贷款等多项政策，在真实的创业过程中学生提升了创业能力。在大学科技园内，已有在校学生创业公司 8 家，毕业学生创业公司 7 家，学生创业企业获取政府的各类补助近 240 万元。

高职院校"双线互融"顶岗实习螺旋提升体系的构建

成果名称　高职院校"双线互融"顶岗实习螺旋提升体系的构建
成果完成人　施帅、张伟、蒲丽丽、瞿桂香、姚悦
成果完成单位　江苏农牧科技职业学院

一、成果背景

顶岗实习是高等职业教育的重要教学环节。2016 年，教育部颁布的《职业学校学生实习管理规定》明确指出："职业院校应对实习工作和学生实习过程进行监管。鼓励有条件的职业院校充分运用现代信息技术，构建顶岗实习信息化管理平台，与实习单位共同加强实习过程管理。"但大多数高等职业院校在实施顶岗实习的实践过程中缺少组织化、制度化和信息化保障。有的教学制度建立了，但不易操作；有的可操作但不能保证及时完成；顶岗实习过程的评价大多以结果为导向，不能体现动态化的管理和过程化的监控。

针对出现的问题，我们以江苏农牧科技职业学院食品科技学院为载体，基于 ISO9001：2015 标准对顶岗实习过程进行了组织上、制度上和信息化方面的改革与尝试，并反复实践、总结、推广。

二、成果内容

针对高职院校顶岗实习过程中出现的学生管理鞭长莫及、顶岗实习过程放之任之及重结果轻过程等乱象，课题组借助 ISO9001：2015 质量管理体系标准，校企双方共同研讨确定顶岗实习需要达成的目标，对为实现目标所需的过程进行分解，对确定的过程按照重要程度不同分为关键过程和一般过程。为保证关键过程顺利实施，搭建了线下企业专任教师工作站和线上信息化管理系统两个平台，选派专任教师入驻教师工作站，为每位学生配备专任指导老师在信息化平台上进行指导；一般过程也分别制定了文件化的操作规程。通过引发文件、宣讲、微信交流等宣贯了形成的文件、制度、规程和平台的运作方法。在顶岗实习双元保障体系的实施过程中，企业指导老师和学校指导老师共同监控过程的实施并进行实时评价，最后校企生三方共同反馈、研讨顶岗实习过程产生的问题和需要改进的事

项，修改顶岗实习目标和相应的规程，并在下一次顶岗实习活动实施过程中进行验证。

通过顶岗实习双元管理体系的实施，学生顶岗实习真实率逐年提高，技能显著提升，2016年，在全国高职高专生物技能大赛中，分获食品检验组一等奖1名、二等奖1名、生化提取取一等奖1名，并获团体二等奖。近几年来，学生食品检验工的职业技能鉴定取证率达100%，学生的协议就业率由项目实施前的81%提升到2016年的97%。

1. 校企基于ISO9001标准共建了顶岗实习文件，确保了顶岗实习管理有制度

ISO9001标准的基本思想是"以顾客需要为导向"进行"过程控制"和"持续改进"。学校的产品是教育教学服务，直接顾客是学生，最终顾客是社会和用人单位。为了更好地服务学生，让用人单位和社会得到更符合要求的人才，在充分考虑学校、学生和企业三方不同的利益诉求的基础上，校企双方对顶岗实习活动所需的过程进行充分的识别，在充分磨合的基础上制订了《江苏农牧科技职业学院校企合作管理办法》《教师工作站管理及考核办法》《顶岗实习管理信息平台运行管理及考核办法》《校企合作管理办法》《校外实训基地建设与管理办法》《实践教学工作规范》《关于选派青年专业教师赴企业锻炼的意见》等一整套保障顶岗实习顺利开展的制度，详细规定了顶岗实习的工作程序、考核与评价方法、各方权责。

这套制度使校、企、生三方合理诉求得以最大化满足，顶岗实习各关键过程得到准确识别并形成了科学的程序，顶岗实习管理效率大大提升。

2. 校企共建了专业教师企业工作站，保证了顶岗实习线下管理有基地

为推进校企合作的广度和深度，解决顶岗实习管理松散、执行不力等问题，校企双方本着"资源共享，优势互补，职权明确，互惠双赢"的原则，先后在南京雨润食品有限公司、卡夫食品（苏州）有限公司等7家接纳学生较多的大型食品企业集团设置了肉品加工与检测、焙烤食品加工与检测等7个专业教师企业工作站。根据《教师工作站管理及考核办法》，学院每次选派1名专业教师入驻工作站，代表校方和企业就顶岗实习过程中遇到的问题进行沟通与协调；借助工作站辅导学生学业，解决学生顶岗实习过程中产生的困惑，组织一些有益身心的活动，消除学生心理的焦虑感；参与企业的技术开发，帮助企业解决生产技术难题，提高专业教师的学术水平和操作技能。

三年来，学院累计选派了专业教师14人次入驻在专业教师企业工作站，接纳了实习学生400余人次，除生病等客观原因外，无一实习学生因主观原因离岗，实习结束后，学生技能显著提升，部分学生和企业签订了劳动合同，成为企

业的技术骨干，学院双师素质教师的比例也显著提升至 95%。

3. 借助外力搭建了信息化管理平台，实现了顶岗实习线上管理有平台

大型食品企业并不能接纳所有实习学生，且部分学生对实习岗位有差异化需求，故每年大约有 150 名左右的学生分布在全国各地的食品及食品相关企业内从事顶岗实习工作，大部分高职院校对这部分学生的顶岗实习采用"放羊式"管理模式，管理工作流于形式，实习效果较差。为了解决这一问题，学院利用数字化信息技术和现代网络技术，与北京得实公司合作，开发了一个顶岗实习监控与管理平台，并制订了《顶岗实习管理信息平台运行管理及考核办法》，实现了顶岗实习的即时沟通，即时监控，即时咨询答疑，在线任务安排，在线考核、在线批假等。每位实习指导老师还建立了顶岗实习交流 QQ 群或微信群，通过 QQ 群或微信群解答学生在实习过程中的产生的困惑，为他们送上老师的关怀和鼓励，并要求每位学生下班后发一个即时位置共享到 QQ 群或微信群作为实习签到记录。

自平台上线以来，食品科技学院已通过该平台对 1000 余名学生的顶岗实习情况进行有效监控，师生之间的互动交流也日益频繁，学生思想波动较小，顶岗实习有效率得到显著提升，得到了用人单位的一致好评。

4. 构建了校企双方共同参与的质量评价体系，确保顶岗实习评价更科学

校企双方指导老师对学生顶岗实习过程的关注点不同，学校指导教师重点关注顶岗实习过程中学生的出勤、安全、思想动态、实习报告撰写等方面的内容；企业指导教师全程参与学生的实习过程，对企业的工作岗位所需要的能力十分清楚，重点关注完成产品的质量和数量，并关注学生在顶岗实习过程中是否养成了相关的综合素质。为此，我们对顶岗实习质量评价过程进行了改革，构建了校企双方共同参与的评价体系，企业和学院各占 50%，企业主要考核学生的工作态度、工作质量、遵章守纪情况、岗位适应情况、团队合作与创新精神等。专业指导教师主要根据学生顶岗实习表现（包括态度、纪律、信息管理平台信息录入情况、签到统计等）、实习报告、实习日记等完成情况进行评定。

5. 多渠道推广应用，确保顶岗实习改革实践成果普及化

本研究成果在我院食品专业经过 5 年多的实践，积累了比较丰富的管理经验，传统的放羊式管理得到了极大的改善，能够准确监控并定位学生的顶岗实习情况，大大改善了学生顶岗实习中的逆反心理，提升了学生的职业技能，提高了学生的就业率和就业质量。近 3 年，学生食品检验工的职业技能鉴定取证率达100%，学生的协议就业率由项目实施前的 91% 提升到 2016 年的 97%。该研究成果亦被 2 次总结发表于专业期刊上，其中 1 篇被评为第九届全国农业职业教育教学论文三等奖。

本研究成果还在河南农业职业学院、徐州生物工程职业技术学院等兄弟院校进行了推广，并在泰州出入境检验检疫局农畜食品实验室、兴化市华荣食品有限公司、河南高老庄食品有限公司等食品企事业单位进行了应用，双平台顶岗实习保障体系的搭建和运用现代管理理念赋予体系生命力的做法得到了兄弟院校和食品企事业单位的一致肯定，起到了良好的示范辐射带头作用。

三、成果特色与创新点

1. 采取线上线下融合互补的方式构建了一个顶岗实习双元保障体系

高职院校顶岗实习管理过程中最大的困难是师资力量不足，不能覆盖到每一位学生，使部分学生处于监管真空，出现离岗离职等现象。为了有效解决这个问题，创造性地建设了线下专业教师工作站和线上信息化监控管理系统两个平台，两个平台相互补充，各有优势，既提高了管理效率，又提升了教师专业技能，一举两得。

2. 引入 ISO9001 标准理念，使顶岗实习双元保障体系更具生命力

一套体系和制度不可能一蹴而就解决顶岗实习过程中出现的所有问题，只有在实践过程中不断总结与修订，才能反复螺旋式提升顶岗实习质量。ISO9001 标准的核心理念就是 PDCA（策划 – 实施 – 检查 – 提高），要求任何一个组织在策划完程序（制度）后，要对照目标，实时监控反馈，不断固化优势，持续修订完善。只有这样，顶岗实习双元保障体系才能在运行过程中自我修正、螺旋提升，更加具有生命力。

四、成果的推广应用效果

本研究成果在我院食品营养与检测专业经过 5 个批次 16 个班 800 多名学生为期 5 年的实践，积累了比较丰富的管理经验，使传统的放羊式管理得到了极大的改善，能够准确监控并定位学生的顶岗实习情况，大大改善了学生顶岗实习中的逆反心理，也提升了学生的职业技能，提高了学生的就业率和就业质量。该研究成果亦被 2 次总结发表于专业期刊上，其中 1 篇被评为第九届全国农业职业教育教学论文三等奖。

本研究成果还在河南农业职业学院、浙江医药高等专科学校、江苏食品药品职业学院、江苏农林职业技术学院、徐州生物工程职业技术学院、成都职业技术学院等兄弟院校食品专业进行了推广应用，双平台顶岗实习保障体系的搭建和运用现代管理理念赋予体系生命力的做法得到了兄弟院校的一致肯定，起到了良好的示范辐射带头作用。

基于示范基地校企深度融合的人才培养模式探索与实践——以鞋类设计与工艺专业为例

成果名称　基于示范基地校企深度融合的人才培养模式探索与实践——以鞋类设计与工艺专业为例

成果完成人　卢行芳、鹿雷、徐晓斌、吕长征、步月宾、杨昌盛、王政、彭艳艳、郑秀康、沙民生

成果完成单位　浙江工贸职业技术学院、康奈集团有限公司

一、成果背景

为了适应经济发展和产业转型升级，在国家"大力发展职业教育"的方针指导下，高职教育必须转变观念、创新机制、改善条件，以满足职业教育健康发展需求。我院根据自身办学情况，审时度势，在市政府的支持下，将浙江创意园建在了校内，2012 年被授予浙江省省级特色工业设计示范基地的称号。我们紧紧抓住这一契机，以设计类专业内涵建设为出发点，以学生就业为导向，以提升人才培养质量为目标，以课堂教学改革为核心，结合行业提升自主创新能力对设计类人才的需求，打破"以教师为中心，注重知识传授，轻视动手操作、课程教学僵化"的传统模式，积极探索适应社会发展的高职教育人才培养模式，在院级课题"依托省级工业设计基地优势资源提高学生创业、创新能力研究"和浙江省科协课题"提升浙江省工业设计基地产业集群园区创新能力研究"的基础上，构建了"基于示范基地校企深度融合的人才培养模式探索与实践"。

二、成果内容

成果解决了以下教学问题。

1. 高职设计类专业教学内容滞后于行业发展需求

现代行业技术发展迅速，而高职设计类专业教师大多缺乏企业实践经验，在教学内容的选择和安排上很难跟上企业实际需要。

2. 高技能设计类人才实践教学条件存在短板

目前我国高职设计类专业主要以课堂教学为主，实践教学多数采取参观和短期集中实践的方式，加之学校的设计实践性教学条件偏弱，难以满足技术技能型设计人才培养。

3. 学习评价主体单边化

传统的学习评价缺乏企业参与，多以教师为主体，缺乏企业的信息导向，注重学生对知识的掌握，缺乏对学习过程、实践操作能力和创新能力的评价。

成果采取的主要方法包括以下几种。

1. 建立企业实践教学信息库

整合教学资源，建立企业设计师信息库、企业实践岗位信息库。目前，浙江创意园入驻 48 家设计企业，涵盖地方主要产业。我校开设专业与地方产业紧密结合。按照入驻企业协议要求，企业有义务参与和协助人才培养工作。

2. 建立"交叉递进"式实践教学体系

教学时间和地点交叉安排在校内和企业；专任教师和企业设计师交叉指导学生；基本技能实训和企业真实项目实践交叉进行。分单向技能、综合技能、创新创业能力及后续迁移能力训练三个层次逐步提升学生的实践操作能力。

3. "一徒多师"的实践教学实施模式

以学生为主体，以企业鞋款开发任务为实践教学内容，由企业技师、企业培训师、企业管理人员与学校专任教师构成多元化的师资队伍，为每一位学生配备"责任导师"领衔的针对性"一徒多师"型师资队伍，从人文素养、专业技能和职业素养等方面对学生进行多角度、立体式的指导。在此模式下，学生必须定期向责任导师提交"成长记录"，将所产生的作品集结成册，以集中汇报的形式接受考核和学习成效认定。

4. 构建"综合素质导向"的多元化学习评价体系

由专任教师、企业设计师、学生构成多元化评价主体，通过课堂笔记、实践操作、作品展示等多元化形式对学生的学习能力、素养进行评价。该体系注重评价过程，关注学生就业能力与发展潜力，能够更客观、更全面地反映学生的学习情况。

三、成果特色与创新点

1. 首次提出"交叉递进"式实践教学体系

利用示范基地资源，提出了实践教学地点交叉于校内和企业，指导教师交叉于专任教师和企业设计师，实操项目交叉于基本技能和企业任务，沿单向技能、综合技能、创新创业能力及后续迁移能力逐步提升的"交叉递进"式实践教学体系，保证了教学内容与企业岗位需求的对接。

2. 建立了"一徒多师"的实践教学实施模式

以学生为主体，以企业鞋款开发任务为实践教学内容，由企业技师、企业培训师、企业管理人员与学校专任教师构成多元化的师资队伍，为每一位学生配备"责任导师"领衔的针对性的"一徒多师"形式的师资队伍，从人文素养、专业技能和职业素养等方面对学生进行多角度、立体式的指导。

3. 构建了"综合素质导向"的多元化学习评价体系

由专任教师、企业技师、学生构成多元化评价主体，通过课堂笔记、实践操作、作品、考核、问卷等多种形式对学生的学习能力和素养进行评价。评价内容涵盖了智力、能力和素养不同方面的多项指标，注重过程评价，关注学生就业与发展。

四、成果的推广应用效果

1. 毕业生一次性就业率和社会满意度高

近三年学生一次性就业率不低于96%；毕业生受到用人单位欢迎，成为推动企业创新发展的中坚力量。康奈集团设计研发团队的2/3是我校鞋类专业毕业生。近3年在全省47所高职高专院校中，我校获得省教育评估院毕业生职业发展和高校人才培养质量排名2次第一，1次第二的好成绩。

2. 在校生专业技能过硬

成果实施以来，在校生专业技能等级考通过率100%，获省级设计技能大赛铜奖以上奖项25项，学生作品有多项被企业采用，完成科研课题4项，获得专利2项。

3. 培养了一批创新创业优秀学生

近三年鞋类专业学生获得政府颁发的大学生创新创业奖11项，成立在校大学生创业团队3支。1支团队自行设计和销售原创皮具用品,运行顺畅;1支团队自主设计制作和网络众筹手工鞋,众筹项目获得成功;1支团队网络推广少数民资文化用品。

4. 双师队伍建设成绩凸显

通过本成果的实施,双师队伍实力上了一个新台阶,5名教师考取到技师证书(其中3名为高级技师),占专任教师的50%;6名教师成为示范基地企业的兼职技师;完成教改项目7项、发表教改论文4篇。

5. 专业建设成果良好

鞋类专业获得浙江省"十三五"优势专业立项,建成两门国家精品资源共享课程,获得一门温州市创新创业精品课程立项,编写校企合作教材4本。

该成果已在我校广告设计专业、工业设计专业和黎明职业大学等兄弟院校进行推广应用,并取得了良好效果,先后接待过黎明职业大学、宁波服装职业技术学院等多家兄弟院校参观学习,被中青在线、温州日报等多家媒体报道。

教育部关于《深化职业教育教学改革全面提高人才培养质量的若干意见》中指出,并推进产教深度融合。因此,该成果的推广应用对于贯彻落实教育部高职教育指导方针,充分发挥地方资源优势,培养高技能设计类人才具有一定的借鉴价值。

产学研用协同培养创新型人才的研究与实践

成果名称　产学研用协同培养创新型人才的研究与实践
成果完成人　李云龙、张青海、曾安然、欧阳娜、林松柏
成果完成单位　黎明职业大学

一、成果背景

产学研用协同育人，是高职高专人才培养的重要途径，也契合了十八届三中全会提出的"产教融合、校企合作"的指导思想；创新创业能力的培养是符合高职教育新常态的要求，是响应"万众创新、大众创业"的历史要求。因此如何基于多样化的生源状况，创新人才培养模式，通过师资队伍和实训条件建设，改革课程教学内容，创新教学方法，构建校企合作的长效机制，促进产学研用协同育人，是高职院校实现产教融合，提升人才培养质量的有效途径，特别是经济社会发展的新业态状况下，行业企业希望通过技术创新和产品差异化，实现企业转型升级，学校希望构建创新创业教育体系，培养学生的创新能力和创业意识，增强学生就业竞争力，以创新服务创业，以创业促进就业，全面提升人才培养质量。

2012年以来，黎明职业大学材料化工专业群在人才培养过程中，依托校企共建的协同创新平台——实用化工材料福建省高校应用技术工程中心，校企合作的课题和成果为载体，以创新为魂，构建"师徒式"创新创业培育体系，形成了"产学研用协作育人"的办学机制。2014年，教学改革课题《高职院校材料化工类专业创新型人才培养研究与实践》（JAS14852）获福建省教育厅立项。2015年，应用化工技术专业获福建省高校创新创业教育改革试点专业。

二、成果内容

1. 产学研用协同，形成校企合作长效机制

依托学校、企业和行业协会共同参与的实用化工材料福建省高校应用技术工程中心的技术委员会和专业建设指导委员会，建立"双委会"校企共管制度实现组织协同；通过技术服务和项目合作实现战略协作；学生全程参与项目开发，培养技能型技术人才实现知识协同，构建"战略——知识——组织"产学研协

作三维新模式，形成学校、企业和学生三方共赢的长效合作机制。

校企合作长效机制的建立，基于企业真实产品开发，实现"真题真做"，培养学生创新能力，2012 年以来，通过项目合作和承接项目委托开展校企合作，其中承接企业委托横向课题 5 项，与企业合作开发项目 12 项。

以《TPU 弹性体鞋材开发》项目为例，我们将 TPU 弹性体鞋材开发过程中所涉及的知识和实践融入整个课程体系的教学过程中。同时根据人才培养方案的要求，学生将在不同阶段进入"厂中校"校外实训基地进行实践，对项目将来进行中试和量产打下坚实基础。

2. 以创新为魂，构建"师徒式"创新创业培育体系

创业与创新两个范畴之间有着本质上的契合，内涵上相互包容和实践过程互动发展，应该说创新是创业的基础和手段，而创业在本质上是人们的一种创新性实践活动。因此，构建创新创业教育体系的核心是创新能力的培养。以培养材料化工专业群创新能力为切入点，以实用化工材料福建省高校应用技术工程中心为平台，将创新创业能力培养融入人才培养方案，以科研课题和企业项目为载体，通过开设《素质拓展》《创新教育》《专题实训》《毕业设计》等课程，构建"创新创业意识培养—创新创业实践活动—高位就业与创业落地"的递进式创新创业培育体系。

从五个方面保障学生创新创业能力培养贯穿人才培养全过程。一是改革原有毕业设计课程，开设跨度为第三至第五学期的"创新教育—专题实训—毕业设计"三门课程，分别通过开题汇报、中期检查和结题报告等方式进行考核；二是实行实验室开放制度，利用课余时间，让学生接受"发现问题、拟定假设、查阅文献、实验设计、数据分析、得出结论和服务企业"等训练，建立"创新第二课堂"，进一步调动学生课外学习积极性；三是以"挑战杯"创新大赛、高分子全国大学生创新创业大赛以及行业创新大赛为抓手，促进学生创新能力培育和成果固化；四是结合 SYB、KAB 等创业培训，训练学生的创业能力，实现学生模拟创业；五是结合学校三全育人的导师团，实现校企双导师全程跟进学生创新能力的培养。

三、成果特色与创新点

1. 模式层面

本成果借鉴创新创业人才培养模式的研究成果，提出"以创新为魂，构建创新创业培育体系"。以培养材料化工专业群创新能力为切入点，以实用化工材料福建省高校应用技术工程中心为平台，将创新创业能力培养融入人才培养方案，以科研课题和企业项目为载体，通过开设《素质拓展》《创新教育》《专题实训》

《毕业设计》等课程，构建"创新创业意识培养—创新创业实践活动—高位就业与创业落地"的递进式创新创业培育体系。

2. 机制层面

本成果实施过程，逐步构建起产学研用协同育人的长并行机制。一是解决创新型人才培养的载体问题，以大量的校企技术合作项目、企业委托项目、各级科研课题等为载体，并与课程改革相结合；二是以校内应用技术工程中心和"厂中校"实训基地为平台，实施人才培养；三是形成大量的科研成果，即助推企业转型升级，又实现学生高位就业。

3. 成效层面

项目实施过程，师生共同发展，校企实现双赢。一是学生在各种创新创业大赛，项目研发和创业实践过程中，实现知识的迁移和应用，达到可持续发展的目的；二是通过学校制定各种激励机制，促进教师通过参与各级各类科研项目，实现自身能力和经济收入的提高；三是企业通过研发创新，实现产品差异化和高新化的蜕变；四是学校通过产学研协同培养创新型人才的过程，不断提高在区域和行业的知名度和社会声誉。

四、成果推广应用效果

1. 校企合作长效机制，助推产业转型升级

几年来，产学研用协同促进校企合作长效机制的建立，有效的助推产业转型升级。

（1）以发明专利《一种鞋底材料及其制备方法》为突破口，将 TPU/PVC 共混型热塑性弹性体材料进行产业化，该产品性能可与橡胶鞋材相媲美，具有可连续生产和低格低廉等优势，有望解决优等鞋用原料靠进口的问题。现已在鑫泰鞋材有限公司进行中试和小批量试产，产品成本降低 0.3 元/双，该项目已申报的 2016 年度泉州市科技进步奖。

（2）以高吸水性树脂研究成果为核心，结合二次交联技术，实现天然高分子系吸水树脂的产业化。生产的产品具有原料来源广，成本低廉，吸水保水能力强，特别是吸水速度有望超过市售的吸水树脂。现已在南安大通蚊香厂进行试产，该项目已获 2015 年度泉州市科技进步奖（自然科学类）二等奖 1 项。

（3）将发明专利《一种具有快速溶胀吸附性能的大孔羧甲基纤维素钠接枝共聚物的制备方法》转让于福建省三净环保科技有限公司，致力于新型废水治理环保耗材的生产与销售，现已在该公司试产"水状元"系列产品。

2. 教师业务能力增强，形成"三能"教学团队

产学研用协同育人，促进创新型人才培养的过程中，专业群培养了一支"能教理论、能教实训，还能服务企业"的"三能"教学团队，2015 年获全国石油化工行业优秀教学团队，2012 –2015 年，项目组累积承担市厅级以上课题 23 项（见表5），其中福建省自然科学基金项目 2 项，福建省教育厅重点项目 11 项，泉州市科技局产学研专项 6 项。

承担高分子材料加工技术中央财政支持实训基地 1 项，应用化工技术省级生产性实训基地项目 1 项，发明专利 5 项，实用新型专利 1 项，出版专著《高吸水性聚合物》（化学工业出版社，2013 年出版）1 部，发表论文 50 余篇，其中 SCI 收录 13 篇，EI 收录 19 篇，获省、市、校三级表彰 30 多项。省级教学名师 1 人，省级优秀教师 1 人，省高校杰出青年科研人才 2 人，省级专业带头人 1 人，泉州市优秀人才 1 人，泉州市青年拔尖人才 1 人，泉州市优秀教师 2 人。

3. 创新型人才培养，促进学生成长成才

近三年，通过产学研用协同培养创新型人才，黎明职业大学材料化工专业群学生在"挑战杯"、全国高分子创新创业大赛以及其他创新创业大赛中，硕果累累，特别是应用化工技术专业 2014 级陈宏平同学的创业项目《浮声传媒》获 2015 年全国大学生互联网＋微创业行动大赛银奖。

近三届 234 名材料化工专业群毕业生中，累计有 26 名同学自主创业或与他人共同创业，特别是应用化工技术专业 2013 级学生苏江峰自主创办泉州市妄言爱恋心理咨询有限公司，获泉州市鲤城区"青年创业之星"荣誉称号。

同时，产学研协同育人过程中，由于学生的优秀表现，除鑫泰鞋材有限公司和中意药用包装有限公司外，福建氯碱化工有限公司、福建东南炼化有限公司、正新橡胶轮胎有限公司等知名企业连续三年录用多名学生做技术人员，学生毕业半年后的平均薪资超过 3500 元/月。

4. 获得较高社会评价

产学研用协同培养创新型人才的过程中，专业群的影响力日益提升，2012 年高分子材料加工技术专业被确定为教育部"提升专业服务产业发展能力"重点建设专业；2013 年，高分子材料加工技术专业立项中央财政支持实训基地，高分子材料加工技术专业被评为省级示范专业，同年应用化工技术专业立项省级生产性实训基地。2015 年，应用化工技术专业获批成为福建省教育厅创新创业试点专业。

基于"非遗传承大师班"为主要模式的现代学徒制人才培养改革与实践

成果名称　基于"非遗传承大师班"为主要模式的现代学徒制人才培养改革与实践

成果完成人　赖颖秦、赖双安、张丽芬、张南章、周金田、邱少煌、林建胜、许瑞峰、林禄扬、苏献忠

成果完成单位　泉州工艺美术职业学院

一、成果背景

德化瓷塑技艺是国家级非遗保护项目"德化瓷烧制技艺"的核心技艺。德化瓷塑技艺创立于明代,以明代"瓷圣"何朝宗"何派瓷塑"为主流,经历代德化民间瓷塑工匠的传承与发展,逐渐形成了特色鲜明、体系完整、影响巨大的雕塑艺术流派,是德化享誉世界的陶瓷传统技艺,被西方学术界誉为东方艺术。德化瓷塑与人们的日常生活紧密地结合在一起,随着中国国力的迅猛提升和人民生活水平与质量的日益提高,社会各界对"非遗"工艺美术品的需求越来越突出,但与此紧密相关的"非遗"工艺美术类人才紧缺现象却日益突出,其中,具有传承和发展"非遗"陶瓷行业高层次、高素质的复合型人才更是少之又少。

我校的前身是德化职业中专学校,建校30多年来,培养了一批陶瓷行业的能工巧匠,其中,有近300个毕业生自己创办了陶瓷企业,产值总额占德化陶瓷行业的三分之一以上。学校升格为高职院校后,培养的学生中也有一部分自己创业,成立陶瓷工作室或陶瓷作坊,高职学生以更高的文化素养和专业技能,使得创业的道路越走越宽广,为德化陶瓷产业的发展作出了积极的贡献。目前,德化陶瓷产业急需创业型人才,学生又有很强的创业欲望,作为德化高技能陶瓷人才的摇篮,主动适应产业升级的需求和学生就业的需求,成了我们义不容辞的任务。我们专业7位骨干专业教师成为既是教授、副教授又是省级陶瓷艺术大师,大家一致认为,如何将历史留给我们的这份非物质文化遗产传承与保护下去,培养"非遗"工艺传承与创新及综合实践能力。既是学校的优良传统,又是高职院校深化改革的必由之路,也是我校办学条件所允许的。课堂教学与地方民间艺术资源挖掘、传承、创新与提升相结合,再现和创作优秀艺术作品,促进"非遗"瓷塑产业的发展是今后办学方向。我们进行了综合改革教学内容、组织形

式、运行和管理机制、教学模式与实践环节相结合，全面实践新模式，并在多年的实践基础上取得了成功，积累了经验。经验在我校其他专业得到推广，得到了陶瓷行业的认可和学生、家长、社会的一致好评。

二、成果内容

1. 率先把人才培养目标定位为培养"创新型、创业型"技能人才

大师班以培养具有大师素质的创新型、创业型陶瓷设计与制作人才为培养目标。该项目的实施，以人才培养推动了德化传统瓷塑与陶瓷艺术设计的传承与保护。

2. 有效推动行业转型升级

德化是中国重要产瓷区、中国最大陶瓷工艺品生产与出口基地，由于瓷塑技艺的民间性、封闭性，缺乏艺术理论研究与艺术理论指导，缺乏有意识的传承与有效的传承方式，模仿性传承多、创新性传承少，加之从业人员文化素养较低、艺术修养不高、审美水平较低、创新能力不足，导致创作水平不高，作品难以满足审美水平日益提高的顾客群的需求，目前传统瓷塑与陶瓷艺术设计创作已面临严重的瓶颈。该项目的实施，以创新设计为突破口推动德化的陶瓷行业转型升级。

3. 率先探索"二元制"技术技能人才培养模式改革

校企合作共同培养。聘请企业、行业大师参与人才培养全过程。共同进行行业、企业人才需求预测，共同制订人才培养方案，共同开发课程体系，共同制订核心课程的课程标准，共同研究教学方式，共同指导毕业生就业、创业。既研究需求侧，又研究供给侧；既研究行业、企业人才需求，又研究学生对就业、创业的需求。实现专业设置与产业需求对接，课程内容与职业标准对接，教学过程与生产过程对接，毕业证书与职业资格证书对接，提高人才培养质量和针对性。除了以行业（企业）与学校二元主体、全日制与非全日制二元学制外，进行了学徒与学生二元身份、师傅与教师二元教学、企业与学校二元管理、企业与学校二元评价、毕业证与职业资格证二元证书的探索实践，进行现代学徒制新模式的探索，为"二元制"技术技能人才培养模式改革奠定坚实基础。

4. 进行新的现代学徒制探索

在学校建立大师工作室，核心专业课教学全部在大师工作室完成。学校大师工作室模拟企业大师工作室建设，作为仿真教学营造创新、创业氛围。大师、教授共同教学。文化公共课、专业基础课由学校教授承担教学，核心专业课以大师

为主导、大师与教授共同承担。

5. 实施项目教学

核心专业课教学全部采用项目教学，分阶段完成不同的设计与制作项目。如，雕塑艺术设计专业的雕塑创作课程，按观音设计与制作、弥勒设计与制作、达摩设计与制作、仕女设计与制作、文人雅士设计与制作、武将设计与制作等项目规划，不同阶段完成不同的创作项目。

6. 建立以师徒关系促学生德艺双优的全新教育方式

大师既是老师又是师傅，专业教师担任班主任与创业导师，建立以师徒关系促学生德艺双优的全新教育方式。

7. 增强了学生的学习主动性

大师班实行的现代学徒制教学更是一种情境教学，师生和师徒处于同一教学情境下，可以相互促进，相互启发，学习者不再是智慧和知识的被动接受者，而是任务和项目的完成者和主动者，学生置身于情境之中，可以最大限度地注意和参与学习过程，使学习的效果和学习的意愿达到最高和最强。

8. 锻炼了学生的社会适应性

大师班第三学年将整年到师傅的企业学习、实习、毕业创作，学生真正参与到了企业的生产进程，体验到企业文化和学校文化的异同，从而使其学习更有指向性和社会性，为终身学习打下坚实的基础。同时，现代学徒制也为学生提供了通过参加实际工作来考察自己能力的机会，学生们亲临现场接受职业指导、经受职业训练，了解到与自己今后职业有关的各种信息，可以开阔知识面，扩大眼界。

9. 就业前景比较明朗

大师班通过学徒制培养，很多学生的特长和特点能够得到体现，在毕业时可以被师傅的企业录用，同时对学生奠定职业意识，思考未来发展方向具有重要作用。学生经受过实际工作的锻炼，可以大大提高他们的责任心和自我判断能力，变得更加成熟。

三、成果特色与创新点

该项目被列入高等职业学校提升专业服务产业发展能力项目，获得教育部、财政部200万元的资金支持。教授工作室被省委宣传部、省文联确定为"福建省特色文艺示范基地"。由于我们的创业型人才培养取得了较好的成效，吸引了厦门大学海外学院在我校设立"陶艺体验中心"，清华大学美术学院雕塑系在我校设立"教学实践基地"。

创业型导向，工作室教学，项目化训练，以现在的大师培育未来的大师。

1. 创业型导向

大师班以创新型、创业型技术技能人才为培养目标，并将培养目标贯穿于育人的全过程。

2. 工作室教学

模拟大师创作工作室，在学校建立大师工作室，并以大师名字冠名工作室。

3. 项目化训练

将核心课程内容，转化成有机相连的训练项目，分阶段、递进式完成项目训练。

4. 以现在的大师培育未来的大师

精选有丰富教学或带徒经验的国家级、省级大师，担任大师班师傅；大师既是教师又是师傅，在大师冠名的工作室教学、带徒，培养具有大师素养的创新型、创业型技术技能人才；学生毕业后可到大师的企业、创作工作室继续深造，大师作为师傅长期在指导、帮助徒弟创新创业。

四、成果推广社会效果

2016 年春季，已在本系雕塑艺术设计、艺术设计二个专业 3 个班级推广。2016 年秋季，将在本系雕刻艺术设计、艺术设计、工艺美术品设计、陶瓷设计与工艺、宝玉石鉴定与加工等专业与班级推广。

校政企行联合培养家具设计与制造专业
高技能人才的研究与实践

成果名称　校政企行联合培养家具设计与制造专业高技能人才的研究与实践

成果完成人　鲁锋、曾东东、杨巍巍、曾传柯、陈臻、何炳进、顾建厦、陈年、刘定荣、李林、康小燕

成果完成单位　江西环境工程职业学院

一、成果背景

高职院校经过多年跨越式的发展，人才培养质量有了显著改善和提高，但总体来说，理论与实际脱离、专业技能与岗位职业能力要求脱离、学校与行业、企业脱离的传统人才培养模式没有得到根本改变，相对于国外职教发达的职业院校，高职学生的技术应用能力和创新能力还很不足；高职教师虽有"双师"的光环，但"双师"素质含金量有待提高，尤其是教科研能力比较薄弱，服务地方经济的深度也有待提高；高职办学过程虽然大力提倡校企合作，但校企合作育人过程中人才、技术、装备等资源分散、低效的问题一直困扰高职院校。这些问题不解决，高职院校内涵发展必然遇到瓶颈，人才培养质量也难以有效提升。

二、基本内容

1. 针对高职院校学生普遍存在的技术应用能力和创新能力不足的问题

我们与江西省家具协会共同成立鲁班家具学院，聘请行业专家、家具企业老板为客座教授，同时成立专业建设委员会，研究并制定家具专业人才培养方案与课程标准，以精品课程（资源共享课）建设为重点，以典型家具生产和典型家具设计为主线，将企业实际案例引入课程，开发教材，将教学、培训与职业技能鉴定有机结合，实现课程内容与职业标准对接、教学过程与生产过程对接、学历证书与职业资格证书对接。

2. 针对高职院校"双师"素质与教科研能力薄弱及服务地方经济深度不够的问题

我们成立江西环境工程职业学院驻南康家具产业转型升级服务站，与南康区

政府共建中国中部家具产业基地，与南康家具产业促进局共同开展精准扶贫，与江西省标准化委员会共同制定家具地方行业标准，将教学、培训、生产、技术服务紧密结合，大大提升了教师实践能力、技术研发能力及教学能力。

3. 针对校企合作深度不够的问题

我们通过与江西自由王国有限公司合作，共同开展"现代学徒制"人才培养模式研究与实践，将高职院校专业优势、人才优势与企业的装备优势、技术优势相结合，以高职六学期教学安排为主线，把教学安排总体划分为四个阶段，每个阶段按照能力递进的要求设置课程，保持各专业课程安排的协调统一，又能根据合作单位要求灵活设计，实行工学交融、工学交替、室外室内、校内校外、见习与定岗交叉进行，从而解决了学校与合作方在人才培养过程中的诸多矛盾，适合做更具有长期性、稳定性，更具有活力。

三、成果特色与创新点

按照理论与实际相结合，专业技能与岗位职业能力相衔接，以专业为载体，学校与行业、企业、政府进行广泛合作，构建多样化合作办学形式，克服了合作形式单一、合作内容浮浅、合作关系松散的校企合作的弊端。

以高职六学期教学安排为主线，把教学安排总体划分为四个阶段，每个阶段按照能力递进的要求设置课程，保持各专业课程安排的协调统一，又能根据合作单位要求灵活设计，实行工学交融、工学交替、室外室内、校内校外、见习与定岗交叉进行，从而解决了学校与合作方在人才培养过程中的诸多矛盾，使合作更具有长期性、稳定性，更具有活力。

根据专业人才培养模式的要求，学校与合作单位共建了一批教学做一体化教室和实训基地，同时，以学生职业综合能力培养为核心，将职业技能训练由"生手－熟手－高手"划分为三个层次，根据实训形式和要求的不同设计四个训练模块：专业认知模块、课程实训模块、岗前实训模块及顶岗实习模块，构建"一个核心、三个层次、四个模块"的实践教学体系，有利于明确各层次的任务和各模块的实训管理要求。

四、成果推广应用效果

1. 丰富了专业内涵，凝练了专业特色

2010年家具设计与制造教学团队被评为省级教学团队，2010年《家具生产技术》课程获国家精品课程，2013年成功升级为国家精品资源共享课程，2011年《家具设计》课程获得国家林业局精品课程，2013年家具设计与工程实训中心获得省财政支持的职业教育技能实训中心，2014年《家具生产技术》教材获得全国林业职业教育教学指导委员会规划教材，2016年家具专业实训中心获得人保部授予的世界技能大赛家具制作项目国家集训基地。

2. 学生培养质量提高，毕业生得到用人单位的好评

学生的学习积极性普遍提高，专业岗位职业能力明显增强，学生在各类职业能力竞赛中均取得较好成绩，据统计，从2010至2016年，专业学生在省级以上各类职业技能竞赛中获得三等奖以上的有28项。学生的一次性就业率、专业对口率明显提高，毕业生普遍得到用人单位的好评。从2010至2016年，我校家具专业毕业生一次性就业率均在95%以上，专业对口率在90%以上，专业一次性就业率、专业对口率都名列学校前列。每年毕业生招聘大会期间，用人单位提供的岗位数均超过毕业生总数的3倍以上。

3. 产生了较大的影响力，得到行业、企业普遍认可

近几年来，到我校考察的有辽宁、黑龙江、江苏、浙江、湖北、福建、广西、云南等省8林业类高职院校，省内、省外其他类型高职院校也时有来访考察，并得到他们的高度评价。中央、省级媒体对我校家具专业的办学特色也作过多次专题报道。我校家具专业的办学情况和人才培养质量更得到行业、企业的普遍认可，愿意与我校签订全面合作协议的单位逐年增多。目前，学校与国内100多家知名企业联合办学，与江西百余家林业龙头企业建立了合作关系。2013年，学校成立了"江西省林业职业教育集团"，参加集团的有政府及其部门、科研院所、企业、学校共120多家。

基于"六融合"策略的高职青年教师执教能力提升的研究与实践

成果名称　基于"六融合"策略的高职青年教师执教能力提升的研究与实践
成果完成人　卢兆丰、孟凡收、徐栋、刘玉亭、李欣雨
成果完成单位　日照职业技术学院

一、成果背景

伴随着高等职业教育的快速发展，各院校均引进了大量的青年教师，青年教师队伍在整体师资队伍中占到了相当大的比重，部分院校 35 岁以下的青年教师占到 40% 以上，并且成为工作在教学一线的主力军。高等职业院校青年教师群体庞大，其执教能力将直接决定着高等职业教育的发展水平。对高职青年教师的执教能力展开研究，对于促进高等职业教育，改善实际教学质量，具有重要的实际意义。

1. 职业院校针对青年教师群体开展培训的需要

现有的教师培训，往往重视整体教学队伍培养，但忽视了最为迫切的青年教师群体的成长。从国内外关于高等职业教育教师培养方面的文献资料来看，学者们开展了各种研究，例如深刻的分析了整体教师队伍存在的问题，也针对问题提出了师资培训的内容，并对采取什么样的措施来提供培训效果做出了说明，但是往往没有认真考虑接近半数的青年教师的实际情况，开展的研究以四个成长阶段的总体发展较多，提出了培养措施却没有分阶段进行，培训的设计不尽合理，配套培训制度不够健全，导致很多培训活动的培训内容针对性差、培训形式不够灵活，使得最终的培养不系统、不全面，培训效果差，这就需要专门针对青年教师成长的四阶段开展研究。

2. 职业院校青年教师群体快速成长的需要

开展高等职业院校青年教师群体执教能力的研究，对于帮助青年教师快速成长，意义重大。高等职业教育的教师队伍，不同于中小学教师队伍，也不同于研究型大学的教师队伍。中小学教师的培训重点是教学基本功的使用，研究型大学的教师培训重点是科技转化，而高职教师既要具有深厚的专业知识，又要具有较

强的动手能力，所以高职教师的培训是知识和技能双方面的。从高职院校的师资引进情况来看，大多数急需引进的是一线专业课教师，而急需的这些青年教师大多都不是师范院校毕业。青年教师有较强专业功底，但没有深厚的教学基本功，基本教学素养差；青年教师有旺盛的精力和学习需求，但由于承担了繁重的教学任务，不能参加的长时间的脱产培训；青年教师有较高的学习培训热情，但没有合适的培训平台。这些状况导致了青年教师的学习培训效果，不尽如人意。

3. 创新职业院校青年教师拉动式自主学习的需要

目前，开展高等职业院校青年教师执教能力的研究，存在着文献资料匮乏、青年教师培训需求不一等问题。本课题将运用科学的视角，通过对不同性质、规模的高职院校青年教师培养现状的调查，探讨现阶段青年教师培养过程中所遇到的困难和原因。在分析青年教师执教能力各方面问题的基础上，借鉴其他有关先进职业教育理论，尤其是青年教师成长方面的成功经验，设计一套完善的"六融合"模式的培养体系，创新教师培养的内容和方式，改变以往的推动式被动学习为拉动式自主学习，而且具有不受时间、空间限制的优点，能够不断提高高职院校青年教师各方面的知识、能力和素质，使青年教师能够全方位的成长。

4. 帮助高职院校打造一支技能过硬的青年教师团队，解决专业教师紧缺的需要

"六融合"模式，更加注重青年教师培养的实用性和针对性。各融合子项目中的教师培训活动能从教师个人需要出发，设计的培训项目在实施目标、内容和考核等方面更具个性化和针对性，每一名青年教师都可以根据自身存在不足和空余时间进行自主学习，实现了个性化培养。同时这种培训模式保证了学习不脱产，使得工作、学习两不误，最终实现青年教师全面成长的目标。

二、成果内容

"六融合"的培养模式，具体措施包括专职教师与兼职教师融合、新教师与老教师融合、教学工作与顶岗工作融合、继续教育与教学方向融合、教育工作与教学工作融合、教学工作与科研工作融合六个方面（子项目），每个"融合"子项目都是针对青年教师在某方面的缺陷而设置，具体措施是根据职业教育师资总体需求和教师成长个性需求来确定的。在研究"六融合"模式的同时，将制定完善的运行机制，全面提升青年教师的专业理论水平和实践能力，提高教师的师德素养、执教能力、科研能力和社会服务能力，全力促使青年教师轻松而又充实地度过"适应期"，为进一步成长为职业教育急需的骨干力量奠定基础。"六融合"培养模式的具体研究内容如下。

1. 专职教师与兼职教师融合

在建立兼职教师资源库的基础上，根据教师具体授课情况，开展专兼职教师结对子活动，实现优势互补，专职教师帮助兼职教师学习职业教育理念和基本授课能力，规范教学文件和教学过程，选用合适的教学方法手段，做好教学服务；兼职教师帮助专职教师培养实践一线的专业技能，了解企业行业对专业学生的需求等等，两者相互学习，并以校企合作为平台，共同合作开发课程（校本教材），最终达到专兼融合、共同提高的目标，实现双师队伍建设和青年教师实践技能提升，打造校企互通、专兼一体的"双师"结构教学团队。

2. 新教师与老教师融合

以教育教学经验丰富、教学水平高、科研学术造诣深厚的"老教师"，带动充满激情和朝气、虚心好学的"新教师"，采取以老带新结对子的办法，按照专业相关、课程相近的原则确定帮扶对象，针对不同青年教师，因材施教，以师傅带徒弟的形式，充分发挥老教师传、帮、带作用，开展一对一的指导，老教师指导新教师教学文件撰写，开展教科研活动和听评课活动，开展示范课公开课活动，使青年教师在师风教风、授课水平、课程建设、科研能力等方面得到全面提升，从而提高专业教师队伍的整体素质，实现教师执教能力提升，促进青年教师成长。

3. 教学工作与顶岗工作融合

为切实提高教师实践业务技能和执教能力，可以依托合作企业，安排青年教师利用寒暑假时间进行集中实践顶岗，学习锻炼相关技能，还可以依托有关软件，安排青年教师利用课余时间进行虚拟顶岗。顶岗工作与教学工作相互对比借鉴，理论联系实际，相互提高，顶岗中还可以收集教学工作需要的案例等素材，提高青年教师以后教学的效果。

4. 继续教育与教学方向融合

由于高职院校部分教师所学专业与任教专业存在一定差异，课题组准备开展相关研究，最大程度上解决此类问题，转变教师教学方向，提高整体教师专业水平，缓解师资压力，组织以大类专业为基础，依托专业知识结构，采用自学、培训进修、考证等形式，以线上教育和线下教育相结合的形式，融合教师的继续教育方向与教学方向，每人学习研究 1~2 门课程，成熟后调整教学方向，使非专业青年教师的教学方向逐渐向任教专业类课程转变，促使青年教师在专业发展方面的成长。

5. 教育工作与教学工作融合

教育工作和教学工作，作为高职院校的两项主要工作，对于学生的培养，有着无比重要的作用。教学工作传授知识和技能；而教育工作培养学生的人生观、世界观、价值观，引导学生实现人生应有的价值追求，塑造自身完美的人格，两者是相辅相成的。工作中，要求青年教师在专业教学中加强德育教育，努力做到既教书又育人。青年教师可以以课堂为阵地，将育人融入教学工作中，在进行专业知识传授的同时进行人生观、价值观教育，将教书与育人融合到日常教学工作中。

6. 教学工作与科研工作融合

对于高职院校来说，科研是办学水平的重要体现，科研能力和水平的提高可以促进职业教育内涵发展；教学是立校之本，教学质量的提高直接促进办学质量提高。科研和教学作为高职院校教师的两项主要工作，应该是相互统一、相辅相成、相互促进的关系，教学是科研的基础，科研是教学的发展和提高。课题组准备开展"教学科研工作相融合"的研究，实现教学与科研无缝对接，使科研立足于教学，来源于教学，同时又服务于教学，最大限度地提高教学水平。一方面，积极开展教学改革，在原有成果的基础上，总结成功经验，开展教学成果研究工作；另一方面，想办法使最新的科研成果转化、融入专业教学中，充分利用相关成果的价值，提高人才培养质量，提高教师执教能力，促进青年教师成长。

三、成果特色与创新点

通过对以往青年教师培养模式体系与"六融合"培养模式体系的对比、分析，可以得出青年教师"六融合"培养模式体系具有以下创新点。

1. "六融合"培养模式体系下教师的个人发展与教师团队发展实现了高度的融合

该模式根据教师个人的成长特点为其量身定做融合模式和发展模式，帮助教师实现个性发展。然而该模式又不仅仅基于教师个人发展提出，在满足教师个人个性成长的同时也实现了教师团队的发展，提升了教师队伍的整体素质，为高职教育的发展培养了高水平的师资团队。

2. "六融合"培养模式实现了教师全面素质的提升

"六融合"培养模式区别于以往所提出的"双师型素质""教师顶岗""新老教师结对子"等单方面素质提升的模式，它最大可能的满足和实现了教师的全面发展，涉及了教师的教学、教育管理、科研、社会实践、继续教育等方方面面。

3. "六融合"培养模式并不是"单向"的融合，而是"双向"融合

在本模式体系中，融合是以"双向"和"互助"为前提的，具体指教师之间在工作上的共同提高，互相帮助。"融合"区别于教师之间的"结对子"，结对子时信息的传递一般是单向的，融合是双向融合，信息的传递是双向的。这样可以促使高职青年教师和老教师的共同发展、共同提高。

四、成果推广应用效果

基于"六融合"模式的高职青年教师培训模式，一是能促进解决教师专业方向调整，一定程度上解决有的专业教师紧缺、有的专业教师冗余的问题；二是既能规范外聘教师的教学常规，加强对外聘教师的服务，同时又能密切青年教师与外聘教师的联系，便于青年教师向外聘教师学习和交流；三是能加深新教师与老教师的联系，在专业教学能力等方面能得到迅速提升；四是密切专任教师与企业（或行业）的联系，让专任教师熟悉行业规范，锻炼提升专业操作技能；五是能密切专业教师、辅导员以及学生之间的沟通和了解，增强专业教学和学生管理的针对性和有效性；六是能激励教师投身教学改革、研究专业，进而增强教师的科研和社会服务能力。

1. 对高职院校青年教师培养具有应用价值

本课题的研究基于高职院校的发展现状，经过充分调研，对青年教师的成长适应期存在问题进行深入研究，提出改进策略，希望对青年教师这个群体的成长有现实意义，也会带来整个教师队伍管理体制的变革与创新，帮助青年教师快速成长，对全省乃至全国的高职院校都有应用价值。

2. 对中职及应用型本科院校青年教师培养具有推广应用价值

中职和应用型本科教育同属于现代职业教育体系的一部分，具有职业教育的同一属性，对教师执教能力和职业素养的要求具有相似性，基于高职青年教师的培养模式和方法同样适用于中职和应用型本科青年教师的培养工作，该研究成果对于职业教育的上下游都具有应用价值。

3. 对政府及教育主管部门的应用价值

对政府级教育行政部门在教师引进和评聘，专任教师培养和兼职教师聘用等方面都有应用价值。

基于学生全面发展的面向职场课程体系重构与实践

成果名称　基于学生全面发展的面向职场课程体系重构与实践

成果完成人　冯新广、厉建刚、郭庆志、单洪伟、徐晓鲁、孟凡青、寇光智、李瑞川、杨强、石勤玲、厉建欣、张永花

成果完成单位　日照职业技术学院

一、成果背景

课程是专业的细胞，是人才培养的基本载体，对学校而言，只有把工作重心和主要精力靠到课程改革上来，通过课程建设来带动深化教学改革，才能从根本上提高人才培养质量。课程体系建设要有整体设计的大局观，不能只考虑把单门课程做得漂亮，要围绕人才培养目标，充分考虑模块之间、模块中的课程及教学环节之间的内在逻辑。

近年来，我国正处在推动产业转型升级的关键时期，产业升级首先需要人才的升级，要求职业教育培养的人才向中高端发展。但目前高职学校学生培养与企业用人要求之间存在"最后一公里"的差距，存在学生的工作能力、工作要求与企业人用人标准不匹配；学生上岗后面对岗位工作标准、工作要求不适应等现象。同时高职招生制度改革也给高等职业院校带来生源类型多元化、入学渠道多样化的新学情。学情的变化要求高职院校务必要尊重学生的主体地位，树立人人都能成才、多样化成才的观念，要让每一名学生都有胜任工作能力，让每一个学生的人生都有出彩的机会。

日照职业技术学院遵循高等职业教育规律，主动适应技术技能人才培养向中高端迁移的时代要求，在充分吸收近年来学校教学改革成果基础上，创新性地提出了构建面向职场的课程体系。

二、成果内容

1. 明确面向职场课程体系的内涵

面向职场的课程体系以能力培养为中心，以胜任岗位要求为基础，围绕着从事职业工作所需要的知识、技能和素养有针对性地构建课程体系，为学生走向职场、胜任工作岗位提供有效课程支撑。课程体系改革按照"面向职场、注重创

新、全面成长"的理念，以专业群为基础，以"基础通用、专业平台、岗位导向"的专业课程为主体，把通识教育和创新创业教育融入专业教学全过程，专业课程、通识教育课程和创新创业教育课程互相支撑、相互渗透、有机融合，突出学生主体地位，培养学生个性发展和工作岗位需要相一致的职业能力，使学生具有突出的就业能力、较强的发展潜力和良好的综合素质，圆满地解决了学校培养与企业要求之间存在"最后一公里"差距的问题。

（1）职场的内涵

"职场"狭义是指工作的场所。广义是指与工作相关的环境、场所、人和事，还包括与工作、职业相关的社会生活活动、人际关系等。课程建设有两方面考虑，一是对接企业的用人需求，二是满足学生的成长需求。课程体系要具有外部适应性和内部适应性。这两个适应并不是相割裂的，而是聚焦到了职场，因为企业用人要符合职场的人才标准，学生就业要具有职场需要的知识、能力和素质。

（2）面向职场课程体系内涵

①围绕一个目标

培养优秀的高职生。一个优秀的高职生，应该有三方面特点：一是具有突出的专业技能，是岗位能手、行业精英，具有超出他人的职业能力；二是具有良好的职业精神和综合素质，有理想、有道德、有品质、有担当，有德有才，敬业向上，身心和谐，是优秀的职业人和优秀的社会公民；三是具有较强的创新创业能力，具备新知识、新技能的学习、迁移、转化、应用能力，具有很强的发展潜力和可持续发展能力。

②坚持三个理念

按照"面向职场、注重创新、全面成长"的理念，以专业群为基础，以专业课程为主体，把通识教育和创新创业教育融入专业教学全过程，培养学生个性发展和工作岗位需要相一致的职业能力，使学生具有突出的就业能力、较强的发展潜力和良好的综合素质。

面向职场：学校直接为职场培养人才，按照职业人的成长要求，坚持就业导向，突出能力培养，使学生具备求职竞争力，毕业后有能力就业并为今后职业生涯发展打下坚实基础。

注重创新：强化创新意识、创新思维、创新知识、创新能力与创新人格的培养，激发学生创新实践的内在动力和潜力，促进创新发展、可持续发展。

全面成长：坚持立德树人，实施全人教育，使学生人格健全、身心和谐、心智丰满，既成才，又成人，促进全面发展、个性发展。

③坚持四个原则

学生主体的原则。把学习的选择权交给学生，专业由学生选择，岗位由学生选择，课程由学生选择，教师由学生选择，注重引导和培养学生的学习主动性，实施因材施教、分级教学和分类指导。从学生角度来看，入校后就固定在一个专业内学习，一方面学生很少涉猎其他专业领域的知识，知识结构单一、知识面狭窄；另一方面在学习过程中，从入校到毕业缺少选择与竞争的机会，学习的压力和动力不足。同时，每个专业都实行统一的人才培养方案，课程设置缺乏弹性，不利于满足学生个性需求。在这次课程体系重构中，我们突出"学生主体"的原则，学生在学习基础通用课程后，通过一定的程序和考核，可以选专业或者转专业；在学习专业平台课程后，可以选岗位，这既激发了学生的学习兴趣，又传导了学习压力，让他们把更大的精力投入到学习中。我们还将通过丰富选修课程、提供多岗位模块课程等措施，给予学生更多的选择机会，努力满足不同学生的多元需求，培养个性发展和工作岗位需要相一致的职业能力。

教师主导的原则。发挥教师在课程建设与教学中的主导作用，把职业发展的选择权交给老师，改变传统专业教研室模式，鼓励教师瞄准产业升级、技术进步的新要求，针对具体的岗位方向开展深入研究，聚焦职业发展方向，激发教师成长的内生动力。

能力本位。以增强学生就业创业能力为核心，坚持工学结合、知行合一，突出做中学、做中教，强化实践性和职业性，促进学以致用、用以促学、学用相长。

开放灵活的原则。广泛利用社会资源，用好行业企业和社会优势资源，开展课程建设和教学；对接最新职业标准、行业标准和岗位规范，及时调整课程结构，更新课程内容，深化教学方法和评价模式改革。

2. 重构了面向职场的课程体系

（1）课程体系改革专题调研广泛开展

为落实面向职场的课程体系改革，2014 年 10 月至 2015 年 2 月期间，依托二级学院，组织开展了广泛的调研活动，通过组织座谈会、走访高校及企业、发放调查问卷等方式开展了专业及岗位面向调研。共调研企业 174 家，其中有山东五征集团、日照港务集团、青岛海尔集团等大型企业 65 家，中小型企业 109 家；发放并回收企业问卷 733 份，回收毕业生问卷 1392 份，组织座谈会 39 场次，高职院校调研 67 次。

通过公共教学部、校企合作与就业处，在全校范围内开展了通识教育、创新创业教育专题调研，共发放调查问卷 1200 份，先后到广东、浙江兄弟院校学习创新创业教育、通识教育工作先进经验；公共教学部派专人赴台湾中州科技大学、建国科技大学进行通识教育专题交流学习。

（2）重构了面向职场的课程体系

①构建"基础通用、专业平台、岗位导向"专业课程体系

教务处牵头制定了课程体系模板框架，明确了各部分的学分学时要求。基础

通用和专业平台课程相对稳定，基础通用课程一般设置2-4门，在大一第1学期针对群内所有专业开设；专业平台课程针对每个专业开设，一般有8-10门课程，在第2、3、4学期开设；岗位导向课程设置根据学生兴趣特长和市场需求动态调整，一般包含2-3岗位方向，学生可以选择其中1或2个进行学习，安排在第5学期开始；第6学期，学生到企业开展与岗位方向相一致的顶岗实习，实现了能力培养与企业岗位需求的完美对接。

各专业群深入分析专业群内各专业的共性与差异性、课程的共性与差异性，整合一批群基础课程、更新一批专业核心课程、新建一批岗位导向课程，形成基础通用、专业平台、岗位导向三个层面的课程体系。

组建基础通用课程，奠定学生基本能力：以专业群为基础，依据日照及周边地区产业链发展，主动对接产业链，明确群内各专业服务面向，准确定位各专业人才培养目标，依据各专业人才培养共性需要，设置基础通用课程。基础通用课程内容包括各专业所共同必需的知识、技能和素质。

组建专业平台课程，夯实学生通用能力：以专业为平台，以夯实学生的通用能力，培养核心职业能力为目标，整合专业面向职业岗位群的共性需要，科学设置专业平台课程。专业平台课程融汇相关行业标准和职业资格标准，培养各专业人才培养目标所对应的岗位核心职业能力。

组建岗位导向课程，强化学生岗位能力：以岗位为导向，以强化学生的岗位能力为目标，整合具体就业岗位工作需要，科学设置岗位导向课程。岗位导向课程包括2~3个岗位方向，培养学生特定岗位所需的岗位能力。基础通用和专业平台课程相对稳定，岗位导向课程根据学生兴趣特长和市场需求动态调整。

校内10个专业群在充分调研的基础上，全部完成了专业教育课程体系的重构。

②建设"三层次、七模块"的通识课程体系

"三层次"是指通识教育课程分为必修、限选和任修三个层次。"七模块"是指选修课分为人文经典与文化传承、自然科学与工程技术、社会与法、创新创业与职业发展、运动与健康、生活与美和学生综合实践7个模块。

强化通识必修课程建设，培养学生的基本素质：根据高职专业人才培养要求，开设《思想道德修养与法律基础》《毛泽东思想和中国特色社会主义理论体系概论》《大学英语》《体育》《劳动教育》等通识教育必修课程。强化思想政治课程建设，将社会热点融入抽象理论，科学设计、丰富活化教学内容。充分发挥课堂教学主渠道作用，创新运用活动教学、案例教学、讨论式教学等教学方式，满足学生成长发展需求和期待。

丰富通识选修课程库，满足学生全面发展需求：根据学生的兴趣爱好和个性发展需要，开展通识教育课程研讨，对通识教育选修课程进行系统安排和整体设计。

分类规划，形成由人文经典与文化传承、自然科学与工程技术、社会与法、创新创业与职业发展、运动与健康、生活与美和学生综合实践 7 个课程模块，涵盖人文科学、社会科学和自然科学知识领域，构建起多模块、成系列、校内校外、线上线下、量大面广的通识教育课程体系。各课程模块相对稳定，每学期通过动态调整进行必要地更新和完善。在此框架内，逐步遴选相关模块的特色课程与核心课程作为通识教育限选课程，其他为任选课程。

③建设双创基础课、专业特色课、双创实践课和孵化项目组成的创新创业课程群

构建创新创业课程群：围绕知、情、意、行 4 个方面，培养学生包括创新创业意识、知识、心理、精神和技能在内的综合能力。必修课与选修课相结合，建设创新创业课程，面向全体学生开发开设研究方法、学科前沿、创业基础、就业创业指导等方面的课程，针对不同创业意向的学生提供针对性强的课程，组织各专业开发专业相关创新创业实践项目。建设全覆盖、分层次、成体系的创新创业教育专门课程群，强化培养学生的创新精神和创业意识，增强创新创业能力。

通过完善课程标准、优化课程设计、完善教学资源，创新教学模式等，建设职业生涯规划与就业指导、职业核心能力训练、创新创业教育 3 门创新创业必修课程；开设创新创业与职业发展相关选修课程，建成包含创新创业思维与方法等内容、结构合理、体系完善的选修课程模块，帮助学生掌握必备的创新创业知识。

开发创新创业孵化项目：以日照市文化创意中心、电子商务产教园区等校内的校企合作园区为依托，通过完善配套设施和扶持政策，不断加强校内孵化基地建设，力争建成 1 个省级创业孵化示范基地。发挥孵化基地平台作用，实施大学生创业的帮扶计划，组织大学生创新创业训练、竞赛等各类实践活动。

依托校内文化创意中心、电子商务产教园区、创客空间等创新创业实践平台，打造特色创新创业实践项目，对有创业意愿和有创业项目的学生开展经营类、管理类专项指导与帮助，提高学生创新创业能力，建立具有区域特色、结构完善的创新创业实践项目库。

（3）课程体系改革顺利实施

①修订专业人才培养方案

课程体系改革成果在专业人才培养方案中得以落实，全校 10 个专业群 35 个专业编写了新的人才培养方案，面向职场的课程体系进入了实践阶段。

②加强课程建设，丰富教学资源

加强专业课程建设：基础通用教研室牵头做好基础通用课程建设与改革工作，各专业教研室负责专业平台课程和岗位导向课程建设与改革工作。各专业群制定课程建设规划，力争在 3 - 5 年内完成专业课程建设工作，并将核心课程打造成精品资源共享课，2015 年已建成 5 门国家级精品资源共享课，2016 年推荐

12门课程参加省级精品资源共享课评选，院级立项20门，各二级院部正在开展60多门课程的建设任务。

加强通识教育课程资源建设：通识教育必修课程建设由各开课部门具体负责，通过不断优化课程设计、完善课程内容，加强教学资源建设，深化教学模式改革等方式，推进课程建设与改革。

通识教育选修课程建设工作由通识教育中心牵头负责。目前已建成156门通识教育选修课，学校还通过网络购买服务的方式，购进50门网络课程供学生学习，把优质的慕课、公开课、微课等公共资源提供给学生；积极聘请社会贤达、行业精英到校开课程、做报告、开讲座；建成了多模块、成系列、校内校外、线上线下、量大面广的通识教育课程，进一步丰富了学生的选择，使他们的大学生活更充实、更多彩。

加强创新创业教育课程建设：创新创业教育课程体系重点建设《职业生涯规划与就业指导》《职业核心能力训练》《创新创业教育》3门必修课程；以培养学生的创新精神和创业意识，增强创新创业能力为目标，开设了20门创新创业教育选修课程。积极推进创新创业实践体系建设，开发了一批科技创新、创意设计、创新创业大赛等实践活动，在二级学院建设了一批创新创业协会、校内外实践基地、创新中心、孵化基地等实践平台，培育一批创新创业团队，促进专业教育与创新创业教育有机融合。2015年以来，打造了2个省级大学生科技创新社团，在全省各类创新设计与创业竞赛中，获得省级以上获奖30多项。

③做好教学团队建设工作

2015年，学校在二级学院设置基础通用教研室和专业教研室，分别负责基础通用课程、专业平台课程、岗位导向课程的开设。在公共教学部设立通识教育中心，成立通识教育教研室，负责通识教育课程组织与建设。成立创新创业工作中心，设立创新创业教育教研室，负责创新创业工作组织与课程开发。共设置基础通用教研室9个，专业教研室38个，通识教育、创新创业教育等11个公共教研室，2016年，完成1位专业带头人、51位骨干教师、58位教研室主任聘任工作，教研室工作有序开展。2015年以来，有电子商务、会计、软件技术、动漫制作技术4个教学团队成为省级教学团队。

④整合教学资源

针对专业群面向的技术领域或产业链、职业岗位群，根据专业群基础能力、专业通用能力和岗位特定能力的训练需要，对校内实训资源进行整合，建成了10个面向专业群的实践教学大平台。发挥专业群的集群优势，有效整合校企合作等教学资源，实现优质资源的充分利用与高效共享。

三、成果特色与创新点

本成果特色体现在以下几个方面。

1. 对接需求是逻辑起点

主动适应技术技能人才培养向中高端迁移的时代要求，针对"职场"开发课程体系，实现了企业用人需求与学生成长需求的有机统一，圆满解决了学校培养与企业用人要求之间存在"最后一公里"差距的问题。

2. 学生全面发展是构建主线

课程体系改革按照"面向职场、注重创新、全面成长"的理念，以专业群为基础，以"基础通用、专业平台、岗位导向"的专业课程为主体，把"三层次、七模块"通识教育和"面向全体、依次递进、有机衔接"的创新创业教育融入教学全过程，专业课程、通识教育课程和创新创业教育课程互相支撑、相互渗透、有机融合，突出学生主体地位，培养学生个性发展和工作岗位需要相一致的职业能力，使学生具有突出的就业能力、较强的发展潜力和良好的综合素质，让每一个学生的人生都有出彩的机会。

3. 开放融合是关键

广泛利用社会资源，用好行业企业和社会优势资源，开展课程建设和教学；对接最新职业标准、行业标准和岗位规范，及时调整课程结构，更新课程内容，深化教学方法和评价模式改革。同时，在专业、课程、岗位（发展方向）三方面给予学生充分选择，注重引导和培养学生的学习主动性，努力满足不同学生的多元需求，培养个性发展和工作岗位需要相一致的职业能力。

本成果的创新点有以下几点。

1. 理论创新

以全人教育理念、能力本位的教育观、"知行合一"的大课程观为指导，以学生全面发展的价值、能力、知识要求为主线，重新构建面向职场的课程体系。既体现了顶层设计、系统架构、整体规划的大局观，又充分考虑了模块之间、模块中的课程及教学环节之间的内在逻辑。整个课程体系中 3 大课程模块各具特色，相互贯通、交融互补，同时又强调了回归本能，知行合一，促进学生全面发展、个性发展，培养学生个性发展和工作岗位需要相一致的职业能力。

2. 实践创新

通过全校性、全方位的综合改革，打破院系壁垒，开放所有课程、专业和发展途径，充分赋予学生选择权，由学生自主构建课程模块和知识体系，将传统刚性的学习方式变革为可定制的自主学习模式，探索出一条个性化、多样化、职业化发展的有效途径。

3. 课程体系创新

遵循"面向职场、注重创新、全面成长"的理念，形成了以"基础通用、专业平台、岗位导向"的专业课程为主体，"三层次、七模块"通识教育和"面向全体、依次递进、有机衔接"的创新创业教育相互支撑、有机融合的全新课程体系。

四、成果推广应用效果

面向职场的课程体系改革是日照职业技术学院现有教学体系进行的一次全方位改革与创新。在促进学校教学资源建设、学生能力提升以及学校办学质量提升等三个方面取得了较好的成效。

1. 推动了教学资源建设与改革

完成了 35 个新的专业人才培养方案编制工作；形成了以"人文精神培养和学生全面发展"为导向的通识教育课程体系，构建了通识教育课程库；打造了全覆盖、分层次、成体系的创新创业教育专门课程群；已建成 5 门国家级精品资源共享课，2016 年推荐 12 门课程参加省级评选，院级立项 20 门课程，各二级院部先后启动 60 多门课程的建设任务，丰富了学校的教学资源。

2. 促进了学生能力提升

面向职场的课程体系已经在 2015 级、2016 级学生人才培养方案中得以落实，惠及 1 万多名学生。通过课程体系改革的实施，以能力为本位、学生为主体的原则进一步落实，学生的能力和素质显著提升。2015 年以来，学生在省级以上各类大赛中获奖 327 项，其中，获国家级技能竞赛获奖 20 项，省级创新创业大赛获奖 30 项，获奖总量在全省高职院校中名列前茅，打造了 2 个省级大学生科技创新社团。

3. 促进学校办学质量提升

面向职场课程体系改革为学生的全面发展和个性发展提供了切实保障，使得学校人才培养质量得到了有效提高。学校以人才培养为根本，办中国最好的高职教育理念已在校内广为接受，深入人心。

学校专门在网站首页对面向职场的课程体系进行了解读；成果主持人先后应邀在第七届海峡论坛·海峡两岸职业教育论坛、全国高职教育创新发展研讨会、中国职业技术教育学会 2016 年年会等国际性、全国性会议上作专题报告；成果得到了有效的推广，社会各界对"面向职场课程体系"改革也给予了高度关注。山东省教育厅在教育传真栏目和职教动态中，2 次将我校面向职场的课程体系建设工作在全省高职院校中宣传推广。2015 年以来，赴日照职业技术学院调研"面向职场课程体系"改革的兄弟院校数量达百余所。

学岗对接的校企协同育人模式探索与实践

成果名称　学岗对接的校企协同育人模式探索与实践

成果完成人　王琳琳、李斐韦华、胡林林、罗思敏（企业）、余克敏、朱韵昕、招志雄（企业）、聂波、聂隽怡、陈柳红、马奎、张也、洪易娜、卢伟、黎永泰

成果完成单位　广东岭南职业技术学院、广州思哲设计院有限公司

一、成果内容

我校环境艺术设计专业创建于 2001 年，经过 15 年的发展，积极进取、精心打造的"以项目设计实践为引领构建课证赛一体化教学模式"获 2014 第七届教育教学成果奖（高等教育）二等奖，提升了教育教学水平，为专业发展奠定了坚实的基础。2013－2016 年面对建筑装饰产业的转型升级，密切与行业知名企业合作，以名师工匠为引领"学岗对接的校企协同育人"模式探索与实践，整体牵引学生自主实践水平迅速提升。培养符合企业"双需求"［即岗位工作任务需求、技术活动过程需求］的创意人才，推动产业转型升级。毕业生更专业、更职业、更精准，更受企业欢迎。就业渠道由以单一小型装饰公司为主，向国内外建筑装饰业相关公司、知名企业转变，就业岗位逐渐向核心工作岗位迁移，促进人才培养水平质的提升、校企共赢。

1. 以职业能力为核心，通过课程改革与实践，实现环境艺术设计专业的"学岗对接"，教育链与产业链的无缝对接

（1）共同开发符合高职定位的制图标准与核心能力模块

以职业能力为核心，将企业规范转化为课程规范，将职业能力养成所需的内容分解成典型的工作任务和学习模块，进行工作过程系统化分析，与广州思哲设计院有限公司（甲级资质）"专业共建、课程共担、师资共训、基地共享、教材共编、人才共育"，共同制定人才培养方案、共同开发符合高职定位的制图标准与"基础－设计－综合"等系列核心能力模块（表1）、共同建设实训基地。按照职业工作流程嵌入教学过程，从而使学生明确教学目的，更加准确找到适合岗位，实现学（课程教学）岗（岗位核心能力）无缝对接。

（2）校企共同授课（企业专家＋真案剖析），构筑"双主体、双课堂"教学

情境

按照专业发展的前瞻性，增加且开发前沿实践课程，通过校企共同授课（企业专家＋真案剖析），构筑仿真教学情境；专业教师将企业"粤剧艺术博物馆、荔枝湾"等经典案例设计理念再现，企业教师（能工巧匠）施工现场工艺剖析。打造具有岭南地域文化特色、"双主体、双课堂"教学。倡导"从实战中总结"，推进"学习内容是工作，工作实现学习"的理念，使学生从"0 基础"到"高技能"迅速提升，实现教育链与产业链的无缝对接。

2. 以名师工匠为引领、校企协同育人，紧跟行业企业发展人才需求，促进人才培养水平质的提升、校企共赢

由行业翘楚广东省环境艺术设计协会副会长罗思敏（功勋设计师）引领的企业专家导师团与本专业教师协同育人，构筑核心竞争力，实现学校发展、企业壮大的"朋友圈"共赢局面。

（1）共建"岭南－思哲特训营"，推行订单式培养

行业能手、企业专家请进来，本专业于 2005 年与行业标杆广州思哲设计院有限公司（以下简称思哲）共同创办了"岭南思哲艺术设计研究所"，利用第二课堂在岭南办起了第一个面向学生的"室内设计精英班"。2013 年更名为"岭南－思哲特训营"企业课程之施工图设计。

双方根据自身优势，投入相应资源，以"思哲公司"为合作平台，共建"施工图培训体系"，将企业的技术（设计技巧、施工技术、施工材料）融入教学体系，以"思哲公司"的真实项目支撑教学平台，由思哲派遣资深设计师、项目负责人来校授课，将企业设计实践与学校学习有机结合起来，学习模块与国家标准、行业标准对接。考核合格后由思哲颁发合格证书，并每年开展联合招聘（思哲及其他 9 家企业），为行业提供立即上岗的人才储备，每年都有多家企业预订毕业生，供不应求。

（2）以名师工匠为引领，建立了"罗思敏大师工作室"

以广东省环境艺术设计协会为依托，共建"罗思敏大师工作室"，学生从入学就与大师零距离接触，树目标、强自信，提高了自主学习积极性；拓宽环艺"项目设计工作室"的人才培养方式，促进学生在职业技能等方面与创意设计行业发展需求相结合；促进教师实践能力、教学水平的提升，最终提高学生的综合能力。在大师工作室引领下形成集教师企业工作站、项目设计工作室、岭南特色设计人才培育于一体化的孵基地。

（3）构建专业、企业、第三方（麦可思）综合评价方式

实行"素质＋技能＋创意"的考查方式，通过课程与设计项目、技能竞赛相结合，学校联合企业、第三方（麦可思），构建新型的专业综合评价方式。

三、成果特色与创新点

成果特色体现为以下几个方面。

（1）紧贴产业发展，"学-岗"对接更加精准化，教学过程可控性好，特色鲜明，模式推广便捷，受益面广。

（2）将专业教育与职业化需求相结合，教学过程与工作过程对接，实现学校发展、企业壮大的"朋友圈"共赢局面。

（3）使学生从"0基础"到"高技能"迅速提升，社会美誉度提升幅度快，社会评价高。

成果主要创新点包括以下几个方面。

1. 教学观念创新

企业专家教师化、专业教师职业化，倡导"从实战中总结"，推进"学习内容是工作，工作实现学习"的理念。

2. 教学方法创新

以名师工匠为引领，校企协同育人；以职业能力为核心，将企业规范转化为课程规范；通过校企共同授课（企业专家＋真案剖析），构筑"双主体、双课堂"教学情境，实现学（课程教学）岗（岗位核心能力）无缝对接。

3. 实践过程创新

结合行业标准、职业发展和工作岗位需求，校企共同开发符合高职定位的制图标准与核心能力模块。通过"基础-设计-综合"培养，提高学生的可持续发展能力。通过专业、企业、第三方（麦可思）等多方面评价、验证教学效果。

四、成果应用情况与效果

1. 该成果应用有力提高了学生的专业竞争力

倡导"从实战中总结"，以往获奖是部分优秀同学的专利变为普遍参与，从而提升整个专业发展水平，教学成果在省级以上竞赛中成效显著。近4年本专业师生共获奖420余人次。在名师工匠的引领下，学生们参赛积极性和主动性高，连续7年在省级室内装饰设计职业技能大赛中获得团队一等奖，多年来获奖面持续增长。

2013年本专业学生获得"APDC AWARDS 2012/2013亚太室内设计精英邀请赛"铜奖，该奖是建筑装饰界权威赛事，由国际室内建筑师设计师国际联盟

（APDC）联合主办的全球设计比赛，作品来自德国、韩国、日本等多个国家。充分证明了本专业学生质量在行业内的认可。

2. 该成果应用提高了毕业生满意度，办学质量得到社会认可

根据 MYCOS 麦可思提供的广东省高职院校毕业生培养质量/专业预警和产业需求年度报告：本专业连续多年社会认可度高、专业对口率高。

（1）连续多年本专业毕业生"工作与专业相关度"为 85%；在 2015 届毕业生工作与专业相关度中位于学校其他专业前列。

（2）连续多年本专业毕业生对母校的满意度 100%、推荐度为 92%。愿意推荐母校比例最高的专业是装饰艺术设计［环境艺术设计］（92%）。

（3）连续多年用人单位对本专业毕业生的满意度在 97% 以上。

高质量的毕业生为我专业赢得了较高的知名度和良好的社会声誉。就业渠道由以单一小型装饰公司为主，向国内外建筑装饰业相关公司、知名企业转变，就业岗位逐渐向核心工作岗位迁移。用人单位对本专业学生满意度普遍反映：毕业生手绘、软件技能扎实，综合能力强，可持续发展能力好。多年来本专业毕业生已在广州思哲设计院有限公司、广东星艺装饰集团等知名企业中占据半壁核心技术岗位，在珠三角只要有装饰公司的地方就有岭南学生的身影，被称之为"岭南印象"。

3. 师资队伍建设有成效，提成了教育教学水平

由行业翘楚广东省环境艺术设计协会副会长罗思敏（功勋设计师）引领的企业专家导师团，与本专业专任教师相结合的师资团队初具规模，组建了由 25 人构成的混合式师资队伍。（专任教师 15 人/行业企业骨干师资 6 人/行业专家 4 人）师生比 1：20；高级职称 14 人；中高级职业资格 15 人；广东省技术能手 2 人，国家职业技能鉴定考评员 5 人，其中：专任教师中双师素质教师 66%。现已形成了以教师与行业专家相结合的具有现代职教理念的师资团队。

近年来，我专业不断加强专业建设与改革、凸现专业特色，在人才培养模式、课程体系建设、精品课程建设、项目设计实践、实训基地建设等方面都取得了良好的效果。获国家级科研项目 1 项，省级教研教改项目 2 项，校级精品课程 4 门，教研教改 4 项，工学结合优质课程 1 门，网络课程 4 门，课程标准 10 门，发表成果相关论文 44 篇，相关专业教材 6 本，形成了良好的专业课程资讯交流平台。2016 年"会展设计（项目实战）"教学文案在"第二届广东省高校设计作品学院奖双年展"中（70 多所院校参加），与华南理工大学、广州美术学院并列一等奖，充分证明了本专业教学方法在教育界的认可。

4. 校企深度融合，受益面广

环境艺术设计专业目前已拥有 12 余家校外实习基地，从"顶岗实习"、"推荐就业"等与企业的初级合作方式，发展到了与行业、知名企业深度融合共赢。在广东省环境艺术设计协会的指导下，思哲全程参与培养方案、课程规范、顶岗实习和就业招聘等，真正做到校企协同育人，人才培养方式、评价方式的转型。

如《施工管理与材料》课程等直接由企业专家讲授，并将课堂直接放在粤剧艺术博物馆、荔枝湾等企业经典案例现场，教学效果好，学生评价高（项目组教师教学评价平均 95.62 分，数据来源学生评教）。

我们将"从实战中总结"的理念也同步融入"项目工作室"中，通过教师带项目进工作室，不仅能充分发挥教师们的示范作用，还能通过工作室抓好师生的专业竞赛强化训练，使学生在真实项目与案例实战中迅速成长起来。项目工作室建设已按照专业群进行优化配置、优化组合，并可与培优工程共享共用。

东莞印刷职教联盟协同育人探索与实践

成果名称　东莞印刷职教联盟协同育人探索与实践
成果完成人　李小东、张彦粉、张峻岭、钟祯、龚修端
成果完成单位　东莞职业技术学院

一、成果背景

2011年12月，"包装印刷"产业被确定为东莞市特色产业，东莞市出台了一系列政策支持包装印刷产业的发展，并形成印刷专业镇区聚集发展模式，如望牛墩镇、虎门镇被认定为"广东省印刷重镇"、桥头镇被认定为"广东省环保包装专业镇"。东莞市政府提出，力争到2020年全市印刷工业总产值达到800亿人民币，出口产值达50亿美元，成为具有国际影响力的印刷服务基地。

近几年来，国家鼓励支持组建职业教育联盟（集团）发展职业教育，要求政府、高校、行业及企业在职业教育的人才培养、资源分配、资源共享、科技研发等方面跨界合作，通过"政校行企"的四方联动，解决职业与教育、教学与生产、服务与应用的分离问题。

为了更好地对接东莞包装印刷特色产业，为企业提供更多的高技能人才，2014年在东莞市文广新局的主导下，市出版印刷业协会的指导下，以东莞职业技术学院为龙头，其他相关中高职院校和企业积极参与的情况下，组建了东莞印刷职教联盟，东莞印刷职教联盟是以包装印刷产业为纽带，以产业发展需求为导向，以提高人才培养质量、促进包装印刷业的职业教育可持续发展为目标的职业教育办学联合体。

培养具有动手和创新能力的高素质技能人才是职业院校人才培养的主要任务，根据东莞职业技术学院创建"省示范""省一流"高职院校中印刷媒体技术重点专业的建设目标，依托东莞包装印刷特色产业，积极探索东莞印刷职教联盟协同育人的新路子，着力构建"卓越技师＋创新"的高职人才培养新体系，提出了以提高综合素质和实践能力为目标，以创新能力培养为重点，以重点专业建设、技能比赛为抓手，进一步拓展和深化实践教育教学改革的思路，积极探索校企协同育人、共建共享资源的新途径和新方法，建立科学、规范、高效、持续的管理体制和运行机制。

东莞印刷职教联盟整合优质资源，明确职责，建立分级立项、制度管理、配

套激励政策；充分发挥学院、企业的参与积极性，采用资源共建共享、共建实训基地、师资互聘互用、共同构建校园企业文化等措施，实施协同育人；开展学生实践教学改革，大力推进大学生科研训练和技能竞赛，形成了"以赛促学、以赛促教、赛教融合"的教学模式，不断提高学生的实践创新能力，对学生创新精神和实践能力的培养起到了积极的作用。

二、成果内容

1. 对接东莞"包装印刷"特色产业，服务地方区域经济发展，组建东莞印刷职教联盟，积极探索印刷职教联盟的运行机制

"包装印刷"产业为东莞的四大特色产业之一，东莞市政府出台一系列政策文件支持印刷产业的发展。目前印刷企业的发展和转型升级迫使企业对技能型人才的需求越来越大。为服务地方区域经济发展，提供更多的人力支持与技术支撑，在东莞市政府部门主导下，由东莞职业技术学院为龙头，市出版印刷业协会、包装印刷企业、相关中高职院校参与下共同组建东莞印刷职业教育联盟。职教联盟以包装印刷企业需求为导向，以协同育人为目标，强化职教联盟单位紧密合作，实现教学、科研、培训的有机结合。为保证协同育人的人才培养质量，探索了职教联盟的运行机制。明确职责、建章立制，以企业需求为导向的协同育人培养模式，合作双赢激励机制，资源共建共享机制，专款专用、多方投入的经费保障机制，协同构建"企业＋校园"职业文化素养机制。

2. 以企业需求为导向、以学生就业为目标，校企共同制定符合行业发展需求的"卓越技师＋创新"人才培养计划

在东莞市出版印刷业协会的组织下，通过对东莞包装印刷企业急需的高技能人才需求进行调研，明确协同育人的目标，即培养岗位操作与适应能力强、有一定岗位理论知识、具备终身学习能力、综合素质与职业素养高、能够适应东莞市印刷行业快速发展需求的技能型人才。职教联盟制订了"卓越技师＋创新"的人才培养计划，以成立"卓越技师"订单班为前提，企业深度参与人才培养过程，实行"全过程、交叉递进式"的教学方法和"1＋1"导师教学模式，充分发挥企业导师和学校教师的双重教学功能，保证学生岗位技能与岗位知识的全面获取，校企双方共同制订并执行学习成绩的考核标准，保障"卓越技师"订单班人才培养质量，并将创新、科研引入到培养过程中。

3. 以"省示范""省一流"重点专业建设项目为抓手，革新教学理念、创新教学方法，校企协同合作，整体提升教学效果

东莞职业技术学院的印刷媒体技术专业为"省示范"、"省一流"高职院校建设项目中的重点建设专业。本专业在建设过程中，积极进行教学改革研究，在近四年获得省级教改项目 3 项，院级重点教改项目立项 13 项；创新教学方法，正建设院级精品资源课程 7 门，微课、慕课 2 门；校企联合编写特色教材 6 本；采用互聘互用原则，企业聘请专任教师 4 人为企业"特聘技术顾问"，学校从企业中聘任技术人员 12 人作为兼职教师，

构建了"专兼结合"的教学、科研团队；并投资了近 2000 万购买了先进的包装印刷设备，建成集"培、教、训、考"于一体的多功能生产性实践教学基地，并引进企业，采用校企共同投资的方式，共同组建"东职融兴印务中心"，由企业技术人员带领学生完成校内外生产业务，提高学生的动手能力。

4. 以技术交流与合作为目标，构建了东莞印刷行业集成科技创新服务平台、人才就业库，成立印刷技术研发与服务中心，提供科技与社会服务

以技术交流与合作为目标，联盟单位间的文献、图书资料、研发和服务活动中的信息等开放共享，合作各方签订保密合同，保护相关的权益。联盟单位共建"东莞印刷行业集成科技创新服务平台"，平台整合联盟单位的人力资源、科技资源、设备资源，共同申报省、市级科研项目，提供科研技术服务及科研成果生产转化方案；提供技能培训、管理能力培训等服务；提供从开发设计、打样、测试、验证等全过程技术创新服务等。共建"人才就业库"，"人才就业库"包括"学生就业库"和"技术人才库"两部分，即整合联盟院校的学生资源，建立包装印刷专业"学生就业库"；整合学校优质师资和企业的技术成员资源，建立"技术人才库"，学校和企业按照需求进行双向选择。依托东莞职教联盟，成立印刷技术研发与服务中心，为联盟单位提供科技与社会服务，企业横向项目 6 项，授权发明专利 3 个，其中一个发明专利进行了转让。

三、成果特色与创新点

1. 探索出一套基于职教联盟下的协同育人运行机制

定期召开职教联盟理事会会议，协调解决实际问题，明确职责，建章立制，保证了职教联盟的稳定运行。

2. 创造性地提出"卓越技师 + 创新"的高职印刷媒体技术专业人才培养计划

培养方案工学结合、完全适应包装印刷企业的发展需要，并加入创新课程的教育，将科研能力要素的培养融入实训教学全过程中，激发学生的思维，培养学生的创新意识和能力。

3. 整合资源，开发了"东莞印刷行业集成科技创新服务平台"

做到了资源共建共享，为企业提供科技社会服务，有利于东莞包装印刷产业转型升级；最大限度地利用联盟相关单位的科研成果，让学生提前学习新知识技术，了解印刷发展动态。

四、成果推广与应用

1. 协同育人质量显著提高，学生竞赛成绩突出

近四年本专业学生实现毕业生一次就业率100%，就业平台高，大多从事技术工作；学生参加的各类专业技能比赛项目，成绩喜人，获得国家级一等奖3项、二等奖1项、三等奖3项，省级一等奖4项、二等奖三项、三等奖8项；学生的创新创业较好，2013级学生创业团队的《基于微信的校园生活资讯平台的开发与应用》项目获得广东大学生科技创新培育专项资金的支助。

2. 教学团队建设不断加强，青年教师培训富有成效

在多项技能职工组比赛中，教师获得国家级一等奖2项、三等奖1项，省级一等奖1项、三等奖2项，获得优秀裁判员2人，优秀指导教师3人，2016全国印刷技能大赛团体获得突出贡献奖，首届化工类说课比赛团体三等奖；培养了一支高素质的专兼结合的教师队伍，"双师素质"教师比例达到100%。

3. 社会反响好，受到行业协会、企业、学院的一致好评

中国印刷技术协会副秘书长李永林带队来我院考察指导，对印刷职教联盟协同育人的做法表示赞赏；市出版印刷业协会授予我院为"东莞市印刷人才培养基地"，东莞当纳利印刷有限公司、永发印务（东莞）有限公司等企业相继与我院签订"订单班""产学研"协议；学院教学督导组对本专业的专兼职教师的上课情况进行了督查，认为课程教学理论联系实际，质量较高；近四年，有10余所相关高职院校如：深圳职院、广东轻工职院、中山火炬职院等院校前来考察学习指导，项目的成功经验得到了上述院校的肯定和认可。

4. 本项目已推广到本专业群其他专业如包装策划与设计、出版与电脑编辑技术专业的建设工作，其运行和实践模式逐步被我院机电职教联盟、服装职教联盟等采纳

包装策划与设计专业人才培养模式的改革与实践

成果名称　包装策划与设计专业人才培养模式的改革与实践
成果完成人　张峻岭、李小东、张彦粉、唐玉
成果完成单位　东莞职业技术学院

一、成果内容

通过对珠三角包装行业急需的包装高技能人才深入调研，跟踪人才需求变化，分析需求内涵，对接产业行业，准确定位培养目标；依据工作任务，职业能力，整合课程体系。

成立"包装设计工作室"，确立以赛促学，以赛促教，以赛促训，赛教融合的"工作室制"教学模式；以典型工作任务为载体，以学生为中心，推动"教、学、做一体化"的教学改革，强化职业能力、创新能力和就业能力的培养。

构建校企合作共建专业机制，合作育人，合作发展，行业企业参与专业建设和教学各环节，形成了良性互动关系。积极推行形成性评价，探讨教学考核方式方法的改革；建立基于行动导向的自主学习型教学模式，实行开放式教学管理；建立了用人单位、行业协会、学生及其家长共同参与的人才培养质量评价制度，开展毕业生人才培养质量跟踪调研。

二、成果特色与创新点

建立了以企业真实包装设计任务为实践训练的"工作室制"的教学模式，实现职业岗位零距离对接，着力于提高创新设计能力的培养，提升人才培养质量。

以各级包装设计大赛为教学改革的催化剂，形成"以赛促学，以赛促教，以赛促训，赛教融合"的教学模式，在深化教学改革和加强校企合作上办出专业特色，积极推动高职教育教学模式和人才培养模式的改革，提升人才培养质量。

以《包装设计与制作》《包装材料与检测》《包装结构与CAD》精品资源共享课程建设为契机，推动"教、学、做一体化"的教学改革，充分发挥校内外实训基地的功能，构建工学交替的人才培养模式。

三、成果应用推广情况

（1）近三年包装专业实现毕业生一次就业率100%，就业专业对口率超过80%，从事包装设计工作岗位的毕业生超过30%。

（2）建成包装设计、包装结构、包装检测、包装工艺、运输包装、包装印刷六个校内实训室，建设了纸包装、塑料包装、包装印刷、包装设计、整体包装设计五类校外实训基地，12家校企合作单位，满足了实践教学与生产实习、顶岗实习教学，有力保障了实训教学的开展。

（3）通过专业教师到企业挂职锻炼、参加国内外职业教育培训、兼职教师座谈等多种方式提高教师的专业实践能力与教学能力，培养了一支高素质的"双师型"教师队伍，实现专任教师双师比例100%。

（4）本专业"工作室制"的教学模式已在东莞职业技术学院媒体传播系、艺术设计系推广应用，并吸引了安徽新闻出版职业技术学院、深圳职业技术学院、中山火炬职业技术学院、广东轻工职业技术学院等兄弟院校的包装专业参观交流，项目的成功经验得到了上述院校的肯定和认可。

高职分析化学平台课程教学模式创新与实践

成果名称　高职分析化学平台课程教学模式创新与实践
成果完成人　张英、丁文捷、刘莉萍、林峰、王妍
主要完成单位　深圳职业技术学院应用化学与生物技术学院

一、成果背景

　　高职分析化学是化工、材料和轻工等相关专业的基础课程，也是分析检验岗位应用型人才培养的专业基础课程。一直以来高职分析化学平台课程建设与管理中存在着教学内容繁多、理论艰深、高职学生数理基础相对薄弱以及不同专业对分析化学课程教学要求不同等实际问题；同时，随着国家对食品、药品及日常生活用品安全管理力度的不断加大，分析检验人才需求的不断提高，对高职分析化学课程教学改革提出新的要求。

　　深圳职业技术学院应用化学与生物技术学院有八个专业开设分析化学课程，分别是食品生物技术、食品营养与检测、生物技术及应用、精细化学品生产技术、工业分析与检验、高分子材料应用技术、药学、药品经营与管理。2003年前化生学院在分析化学课程教学模式改革方面进行了不懈的探索，但效果不佳，课程教学改革也限于将分析化学教学内容整合进其他课程，因课程学时太大，教学内容无法成梯度上升，课程内容衔接不合理，教学效果不好。2003年分析化学课程从专业课和无机化学课程中剥离出来，经过三年建设与实践，2006年分析化学课程被立项为国家级精品建设课程（项目编号：07J002b0，2006.12～2012.10）。化生学院分析化学课程组紧紧抓住这次课程建设的契机，在总结过去的课程建设经验与教训的基础上，根据本学院专业面广特点，加之分析检测行业在深圳乃至国内其他地方广泛兴起作为课程建设基础，将课程建设的重点放在以下几个方面：

　　第一，平台课程体系建设：需要落实不同专业分析化学课程教学学时，教学内容。

　　第二，教学内容建设：将理论教学与实训教学结合，编写理论与实训一体化教材。

　　第三，教学资源建设：满足教学改革中教师教学需求和学生自主学习需求的教学网站。

第四，实践教学基地建设：与企业合作共建实训教学平台。

本成果采取边改革，边探索，边完善的方式，探寻满足不同专业需求的高职分析化学平台课程体系；以分析检验岗位职业能力培养为重点，通过教学内容改革和教学资源建设，创新教与学的方式，为高职分析化学平台课程教学模式寻找一条有效途径。

二、成果内容

1. 教学内容的构建

（1）根据职业岗位需求组织教学内容

在课程教学内容构建上依据分析检验岗位核心能力的需求，理论教学强化数据处理能力的培养，弱化对分析理论的推导论证，突出岗位需求。实训教学要求明确国家标准检测方法文字内涵、熟练准确进行分析检验操作，能够进行常规检测数据处理及出具正确的检验报告。因此，将课程理论教学内容划分为各类产品检验中数据处理与结果计算、运用化学分析法检验各类产品的知识和运用仪器分析法检验各类产品的知识共计三个单元，每个单元细分为不同层次和不同内容的子模块，以满足不同专业的教学选择。实训教学内容划分为滴定分析操作技能、重量分析操作技能和基础仪器分析操作技能共计三种技能，根据分析检验岗位现行国家标准和课程教学需求提炼出十个典型的样品检测项目构成课程实训项目，保证所学即所用，满足分析检验岗位需求。每个项目分别包含基本操作、单元实验、样品检测三个层次内容，即考虑操作技能训练的整体性和系统性，又包容了实际工作中必须掌握的基本知识和基本技能。学生在项目操作过程中操作技能由浅入深、由简单到复杂，动手能力扎实稳步得到提升。

（2）兼顾行业检测标准差异组织教学内容

由于不同的专业面对不同的行业，不同的行业对应着不同的国家检测标准。例如：药品、食品和精细化学品等行业国家标准检测方法和评判标准均有差异，在组织教学内容时，不同专业的学生可以选择不同行业的国家标准作为教学内容。例如：滴定分析操作技能中配位滴定操作，在 EDTA 标准溶液标定后，药学专业学生测定葡萄糖酸钙含量，化工和食品相关专业学生测定工业用水的硬度。通过加强实训教学内容的针对性，既保证了实训教学内容完全来自生产一线分析检验内容，又在顺序编排上考虑了各专业的特点。

2. 平台课程体系的建设

根据我校八个专业对分析化学教学要求的不同，将分析化学课程根据学时大小分为三个不同层次课程。

选择同一层次分析化学 A＋课程的工业分析与检验专业和药学专业因后续课

程的不同选择了不同的分析化学教学内容。工业分析与检验专业后续课程中有仪器分析课程，因此其分析化学教学内容主要以化学分析为主，仪器分析的内容不作要求。药学专业后续课程中没有仪器分析课程，其分析化学教学内容不仅要选择化学分析，还要选择一部分仪器分析的内容进行教学。

3. 教学方法的改革

（1）自学引导式教学法

自学引导式教学法包含三个环节，即课前预习、课中指导和课后总结，在每一个环节都根据学生特点采取灵活有效的教学方法和手段、唤醒学生的主体意识，启发学生自觉、主动、积极地参与到教学活动中来。学生在课前预习时可以利用教材和分析化学学习网站提供的教学资源进行自主学习，了解课程教学内容；课程教学过程中，教师采用启发式、探究讨论式等方式引导学生深入理解教学内容；课后学生如有不明白的问题，可以通过课程网站的教学录像、多媒体课件等教学资源答疑解疑，也可以通过网络课程的讨论交流与教师沟通交流。自学引导式教学法将网络课程和传统教学有机地结合在一起，在网络课程平台上引导学生进行自主学习，培养了学生分析问题和解决问题的能力。

（2）项目化教学法

项目化教学法就是以工作过程为导向，在真实的工作环境中进行真实的企业项目，使课程的教学内容与企业工作内容无缝对接。首先要配套提供给学生以下教学文件：样品测定国家标准检测方法、标准溶液的标定国家标准检测方法，项目任务书，检测结果报告书和分析化学教材。教师指导学生根据项目任务书的要求阅读国家标准检测方法，对检测过程中需要用到的理论和技能知识，依据课程要求系统讲解，指导学生实施完成项目操作流程和项目操作方案。学生在教师指导下完成项目任务，提交项目报告。学生在"做、学、教"的过程中完成具体的项目，体验岗位工作环境，熟悉岗位工作内容，在提出问题、解决问题的过程中其职业技能实现了从生手到熟手的提升。

4. 课程考核方式的制定

课程考核方式的改革从原来强调对学习结果的考核评价，转变为对学习过程和工作效果进行综合评价。本课程考核方案，不仅对学生在职业岗位所需要专业基础知识和专业技能进行了考核，而且还对学生在职业岗位需要的职业素质进行了考察。

5. 师资队伍的建设

基于分析检验岗位职业能力培养的建设需求，师资队伍建设时拟定了三个必要条件，即授课教师要具有分析检测岗位工作的企业工作经历、具有一定的专业学历水平和双师素质。师资队伍建设通过从企业引进和内部培养相结合的机制打造了一支职称结构合理、学历层次高、具有双师素质的教学团队。

三、成果特色与创新点

1. 建设覆盖多个专业教学内容的高职分析化学平台课程体系

作为公共基础课分三个层次覆盖八个专业，不同的专业可以根据自己后续课程和专业需求选择不同层次分析化学课程；同一层次分析化学课程也可以根据不同专业的特点选择不同的教学内容。该平台课程体系即满足了各专业对分析化学课程的要求，又为将来专业继续发展奠定了基础。

2. 创新了实训平台建设新方式

校企合作共建实训室，使之成为企业生产、学生实训、校企联合对外开展技能培训与职业资格鉴定等三位一体的综合平台，实现了校企合作双赢的局面。

3. 探索出满足分析检验岗位需求的高职分析化学教学模式

根据课程人才培养目标定位、高职教学主要特点，以分析检验职业岗位能力培养为核心，采用现行国家标准和各类企业标准、在理实一体化教学内容改革与实践的基础上，科学设立课程单元，辅以丰富的教学资源并在网络开放。基于校企合作共建实训平台，学生可以在"真实企业"环境中实现"学习的内容是工作，通过工作完成学习内容"，缩短学生从学校学习到工作岗位的转换期。

成果主要创新点包括以下方面。

1. 全面性

对分析化学平台课程体系进行整体设计，经过多年教学实践的优化调整，涵盖了教学内容（三个层次，八个专业）建设、实践教学基地建设、教学方法改革、教学资源建设等内容。

2. 实用性

分析化学课程教学网站面向全国开放，教学网站涵盖教学设计、教师授课用教案课件、学生学习用实训报告习题等，上传有全部课程实况教学录像，配套公开出版相关教材。这种教学资源全方位提供，切中当前高职一线教师的迫切需要，对提高高职分析化学教学质量具有实实在在的指导作用。

3. 开创性

以"典型工作任务"为导向，设计课程教学内容、教学方法和课程评价方式，反映出工作对象、工具、工作方法、劳动组织方式和工作要求等。课程的建设充分体现出其职业性、实践性和开放性的特点。本成果开发的分析化学平台课程教学模式，据我们了解国内尚属首创，具有开创性。

四、成果推广应用效果

（1）2007 年、2008 年承担了教育部高职高专分析检测专业的师资培训二次，培训了来自 35 所高职高专教师 68 人次，培训过程中对分析化学课程教学内容、教学网站及实训平台建设进行了推广与交流。

（2）分析化学教材 2009 年在高教出版社出版，至今为止已第四次印刷。

（3）课程负责人张英教授多次受化工行业协会教职委，高教出版社、轻工教职委和吉安职业技术学院邀请，在不同教学研究会议上进行分析化学课程建设经验交流介绍，反响强烈，有些学校立即派人来我校考察学习，对兄弟院校分析化学教学工作起到了示范与引领作用。

（4）在全国参加各种分析检验技能大赛成绩喜人，先后获国家级一等奖 2 人次，国家级二等奖 7 人次，获国家级团体二等奖 3 次，获广东省团体一等奖 2次，广东省团体二等奖 2 次。

（5）发表教研论文三篇，其中《高职分析化学国家级精品课程建设与实践》发表在《中国职业技术教育》2010 年第 17 期。

（6）课程建设成果获校级教学成果奖二次。构建新型平台课教学体系，培养检验岗位实用型人才 – 高职分析化学课程的改革与实践获校级教学成果三等奖，校企共建分析检测"教学车间"与"技术中心"的探索与实践获校级教学成果一等奖。

高职食品类专业学生可持续发展能力培养的实践

成果名称　高职食品类专业学生可持续发展能力培养的实践

成果完成人　邓毛程、李静、王瑶、陈维新、叶茂、黄毅梅、顾宗珠、揭广川、张挺、黄国平、叶燕桥、陆志鸿、徐正康

成果完成单位　广东轻工职业技术学院、广东食品药品职业学院、广州城市职业学院

一、成果背景

基于高等职业教育就业市场的导向作用以及产业结构的不稳定性状况，许多高职院校存在急功近利的现象较严重，片面地以学生职业技能和就业率作为办学水平的衡量标准，过分强调高职教育的"职业教育"特征，而忽视了高职教育的"高等教育"特征，忽视或弱化了学生可持续发展能力的培养，使高职教育变成了单一的"就业型"教育，职学生可持续发展能力不足已成为了一种普遍现象，为解决这一问题，依托广东省高职教育教学改革项目"高职食品类专业学生可持续发展能力培养的研究"，以广东轻工职业技术学院食品类专业学生为研究对象，经过近5年的研究及实践，探索了高职学生可持续发展能力培养的途径与措施，并在相关院校同类院校进行推广和应用。获得的成果主要内容有：一，构建课程体系，促进通用技术与专用技术的协调培养；二，整合课程内容，促进思维培养与技能训练的有机融合；三，改革教学方法，促进学生自我学习能力的培养；四，增强科技活动，促进学生创新能力的培养，学生在参加创新科技大赛、发表论文、申报专利方面有较大突破；五，强化文化育人，促进学生社会适应能力的培养。

二、成果内容

1. 构建有利于促进学生可持续发展能力培养的课程体系

课程体系通常包含"普通能力培养模块"和"职业能力培养模块"，"职业能力培养模块"通常又分为"专业基础课程子模块""核心课程与综合类课程子模块"和"拓展课程子模块"。从学生可持续发展能力培养出发，改变从产品类型来设置课程的思路，确立从技术类型角度来设置课程的思路，尽可能选择技

容量较大、技术通用性较强的课程来构建核心课程子模块；同时，"拓展课程子模块"的构建以"针对专用、综合提高"为原则，主要设置一些针对区域经济发展的专用技术课程，以及一些技术综合应用课程，既可体现专业的区域特色，又可培养学生综合应用技术的能力。

以化工生物技术专业课程体系为例，设置了"普通能力培养模块"占总学时的比例为23%。"专业基础课程子模块"占总学时的比例为24%。"核心课程与综合类子模块"主要包括生物工程设备、微生物工艺技术、现代生化分离技术、食品与发酵工业综合利用、生化产品应用与营销服务、专业见习、专业综合技能实训、顶岗实习、毕业设计（论文）等课程，占总学时的比例为39%。"拓展课程子模块"占总学时的比例为14%。

在"职业能力培养模块"中，"专业基础课程子模块"学时占该模块学时的比例为31%，"核心课程与综合类子模块"学时占该模块学时的比例为51%，"拓展课程子模块"占该模块学时的比例为18%，整体结构合理。"专业基础课程子模块"和"核心课程与综合类课程子模块"的构建能够体现"厚基础、宽应用"的原则，有利于学生夯实专业功底，提升可持续发展能力。同时，"拓展课程子模块"的构建既能够体现地域经济特色，又能够体现能力提升的特点。

2. 构建有利于促进学生可持续发展能力培养的课程内容

在整合各门课程内容时，以"满足即时就业的技能要求、符合可持续发展的知识要求"为原则，分析课程的技能目标和知识目标，优选教学内容与合理分配两者的学时比例，使各门课程有机地融合思维培养与技能训练的教学内容。

根据构建的课程内容，主编教材两部：《氨基酸发酵生产技术》和《调味品生产技术》。这两本教材都被评为国家"十二五"规划教材，2014年分别获得中国轻工业优秀教材一等奖和二等奖。

以《微生物工艺技术》为例阐述课程内容的构建。根据发酵行业生产岗位对技能、知识和职业素质的要求，将教学内容设计为培养基制备、培养基及设备灭菌、菌种选育保藏及扩大培养、发酵过程控制和发酵产物分离纯化等五个教学项目。每个教学项目都有明确的能力目标、知识目标和素质目标，融合了中级发酵工职业资格证书所要求的知识与技能，组合成为一个完整的能力培养体系。

选择典型的好氧发酵"谷氨酸发酵生产技术"贯穿五个教学项目，将淀粉酶法制备葡萄糖、空气过滤器拆装、空气过滤器灭菌及使用、发酵罐灭菌、培养基灭菌、谷氨酸菌紫外诱变选育、微生物菌种保藏、谷氨酸菌扩大培养、三角瓶种子接入种子罐、种子罐种子接入发酵罐、谷氨酸发酵控制、发酵液放料的操作、发酵液染菌处理的操作、发酵醪除菌、等电点法提取谷氨酸、离子交换柱提取谷氨酸等工作任务引入教学项目，按谷氨酸发酵工厂的生产流程以"递进式"方式编排子项目顺序，循序渐进地开展技能训练，既符合学生学习工艺技术的认知规律，又达到由单项能力训练渐进到综合能力训练的目的。

同时，选择典型厌氧发酵"酒精发酵生产技术"、"乳酸发酵生产技术"的内容以"平行式"方式编排子项目，将糖蜜预处理、酵母扩大培养、酵母发酵酒精的控制、蒸馏法提取乙醇、植物乳杆菌扩大培养、植物乳酸菌发酵乳酸的控制、沉淀法提取乳酸等工作任务嵌入主线教学项目中，达到强化专业技能、拓展专业知识的目的。

3. 改革教学方法，促进可持续发展能力培养

以学生为主体，以教师为主导，以课程内容为基础，依托教学条件，研究各门课程教学的实施形式与步骤，综合运用开放式、引导式等教学方法，使教学过程由"教师灌输"方式转变为"学生主动吸纳"方式，促使学生自主学习。教学方法改革主要包括：项目驱动法、互动提升法、以赛促学激励法、启发式和技能引导式结合法、真实与模拟结合法，具体如下：

（1）项目驱动法的"教、学、做"一体化教学改革

核心课程和部分专业基础课程采用"教、学、做"一体化的教学方式，以学生为主体进行项目驱动教学。例如，《微生物工艺技术》在实施"教、学、做"一体化教学时，采用"六步法"组织课堂教学，六步法即是：信息→计划→决策→实施→控制→评价。通过六步法，使学生在"学中做、做中学"的教学要求下体验到完整的工作过程，有利于培养学生的学习兴趣、自我学习能力和工作岗位适应能力，提高学习质量。在六步法教学中，要求每组学生用PPT汇报自己初步设计的实施方案，一方面可促使学生做好预习，另一方面可培养高职生方案设计能力、语言表达能力等，这种素质培养的效果得到众多毕业生的好评。

（2）互动提升法的教学改革

相对于其他高职院校，我校学生录取分数较高，基础相对好些，自主学习能力相对强些，开发《食品与发酵工业综合利用》课程作为生物化工艺专业的核心课程，开发《食品工业废水处理》作为拓展类课程，同样采用"教、学、做"一体化的教学方式，以学生为主体进行项目驱动教学，在教学过程灵活采用师生互动式教学方法，通过讨论确定项目方案，不但提高了学生的学习兴趣，而且提高了学生对专业知识、专业技能的综合运用能力，同时有利于学生创新能力的培养。

（3）"以赛促学"激励法的教学改革

为了达到"以赛促学"的目的，针对每年广东省大学生生化技能大赛的要求，将实训课程《生化技术应用与创新基础实践》设计为四个教学项目，为了体现选题创新性，每年的教学项目通常不同，但每个项目融合了酶解技术、生化分离技术、产物检测技术等，并要求在8小时内完成实训操作和实训报告。以竞赛项目为驱动，由学生自主选题和自主设计方案，在教师指导下开展实训教学。

通过"以赛促学"教学方法改革，提高了学生自主学习能力、自主创新能力、工作方法能力、专业技术能力等。

（4）启发式和技能引导式结合法的教学改革

针对理论基础较差的现代学徒制班级，在教学进度、教学方法等方面进行适当调整，侧重于专业技能的培养，教学实施过程中注重启发、技能引导、师生互动、兴趣激励、案例讲解等，使学生对专业知识、专业技能掌握程度很高，毕业生得到用人单位的好评。

（5）真实与模拟结合法的教学改革

采用多媒体教学和现场教学相结合的手段进行教学。如果教学条件允许的情况下，首选在实验实训基地和生产现场实施教学，使学生直接接触设备和仪器，更容易获取专业知识和专业技能，如《微生物工艺技术》《食品与发酵工业综合利用》等课程，大多采用真实环境教学法。实验实训基地和生产现场不能满足有些教学内容时，尽可能充分利用仿真软件，让学生反复操作，使学生熟练掌握单元操作。所有课程讲授均利用多媒体进行教学，力求通过形象生动的图片、动画等讲解工艺流程、设备结构和单元操作原理，尽量做到深入浅出，使学生容易理解和记忆深刻，如《食品工业废水处理》大多采用模拟环境教学法。

4. 改革教育过程，促进可持续发展能力培养

完善各种省级工程中心、协同创新中心、企业创新中心的建设，为师生开展课外科技活动提供保障。依托"挑战杯""彩虹杯""攀登计划"、教师的科研项目等，每年广泛组织学生开展课外科技活动。将课外科技活动与毕业设计（论文）融合，从时间上保证该教学环节的质量，同时促进了学生可持续发展能力培养。例如，将教师近几年承担的科研任务如风味肽制备及脱苦技术、氨肽酶产生菌筛选及发酵技术等引入到学生的毕业设计（论文）教学环节和课外科技创新活动。近几年，学生在科技活动获奖、申请发明专利、发表学术论文方面取得较好成绩。

三、成果特色与创新点

（1）从课程体系构建、课程内容构建、教学方法改革、教育过程改革等方面着手，改变"重道轻术""重技能轻理论""教师灌输""重技能轻创新""重职业技能轻人文素质"等现象，探索了学生可持续发展能力培养的途径与措施，有利于促进高职专业的建设与发展。

（2）构建了"五个融合促进能力培养，分项掌握基本技能，逐步提升综合能力"的人才培养模式，推动学生可持续发展能力的培养。"五个融合"即是：教学项目与产业技术体系相融合，技能训练与综合应用相融合、技能竞赛与专业教学相融合、课外科技活动与专业教学相融合、协同创新与协同育人相融合。在致力于学生可持续能力培养过程中，可以多维度地促进高职院校的建设与发展。

四、成果推广应用效果

1. 课程体系构建成果为校内外同类专业提供借鉴

以化工生物技术专业为突破口，率先构建有利于可持续发展能力的课程体系。通过校企之间、校内各专业之间的研讨与交流，课程体系及其构建思路、工作流程先后为校内的食品加工技术专业、食品营养与检测专业、食品生物技术专业、药品生产技术专业提供借鉴，食品加工技术专业最终完成了本专业的广东省高本一体化专业标准。通过与广东食品药品职业技术学院、广东农工商职业技术学院、广州城市职业学院、广东科贸职业技术学院等高职院校的研讨与交流，课程体系构建成果也成为这些院校同类专业的参考材料。

2. 课程内容构建成果直接被校内外同类专业所用，或为校内外同类专业提供借鉴

在校内，《微生物学基础》、《生物化学》的构建成果直接被食品与生物技术学院（二级学院）《微生物工艺技术》、《生化产品检验技术》等7个专业所用，《食品与发酵工业综合利用》直接被化工生物技术专业、食品加工技术专业所用。在校外，课程标准作为交流资料，与广东农工商职业技术学院、广东科贸职业技术学院等多所高职院校分享及为其所用。

3. 课堂教学方法改革成果直接在校内同类专业推广应用，为校外同类专业提供教学观摩

核心课程的"教学做"一体化教学改革成果直接在食品与生物技术学院（二级学院）7个专业推广应用，在提升教学质量、学生可持续发展能力等方面均有良好效果。同时，《微生物工艺技术》和《食品与发酵工业综合利用》两门课程为广州城市职业学院、广东食品药品职业技术学院等院校提供教学观摩，为"教学做"一体化教学改革提供借鉴。

4. 课外教育改革成果直接在在校内同类专业推广应用

课外教育平台直接为食品与生物技术学院（二级学院）7个专业所共享，为广大师生课外教育活动提供保障。将课外科技活动与教学紧密结合，将科技和技能比赛与教学紧密结合，系统化开展学术讲座和社会调查实践，已经成为在7个专业的常态化规律，并能够明显提升学生的可持续发展能力。

技工院校在中级工培养中推行工学一体化教学改革的实践研究

成果名称　技工院校在中级工培养中推行工学一体化教学改革的实践研究

成果完成人　耿丽华、沈洪、韦杰梅、杨向军、滕林、李青

成果完成单位　广西二轻技工学校

一、成果背景

为贯彻落实《中共中央办公厅国务院办公厅印发〈关于进一步加强高技能人才工作的意见〉的通知》（中办发200615号）精神，进一步深化技工院校教学改革，加快技能人才培养，推动技工教育可持续发展，国家人力资源和社会保障部制定了《技工院校一体化课程教学改革试点工作方案》。2012年我校作为一所普通技工学校，尽管不是试点学校，培养目标也是以中级工为主，但为了加强学校的内涵建设和提高学生的核心竞争力，学校经研究决定在中级工培养中推行工学结合一体化教学改革的实践研究。

通过近五年的探索与实践，我们更新了思想观念，改变了教学方法，把教师从过去机械、枯燥的"课本传声筒"角色中解放出来，充分发挥了学生的主体作用和教师的主导作用。根据"六步法"完成工作和学习过程，让学生通过完成真实的工作任务来学习知识、发展能力，内化素质，学生的潜能得到极大的挖掘，真正做到学生好学、学生乐学；老师好教、老师乐教；企业好用、企业乐用。从2012年只有三个专业240人参加试点，发展到2017年全校所有专业近3000名在校生受益，一体化教学改革不仅对学生实践能力的培养起到了积极的作用，而且初步形成了我校人才培养工作中的一个鲜明特色，构成了技工院校中级工培养教学体系中一个非常重要的组成部分。

二、成果内容

1. 制定了适合中级工特点的专业人才培养方案

2012年秋季学期我们首先在数控加工、电气自动化设备安装与维修、汽车维修三个专业的中级工班试行一体化教学改革，这一阶段，我们参照人社部职业

能力建设司制定的一体化课程标准，结合我校中级工培养的实际情况和各专业特点，围绕典型工作任务确定课程目标，选择课程内容。制定专业教学计划，构建工学结合的适合中级工特点的专业人才培养方案。两年之后，其他没有部颁标准的专业试行一体化教学方法改革时则借鉴这三个专业的成功经验，自行开发出符合中级工特点的一体化课程整体设计方案。五年期间，产我们制定适合中级工特点的专业人才培养方案共 11 个。

2. 开发了适合中级工的一体化课程工作页

组织专业教师深入到校企合作企业，针对学生今后的工作岗位和生产实际需要，遵循职业教育教学特点，以"必需"和"够用"为度，重点突出实际操作技能，与企业技术人员进行研讨，以《国家职业资格标准》为基础，按照国家人力资源和社会保障部编制的《技工院校一体化课程标准》。根据我校的专业特色、学生特点和设备情况，确定典型工作任务，开发适合中级工特点的一体化课程教材学材。五年期间，在全校 11 个专业 67 个教学班开展了一体化课程教学，自主开发校本教材和工作页 6 本。

3. 创建了适合中级工特点的一体化学习工作站和教学资源库

首先，在工作站布局方面，从改革伊始我们就根据一体化教学方式的需要，添置了满足学生获取信息的书柜、相关书籍和电脑，建设既满足理论教学，又具备技能训练的一体化教学场地，形成了"一体化学习工作站"工学结合为代表的培训模式。

其次，在工作站人员配置方面，"一体化学习工作站"把课堂变成车间，让教学内容变成工作任务，把学生当成员工，按照车间生产的工作任务及工艺要求、生产流程，来组织教学。将学生分成若干个生产小组，每个小组依据企业生产模式设置，以有效解决知识与技能、课程与岗位、学生与员工的差距，从而在课程层面达到工学结合的要求，为学生提供体验实际工作过程的学习条件。

除了一体化学习工作站，我们还通过建设教学资源库进一步深化工学结合人才培养模式改革。教学资源库提供给学生丰富的学习资料，拓展了学习空间，培养学生自主学习、协作学习、探究学习的能力，有利于行动导向教学的实施，并且满足学生个性化学习和终身学习的需要。同时学生通过资源库还可以了解各专业所对应的行业、产业职业岗位以及人才培养目标和能力要求。五年期间我们建设了数控加工、电气自动化设备安装与维修和酒店服务与管理等 3 个专业的教学资源库和 1 个考试平台。通过教学资源库整合各种教学资源，为一体化学习工作站的自主学习提供了必备条件。

4. 创新性应用了"六步法"教学方法

"明确任务、获取信息、计划与决策、计划实施、检查控制、评价展示"这六个步骤是让工学一体化教学改革落地的关键,是解决任何问题的制胜法宝。但因为我校学生是初升高落榜生,学习能力、学习习惯、综合素质比高级工都欠缺很多,为了能够顺利实施一体化教学模式,教师想了很多方法。如:引入中华优秀传统文化,以感恩为切入点,"六步法"中的每一步都将"礼"用仪式的方式外显;此外,创新性地在"六步法"当中实施"翻转课堂",将"六步法"中的"获取信息""制订计划"这两步放到课前,教师在课前将课程的重点、难点部分制作成几分钟的微课,提前要学生"获取信息"并"制订计划",再将不懂的问题带到课堂解决,在课堂上再继续做余下的四步,"翻转课堂"大大提高了"六步法"的课堂效率,学习效果初显。

5. 制定出适合一体化教学的师资培养机制

师资是中级工一体化培养能否达到预期目标的关键条件。一体化教改需要的是"双师型"教师,我校采用"请进来,送出去"的方法对老师进行各种培训。一是自己培养,二是企业代培。在学校培养方面,采取优化师资配置,将部分专业课理论教师充实到实习教学中去参与学生的实习指导,让教师了解实习教学的各个环节、手段和特点,同时也提高专业教师的动手能力和指导学生训练的教学能力。学校按照一体化教学的要求合理搭配,原则上是师傅型教师+理论教师或业务骨干教师+青年教师,再结合专业内的集体备课、说课,进行传帮带式互助学习。另外,组织教师参加校内外各类培训学习,提高综合职业技能;在企业代培方面,我们一是要求合作企业给学校教师提供岗位,让教师下企业到一线实践,亲身感受企业文化,了解最新工艺。二是构建校企人力资源培训平台,引企业师傅进校园改善我校师资结构,同时提升企业职工技能水平。经过五年时间的打磨,我校师资培养机制已初见成效,培养了一批专业带头人和骨干教师。目前我校"双师型"教师占全校教师比率达到83.75%,我校有四位教师因为在一体化教学改革中做出了突出贡献,2015年获得自治区专业带头人和自治区教师带头人,其中沈洪老师获得自治区机械专业带头人和自治区教师带头人,李青老师获得自治区电工专业带头人,凌燕老师获得自治区德育学科带头人和自治区教师带头人,利烨明老师获得自治区教师带头人;5位老师参加全国技工院校一体化及专业课教学比赛,其中李杨、黄李生老师电气自动化设备安装与维修专业的《安全用电》课获得全国一体化教学示范课教学比赛一等奖(广西技工院校唯一获此殊荣),杨武和、梁诗雨老师数控加工专业的《螺纹堵头的工艺分析》课获得全国一体化教学示范课教学比赛二等奖;蒙泓龙、覃栋高老师汽车维修专业的《转向灯不工作基本检查》参加广西技工院校一体化课程教学改革优质课竞赛获二等奖。同时林洪吉和沈洪老师通用职业素质课程的《SWOT分析法》代表学校参加了自治区人力资源和社会保障厅举办的"广西技工院校一体化课程教学改革优质课现场公开课",获得现场同仁一致好评。

6. 形成了具有中华优秀传统文化特色的中级工教学范式

基于我们的培养对象中级工年龄尚小,少不更事的特点,我们在一体化教学模式中引入了中华优秀传统文化。以感恩为切入点,师生课前向孔老夫子三鞠躬,形成尊师重教的敬畏心;课堂当中,师生之间、生生之间双手鞠躬递接话筒;课后则齐声诵读餐前感恩词,在教学中我们将"礼"用仪式的方式外显,使学生们对国家、对父母、对老师、对同学、对一日三餐都心存感恩,时刻警醒自己,不能辜负国家与亲人师长的殷切期望,形成了"内化有德,外显有礼"的职业教育特色,学生具有强烈的学习责任感和使命感,这对学生的健康成长具有深远的意义。

三、成果特色与创新点

1. 率先在职业教育的中级工中进行一体化教改试点

国内的一体化教学大都是在高级工中进行试点,因为高级工的学生心智相对成熟,自我学习能力也强,所以在中级工中推广一体化教学试点无疑是有很大难度的,我们学校知难而进,率先在我校中级工班进行一体化试点,经过两年试点,取得成功后在全校各专业、各班全面展开,并从2014年开始向兄弟院校推广。2014年我校承办了全区的一体化教学的现场观摩会,还长年接受来自省内外兄弟学校的老师参观学习,我们的一体化教学改革受到了教育厅、人社厅等上级领导和行业专家的一致肯定。

2. 独创性地将感恩教育融入一体化教学中

由于我校秉承"内化有德,外显有礼"的办,学方针,始终将感恩教育贯彻到一体化教学现场,师生课前向孔老夫子三鞠躬,课中以礼教学,课后齐声诵读餐前感恩词,已经成为一体化教学的常规,这也是我校有别于全区其他兄弟学校的特色,一体化教学具备了感恩教育的基因以后,我们的学生在具备知识技能的同时,又特别懂感恩,知礼仪,所以深受社会、企业的青睐。

3. 创新性地将"翻转课堂"融入"六步法"教学中

"翻转课堂"是美国人的研创的教学方法,我校大胆创新,为了提高课堂效率,率先在一体化教学当中实施"翻转课堂",将原来需要在课堂上解决的"六步法"中的"获取信息""制订计划"等放到课前,教师先将课程信息创建微课视频放在网上资源库平台,学生则在课外观看视频中教师的讲解以"获取信息"

并制定工作计划，回到课堂上师生面对面交流，生生面对面讨论再一起完成任务，继而进行检查和相互评价。我校之所以能将"翻转课堂"融入"六步法"教学中，这主要得益于我校将一体化教学与感恩、励志教育相结合，学生具有强烈的学习责任感和使命感，学习主动性有所提高，所以我校的教育不是孤立的，有感恩、励志教育作为背景，他们"不待扬鞭自奋蹄"，因此"翻转课堂"能够在我校这种特殊的环境下，如火如荼地开展起来。

四、成果推广应用效果

1. 一体化教学改革从部分专业试点到全校推广

我校根据自身的条件提出了一体化教学改革分三步走的规划：第一步 2012 年秋季学期在汽车维修、数控加工、电气自动化设备安装与维修三个专业中在使用部颁一体化课程标准基础上，结合学校的实际条件与情况开展一体化教学模式改革工作。第二步从 2014 年秋季学期开始，在没有部颁一体化课程标准的专业中开展课程一体化教学改革实践工作，即先以原有的课程为基础，进行"课程的整体设计"，在课程内进行重组与提炼出来的典型工作任务为学习载体，以一体化教学的"任务训练"模式实施教学。第三步在全校各专业中开展一体化课程教学改革。

2. 一体化教学改革经验向全区推广

我校在 2014 年 5 月成功举办了全区技工学校一体化教学改革现场会，有 26 所学校 198 位嘉宾代表观摩。广西人力资源和社会保障厅职业能力建设处张远处长、熊艳处长、陈振成主任亲临现场指导工作，来宾和领导们对我校的一体化教学改革给予了高度的评价。近年来我校在开展一体化教学改革中所取得的一些成果也辐射到省内外技工院校，据不完全统计，近五年来到我校参观考察的省内外各类技工院校多达 70 多所，同时还多次在全省和全国性有关会议上进行交流，为进一步推进技工院校一体化教学改革，培养学生实践能力都起到了积极的作用。目前已有广西商贸技工学校、广西新闻出版技校、广西二轻工业管理学校等兄弟院校在应用我校的这一教学成果。

3. 建立一体化教学资源库，实现校际间资源共享

建立一体化教学资源库是推广我校一体化教学改革成果的一个重要环节，也是实现教学资源共享的有效途径。学校为此投入大量专项经费建立 3 个教学资源库及 1 个一体化教学考试平台，教学资源库通过规范各专业教学资源建设，统一文本、图片、3D 仿真、动画、视频等各类素材的建设标准，为一体化教学在全校推广和校际间的合作交流起到了重要作用。教学资源库自创建以来在推动教师

投入一体化教学改革，提高教学水平方面起到了积极的作用。

通过实施工学结合一体化教学改革，学生的学习兴趣明显提高，教学环境焕然一新，教师能力得到极大提升，学生综合素质得到增强，双证合格率比例达到95.2%，一次性就业比例达到98%以上，就业专业对口率达8825%，用人单位对毕业生评价满意度达9754%，学生流失率下降657%。五年来学生参加各类技能比赛共获得一等奖11人次，二等奖22八次，三等奖62人次。学生学习的兴趣和王动性提高7，上课睡觉现象减少7，逃课的现象杜绝7，学生的课堂参与程度、沟通表达能力、团队合作能力、专业技能操作能力、安全意识等都有7显著提高。

印刷媒体技术专业"双一体化"人才培养模式的探索与实践

成果名称　印刷媒体技术专业"双一体化"人才培养模式的探索与实践
成果完成人　余勇、岳文喜、黄文均、唐勇、张永鹤、李洪林
成果完成单位　四川工商职业技术学院、永发印务（四川）有限公司

一、成果背景

2014年2月26日，李克强总理主持召开国务院常务会议，部署加快发展现代职业教育，提出"开展校企联合招生、联合培养的现代学徒制试点"，这是我国官方第一次明确提出开展现代学徒制试点。由于现代学徒制度较好地满足了现代经济和产业发展对技术技能人才的大规模需求，因而在近几年得以迅速发展和大范围推广。

现代学徒制实质上是产与教的深度融合，是学校与企业合作办学、共同育人。但是我国职业教育突出体现的行业企业参与力度不足、工学结合缺乏紧密性和有机性、职业教育体系服务于社会经济发展，尤其是服务于经济发展方式转型的能力不足。经过十几年的不断改革，高职院校围绕校企合作、工学结合，形成了以校企双主体育人特点的人才培养模式。但是，从培养模式和教学组织的实施过程和效果看，由于缺乏有效的平台支撑，"双主体"在人才培养各个环节的落实还存在诸多瓶颈，难以满足合作企业参与人才培养的诉求。在合作培养的内容和形式上载体单一，形式大于内容，没有落地、没有达到真正的改革。比如实施现代学徒制，由于缺乏校企深度融合的平台，企业参与到了人才培养的表层后，操作实施、管理运作、考核标准、保障机制还没有成体系地建立起来，在如何处理教学、实习实训与企业生产的冲突问题、课程内容与企业实际诉求对接与衔接等方面缺乏有效的对策，实践教学与实训教学环境的矛盾也非常尖锐。

二、成果内容

1. 加大开放办学力度，搭建"校企双主体"合作教学平台

实施校企双主体育人，印刷专业充分营造开放式的办学环境，积极吸纳企业参与，紧扣行业、产业和企业发展需求建立校企资源深度融合的教育平台，发挥

校企取长补短的整体性育人功能。以校企双方利益为基础，成立永发印刷学院。建立了校企协同的决策、咨询和执行等三层组织架构，拥有独立的章程、运行经费、组织形式和制度体系，完善合作平台的运行环境。由校企双方共同组建"理事会"，负责学院目标定位、发展规划、人才培养等重大事项的决策；成立专业建设指导委员会，对专业建设、课程建设、师资建设、教学和培训提供咨询与指导；实行理事会领导下的院长负责制，组建校企共同参与的管理团队，协调处理学院日常事务。

2. 校企协作，建设集"产、学、研、用"一体实践教学基地

在实训基地建设上，依托政府、企业、学校等多方支持，通过股份合作、企业捐赠、设备租赁等多种方式，由学校与企业两个主体共同建设，共同进行规划设计。在实训中心建立教学区，按照单项技能、综合技能、一体化教室、生产性实训、技术鉴定等进行功能分区。配备理论教学场所，以及覆盖印前制作、印版输出、印刷生产、印后加工、特色印刷等全流程多样化的实训教学场所，制定规范化的规章制度和工作流程，按照印刷设计、生产、管理的工作流程开展现场教学，实现教学过程与生产实践的零距离对接。形成集生产运营、专业教学、科研技改、实训实验、技术鉴定、技能大赛等功能于一体按市场机制运营的"校中厂"。

3. 校企协调，创新教学组织形式

自校企合作以来，尤其是学徒制试点以后，每届学生 130 名左右，学生的校内专业学习、校外培训以及实习工作，必然存在很多矛盾和冲突。在教学组织模式上，校企双方不断总结和完善，积极探索新的方式，确定了目前的组织模式。

随着学生与企业之间关系更加密切，还可以根据校企双主体育人模式采用多学期、分段式等更为灵活的教学组织形式，将学校的教学过程和企业的生产过程紧密结合。

4. 校企互通，解决校企"双主体"教学团队建设存在的问题

通过"双主体"模式下积极有效的制度建设，以及稳定的经费投入和奖励措施、政策优惠，发挥永发印刷学院的人力资源整合功能，实行"双指导教师"的人员配备。鼓励企业优秀管理和技术人员积极参与到本专业办学中来。至 2016 年，本专业共引进校外兼职教师 12 人，其中高级工程师 4 人，企业管理人员和技术骨干 8 人，有效充实了师资团队。

5. 探索新的评价制度，保障教学目标的实现和教学质量

由于现代学徒制的试行，以及校内项目化导向下的理实一体化教学的推广，传统的评价模式已不能适应。理实一体的项目化教学，要求在对高职学生的理论考查的同时，还要重视实践能力的考查。重视终结性考查的同时，还要重视过程性考查。基于现代学徒制特点，从教学评价指导思想、构建原则、评价方法进行创新，探索构建现代学徒制下教学质量评价体系。

成果的形成路径与方法主要有以下几种。

1. 以永发印刷学院为载体，选择"现代学徒制"试点企业

以四川省经信委主导搭建轻工职教集团为平台，在四川省印刷协会的协调下，以永发印务（四川）有限公司（以下简称永发印务）、四川蓝剑包装股份有限公司（以下简称蓝剑包装）为骨干成立永发印刷学院，邀请省内多家知名企业召开"现代学徒制"人才培养模式研讨会，根据企业提供的学徒岗位性质及岗位数量等信息，确定与永发印务、蓝剑包装等企业开展现代学徒制试点工作，并签署《现代学徒制人才培养协议书》。通过签订协议，明确了校企双方权利与责任：学校负责学生学籍、毕业证书管理等，企业负责实践环节，提供学徒岗位，并选拔优秀员工作为师傅指导学生（学徒），落实就业岗位。

2. 联合试点企业完成招生招工

学徒制学生由在校生自愿申报、企业面试、签署协议来确定。永发印刷学院在与试点企业签署《现代学徒制人才培养协议书》基础上，学院先行招生。经过一年的学习后，在一年级下学期期末，校企联合组织面试，选拔有意愿的同学加入"现代学徒制项目"。

完成选拔后，学校、企业与学生签订《学徒三方协议》，保障各方权利。签订协议后，在"工学交替"过程中，学生以"准员工"身份进入企业，为了保障学生在企业里的权益，协议中明确学徒学习岗位、工伤保险等内容。

3. 深化校企一体化育人模式

（1）通过"五双五定，两划融通"实施现代学徒制

永发印刷学院深入分析现代印刷行业企业用人需求，梳理印刷技术专业所需专业技能以及职业素养，融合职业资格标准，实施具有"五双五定，两划融通"特点的"双一体化"人才培养模式。通过将具有印刷专业特色的教育计划融入教学计划中，让学生在学习中既培养良好的职业素养又培养全面的综合素质。

（2）"学校课程＋企业课程"课程体系建设

以满足企业需求为目的，以掌握职业与岗位能力为核心，以实践教学为主线，围绕企业核心岗位知识和能力要求，通过岗位能力分析，开发符合学校人才培养和企业员工培训的"学校课程＋企业课程"双线交织课程体系。围绕企业岗位工作任务，以专业核心课程和企业课程开发为重点，将企业岗位标准及相对应的职业标准融入教学内容中，制定课程标准、课程考核方案等教学文件。印刷

技术专业将课程体系划分为三个阶段，即职业基础能力培养阶段、职业专项能力培养阶段、职业综合能力培养阶段，构建"基础平台＋专项方向"的课程体系。学校课程，以"校内专任教师＋企业兼职教师"授课为主，企业课程以"企业师傅＋校内教师"指导为主。

4. 精心选拔培养，打造"双师"结构教学团队

根据印刷技术专业"现代学徒制"人才培养方案，选拔学校专业教师、企业专家以及技术能手作为现代学徒制教学团队，并制定了相应的《学校教师选拔标准》、《企业师傅选拔标准》。

按照现代学徒制对师资队伍的能力要求以及教师发展中心对师资队伍的规划要求，制定了师资队伍二级规划，通过内培外引、国外进修培训、参与校企合作项目、科研项目及企业挂职锻炼等多种形式，加强现代学徒制教学团队建设。

5. 整体配置教学环境，联合开发教学资源

（1）校企协同，完善教育教学环境

为更好地在企业开展教学工作，永发印刷学院在永发印务（四川）有限公司建立学生管理办公室，设立专职实习生培训员 1 名；并完成校外实训基地改造，建立学徒培训室、指定学徒教学设备和安装远程视频系统。

在学校，校企双方共同按生产模式进行系统化的实践教学条件建设，共同研讨校内实训基地建设方案，共同协商采购仪器设备，建成"印刷与包装理实一体中心"。

（2）校企合作，开发教学资源

专业核心课程的建设由校企双方共同组成的教学团队开发，按照"任务驱动，项目教学"的理念进行课程改革，将学习领域划分为若干学习情境及子情境，每个学习情境的教学设计均有明确的学习目标（能力描述）、教学内容（任务描述）、学时分配、教学方法建议、考核与评价方式、学生基础能力要求以及教师教学能力要求等内容。

6. 细化人才培养质量考核方式及标准

按照学校学历教育和企业对学徒的要求，校企共同制定了《现代学徒制学生考核管理规定》和《教学管理规定等教学质量监控与评价制度》；共同参与现代学徒制人才培养过程监控，共同组织与管理人才培养质量考核。课程考核评价结合企业生产实际，采用教学、生产、鉴定并行的操作方式进行过程性评价。

这种校企双主体机制，将传统的学徒培训与现代学校教育结合。校企双方在永发印刷学院的框架下，围绕人才培养这一核心议题开展一系列合作。解决了校企合作在合作方式、合作内容等方面存在的问题，使得校企合作真正落到实处。

近三年在此教学平台上取得显著的成果：制定校企双主体、工学交替学徒制人才培养方案以及印刷技术专业全部课程标准 30 门；建成省级精品资源共享课程 1 门，移动共享课程 1 门，院级网络共享课程 4 门，出版校企合作教材 4 本（其中十二五规划教材 2 本，全媒体教材 2 本）；发表科研论文数十篇，课题 3 项，专利 1 项，校企合作项目 4 项。

三、成果特色与创新点

1. 构建具有"五双五定，两划融通"特点的现代学徒制人才培养整体方案

校企双方共同出资，成立永发印刷学院，形成双主体人才培养平台。以培养印刷行业高级工匠型人才为培养目标，完善现代学徒制人才培养，形成具有"五双五定，两划融通"特点的"双一体化"人才培养模式，将具有印刷专业特色的教育计划融入教学计划；创设校内校外双基地培养条件；构建学校课程与企业课程融合的课程体系，制订课程标准；组建专兼结合的双师结构型教学团队；签订三方协议，确定学生的学徒与学生双重身份；教学过程实行双导师制，师傅学徒岗位一一对应；教学效果实施校企双方共同考核、评价。构建用现代学徒制培养印刷行业工匠型人才的整体方案。

2. 创新集"产、学、研、用"一体实践教学基地的建设模式

按照"多功能"建设理念，学校联合企业共同规划设计，基于工作过程系统化的课程开发与实施，将学校印刷厂进行理实一体改造，建成印刷一体化教室等 3 个理实一体化教室及 13 个实训室；并成立包装印刷检测中心，开展技能鉴定、技术培训等，形成了集"产、学、研、用"一体的实践教学基地建设模式。

四、成果推广应用效果

1. 人才培养质量

提高近年来，实施该人才培养模式带来的效果已经显现，毕业生供不应求，就业率达 100%，专业对口率 2015 年达 92.5%，毕业生起薪达到 3500 以上，各项指标均超全省平均水平，2012 年 5 月至 2016 年 9 月，获省级技能大赛二等奖以上 9 项，全国技能大赛二等奖 2 项，一等奖 1 项，"挑战杯"全国创新创业大赛一等奖 1 项。为辐射相关专业，这种模式已开始在校内相关专业进行推广，如数字图文信息技术专业已经开始实行该模式，包装策划与设计专业已部分采用该模式，经过一段时间的推广，运行效果良好。

2. 教学成果丰硕

探索与实践以来，印刷媒体技术专业制定人才培养方案 1 部，课程标准 30 个；教学团队发表《Research on Recycling and Utilization of Waste Ink》（EI 收录）等科研论文数十篇，课题结题 3 项，申请专利 1 项，开展社会培训千余人次，校企合作项目 4 项；建成《印刷概论》省级精品资源共享课 1 门、移动课程平台 1 个，院级共享课程 4 门，出版《单张纸胶印机结构与调节》等校企合作十二五规划教材 2 本，全媒体出版教材 2 本；教师指导学生获得省级二等奖及以上各类大赛奖项 13 项。

3. 人才培养模式受到省教育厅、省经信委等政府部门的重视与高度评价

印刷技术专业实施"校企双主体、工学交替学徒制"人才培养模式，创新校企合作机制体制，受到了省教育厅、省经信委等政府部门的重视与高度评价。省经信委陈新有主任、王万锟副主任、都江堰市张余松书记都曾亲自到校指导交流，省教育厅高教处杨亚培处长、省经信委教育培训处李富荣处长多次到校，并到印刷包装理实一体教学中心实地参观，现场指导工作。

4. 专业建设经验得到其他院校的高度认同，取得较好的示范效应

以人才培养为目标，以校企合作为基础，以现代学徒制试点与课程体系改革为抓手，以校内外实训条件建设为手段，探索专业人才培养模式与课程体系的开发路径，为高职院校专业建设提供了一种途径。这一方式带来人才培养质量的提高，专业知名度提升，得到了兄弟院校的高度认同，约有十余家省内外众多兄弟院校前来学习交流，就专业人才培养模式、校企合作机制、课程体系改革、校内实训基地建设等方面进行交流，专业建设经验得以传播，具有较高的示范引领作用。

基于食品生产过程和质量控制的课程体系构建与教材开发

成果名称 基于食品生产过程和质量控制的课程体系构建与教材开发
成果完成人 朱克永、邓林、张崇军、魏明英、余彩霞、胡继红、江建军
成果完成单位 四川工商职业技术学院

一、成果背景

本成果依托《基于食品生产过程和质量控制的课程体系构建与教材开发》《四川省示范性高等职业院校建设——四川工商职业技术学院》项目、《四川省级重点专业建设——食品生物技术专业》项目,《四川省高等职业院校创新发展行动计划项目——食品检测中心》及 2014 年度全国食品工业职业教育教学指导委员会教学研究与实践项目《高职院校食品专业人才培养模式的改革与创新研究》,紧扣食品行业人才需求的变化,经过 8 年多的创新及应用而得到的教学成果。

在此成果的形成过程中,食品生物技术专业与企业紧密合作,针对目前食品行业的转型及对人才需求的变化,重构课程体系,经专家审核实施,再辅以专业教材开发,有效促进了教学,提高了学生专业技能。本成果为全国食品相关院校灵活适应行业变化提供了有效的方法和途径。

二、成果内容

成果解决了以下主要问题。

1. 原有课程体系学科性痕迹严重,不适应行业企业的发展及其对基于岗位为要求的技术技能型人才的培养需求

原有的食品生物技术专业的课程体系没有突出学生的主体地位,没有做到"一切为了学生",课程设置的"学科性"痕迹较重,部分课程的实践教学仅仅是为了实践而实践,没有真正做到从行业及企业的需求出发,也没有做到为培养学生的职业岗位技术能力而设置,不能适应行业企业的发展及其对基于岗位为要求的技术技能型人才的培养需求。

2. 原有教材体例和内容基于知识体系展开，与现代职业教育以职业岗位能力为中心的教学模式脱节

原有的食品生物技术专业教材的体例和内容基本都是按照学科体系，基于知识体系展开，较陈旧落后，不能很好地完成人才培养方案中的培养目标，与以职业岗位为中心的教学模式脱节，不利于学生接触最新的专业技能。

采取的主要方法及措施包括以下几种。

1. 提高服务意识，紧跟行业发展，重构基于生产过程和质量控制的课程体系

高等职业教育重在培养第一线的技术技能型人才，其课程体系设置就应该是在以职业能力为核心，把职业技能的掌握放在第一位，同时关注学生全面素质的提高。因此，必须打破学科体系课程架构的习惯性思维，坚持以就业为导向，紧紧瞄准人才市场的需求变化，基于生产过程和质量控制重构课程体系。食品生物技术专业紧跟行业发展，以实用性和适应性为原则，编制和实施"专业课程综合化方案"，重构课程体系。

2. 深化校企合作，基于职业岗位能力的要求开发项目化教材

经过与行业企业的紧密合作，食品生物技术专业创新了"校地协同、六位一体、项目驱动、能力递进"的人才培养模式。食品生物技术专业通过全面、深入的行业企业调研，聘请相关企业专家组成食品生物专业指导委员会，结合专业指导委员会的建议、专业的长期发展与企业对本专业人才知识结构及能力要求的变化，确定了食品生物技术专业人才培养目标。并在行业专家的参与与指导下，根据行业或领域职业岗位要求，进行项目化教材的开发。按照项目化、理实一体化和任务驱动等教学模式，进行一系列专业教材的开发。开发的专业教材以专业技能培养为主导，以学生职业能力的递进和提升为核心，以典型发酵产品、典型生产管理项目为驱动，以企业实际生产和管理为内容，体现"学习"和"工作"一体化。

3. 创新体制机制，促进产教融合，提升专业教师团队能力

食品生物技术专业与邛崃市人民政府多次协商，达成战略合作协议，通过整合政府、行业、企业、园区和职教中心等资源，成立"邛酒学院"，形成政府引导下的校企合作办学实体，进一步深化政府、园区、行业、企业和学校五方合作模式，并紧紧围绕"校地合作，互利共赢"的目标进行建设，搭建了学院与邛崃市政府和企业之间长期、稳定、全面的对口合作平台，探索为县域经济支柱产业服务的办学模式，驱动了人才培养模式的改革，促进白酒产业发展，提高专业办学水平。

通过体制机制创新和深层次的产教融合，积极推进"双师"素质教师团队的整体建设，不断优化专任教师队伍结构，通过教师参与项目建设、课程开发与设计以及国内外的交流与培训等方式，提升教师教育教学能力和专业技术水平。同时，聘请一线行业专家和企业技术人员组成兼职教师队伍，形成了专兼结合的教师团队。

三、成果特色与创新点

食品生物技术专业通过积极和地方政府、企业单位及科研院校等深入合作，特别是近几年来我校与邛崃市人民政府达成战略合作协议，通过整合政府、行业、企业、园区和职教中心等资源，成立"邛酒学院"，形成政府引导下的校企合作办学实体，进一步深化政府、园区、行业、企业和学校五方合作模式，搭建起了学院与邛崃市政府和企业之间长期、稳定、全面的对口合作平台。依靠行业专家，编制和实施"专业课程综合化方案"重构课程体系。专业技能培养为主导，以学生职业能力的递进和提升为核心，以典型发酵产品、典型生产管理项目为驱动，以企业实际生产和管理为内容，体现"学习"和"工作"一体化，进行项目化教学、理实一体化和任务驱动等形式的专业教材开发。

1. 首创了以食品质量与公众健康安全为逻辑起点的课程体系

聚焦食品流通环节食品质量与安全管理知识体系，构建课程体系，适应了目前食品行业的人才需求变化。

2. 开创了高职食品生物专业通过开发应用项目化教材倒逼教学模式改革的方式

通过专业课程教材的开发，逼迫专业教师在教学上进行项目化、理实一体化和任务驱动等教学模式的改革，组织实践课程的内容，仿真企业工作环境，加强情境教学。

3. 开辟了行业新技术、新产品、新工艺"三新"即时进教材、进课堂的新途径

在项目化教材的开发过程中，将先进的生产工艺、技术和标准即时带入教材，缩短实践教学与企业、行业技能需求之间的差距，适应企业的需求、紧跟时代的发展。

四、成果应用推广情况

1. 课程体系的重新构建，增强了学生职业技能，使更多的学生就业于食品生产的质检和管理岗位

毕业生的质量和专业职业技能受到了企业的认可和一致好评，初次就业率由95%提高到99%，就业比由1：2提高到1：4，岗位对口率由60%提高到82%。不仅就业稳定率增加，就业两年后担任食品生产的质检和管理岗位的毕业生比例也由5%提高到30%。

2. 专业核心教材及教学改革的实施，提高了专业教学效益，师生教学成果丰富

近三年学生参加国家级和省级技能大赛，共获得省级三等奖5项。拥有省级以上精品资源共享课程2门，校级精品资源共享课程4门。专业教师编写教材9本，其中3本为"十二五"规划教材。参加教改项目3项，发表论文20余篇。

3. 示范辐射效果显著，专业影响力扩大

编写的《食品添加剂应用技术》、《生物化学》和《食品检测技术》等项目化教材被10余个高职院校相关专业选用。省内外相关院校来我院参观交流的人次大幅增加。专业负责人等应邀在四川省、全国的有关会议上进行交流发言。

教学名师篇

殷海松

一、基本情况

本人 2007 年 3 月任职于天津现代职业技术学院，在生物工程学院长期从事教学科研工作，积累了丰富的教学经验。作为一名教职员工，热爱本职工作，认真履行岗位职责。

1. 爱教敬业，关爱至上

高职教育的特点决定了双师型教师职业能力特色，我始终追求高尚的职业道德与高度的敬业奉献精神。作为高职院校的教师，我不知多少个节假日没有陪伴家人，而是在办公室研究专业建设和课程改革，在实验室进行学术研究和产品开发；我不知多少个夜晚坐在电脑前通过网络解答学生疑问。

我认为关爱学生，是师德的本质。我基本上能叫出每个教过学生的姓名，并且了解他们的基本信息和学习情况。学生们遇到一些困难，都喜欢找我来商量解决：学习遇到困难（成绩下滑、课堂内容听不懂）、生活遭受挫折（失恋、与同学发生矛盾、生活费出现问题）等都能在我的帮助下，得到圆满解决。平时再忙，我都不计回报地指导学生，在我的精心指导下，学生多次在全国技能大赛和国际比赛获奖。就业是学生毕业时面临的最大的挑战，我一方面积极开设各种讲座对学生进行就业指导；另一方面广泛动用自己的企业和社会资源，多方牵线搭桥，为学生创造就业机会。

2. 教学改革，勇拓新天

我自获取讲师任职资格以来，积极投身于教育教学工作中，承担《发酵过程控制技术》《食品发酵生产技术》《食品微生物应用基础》等专业课的理论教学任务及相应的实训教学任务。

近几年，我从专业人才培养方案研究到课程体系重构，都在进行大胆革新。对于"发酵过程控制技术"课程的开发，我结合食品生物发酵行业的特点及需求，注重实践环节的科学设置，自主开发出多种教学资源，将该课程建设成为了国家精品资源共享课和食品生物类专业的核心课程。

我认真推敲适合不同专业和班级学生特点的教学方法与沟通技巧，针对不同的授课内容和授课对象尝试使用多种教学手段。为了达到最佳的教学效果，多年来我总是"每课必备，每课必新"。探索出来的多种教学方法，被许多年轻教师选用。为了讲解清楚一个知识点和技能点，我不顾各种困难到多家企业拍摄照片、录制现场，精心准备授课课件，并把企业生产实际案例转化为教学案例；课程讲授与实操训练密切配合，多年在企业实践积累的知识和经验使我在课堂上如鱼得水。

学生们普遍反映，我的课是他们最喜欢上的课程之一，渊博的专业知识、丰富的实践经验、科学的授课方式、娴熟的讲课技巧、轻松的课堂氛围、多样化的参与互动，总能深深地吸引他们，在课堂上，学生们总是感觉时间过得特别快，内容特别充实，学生们总是有新鲜感和亲切感。

3. 大胆创新，成果丰硕

在 10 年教学工作过程中，我在课程建设、专业建设和科技创新等方面做出了突出的贡献，取得了丰硕的成果。

（1）教学成果。取得的主要专业建设成果：2012 年，作为主要负责人参与天津现代职业技术学院国家（示范）骨干高职院校重点建设专业 - 食品生物技术的建设工作，主要负责食品生物技术专业的课程建设和校内外实训基地的建设，项目教育部验收结果优秀；2013 年，参与天津市国际化专业食品生物技术专业申报和建设工作；2016 年，作为主要负责人参与天津市优质校重点建设专业食品营养与检测和药品生产技术专业的申报和建设工作。2012 年和 2016 年分别作为子项目负责人参与了高等职业教育《生物技术及应用专业教学资源库》和《民族文化传承与创新子库 - 中华酿酒传承与创新》资源库项目的申报和建设工作，其中《生物技术及应用专业教学资源库》项目经费 550 万，项目已经验收通过；《民族文化传承与创新子库 - 中华酿酒传承与创新》2016 年已经入库。

取得的主要课程建设成果：2009 年，《食品微生物应用技术》课程被评为天津市级精品课程；2012 年，《发酵过程控制技术》课程被评为国家精品资源共享课。主编及参编了国家"十二五"规划教材《发酵过程控制技术》《微生物技术及应用》《氨基酸发酵生产技术》等纸版教材 5 本和交互式数字化教材《发酵过程控制技术》。

技能大赛和教学比赛获奖：2010 年，指导学生获得"齐鲁药业杯"全国高职高专生物技术职业技能竞赛，发酵工团体二等奖和个人二等奖，食品检验工团体三等奖和个人一等奖，本人获得优秀指导教师称号；2014—2016 年，连续三年作为全国职业院校技能大赛《农产品质量安全检测赛项》裁判，并于 2015 年获得全国职业院校技能大赛优秀裁判员；2016 年，作为教育部聘请的赛项专家评审了 2017 年全国职业院校技能大赛申报材料；2016 年，指导学生王梓朝的创新发明产品《复合红酒素》获得台湾国际发明设计比赛金奖。2013 年，网络课程《发酵过程控制技术》获得全国职业院校信息化教学竞赛网络课程二等奖和天津市高职院校信息化教学竞赛网络课程一等奖。2015年，被评为天津市黄炎培杰出教师奖。

（2）科研成果。自入职以来，我十分重视业务学习，不断更新知识结构，学习并掌握本专业国内外前沿技术动态和发展趋势，能独立选取和承担国家级省部级科研课题，具备独立解决本专业疑难复杂问题的能力和开拓创新能力。

取得的科研项目成果：

2015—2018年，作为主要完成人参与国家自然科学基金项目"传统食醋中四甲基吡嗪形成机制及其代谢调控"的研究，排名第三，课题经费87万；2014—2016年，主持天津市科技支撑项目"聚苹果酸高产菌株的选育及生产条件的优化"，项目负责人，课题经费95万，成果通过天津市科委的鉴定达到国内领先水平，并已经在天津市产权交易中心登记转化；2015—2016年，作为主要完成人参与教育部行指委课题"食品发酵企业生产实际教学案例库"的建设，排名第二，课题经费14.6万；2013—2015年，作为主要完成人参与天津市科技支撑项目"固定化β—半乳糖苷酶催化生成低聚半乳糖的研发"的研究，排名第五，课题经费95万；2016—2018年，主持高等职业教育创新发展行动计划项目"食品发酵生产及检验技术虚拟仿真实训中心"的建设，项目负责人，课题经费70万；2016—2018年，主持高等职业教育创新发展行动计划项目"食品加工技术专业现代学徒制试点"的建设，项目负责人，课题经费10万；2015年，参与天津市教委重点调研课题"现代职教体系视域下应用技术大学战略管理研究"，排名第五。

科技成果获奖：2015年，获得天津市科学技术进步奖一等奖，排名第五，获奖单位天津科技大学；2016年，获得台湾国际发明设计比赛金奖，排名第一，获奖单位天津现代职业技术学院。

论文及专利成果：在科研过程中公开发表的论文20余篇，其中SCI（已录用）、EI论文3篇；申请专利20项，其中申请发明专利13项，授权发明专利6项。

4. 服务社会，提升行业

作为高职院校的教师，我深刻认识到高职院校作为地方性院校，服务地方社会经济发展是我们的责任，而产学研相结合是实现高技能人才培养的必由之路。因此，我经常深入天津市食品工业协会和河北省食品工业协会等行业协会以及天津市和河北省的食品企业，寻求校企合作，积极与企业融合，取得行业企业的信任，尽一切可能帮助企业解决技术难题。经过几年的努力，获得了食品行业的认可。

技术服务成果：2014—2016年，为天津市轻工业化学研究所有限公司解决了聚苹果酸高产菌株的选育及生产条件优化的技术难题，非专利技术转让费 20 万，签订年销售 40 万合同；2015 年，为天津北洋百川生物技术有限公司聚谷氨酸发酵工艺优化技术难题，产品已经实现产业化，并应用到面膜等一系列产品，年产值 2000 万。2012—2013 年，为天津津酒集团有限公司员工技术培训服务，已完成两期共计 200 人次培训任务，获得企业较高评价。

横向课题成果：2012—2015 年，作为主要完成人参与天津市人力资源和社会保障局职业培训包"啤酒酿造工""白酒酿造工"和"食品检验工"等培训资源开发项目，项目资金合计 225 万，每个工种已完成初、中、高、技师及高级技师五个等级标准包、指南包和资源包的开发，已经培训天津津酒集团有限公司、天津中辰番茄制品有限公司等企业和天津现代职业技术学院、河北工业大学等在校学生 3000 人次。

5. 团结协作，甘为人梯

"一枝独秀不是春"，我不仅严格要求自己，而且非常注重整个教学团队的建设，关注青年教师的成长和发展。作为食品类专业学术带头人，带领本专业及相关专业教师不断探索与深化高职教育改革，深入进行专业及专业群建设，建设教学团队，培养骨干教师，形成一支中、青结合的食品营养与检测专业的优秀教学团队。我的团结协作、甘为人梯的精神得到了大家的一致好评。

二、专业教学资源建设

1. 教学内容与课程开发改革

作为生物学院食品类专业的学术带头人，全面策划和组织了"食品营养与检测"和"食品生物技术"等专业的专业建设及课程改革，并参与制定了食品生物技术专业的国际化教学标准、课程体系和课程标准，使该专业成为 2012 年国家示范性骨干高职院校建设项目中的重点建设专业和 2014 年天津市国际化专业。"食品营养与检测"专业成为天津市优质校重点专业建设。针对高职教育特点改革教学内容与方法，对所建课程的教学内容与课程开发进行了深入的实践，首先深入食品发酵企业进行调研，聘请行业企业专家进行专业建设和课程建设座谈；根据岗位核心职业能力重构课程体系，重组教学内容；以职业技能构建课程体系；将企业最新的生产技术与生产实际案例引入到课程教学内容中。作为课程主持人或课程主要完成人，带领教学团队建设了四门校级精品资源共享课程，分别为《发酵过程控制技术》《氨基酸发酵生产技术》《食品生物化学及应用》和《食品应用微生物基础》。其中《发酵过程控制技术》被评为 2012 年国家精品资源共享课。同时，2013 年《发酵过程控制技术》获得全国信息化教学竞赛网络课程二等奖和天津市高职院校信息化教学竞赛网络课程一等奖。

2. 实践性教学

（1）实训项目设计：所负责的课程都是实践性很强的课程，课程的实践教学以生物工程学院校内实训基地为载体。实践教学项目（任务）从贴近生产、贴近技术、贴近工艺、贴近岗位的角度进行设计，所有的实践教学项目或任务根据食品发酵企业真实岗位所需的技能和与其对应的真实工作项目（任务）设计综合实训项目。以《发酵过程控制技术》课程为例：

①实践教学项目（任务）设计：本门课程所有实践教学活动设计以服务于发酵企业的需求和学生自主学习的要求、培养学生自主学习的能力、知识应用的能力和激发学生的学习兴趣为出发点。在教学过程中始终贯彻以学生为主体的教学思想，将课堂转移到真实的生产车间。学生作为员工，是产品生产的主要实施者；教师作为车间主任，仅仅是以工作任务组织者的身份存在于教学过程中，对学生的行动过程进行指导、检查与评估。针对不同实践教学项目的各项工作任务，指导教师会根据工作任务的需要，明确教学目标，利用校内外食品发酵实训基地、食品发酵企业生产实际教学案例、教学课件、视频录像、动画仿真、电子期刊、国家标准等丰富的教学资源，对学生进行知识和能力的准备，组织学生完成工作任务，组织过程分为"学习准备、任务驱动、分组实施、落实评价"、遵循资讯、决策、计划、实施、检查、评估六个步骤。

②教学项目：针对市场调研确定 3 大类生物发酵制品（细胞菌体发酵制品、初级发酵代谢产物、次级发酵代谢产物）岗位需求和企业用人要求，对不同种类生物制品进行发酵过程控制要点分析，对应 4 个典型工作岗位技能要求，根据国家职业标准《生物发酵工》的技能鉴定要求，将生产过程归纳并转化为发酵过程 13 个技术控制节点，提炼出了满足发酵生产过程（包括谷氨酸、活性干酵母、冬虫夏草、酶制剂和青霉素的岗位技能要求）的 6 个教学情境，30 个工作任务，10 个技能目标、5 个素质目标，每一项目对应职业标准，并将职业素养教育贯彻其中，按发酵生产过程的工作任务对教学内容进行设计。这些实践项目就是发酵企业岗位的实际工作项目，可以和职业技能实现"零距离对接"，收到很好的效果。

（2）实训条件的改善：作为食品类专业的学术带头人，依托国家示范性骨干校和天津市优质校重点专业建设，规划了 2013—2016 年食品生物技术和食品营养与检测专业新建和扩建食品发酵生产中心、食品分析和检测中心以及食品发酵研发中心三个中心和 17 个实训室及配套设备，购置液质联用仪、气质联用仪、啤酒发酵和发酵产物提取生产线等设备，总投入资金近 1500 万元。

（3）学生顶岗实习条件改善：积极联系校外企业，建立了 9 个稳定的、运行良好的校外实训基地，满足了不同层次学生顶岗实习的要求，也为学生就业建立了良好的基础。尤其是 2007 年与天津实发中科百奥工业生物技术有限公司、

2012年与天津市津乐园饼业有限公司签订协议，使食品生物技术和食品营养与检测专业的学生都能够在该厂顶岗实习，实习条件得到很大的改善，同时也方便学院对学生的规范管理。

3. 教学资源库建设

作为子项目负责人参与《高等职业教育生物技术及应用专业教学资源库》和《民族文化传承与创新子库 – 中华酿酒传承与创新》等教学资源库的申报和建设工作，开发了《发酵过程控制技术》和《酿造酒生产技术》图片、教学课件、视频、动画、仿真等多媒体数字化课程资源1000余条。

三、教学方法改革及效果

所担任课程的对象主要有两个特点：一是食品生物类专业的学生；二是高职大专学生。根据他们的入学水平和专业特点设计了与之相适应的因材施教的教学方法。根据学生水平高低因材施教，根据专业性质不同因材施教。以课程《发酵过程控制技术》为例。

1. 因材施教的教学方法

（1）根据不同的专业方向，调整教学内容。"发酵工艺控制"相对于不同专业选择不同的产品作为载体，食品生物技术专业主要以调味品—味精为产品载体，结合食品发酵企业的生产案例，使学生能熟练掌握食品发酵产品的发酵工艺控制技术；而生物制药专业主要以药品抗生素—青霉素为产品载体，结合生物制药企业的生产案例，使学生能熟练掌握生物制药企业产品的发酵工艺控制技术。并且不同专业对不同章节的侧重点不一样，在教学中要实现动态调整。

（2）根据学生特点，调整教学方法。在教学设计中要充分考虑高职学生"怕理论，爱动手"的特点，增加实践教学的比重。通过生产实际案例引入知识点和技能点，在真实的发酵环境中通过操作实现技能训练的目标。这种符合高职学生特点的教学方法能调动大部分同学的学习兴趣和热情，行之有效。针对部分基础较差的学生，在课余时间组织学生利用《发酵过程控制技术》国家精品资源共享课网站视频录像复习课程的知识点和技能点，同时通过课程互动平台及时解决学生提出的问题，使这部分学生能在自尊自信的状态下学习。

2. 讲解—演示相结合的教学方法

讲清理论，结合演示，注重课堂启发与引导，提高学习兴趣与积极性。针对部分理论课时，以讲解—演示相结合的教学方法为主。如讲授"微生物代谢调控"这部分时，教师边讲边通过动画演示微生物的代谢过程；如讲解"啤酒发酵工艺过程"这部分时，教师边讲边通过啤酒发酵虚拟仿真演示啤酒发酵过程，给学生一种新鲜、生动、简单、直观的教学效果。

3. 教—学—练—做，一体化教学方法

课程实训项目（实践教学）采用教学做练一体化教学方法："教中要学""学中有练""练中必教"，共同达到学生熟练"做"之目的。学生发现问题或教师提问题（按照发酵企业真实生产过程中遇到的问题或案例的引入）（案例教学法和角色扮演教学法）→（学生在师傅带领下）（现代学徒制，专业教师教理论，企业师傅教操作技能）基于发酵生产过程任务驱动（任务组织、任务策划、任务实施、产品生产，按掌握学习知识规律逻辑深入发展）→学中做，做中学（任务评审、小组汇报，按发酵关键点控制、生产操作、绘制曲线、产品分析、生产质量管理等操作技能难易掌握）→学做为一体（分析问题、解决问题、增强信心、激发兴趣、再发现问题，形成一个闭环）。

以上教学措施和方法，经过几年的教学实践，取得了很好的效果，表现为上课睡觉和玩手机的学生少了；更多学生在学习过程中更加认真、更加努力；同时学生的动手能力和分析问题、解决问题的能力明显提高。2010年，学生刘宽和白云龙等获得全国高职高专生物技术职业技能竞赛食品检验工一等奖和发酵工二等奖；学生孙黎黎获得2013年天津市高职高专院校学生技能大赛"工业分析检验"赛项一等奖；学生马雅婷、张博涛等20多名学生通过专升本考入本科院校，并有部分学生继续深造硕士和博士研究生。对于学习能力较差的学生，通过教学方法的改革，更加能激发他们的学习兴趣和自信心，并且在就业方面显示了很强的竞争能力。

四、在教学团队建设中发挥的作用及效果

长期担任食品类专业学术带头人，带领本专业及相关专业教师不断探索与深化高职教育改革，深入进行专业及专业群建设，建设教学团队，培养骨干教师，形成一支中、青结合的食品营养与检测专业的优秀教学团队。团队共有教师8人，其中具有双师素质的教师8人，具有高级职称的教师5人、具有硕士以上学位的教师8人，其中博士4人。近几年教学团队晋升教授1人，副教授3人，讲师2人；获得天津市教学成果二等奖1项；开发精品资源共享课6门，出版教材4本；获得全国信息化教学竞赛二等奖1项，省部级信息化教学竞赛一等奖和二等奖各2项；获得全国高职院校技能大赛高职组"食品营养与安全检测"赛项一等奖1项；获得2016年台湾国际发明设计比赛金奖1项；主持国家及省部级科研及教学项目10余项，发表科技及教改论文80余篇，申请专利20余项。

五、教学感言

教师有多种，但要做好一个高职院校的教师，如何找寻高职院校教师的角色是我从教生涯的第一步；接下来需要全新的理念，因为我知道"人因思而变"，若想改变人的行为必先改变人的思想；第三步就是掌握科学的方法，因为好的方法可以事半功倍，可以后来居上。

第一，找好高职教师角色的定位。高职院校的教育不同于本科院校，更不同于技术学校，比本科院校少了些科研，比技术学校多了些理论沉淀。因此，作为高职院校的教师不仅要具备"传道"的道德素质和"解惑"的专业知识外，更要具备"授业"所需的高超的专业技能。要知道"给学生一杯水，教师要储备一桶水"，只有不断坚持从课本上、资料上、网络上了解学习最新的专业知识和信息化手段；坚持定期下企业实践，提高自身专业实践能力，真正成为具有"双师"素质的高职教师，这样才能培养出高端技术技能型人才。

第二，选择"因材施教"的教学方法。把优秀生或学生的优点生长得更长，把中差生或学生的不足因势利导化劣为优，这是为师的最高境界，也是素质教育的真谛。根据学生水平高低、专业性质因材施教，调动同学的学习兴趣和热情，行之有效。

第三，"以学生为中心"是我的教学法宝。"爱自己的孩子是本能，爱别人的孩子是神圣""以学生为中心"是我多年来的教学法宝。把学生放在心中、满足学生的需要是提高教学质量的关键。满足学生的需要就是要满足并引导学生对学习内容的需要、对学习方法的需要、对感情心理的需要。因而在教学过程中要关注学生的职业发展，寻找教育与生命的最佳结合点；要关注学生的生活世界，打通学习和生活之间的界限；要找寻最有价值的知识和技能，为学生的生命发展服务；要关注学生的差异，满足学生的不同需求，最后是要强调学生学得好，而不是教师讲得好。

常言道，"寸有所长，尺有所短"。我们高职院校的学生，虽然总体比不上本科的学生，但总在某一方面能强过本科的学生。作为高职院校的老师，我相信我们的学生有这样的能力。作为高职院校的学生也必须相信自己有这样的能力。"一技之长＋综合素质"是我们敲门的"金砖"，"诚恳做人＋踏实做事"是我们成功地基石，"善于创新＋勇于拼搏"是我们打开金库的钥匙。

刘婧

一、基本情况

政治立场坚定，师德高尚；事业心强，富有创新协作精神；治学严谨，教风端正，教书育人，为人师表是我始终坚持的信念。

在长期承担的教学任务中，教学效果良好，其中主持开发课程《单片机控制技术》是 2008 年的市级精品课程，《应用光伏技术》是专业核心课程，并成为新能源类专业教学资源库 18 门建设课程，在全国新能源相关专业中具有较大影响，形成独特而有效的教学风格，起到较好的示范作用。学生评价连续 5 年优秀，本人从 2011 年至今是我校的教学名师。

积极进行教学条件建设，通过中央财政"支持高等职业学校提升专业服务产业发展能力"、天津市"示范校重点专业项目""产业对接优质专业项目"，建设了 4 个校内专业实训基地，与行业龙头企业英利集团、全球五百强电子科技集团合作校外实训基地建设，建立产教融合进阶式教学体系建设，包括理论教学、校内实训、校外实训联合教学模式。出版高水平且具有轻工职业教育特色的新版教材《单片机控制技术》，获得轻工业优秀教材奖；积极开展专业标准、教学标准、课程体系、课程标准等教学文件制订和修改；主持精品资源共享课程和共享型专业资源库的 18 门课程教学内容数字化资源建设工作。

2016 年主持"天津市优质专业群对接优势产业群建设项目"的过程中，以国家教育部信息化教学要求为指导方向，经项目调研后，确定实训室资源建设内容及方案，逐步完善四步递进式教学方案。推行多项创新举措，探索国际合作教学新模式。探索创新了外籍教师"三步递进双语实践性"教学模式。

作为 2011 年、2015 年新能源类专业指导委员会秘书长，2015 年至今，新能源装备专业指导委员会副主任委员，学术造诣深厚，在新能源领域具有较高的学术地位和知名度；近 5 年主持了央财支持的高等职业学校提升专业服务产业发展能力建设项目、国家级新能源教学资源库建设项目，天津市高水平示范校一级项目、优质专业群对接优势产业群项目等建设任务，在教学内容、教学方法改革方面成绩显著，近 3 年，发表过高质量的《风力发电钛酸锂材料动力电池的制备及电气性能试验分析》北大核心期刊论文，制定的光伏发电技术及应用专业指南，被教育部采纳推广。天津市级教学成果奖《高等职业教育校企合作多样性的研究与实践》的主要参与人。

1982年、2006年分别在天津市空调器公司、天津隆盛家用电器有限公司从事科研、工艺等技术工作，面向轻工行业企业的实际需求，承担与专业相关的技术服务项目《进口高速冲床技术改造》，获天津市科委一等奖，作为企业总工程师，组织技术人员学习国家标准，制定9000认证体系文件，提高产品质量，取得良好效果；联合天津市电力科技发展有限公司承担《天津电网风电有功调节能力测试方法及优化技术的研究》横向课题，获得具有产业价值的《车库式独立光伏系统》实用新型技术专利等3项。创建新能源类专业国家级"风光互补发电系统安装与调试"大赛赛项，并连续3年组织和举办赛项，受到全国具有相关专业院校的好评，贡献突出。

重视教学团队建设，组织相关教师到德国、新加坡、中国台湾地区等地学习，多年来，作为国家级新能源大赛的专家在实训技能上指导和帮助本专业教师，不断提高青年教师的职业技术水平，帮助教师取得新能源类信息化国家级教师大赛一等奖5个，重视师德、教风建设，形成良好的"传、帮、代"团队文化。

二、专业教学资源建设

1. 教学内容与课程开发改革

①主持制定专业教学标准。②主持天津市级精品课程单片机控制技术，教材被评为轻工业行业优秀教材。③国家级精品课《电机与机床电器》第一主讲教师。④开发核心课程《应用光伏技术》，出版教材被评为国家"十二五"规划教材并获得机械行业优秀教材成果奖。

2. 实践性教学

带领学生采用"三主体联动，四层次递进"的模式，进行学生在校生产性实训和企业真实轮岗实训，以及现代学徒制方式实践性教学。

2016年，采用双语教学方式培训印度鲁班工坊的印度教师，设计校企深度融合方式的外籍教师培训模式，受到印度教师的好评。

3. 教学资源库建设

作为第三责任人，参加国家级新能源类专业教学资源库的申报，并经教育部教职成函〔2015〕10号文件批准建设"职业教育新能源类专业教学资源库"，项目编号2015-1。

三、教学方法改革及效果

（1）通过印度鲁班工坊，天津 EPIP 培训项目，创新外籍教师三步双语教学范式，理论与实训内容有机结合，加深学生理解理论知识的能力，提高学生掌握知识技能的水平。

（2）通过"优质专业对接优质产业"项目的坚实，创新"模拟现实、虚拟仿真、企业案例、现代学徒"四步递进式教学模式，创新采用虚拟现实技术教学，解决课程的难点、重点问题，使得学生可以看到一般不能看到的环境。

（3）采用信息化手段教学，组织新能源资源库的建设工作，完成大量颗粒化资源，提高了全国新能源类专业的整体教学水平。

四、在教学团队建设中发挥的作用及效果

2016—2018 年通过专业申报建立了《电子信息工程技术》《电气自动化技术》专业，2019 年开始有计划地建设了《光伏发电技术与应用》《风力发电工程技术》《节能工程技术》三个新能源专业，通过教学团队的建设，构建了 3 个教研室队伍为基础的新能源专业群。

代领专业群队伍完成了国家级高等职业学校提升专业服务产业发展能力项目建设、国家级新能源资源库项目建设、骨干校重点专业项目建设、天津市示范校核心专业建设等项目，建立了新能源专业群教学团队的建设，完善了教学管理和课程资源。

团队成员教师指导学生参加天津市级新能源大赛，取得 9 个一等奖，国家级新能源大赛取得 12 个一等奖、3 个二等奖。参加机械行指委教师技能和说课大赛 1 个一等奖，1 个二等奖，参加国家级信息化大赛 1 个一等奖，1 个二等奖。

五、教学感言

明者明德，明道，明术，明理，明师者明白天下学问及做人道理的教师。所以名师首先应该是明师。

首先，我是高职院校的教师，我感觉上好一堂课容易，但是一辈子上好每一堂课是一件非常不容易的事。每一堂课的设计都是一个教师综合水平的体现。课程的开头，课程中教学内容的连接，课程的结尾，怎么体现职业创新精神，怎么启发学生的创新思维？我觉得这个是永远学不完的。

其次，在这么多年的教学中碰到了各式各样的学生，有的学生才思敏捷，对我们的教学有时是有促进作用的，就是所谓的教学相长的道理。为人师者，必须

常存着育人之责任，也要常思为师之道，常怀有爱学生之心，才能尽到一个教师的责任。同时，我觉得教学是互动的过程，你付出了必然能够获得收获。你只要把自己的一颗心交给了学生，平等地对待学生，尊重学生的主体地位，充分调动学生的学习积极性，师生在教学过程中必然其乐融融。在快乐中学习，在学习中获得快乐。但是，教育行业也在迅猛发展，技术更新从来不会停止，我们必须联合行业龙头企业，瞄准前沿技术，才能建设完善的课程体系，培育出产业需求的合格人才。

周平

一、基本情况

本人博士研究生毕业，并获得博士学位后，即到高职院校任教，从事轻工领域教学十六年，对本职工作一丝不苟，尽心尽责；事业心强，富有创新协作精神；治学严谨，教风端正；教书育人，为人师表；勤恳敬业，团结同志，全心全意搞好教学工作，积极参与科研与教改工作，现将近期工作总结如下。

1. 思想政治方面

本人具有良好的思想政治素质和职业道德，政治立场坚定，师德高尚，忠诚人民的教育事业，于 2009 年 11 月正式成为中国共产党党员。在任教辅党支部党小组长、生物工程系和能源化工系党支部委员期间，充分发挥党员的先锋模范作用，认真开展各项主题教育活动。

2. 教学与科研方面

长期承担教学任务，主讲《日用化学品生产技术》《香精与香料检测技术》《香精制备综合实训》《食用香精调配技术》《香精配制工职业技术训练》等课程，教学效果好，连续多年指导学生技能实训、下厂实习、顶岗实习、毕业设计，无教学事故发生。

荣获 2014 年"凤凰创壹杯"全国职业院校信息化教学大赛高职组信息化教学设计二等奖；2014 年天津市高等职业院校信息化教学竞赛信息化教学设计赛项一等奖；院级信息化教师技能大赛三等奖；主持《食品质量与安全》专业申报获批；负责天津理工大学、天津渤海化工集团有限责任公司、天津渤海职业技术学院三方联合、"3＋1"人才培养模式《化学工程与工艺》本科专业申报获批完成；负责国家级精品资源共享课《精细化工典型设备操作与调控》建设审核，实现网上教学；负责《石油化工行业现代学徒制人才培养标准建设》；负责渤化集团津蒙项目煤化工专业人才培养方案的制定，煤制甲醇仿真工厂生产实训基地的建设，教育部煤化工专业"企业生产实际教学案例库"发布平台；2015 年作为指导教师，指导全国职业院校石油化工生产技术大赛，荣获团体二等奖；2016 年"挑战杯"——彩虹人生职业学校创新创效创业大赛，荣获国家级三等奖、天津市一等奖；2013 年 10

月，天津市高等职业教育教学改革立项"化学制药技术专业国际化专业教学标准开发"主要完成人；高等职业教育国际化专业教学标准开发与实践，化学制药技术专业国际化教学标准，实施"精细化工技术国际化专业教学标准"，主要完成人；2015年10月，《聚乙烯生产全过程能耗估算及分析》项目主要完成人，获天津市化工学会科技软课题研究成果三等奖。天津市高等职业院校提升办学水平建设项目"化学制药技术"，主要完成人。天津市提升办学水平建设项目"精细化工技术"专业建设项目，主要负责人。天津市百万技能人才培训福利计划，主要完成人。负责香精香料工艺和精细化工技术教学标准修订。

天津市高等职业院校提升办学水平建设项目：大赛仿真实训基地、药品GMP生产洁净车间建设，绩效项目：煤制甲醇仿真工厂建设主要完成人；主持完成实训室文化建设，实训室管理细则、实训室易制毒及危化品管控、化学药品采购及使用管理规定、实训室安全应急预案。啤酒生产车间、微生物实训室、食品加工实训室、制剂生产车间、药物合成实训室建设主要完成人。

全国轻工职业教育教学指导委员会委员，全国医药高等职业教育药学类规划教材建设委员会委员，中国营养学会会员，美国官方分析化学师学会会员，天津市"131"创新型人才培养工程第二层次人选。

3. 论文、专利及著作

以第一作者身份发表EI论文1篇，获学院学术年会论文评比一等奖，并代表学院参加国际学术会议，以独立作者身份发表期刊论文6篇；参编正式出版"十二五"国家级规划教材2本，校内规划教材主编3本，副主编1本；专利主持申报1项，参与申报4项。

4. 获奖情况

国家级：2015年获全国职业院校石油化工生产技术优秀指导教师；2015年全国石油和化工行业优秀教学团队负责人。市级：带领能源化工系获2015年天津市师德建设先进单位；2010年天津市独立设置高职院校先进教务处。局级：2016年获渤化集团第六届渤化"希望之星"优秀青年荣誉称号；荣获2012学年度集团公司级优秀教师。院级：荣获学院"十一五""十二五"立新功进集体；2011—2012学年度教师节优秀教师，2013年度教学管理先进个人，2013—2014学年度优秀教师；2014年党员模范岗优秀团队。

二、专业教学资源建设

1. 教学内容与课程开发改革

主讲《日用化学品生产技术》《香精与香料检测技术》《食用香精调配技术》

等课程，形成独特而有效的教学风格，在本院校有较大影响力，起到良好的示范作用。近 5 年，年平均授课学时高于学院平均授课学时数，无教学事故发生，教学效果好，学生评价优秀。

主持完成多门课程的开发与教学改革，通过改革传统的课堂教学方法，实现师生线上线下互动，体现做中学、做中教，有效提升专业教学水平。主持完成 2014 年天津市高等职业技术教育研究会科研课题《信息化技术支撑下的翻转课堂教学实施与教学内容重组的研究》；2015 年天津市高等职业技术教育研究会《高职院校现代学徒制人才培养模式探索》主要完成人；主持完成院级课程改革 4 项。

开发多个轻工相关专业的课程体系，并修订其人才培养方案，主持及参与编纂二十余门课程标准，主持及参与制定相关教学文件。

2. 实践性教学

积极拓展校内外实训基地，主持新开发校企合作校外实训基地八个，新建成校内实训基地十个。主讲《香精制备综合实训》《香精配制工职业技术训练》等实训课程，连续多年指导学生职业技能鉴定、下厂实习、顶岗实习、毕业设计，收效良好。

3. 教学资源库建设

负责国家级精品资源共享课《精细化工典型设备操作与调控》，通过建设审核，实现网上教学；负责教育部煤化工专业"企业生产实际教学案例库"，已发布；天津市开放大学化学工程与工艺课程资源主要完成人；参与完成市级精品资源共享课《药物合成反应》。

三、教学方法改革及效果

在课程教学过程中，采用双语教学、工程实践创新，实施案例教学、项目教学、仿真教学等多种教学方法，利用翻转课堂和现代信息技术，实现师生网上教学交流，及时解决学习过程中遇到的问题，通过改革教学方法和教学手段，促进了教学质量的提高，收效良好。主要完成以下项目：负责制定国家职业教育改革创新示范区建设项目"化学制药技术""精细化工技术"国际化专业教学标准；负责教育部现代学徒制、双语教学试点、国家级精品资源共享课、国家级煤化工企业生产实际教学案例库等项目的建设；负责实施天津市"工程实践创新"项目、"鲁班工坊"项目；天津市教育科学"十三五"规划课题《高职化工类专业工程实践创新项目探索与实践》、天津市高职教育教学改革研究项目《化学制药技术专业国际化专业教学标准开发》、天津市高等职业院校优质专业对接优势产业群建设等项目，主要完成人。

四、在教学团队建设中发挥的作用及效果

带领团队，完成国家级精品资源共享课建设审核，实现网上教学；《石油化工行业现代学徒制人才培养标准建设》被教育部批准为首批职业教育现代学徒制试点项目；制定渤化集团津蒙项目煤化工专业人才培养方案，完成天津市提升办学水平绩效项目《煤制甲醇仿真工厂生产实训基地》的建设，完成教育部煤化工专业"企业生产实际教学案例库"，实现平台发布；实施"精细化工技术国际化专业教学标准"；建成"高职院校里的首个应用型本科专业"，并实施教学。

重视梯队建设，指导青年教师提升业务水平，重视师德教风建设，指导教师提高职业水平，团队"传、帮、带"气氛活跃，近年全国职业院校教师信息化教学技能大赛频获一、二等奖；指导学生参加天津市和全国职业院校技能大赛连获一、二等奖；荣获全国石油化工行业优秀教学团队；带领系部获天津市师德"先进集体"等。

五、教学感言

新的时期，对我们这一代教师提出了更高的要求，我们要发挥自身优势，努力学习职业教育的新理念、新特点，在职业教育改革上求生存、求发展。习总书记在北京师范大学与师生座谈时提出，要做好老师，就要做"有理想信念，有道德情操，有扎实知识，有仁爱之心"的"四有老师"。在我看来，这是对教师职业一次具有新时代特色的诠释。我们要接受未来的挑战，主动增强机遇意识和责任意识，超前谋划好各项工作。

当今世界，科技进步日新月异，国际竞争日趋激烈，社会瞬息万变、学生个性张扬，我们对教育的理解只能深入，不能停歇。我们需要不断学习，优化知识结构，改善思维品质，提高洞察力；我们需要深入思考，发现教育中的新情况、新问题；我们需要加强学习、潜心研究，满足学生不断攀升的需求，解决实践中的难题；我们需要汗水，但更需要智慧。同时，我们还需要调整好自己的心态，保持一份清醒，一份沉静，一份寂寞，一份清高，扬师德、树师风、铸师魂。在新的起点上，昂首挺胸，携手共进，不负重托、不辱使命，共同为教育事业更加美好的明天贡献我们的智慧和力量！

乔建芬

一、基本情况

乔建芬，副教授，硕士学位，山西轻工职业技术学院教师，1987 年来致力于职业教育教学的研究与改革。兼任全国轻工职业教育教学指导委员会日用化工专业委员会委员。在我院的轻工、化工类专业建设与改革中做出了突出贡献。

1. 注重技能、德育为先

坚持认真学习国家有关方针政策，关注职业教育的发展趋势，加强学习，钻研业务，爱学校，爱学生，立场坚定，师德高尚，教书育人，为人师表。

2011 年被山西省教科文卫体工会评为"山西省教育系统职业道德建设标兵"。

2. 严谨治学、积极创新

长期致力于教学一线，近三年主要讲授机械设备类、安全类、工厂设计（CAD）、织物清洗等具有轻工特色的专业课程和实践技术指导（实习指导）等。教学效果良好，深得学生、教师和领导的好评。

2014 年度，课程教学课时数为 354 课时，其他工作折合课时数为 286 课时；2015 年度，课程教学课时数为 324 时，其他工作折合课时数为 416 课时；2016 年度，课程教学课时数为 391 时，其他工作折合课时数为 469 课时，超课时完成学院教学工作量。

主讲课程：

（1）《化工机械设备操作与维护》课程，于 2017 年 1 月被山西省教育厅评为教育部高等职业教育创新发展行动计划（2015—2018 年）中高等职业教育精品开放课程建设项目。

（2）《化工安全技术》课程，根据《教育部、国家安全监管总局关于加强化工安全人才培养工作的指导意见》（教高〔2014〕4 号）文件精神，确实提高学生的化工安全素养和实践能力。

（3）《计算机辅助化工设计（CAD）》课程，在精细化工技术（日用化工）专业及化工技术类专业里面设置并开发了每周 4 课时的《计算机辅助化工设计

（CAD）》课程，并集中实训一周。

（4）《织物清洗技术》课程，在精细化工技术（日用化工）专业中，开发了《织物清洗技术》课程，校企合作效果良好。《织物清洗技术》教材被列为国家纺织服装高等教育"十二五"规划教材，填补了高职没有该类教材的空白。

（5）《煤化工装备操作与维护》课程，2013 年被评为山西省高职高专精品资源共享课程，课程负责人。

（6）《化工总控工》实训和《计算机辅助化工设计（CAD）》实训中，采用"六步法"教学方法，注重大学生政治思想教育和安全教育。

（7）顶岗实习指导和论文撰写指导，注重学生创新创业的教育、吃苦耐劳的品质，驻中国培养学生敬业精神和团队合作精神。

3. 崇尚工匠精神，提升"双师型"素质

（1）2011 年获山西省第五届高职高专院校"双师型"优秀教师荣誉称号，并荣立山西省个人二等功（山西省社会主义劳动竞赛委员会）。

（2）2013 年被评为学院"双师型"教学名师。

（3）2000 年获得机械设备工程师证。

（4）在实践学习与教学中，重视工匠精神，不断学习，考取了高级《化工总控工》《水处理》《化学检验工》《洗衣师》等职业资格证，并获得《化工总控工》《洗染》等高级考评员证。

4. 开展教学条件建设，保障学生技能训练

（1）每年组织教师进行专业标准、教学标准、课程标准等教学文件的制订和修改。重点把课程建设工作做好、做精、做细，积极开展精品资源共享课程和共享型专业资源库的教学内容数字化建设。

（2）加强学生技能训练，在《化工总控工》实训和《计算机辅助化工设计（CAD）》实训中，采用"六步法"教学方法。在学生顶岗实习指导和论文撰写指导中，注重对学生创新创业的教育，注重培养学生吃苦耐劳的品质、敬业精神和团队合作精神。

（3）2012—2016 年，借助中央财政支持重点专业建设项目，校企合作开发制作数字教学资源，开发制作课件，虚拟车间、仿真软件、教学视频等资料 200个 G。内容涉及新技术、新工艺、设备、生产安全、企业文化与形象等。可作为学生专业教育，生产认识学习、工艺、设备、安全教育、素质教育等课程的教学素材。采用录像、三维、图片、PPT 等多种形式，碎片化的积件和项目，集成制作出一套系列教学数字资源。积极主动帮助青年教师，在"传帮带"实施中，注重青年教师培养，使教师应用现代信息化手段能力得到很大提高，确实提升了教师的服务能力。

5. 积极实践教育教学改革，持续提升人才培养质量

（1）近五年，主持过省级以上的教育教学改革项目2项。在教学内容、教学方法改革方面成果显著，为兄弟院校起到示范和引领作用。

①2011年，主持完成山西省高等学校教学改革项目《工学结合"应用化工技术专业人才培养方案"改革研究与实践》课题。2012年获山西省人民政府颁发的山西省高等学校教学成果三等奖。

②2013年，主持完成山西省高等学校教学改革项目"校企合作高职煤化工生产技术专业人才培养模式改革研究与实践"。

（2）主持省级以上科研项目1项，主持部级以上科研项目2项。

①主持完成万柏林科学技术局科技计划项目《表面活性剂与纳米氧化物复配技术在陶瓷釉料中的应用研究》。

②主持完成万柏林科技局科技产学研项目《磺化工艺过程废热回收换热器的改进研究》。

③主持完成高等学校科技创新项目《磺化工艺过程废热回收设备的改进研究》（2014）。

（3）获得省级以上教学成果奖：一等奖1项，二等奖1项，三等奖2项。

①2010年，《校企合作开发煤化工生产技术专业的研究与实践》，山西省人民政府颁发的山西省高等学校教学成果一等奖（第三人）。

②2008年，"轻工化工类专业工程机械素质和实践能力培养的研究与实践"，山西省人民政府颁发的山西省高等学校教学成果二等奖（第四人）。

③2012年，《工学结合"应用化工技术专业人才培养方案"改革研究与实践》，山西省人民政府颁发的山西省高等学校教学成果三等奖（第一人）。

④2010年，《轻化工类专业改革与教材建设研究与实践》，教育部高等学校高职高专轻化类专业教指委教学成果三等奖（第二人）。

（4）第一作者在《化工时刊》《轻工科技》《山西科技》《天津职业教育》等杂志上发表教学改革论文18篇。其中近五年12篇。第一作者在《煤化工》《化工时刊》《印染》《山西化工》《上海化工》《山西科技》《食品工程》等杂志上发表科技论文26篇。近五年发表的科技论文6篇。

（5）主编教材6部：《化工机械设备操作与维护》《织物清洗技术》《化工安全生产与管理技术应用》《化工机械结构原理》《化工机械设备安装施工技术应用》《煤化工装备操作与维护》。

6. 积极开展校企协同创新，主动服务经济社会发展

（1）企业学习实践。每年利用节假日深入合作企业参加企业实践学习和锻炼，主要的企业有：太原赛思利精细化工有限公司、太原广宇洗涤化工设备有限公司、山西争丽酒店用品有限公司、太原市阳光嘉洁洗涤用品有限公司、山西青山环保工程有限公司、山西安泰控股集团股份有限公司、山西聚源公司、建涛万鑫达有限公司、山西普瑞特油墨有限公司等，主要学习机械设备操作、洗涤技术、安全技术以及教学素材的采集等，与工人同吃同住，一道学习，加强动手能力和解决实际问题的能力。时间累计超过三年。

（2）积极开展校企合作，为企业提供技术服务，提高了企业的研发能力，提升了员工的业务素质，增加了企业的效益，同时，确确实实提升了我的服务企业能力，在社会上树立了良好形象，也扩大了学院的知名度和美誉度。尤其在山西清洗行业具有一定的知名度和影响力。

①与太原广宇洗涤设备有限公司合作，主持校企合作应用技术研究项目3项，经费13万。主持完成万柏林科学技术局科技计划项目《表面活性剂与纳米氧化物复配技术在陶瓷釉料中的应用研究》。主持完成万柏林科技局科技产学研项目《磺化工艺过程废热回收换热器的改进研究》。主持完成高等学校科技创新项目《磺化工艺过程废热回收设备的改进研究》（2014）。

②与山西省轻工设计院、山西省食品研究所等合作主持科技开发与技术服务项目4项，参与完成企业科技工程项目可行性报告编制12项，近五年完成可行性研究报告5项。

③被太原赛思利精细化工有限公司、太原广宇洗涤化工设备有限公司、山西争丽酒店用品有限公司、太原市阳光嘉洁洗涤用品有限公司、山西青山环保工程有限公司等聘请为高级技术指导、顾问或工程师。为企业做员工的业务培训和技能提升培训。主要培训有：

2010年8月，太原市阳光嘉洁洗涤用品有限公司职工培训——鉴定考核培训。

2011年8月，太原滨西玻璃钢厂技术人员培训——计算机辅助设计（CAD）培训。

2012年5月—10月，山西离柳焦煤集团有限公司关于国家职业资格《化学检验工》培训。

2012年11月，山西通州焦煤集团股份有限公司《化学检验工》《化工总控工》等培训。

2013年1月，山西广宇环保有限公司计算机辅助设计（CAD）培训。

2013年8月，山西安泰控股集团有限公司《化工总控工》职业资格培训。

2014年8月，山西争丽酒店用品有限公司职工培训——鉴定考核培训。

2016年7月，太原赛思利精细化工有限公司职工培训——业务培训。

7. 主动帮助青年教师，发挥传帮带作用

近年来，我院新引进30多名青年教师。通过教学基本功大赛、实训基地建设等帮助青年教师。本专业通过几年的办学实践和教学改革，已建立起一支教学经验丰富、教学质量高、结构合理、实践能力强、专兼结合、具备"双师"素质的优秀教学团队，现有 20 名专兼职教师。

职称结构：本专业 20 名教师中，教授 2 名，副高级职称 8 名（副教授 5 名，高级工程师 3 名），中级职称 10 名（讲师 8 名，工程师 2 名）。比例为 1∶4∶5。

学缘结构：本专业教师来自于中国矿业大学、太原理工大学、江南大学、天津科技大学、北京工业大学、北京化工大学等。教师来源于不同的学校，综合了各个学校的办学特色，学缘结构良好，学科之间形成互补，保持了教学优势。

学历结构：1 名博士，9 名硕士，14 名学士，全部教师均有本科及以上学历。

年龄结构：本专业 20 名教师中，50 岁以上 6 名，40 ~ 50 岁 10 名，30 岁以下 4 名。年龄结构与学历结构较好，以中年教师为主，形成老中青相结合，突出传帮带作用。

积极主动帮助青年教师提高教学水平和执教能力。

（1）在 2010 年度中青年教师基本功教学评价与竞赛中，刘美琴老师获学院专业课程组第一名，参加省级比赛，获省教学能手优秀奖，并荣立山西省二等功。

（2）在 2015 年度中青年教师基本功教学评价与竞赛中，刘美琴老师获学院专业课程组第一名。

（3）刘美琴、张春燕、高巍、赵玉梅、张亚平等青年教师进行课程改革与专业建设活动，近三年发表论文 10 篇。

二、专业教学资源建设

1. 教学内容与课程开发改革

近年来，我们多次召开"校企合作课程体系改革研讨会""校企合作专业人才培养方案论证会""专业建设与改革交流会""新课程开发实践交流会""课程改革经验交流会"等会议，邀请单位有中国日用化学工业研究院、山西省煤化工协会、山西化工国家职业技能鉴定所、太原赛思利精细化工有限公司以及广东食品药品职业技术学院、深圳职业技术学院等，遵循学生职业能力培养的基本规律，以真实工作任务及其工作过程为依据，整合、序化教学内容。积极开展专业标准、教学标准、课程体系、课程标准等教学文件制订和修改。

近年主要讲授的课程有：《化工机械设备操作与维护》《化工安全技术》《计算机辅助化工设计（CAD）》《织物清洗技术》等。

（1）教学改革与内容的开发。

①针对产业调整，新技术，新工艺及企业岗位不断变化，调整改革课程

内容。

②采用信息技术手段、教学资源库，改革教学方法与手段。

③将大学生思想政治教育内容，渗透到课程中。

④重视创新创业教育，安全生产教育，技能大赛等。

（2）主要成果有：

①制订与完善精细化工技术（日用化工）等专业标准、教学标准、课程体系。

②《化工机械设备课程操作与维护》课程与内容改革。《化工机械设备操作与维护》课程是精细化工技术（日用化工）、应用化工技术等专业必修的主干专业核心课程之一。也是轻工类、化工类专业平台课程。不同的专业方向可以根据自己后续课程和生产过程需求选择不同层次化工机械设备操作与维护课程。同一层次的化工机械设备课程也可以根据不同的专业特点选择不同的教学内容。校企合作编写了《化工机械设备操作与维护》教材，于2013年1月由化学工业出版社出版。该课程形成了独特的教学风格，得到山西省教育厅的认可，在山西省高职院校起到了示范作用，于2017年1月被山西省教育厅评为《教育部高等职业教育创新发展行动计划（2015—2018年)》中高等职业教育精品在线开放课程建设项目。

③《化工安全技术》课程与内容改革，根据《教育部、国家安全监管总局关于加强化工安全人才培养工作的指导意见》（教高〔2014〕4号）文件精神，确实提高学生的化工安全素养和实践能力。将《化工安全技术》课，由原来的拓展课，调整为专业核心技能课，围绕培养从事化工安全生产、安全操作运行、安全检验、安全生产技术管理等工作岗位技术技能型专门人才的培养目标，以化工安全生产法规与标准为依据，侧重化工生产过程与管理过程的安全技术应用。校企合作编写《化工安全生产与管理技术应用》教材，并于2015年7月由西安交通大学出版社出版。

④开发了《计算机辅助化工设计（CAD）》课程。2009年在精细化工技术（日用化工）专业及化工技术类专业里面设置并开发了每周4课时的《计算机辅助化工设计（CAD）》课程，并集中实训一周。为学生后续发展打下基础。副主编《CAD及天正建筑8.0实用教程》，2015年1月由中央民族大学出版社出版。

⑤开发了《织物清洗技术》课程，在精细化工技术（日用化工）专业中，开发了《织物清洗技术》课程，作为《洗涤剂生产技术》下游课程，重在日用洗涤产品的应用与服务。校企合作效果良好。2011年主编《织物清洗技术》教材，由东华大学出版社出版，该书被列为国家纺织服装高等教育"十二五"规划教材，填补了高职没有该类教材的空白。

⑥精品资源共享课程建设。2013年主持山西省高职高专精品资源共享课程——《煤化工装备操作与维护》建设与改革，校企合作开发了该课程，制定

了课程标准。该课程形成了独特的教学风格，得到山西省教育厅的认可，并在山西省高职院校起到了示范作用，配套主编《煤化工装备操作与维护》教材，于2016年5月由化学工业出版社出版。

2. 实践性教学

（1）积极同专业团队申报重点专业建设项目和实训基地建设项目，极力改善和创造实践教学条件。

①2012年申报并获准将"煤化工生产技术"专业列为中央财政支持的高职院校提升专业服务产业发展能力项目。

②2014年申报并获准将"应用化工技术"专业列为山西省高等职业教育实训基地建设项目。通过项目的实施，使专业的实践教学条件得到很大的提高，开发了新的实训项目，提高了实践教学效果。

（2）校企合作，积极拓展校外实践教学条件，加强与企业的联系和深度合作。

①积极与企业联系进行校外实训基地的建设，根据实训基地类型、实训基地的功能要求、实习岗位、对应的学习领域、年接纳学生数（人）等方面，设计了"校外专业实训基地条件与要求一览表"。

②校企合作开发与建设校内校外实训基地。联系校外实习基地10家。中国日用化学工业研究院、太原市广宇洗涤设备有限公司、太原市梗阳实业集团有限公司、山西翔宇化工有限公司、太原赛思利精细化工有限公司、山西通洲煤焦集团股份有限公司等10家。

（3）充分发挥校外实训基地功能，与企业开展技术创新。

（4）充分发挥校外实训基地功能，共同开发实践教学资源库。利用校外实训基地，与山西通洲煤焦集团股份有限公司、太原市广宇洗涤设备有限公司、太原赛思利精细化工有限公司等进行实习、实训、共同开发实践性教学资源库。

（5）构建完善的实践性教学体系。在制订教学计划时应根据社会需求，从培养多类型、多规格的人才培养思想出发，从有利于培养学生的创新意识、工程意识、工程实践能力、社会实践能力出发，对实训、实习、课程设计、毕业设计等实践性教学环节进行全面的、系统的优化与完善，明确各实践教学环节在总体培养目标中的作用。注重创新意识、创新能力的培养，并贯穿于人才培养的全过程，坚持产、学、研相结合的方向，逐步形成完善的实践教学体系。

（6）科学合理地安排实践教学环节，积极开发实训项目。在教学过程中对不同课程根据目标需要，科学的安排实践性教学环节，保证实践课时量，实践课时量占总课时的50%以上。在制定教学大纲和授课计划时，应根据课程的特点，科学合理的设计课时的分配，以达到最优化设计。并积极改革课程实训的教学内容，注重学生综合能力的培养，开发新的实训项目。

（7）改革实践教学的方法和手段，在实训课程中积极探索和采用"六步法"。充分利用教学数字资源和企业实际教学案例库，对学生进行专业教育，生产认识学习，工艺、设备，安全教育、素质教育等课程的教学素材，采用多媒体的教学形式，增大学习的信息量。借助计算机利用虚拟现实技术进行仿真教学。根据课程特点，有计划地开发综合性、创新性实训项目，积极探索和采用"六步法"，充分调动学生的自主性，开发学生的思维潜能。

3. 教学资源库建设

主要形成的成果：

（1）校企合作开发制作数字教学资源。数字教学资源总目录，数字教学资源库建设说明：

板块一，校企合作开发制作化工企业生产实际教学案例；

板块二，化工产业发展、产业政策、产业技术资源；

板块三，能源教育资源库；

板块四，化工安全教育资源；

板块五，化工类专业教学资源；

板块六，高职专业建设、改革、政策、发展、动态；

板块七，轻工业科普教育；

板块八，生活中的化学化工；

板块九，绿色化工、低碳环保、再生利用；

板块十，大众创业、万众创新；

板块十一，我爱我的家乡——山西；

板块十二，素质教育拓展资源。

（2）企业生产实际教学案例库。由我院主持同全国兄弟院校完成。教育部职成司教育部2014年行业指导职业院校专业改革与实践项目《化妆品技术与管理专业企业生产实际教学案例库》。共有五个板块：

板块一，化妆品生产技术；

版块二，洗涤剂制造技术；

板块三，香料、香精制造技术；

板块四，洗涤用品制造技术；

板块五，涂料制造技术。

三、教学方法改革及效果

教学方法的革新，是提高教学质量的关键。以优化教学效果为核心，以促进学生学习能力提高为宗旨，改革传统的、旧的教学方法，大力推行先进的教学手段和方法。

（1）创新教学方法。每一任务的教学中，强调学生的自主性，教师是教学过程的设计者和协调者，引导和激励学生实施过程，提高学生的职业能力。我主持完成的精品资源共享课程创新教学方法，被山西省教育厅认定，在全省起到了示范作用。

（2）教学手段灵活多样，强化现代化信息技术的应用，重视优质教学资源和网络信息资源的利用。教学团队开发数字教学资源库为案例教学法等灵活多样的教学方法提高了保障和条件，在全省具有示范性作用。

（3）积极推行形成性评价，探讨教学考核方式方法的改革。多年来担任化工机械类课程，并根据山西省产业结构调整和企业人才需求变化，对化工机械设备类课程不断改革，内容不断更新，并进行课程建设转型。

2017年1月，《化工机械设备操作与维护》课程被山西省教育厅评为教育部高等职业教育创新发展行动计划（2015—2018年）中高等职业教育精品开放课程建设项目。教学团队具有精品资源共享课程的经验，并对精品在线开放课程的建设有较高的热情，具有能够依据在线开放课程的教学特点进行课程设计和组织教学的能力。

四、在教学团队建设中发挥的作用及效果

作为化工技术类专业带头人，帮助青年教师提高教学能力。在教学团队建设中，意识超前、观念更新、长期致力于教学研究与改革。经过多年的专业建设与改革，在开发新专业、改造传统专业方面成效突出，得到行业企业的高度评价，为兄弟院校开发新专业、开发新课程等起到引领和示范作用。

（1）会同教学团队，根据地方产业结构的变化，改造旧专业，开发新专业。

（2）会同教学团队，开展专业建设与改革。主持完成省部级课题3项，参与完成2项，获省部级教学成果一等奖1项，二等奖1项，三等奖2项。

（3）主动帮助青年教师，发挥传帮带作用。在专业传帮带团队建设中，积极发挥作用，主动帮助青年教师，提高教学基本功和执教能力，按照学院要求，开展师德师风建设，在专业团队建设中，起到应有的作用。团队建设效果明显。

五、教学感言

回顾多年的职业教育生涯，在学院的培养与支持下，各项教育教学工作取得了一定的成绩。我深知作为一名职业教育战线上的教师，学无止境，艺无顶峰。

在当下崇尚工匠精神，创新创业的时代，我将继续坚持党的教育方针，不断积淀师德修养，养成创新思维，提高工匠技能。为培养技术技能型合格人才而努力，为祖国的教育事业奉献终身。

陈建华

一、基本情况

陈建华 1988 年 7 月毕业于内蒙古大学化学专业，毕业后分配到内蒙古轻工业学校（现更名为包头轻工职业技术学院），1999 年 7 月加入中国共产党，2005—2012 年担任轻化工工程系党总支副书记，2013—2016 年担任检测技术学院党总支书记兼副院长，2016 年年底担任检测技术学院党总支书记，2005 年 12 月获得中国农业大学食品工程专业工程硕士学位，2008 年 11 月被评为副教授，2014 年取得化学检验工高级技师资格，2011 年取得食品检验工考评员资格。

2012 年被学校聘为工业分析技术（原工业分析与检验）专业的专业带头人，作为工业分析技术专业带头人，主要从事工业分析技术专业教学、专业建设、课程建设、教学团队建设、实验实训基地建设等工作。

2012 年 2 月，工业分析技术（原工业分析与检验）专业被学校定为第一批教学改革项目试点专业，带领工业分析技术专业教学团队进行工业分析技术专业人才培养方案制定、整合专业课程，制定专业课程标准，进行工学结合人才培养模式教学改革，进行以项目为引导、任务为驱动的教学方法改革，按照教、学、做一体化模式组织开展教学，极大地提高了学生学习的自觉性和主动性，激发了学生的学习兴趣，取得了良好的教学效果。

主持制定了工业分析技术（原工业分析与检验）专业"十二五""十三五"专业建设发展规划及自治区示范校重点专业工业分析技术（原工业分析与检验）专业及专业群建设方案。曾讲授"化学分析检测技术""仪器分析检测技术""工业分析检测技术""检验基础"等专业核心课程。主持自治区级精品课程《工业分析检测技术》和校级优质核心课程《仪器分析检测技术》建设，参与多门自治区级和校级精品课程建设。主持并完成了微生物检测实训室、分析检测仿真实训室、环境监测实训室等多个专业实训室和校外实训基地建设，主持并完成了购置分析检测中心仪器设备工作，主持并参与利用美元贷款建设的"分析检测中心"的调研、设计和筹建工作，完善了专业实训条件。

2012 年负责的工业分析技术（原工业分析与检验）专业教学团队获得内蒙古自治区优秀教学团队。2013 年负责的《工业分析检测技术》课程被评为内蒙古自治区级精品课程。

主编《无机化学》（科学出版社，2009 年）、《工业分析》（科学出版社，2011 年）、《有机化学》（科学出版社，2010 年），参编《水质检验技术》（科学出版社，2011 年）、《基础化学》（华中科技大学出版社，2010 年）共 5 部公开出版教材。

教学以外，主要从事工业分析技术、高职高专人才培养模式、高职高专课程改革等方面的研究工作，共发表《教学过程中对高职学生职业能力培养的探索和研究》《工业分析与检验理论与实践探讨》《添加剂在苜蓿青贮中的应用进展》《盐酶混合添加对苜蓿发酵品质的影响》等论文 10 余篇，其中中文核心期刊 3 篇，教学改革论文 2 篇。先后主持《仪器分析检测技术》《化学分析检测技术》《工业分析检测技术》《检验基础》课程改革、工业分析技术专业人才培养模式改革，参与多项学院科研、教学改革工作。参与的各级各类课题 10 余项，获得学院教学成果一等奖 1 项。

2015 年为"2015 年中国技能大赛——内蒙古职业技能竞赛"及"2015 年中国技能大赛——内蒙古包头市职业技能竞赛"乳品检验工技能竞赛项目编制竞赛内容和竞赛文件，并参与竞赛的裁判工作。多次为企业员工进行专业培训，2016 年 8 月，被内蒙古森艾科技有限公司聘为技术负责人和授权签字人。

自参加工作以来，多次获学院"先进教育工作者""优秀教师"等各类荣誉称号，4 次获包头市"德教双优"教师、优秀教师、优秀党务工作者、先进教育工作者荣誉称号。2008 年，获全国高职高专生物技术大赛"优秀指导教师"荣誉称号，2016 年，指导学生参加内蒙古自治区农产品质量安全检测大赛，学生获得三等奖。

二、专业教学资源建设

1. 教学内容与课程开发改革

（1）创新人才培养模式和课程体系改革。

①2012 年主持工业分析与检验专业人才培养模式转型工作，经过近四年的研究探索创建了工业分析与检验专业"理实一体、阶梯递进"的人才培养模式，创建了基于产品检验工作过程的模块化课程体系。

②创建了注重学习过程考核的考核评价方式。

③创建了将学生职业素养养成纳入考核内容的考核评价方式。

（2）制定和修订专业人才培养方案和课程标准。

①制定了 2011 级、2012 级工业分析与检验专业人才培养方案，修订了 2013 级、2014 级、2015 级、2016 级工业分析技术（原工业分析与检验）专业人才培养方案。

②2014—2016 年连续制定和修订了《仪器分析检测技术》《化学分析检测技

术》《工业分析检测技术》《微生物检测技术》课程的课程标准。参与制定并修订了《检验基础》课程标准。

（3）教材编写。主编了《工业分析》《无机化学》《有机化学》三本教材，参编了《水质检验技术》《基础化学》《分析化学》三本教材。

2. 实践性教学

（1）完善校内实训基地条件。

①主持并完成了微生物检测实训室的设计和筹建。

②主持并完成了分析检测仿真实训室的设计和筹建。

③主持并完成了购置分析检测中心仪器设备项目，完善了专业实训条件。

④主持筹建包头市专项实训基地——分析检测技术实训中心建设。

⑤为改善学院实训条件，主持并参与利用美元贷款建设的"分析检测中心"的调研、设计和筹建工作。

⑥主持完成了环境监测实训室项目设计和筹建。

（2）加强校外实训基地建设。加强校企合作，拓宽校外实训基地，与包头市食品药品检验检测中心、包头市产品质量计量检验所、内蒙古包头蒙牛乳业（集团）股份有限公司、包头市环境监测站、内蒙古森艾科技有限公司建立了校企合作关系。

3. 教学资源库建设

（1）建成了《工业分析检测技术》精品课程。

（2）建成了《仪器分析检测技术》教学资源库。

（3）建成了《工业分析检测技术》教学资源库。

三、教学方法改革及效果

1. 教学方法改革

形成了以"项目引导、任务驱动"的教、学、做一体化的教学模式，专业知识和专业技能在学生完成真实检验任务的过程中得到学习和训练，学生的职业素养在完成工作任务的过程中进行培养。此种教学方法使学生的专业知识和专业技能不断被重复学习，学生在不知不觉中掌握了专业知识，专业技能不断被强化，实践动手能力明显增强。

2. 教学方法改革效果

（1）学生学习兴趣增强。

（2）师生关系更加和谐融洽，从师生关系变成了师徒关系。

（3）学生的职业素养得到培养。

（4）基本理论知识学生更容易掌握。

（5）学生计算能力增强。

（6）教师教学能力和实践能力增强。

四、在教学团队建设中发挥的作用及效果

作为工业分析技术（原工业分析与检验）专业的专业带头人，努力带领教学团队成员探索教学改革，研究教学方法，改革考核评价模式，并加强对青年教师的指导，发挥以老带新作用，积极培养骨干教师，将本专业按照专业核心课程分成相应的教学团队，按照这样的思路，发挥青年骨干教师的作用，对培养青年教师起到了很大的推动作用，有目的、有针对的培养年轻教师，让骨干教师承担教学比赛、说课、实习、实践、课程改革等多个项目任务，调动骨干教师的积极性，为骨干教师的成长创造条件。在日常教学活动中，有计划地开展教师学习和培训，通过努力，年轻教师的课堂教学组织能力和教学水平均有了较大的提升。

五、教学感言

教育需要爱心，友善的态度是教育最基本的前提条件，也是教育的真正动力。对教师而言，善良是一种品格，善良是一种修养。作为高等职业教育工作者，我们应该用"友善的态度"去善待每一位学生！

善待学生，就是要尊重学生。在面对学生的缺点和错误的时候，应以尊重学生人格、理解与宽容优先，应以保护学生的自尊心与自信心为重。对学生的批评教育要做到有理、有节、有度。我坚信：尊重学生，必将赢得学生的尊重，这就是回报，这就是教育的基点。

善待学生，就是要热爱学生。教师对待学生的善良，是要以爱心为基础的。客观地说，有些高职学生在中学阶段可能因为学习成绩不理想而遭受过冷遇甚至被边缘化的处理，造成部分学生对教师有一种习惯性的抵触情绪。但我坚信：善良与温柔是教育的雨露，用爱滋润着学生的心田，必将会赢得学生的爱与信任。

善待学生，就是要对学生负责。其主要体现在以下几个方面：

（1）"有教无类"。公正与平等是教育的内核，我们要公平、公正的对待每一位学生，做到有教无类。

（2）"因材施教"。要注重分析学生群体特点，针对高职生源质量参差不齐、学生个人兴趣爱好千差万别、职业理想和职业目标各不相同的现状，做到"教亦多术"、因人而异、因材施教。

（3）"循循善诱、诲人不倦"。要注重高职高专教育教学规律的研究，灵活

运用教学方法，做到循循善诱、诲人不倦。激发学生的学习兴趣，注重提高学生的自主学习能力，促进学生的积极思维和开发学生的潜在能力。

（4）"授人以鱼"，更要"授人以渔"。在高职教学中，要强化学生实践能力培养，授予其立足社会和后续发展的必要技能。所以我们教师要抱着对学生负责的态度，随时关注产业发展趋势和行业动态，分析职业岗位能力要求和更新变化，并及时纳入教学内容之中。

（5）"成才"加"成人"教育。要在教学的同时，注重学生职业道德和个人修养的培养，以人格的力量影响学生做人、做事的态度。

善待别人就是善待自己。停留在我们脸上的笑意是宽容，永驻在我们教师心田的是爱意，我坚信：善待学生，必将使我们的高职教育呈现出一种前所未有的美丽！

蔡智军

一、基本情况

蔡智军，硕士，副教授，第三届全国农业职业教育教学名师。现任辽宁农业职业技术学院食品药品系主任、书记，食品工业职业教育教学指导委员会委员，沈阳市食品安全专家库成员，营口市科技特派员，沈阳市公共营养师协会常务理事，营口市营养学会发起人之一、副会长。国家示范性高职院校建设食品营养与检测专业带头人，教育部提升专业服务能力项目——农产品质量检测专业项目总负责人，辽宁省"以教学产品为纽带的创新型实训基地"项目负责人，教育部食品加工技术专业资源库子项目负责人，辽宁省职业教育信息化虚拟仿真实训基地项目子项目——虚拟食品加工、检测基地项目负责人，教育部 2015—2018 年创新行动计划子项目—"双师型"教师培养培训基地负责人。拥有高级食品检验技师、公共营养师（二级/技师）、食品安全师（二级/技师）、高级食品检验工和乳品检验工考评员、农业部职业技能鉴定督导员资格。

自 2004 年工作以来，先后讲授《有机化学》《食品卫生》《食品营养》《食品营养与保健》《食品化学》《食品营养与配餐设计》《食品安全控制技术》等课程，主持完成《食品营养与配餐设计》《食品安全控制技术》《功能性食品及开发》课程资源建设。并先后参加公共营养师、食品检验技师、农业行业考评员、督导员、食品安全师培训，参加了由教育部、德国国际教育与发展协会在德国举办的农业职业教育培训、教学法培训，积累了丰富的教学与实践经验。

工作以来，先后在省级以上刊物发表论文 30 篇，其中本人担任第一作者的 15 篇。主编高职高专"十一五"规划教材《食品化学》，主编《食品营养与配餐》《功能性食品及开发》教材 2 部，副主编《食品营养学》教材 1 部。其中，《食品营养与配餐》2013 年获辽宁省自然科学学术成果著作类三等奖。

主持辽宁省职业技术教育学会课题 2 项，已结题；主持全国食品工业职业教育教学委员会教育教学课题 1 项，已结题；主持辽宁现代农业职教集团重点课题 1 项，已结题；连续三届主持辽宁农业职业技术学院重点教育教学课题 3 项，均已结题，获得院教育教学成果一等奖 2 项、二等奖 1 项。连续三届获得全国农业职业教育教学成果二等奖。

"《食品营养与配餐》课程的改革与实践"获辽宁农业职业技术学院第五届

教育教学成果一等奖、第四届全国农业职业教育教学成果二等奖；"食品营养与检测专业'课证一体、双线融合'教学模式的研究与实践"教改课题，获学院第六届教育教学成果一等奖、第五届全国农业职业教育教学成果二等奖；"以教学产品为纽带的创新型实训基地运行机制研究与实践（LZY13010）"课题，获第六届全国农业职业教育教学成果二等奖；"'课证一体、校企贯通'实训教学模式研究与实践"获辽宁省高等教育研究会"十二五"中期优秀成果三等奖。

本人主持的《食品营养与配餐设计》课件获 2012 年第十二届全国多媒体课件大赛一等奖；主持的课程资源—《食品营养与配餐》获辽宁省第十二届教学软件大赛三等奖，主持的《食品营养与配餐设计》网络课程获 2012 年辽宁省信息化大赛网络课程组三等奖。

曾先后在大连宫产食品有限公司、鞍山中通发展有限公司、大连达远商贸有限公司、盘锦宋大房食品有限公司、营口德华食品有限公司、鞍山槿宁食品有限公司实践锻炼。并担任大连达远商贸有限公司营养顾问、盘锦宋大房食品有限公司营养顾问、营口德华食品有限公司营养顾问、鞍山槿宁食品有限公司技术顾问，积极参与到产品研发及品质管理中。2011 年 9 月，被营口市科技特派行动协调小组聘为营口市"科技特派员"。作为第三参与人，参与由鞍山槿宁食品有限公司牵头的 2012 年辽宁省科技厅、财政厅第一批次科学计划项目——"岫岩地方优质特色食用菌产业化生产"。

曾荣获辽宁农业职业技术学院"优秀共产党员""优秀党务工作者"荣誉称号，两次荣获"辽宁省农委先进工作者"荣誉称号，荣获"省优秀就业工作者""辽宁省 2010 年度千名辅导员万家行活动先进个人"等省级荣誉。

二、专业教学资源建设

1. 教学内容与课程开发改革

积极进行教学内容改革，先后开发、讲授 6 门课程，现主讲两门课程，分别为《食品营养与配餐设计》《食品安全控制技术》。

《食品营养与配餐设计》课程在"课证一体、双线融合"的教学模式的指导下，按照公共营养师的工作流程，结合高职学生学习特点，分为"营养评价""食物选择""配餐设计""营养教育"四个情境。学生学习兴趣高，公共营养师通过率达 95% 以上，该课程资源分别荣获"第十二届全国多媒体课件大赛一等奖""辽宁省第十二届教育软件大赛三等奖""辽宁省信息化大赛三等奖"；针对该课程的教育教学课题"《食品营养与配餐》课程改革与实践"分别获得学院教育教学一等奖、第四届全国农业职业教育教学成果二等奖。

《食品安全控制技术》根据学生就业企业类型，重点讲述 GMP 认证规范、HACCP 体系，结合校内外教学实践及企业参观，有的放矢进行讲解，学生从事品质控制、企业内审员岗位时帮助较大。

2. 实践性教学

从事《公共营养师技能训练》《营养配餐软件的使用》实践教学，针对公共营养师技能考核要求，从体质检测、体质评价、配餐设计、营养素缺乏判断、体检报告解读等实操方面进行训练。同时讲授利用不同配餐软件为不同个体、群体的配餐设计，并利用软件进行修改。

主持辽宁省教育厅"以教学产品为纽带的创新型实训基地"项目，已完成项目建设，并与好利来合作成立"好利来工作体验馆"。

3. 教学资源库建设

参与由 2014 年江苏食品药品职业技术学院主持的教育食品加工技术专业资源库项目，并为子项目总负责人，圆满完成了《饮料生产技术》课程、饮料制作工职业资格培训库、饮料生产技术技能培训库、行企信息库建设任务，并得到主持院校好评。

主持完成国家示范院、提升专业服务能力专项建设中课程资源建设总任务。

主持完成《食品营养与配餐设计》《食品安全控制技术》《功能性食品及开发》课程资源，参与《食品添加剂检测》课程资源建设。

三、教学方法改革及效果

根据学习内容、学生认知规律，不同课程采用不同的教学方法，如《食品营养与配餐设计》采用了任务驱动法、案例教学法、调查法、实际操作法、探讨互动法、角色扮演法等。让学生提高学习兴趣，积极参与。

在 2012 年迈凯思第三方调查中，《食品营养与配餐设计》课程被食品营养与检测专业当选为"对个人成长最有帮助的课程"，本人也被毕业生推选为对个人成长最有帮助的教师。

四、在教学团队建设中发挥的作用及效果

作为食品营养与检测专业带头人，注重师资队伍建设，专兼职教师队伍建设成果显著。先后聘请行业专家、企业技术专家与管理专家为学生授课，专兼职教师比例达到 1∶1。专职教师中，4 人被企业聘为技术顾问，3 人成为辽宁省公共营养师协会成员，1 人为沈阳市营养协会常务理事，6 人具有公共营养师（二级）职业资格，2 人具有高级食品检验技师资格，2 人具有化学分析工（技师）资格。1 人当选全国食品工业职业教育教学指导委员会委员，2 人获得全国农业

职业教学名师称号。

五、教学感言

职业教育是关乎民生、普惠大众的教育，是紧密围绕行业、企业需求，实现职教人人生价值的教育。

作为一名职业教育工作者，深感责任重大而光荣，在工作中，要心中有爱、眼界要宽。要不断研究新知识、技能，也要不断研究学生的认知规律、成长规律，打破传统教学方式，采用不同的教学方法与手段，寻求学生的兴趣点，积极引导，培养学生综合素质，为其就业、创业打下一定基础。

为学生实现梦想而助力，为职业教育发展而献力，为实现中国梦而努力！

罗丽萍

一、基本情况

本人从事食品生物工艺专业一线教学工作 31 年，教授级高级讲师。近三年平均授课 708 学时/学年（注：本单位平均年授课学时为 480 学时），其中专业实践教学平均 6 周/学年。近三年业务考核均为优秀。

主要担任食品生物工艺专业《食品分析与检验》《饮料工艺学》《食品生物工程机械与设备》《乳品工艺学》《食品营养与卫生》等专业课程。担任食品生物工艺专业的认识实习、专业教学实习、生产实习、食品分析与检验综合实训以及食品工艺毕业设计等实践教学工作。近三年业务考核均为优秀。

先后担任 6 个班的班主任工作，累计 11 年。所带班级均被评为校优秀班级，五名学生先后获市三好学生，本人也被评为校优秀班主任。

具备"双师型"教师素质。具有食品检验工高级技师、公共营养师等职业资格；本人在企业实践并带学生在企业实习累计五年。

近三年在相关行业企业参加技术服务并取得较好业绩，是行业专业领域内具有一定影响力的优秀教师。

下面从师德风范、教学业绩、教学条件建设业绩、教研科研业绩、社会服务业绩与教学团队建设业绩六个方面进行介绍。

1. 师德风范

认真学习《国务院关于大力发展职业教育的决定》，明确职业教育改革与发展的指导思想、目标任务和政策措施。热爱教育工作，认真履行工作职责，在工作中不断总结经验，努力开创教育教学工作新局面。在教书育人方面，能全心全意为学生服务，关爱每一名学生的成长。以党员的标准严格要求自己，用自己的实际行动来影响教育学生，在学生中树立了良好的党员教师形象。

多年来，一直兼任党支部书记工作，以党员的标准严格要求自己。本人所在的党支部先后荣获市先进党支部一次，校先进党支部四次；本人多次荣获"优秀共产党员""优秀党务工作者"称号。在学校每年的招生工作中，本人放弃休息日和暑假时间，积极参加学校的招生宣传、专业咨询、专业教育和就业指导工作。热情为学生做好参谋服务工作，向学生和家长做详细的专业介绍。

2. 教学业绩

具有扎实的教学基本功，能够独立、系统地讲授 4 门以上核心课程；注重分析学生群体特点，坚持因材施教，及时了解社会需求与岗位人才规格要求，使专业教学与职业标准及岗位要求相结合。熟练掌握和应用信息化教学手段，创新教学模式，运用虚拟仿真等信息化教学媒体进行教学模式改革，教学成果显著；采用项目教学、引导文等教学方法，激发学生的学习兴趣，有效提高学生的自主学习能力和教学质量，广受学生的好评。本人教过的毕业生遍及大连市及辽宁省各地的食品、生物行业，受到企业的好评，毕业生也与本人保持长久的行业信息与技术交流，是学生的良师益友。

2013 年以来，本人还承担了食品生物工艺专业的中职生高考升学教学工作，四年来，带领本专业教师团队，克服各种困难，狠抓教学质量，勇于奉献与挑战，学生高考成绩突出。63 名参加职业学校高考的学生中，其中有 60 人升入本科食品工程专业，3 人升入专科院校，升学率达 100%，升本科率达 95% 以上。

2014 年，被评为"辽宁省职业院校省级教学名师"。

2014 年 5 月，获得"大连市中等职业学校领军教师"称号。

2006 年至今，被评为"大连市中等职业学校骨干教师"。

2011 年 11 月，在全国职业学校信息化教学比赛中荣获"多媒体教学比赛"一等奖。

2011 年 7 月，在"大连市中等职业学校中青年骨干教师课堂教学比赛"中荣获一等奖。2011 年 9 月，在"大连市职业学校信息化教学比赛"中荣获一等奖。

3. 教学条件与建设业绩

（1）强化校内、外实训基地建设内涵建设。

①不断强化国家示范性食品生物技术职业教育实训基地的内涵建设。在校内实训基地建设方面，本人一直注重强化内涵建设的理念，带领专业团队努力打造适应教、学、做一体的校内实习实训基地。

通过不断完善食品生物技术实训基地的教学实践功能的建设，为发挥职业学校社会服务作用提供了保障。我校是全国轻工行业特有工种鉴定站单位，本人工作中运用自身工作条件，主动开展构建学校与中国轻工联合会、大连市食品行业协会的交流平台，发挥学校的轻工行业特有工种国家级鉴定站作用，积极开展与行业、企业、校际间的交流合作。

多年来，我们在食品生物技术实训基地广泛开展了烘焙工、食品检验工、啤酒酿造工等各种食品加工与检验类的职业技能培训；与大连市教育局合作开展应届大学生进行岗前公共营养、食品检验方面的职业技能培训；配合大连市政府进行再就业人员的岗前普惠制培训；与辽宁现代农业职业集团开展食品检验技能培训；与食品伙伴网开展食品微生物技术检测培训等。

②校企合作建设好校外实训基地，工学结合运行机制成效显著。我校是大连市食品行业协会常务理事单位，本人是协会理事。在食品生物专业校外实训基地建设中，我能够积极主动与企业经理、厂长及一线工程技术人员探索校企合作、资源共享等多种合作模式。学校与华润雪花啤酒（大连）有限公司、大连寿童食品有限公司、大连晓芹食品有限公司、大连三寰乳业有限公司、大连好利来食品有限公司等12家知名企业签订了校外实训基地合作协议，建立了有效的校外实训基地的工学结合运行机制。

（2）编写具有轻工职业教育特色的教材。主编教材《农副产品加工》，2009年12月由大连理工大学出版社出版。副主编中等职业教育国家规划教材《食品营养与安全》，2011年8月由高等教育出版社出版。

（3）积极开展专业标准、教学标准、课程体系及课程标准等教学文件制订和修改。自1998年担任学校食品生物教研室主任工作以来，制定了食品生物工艺、生物技术应用、食品营养与检测、生物制药、工业分析与检验等专业的实施性教学计划及课程标准。

多次参与全国食品生物工艺专业标准、教学标准的制定。编写了辽宁省食品生物工艺专业中职生高考的专业综合理论与专业综合技能考试大纲。

工作中能够充分发挥骨干带头作用，有效吸引行业企业一线工程技术人员参与人才培养和专业建设，努力做好食品生物专业及相关专业群的专业建设。

在我校国家首批中等职业学校示范校的项目建设中，本人编写了食品生物工艺专业的人才培养方案，形成了符合食品生物技术人才需求的"校企互动、教训交融、学训同步、方向可选"的"472"人才培养模式。工作中与大连三寰乳业有限公司等二十多家食品、生物企业建立的校企合作关系进一步密切，在合作企业的共同参与下，构建出以岗位综合职业能力为主线、以焙烤制品、饮料、乳制品、罐头、啤酒、生物制品生产及食品检验七项职业活动课程为主体的课程体系，组织编写了《食品加工技术》和《食品检验技术》两本校本教材。示范校专业建设成果在全国示范校建设信息交流平台展示与推广。

（4）食品生物工艺专业数字化资源建设成果显著。2007年至今，我校承担了辽宁省职业院校的食品类专业的信息化教学资源建设任务，本人是项目课题组组长，完成了项目的调研、项目开发团队组建、立项申请、研制方案制定、脚本及软件制作、试用及应用推广等各项组织及实施工作。我在学校领导、省职教专家的大力支持与指导下，带领项目开发团队，在十年的数字化教学资源建设中，克服困难，高标准严要求，取得了显著成绩和硕果。

作为被辽宁省教育厅食品生物工艺专业信息化资源建设项目的主讲教师，多次将食品生物工艺专业的信息化资源建设成果在全国职业教育大会上展示，得到了职业教育专家的肯定，引起了职业院校的广泛关注，并在全国职业院校食品、生物类专业推广使用，带动了各院校信息化教学资源建设。本人研制的各类仿真实训平台在辽宁省乃至全国职业教育信息化教学资源建设中具有领先地位。本人完成的食品生物类数字化教学资源软件在全国各类比赛中成果显著。

2006 年 10 月，本人参加研制的课件《化学实验技术》在教育部组织的"第六届全国多媒体课件大赛"中荣获中职组一等奖。

2009 年 11 月，本人参加研制的课件《啤酒生产虚拟仿真实训平台》在教育部组织的"第九届全国多媒体课件大赛"中荣获中职组一等奖。

2011 年 11 月，本人在全国职业学校信息化教学比赛中，《数字化液态奶生产车间》荣获多媒体教学比赛一等奖。

2012 年 12 月，在全国职业学校信息化教学比赛中，《啤酒生产虚拟仿真实训平台》荣获多媒体教学比赛一等奖。

2014 年 11 月，在全国职业院校信息化教学比赛中，《乳制品中铁含量的测定》荣获教学设计比赛二等奖。

2015 年 11 月，在全国职业院校信息化教学比赛中，《白酒中甲醇及杂醇油含量的测定》荣获教学设计比赛三等奖。

2014 年 9 月，本人主持研制的《食品检验虚拟实训平台》荣获"辽宁省第十八届教育教学信息化大奖赛"一等奖。

2013 年 11 月，在"第十三届全国多媒体课件大赛"上，由本人参与研制的《食品检验虚拟实训平台》软件，荣获高教工科组比赛二等奖。

4. 教研科研业绩

（1）参与专业领域的工作情况。自 1998 年以来，一直积极参与全国中等职业学校食品工艺专业的教学计划及课程大纲的制定，是全国轻工业行业指导委员会食品工艺专业教学指导委员会委员，参加了全国中职食品生物工艺专业教学指导性文件的制定、教材的编写工作；2006—2010 年被聘为高职高专食品类专业教学指导委员会食品加工专业分委员会委员，参与高职高专食品专业教材编写工作。

2013 年 3 月、2015 年 6 月分别被聘为全国食品工业职业教育教学指导委员会委员。2013 年 8 月，被聘为全国食品工业职业教育教学指导委员会食品安全与检测专业教学指导委员会委员。

2009—2013 年，被聘为辽宁省食品科学技术学会常务理事。

2014 年 5 月，被聘为大连市中等职业学校教师资格认定专家评议委员会专家。2012 年 4 月，被聘为辽宁省现代农业职教集团食品加工工作委员会副主任委员，学生导师。

（2）主持省级及以上的教育教学改革项目四项，成绩显著。

①辽宁省中等职业学校信息化教育教学资源建设项目——食品生物工艺专业教学资源建设项目，任课题组组长。本项目是辽宁省职业教育信息化教学资源建设的项目之一，省财政厅、教育厅投入80万元，项目于2012年7月结题。作为课题组组长，认真组织进行项目立项调研、编写项目研制大纲，组织策划，脚本编写、软件制作、试用和推广及验收汇报工作。带领专业团队较好地完成了《啤酒生产虚拟仿真实训平台》和《数字化液态奶生产车间》两个子项目的建设任务。作为辽宁省职业院校"食品生物工艺专业信息化资源建设"教师培训主讲教师，多次代表省教育厅在全国职业教育改革发展会议上做经验交流。

②首批国家中等职业学校示范校建设中，担任我校食品生物工艺专业建设项目工作组组长。

2011年8月—2013年9月，在首批国家中等职业学校教育改革示范校建设中，担任我校食品生物工艺专业建设项目工作组组长，从人才培养模式改革及课程体系建设、师资队伍建设、校企合作、实训基地建设各方面，对我校食品生物工艺专业进行全面改革与创新。项目获政府专项资金支持373万元。较好完成了所有建设项目，在全国中职学校示范校建设会议上进行交流，并在教育部职业教育相关网站上推广展示。

③主持全国中职学校校长联席会议研究课题《食品检验工核心技能训练模式与考核标准研究》。

2012年3月—2012年10月，主持全国中职学校校长联席会议研究课题《食品检验工核心技能训练模式与考核标准研究》，获全国中职学校校长联席会议评审一等奖。研究论文《食品检验工核心技能训练模式与考核标准研究》，同时获全国中职学校校长联席会议评审一等奖。

④辽宁省职业教育信息化建设项目"农林牧渔专业大类中食品加工虚拟实训基地建设"项目，任课题组组长。

本项目是2013—2015年辽宁省职业教育信息化教学资源建设的项目之一，我校主要承担农林牧渔专业大类中食品加工虚拟实训基地《虚拟食品检测中心》《虚拟啤酒加工厂》《虚拟乳制品生产厂》三个子项目建设，本人是课题组组长。建设项目资金150万元。本人认真组织进行项目立项调研、编写项目研制大纲，组织策划，脚本编写、软件制作、试用等工作，此项目将于今年6月完成。

（3）发表教改教研论文情况。论文《"虚拟仿真工学结合"教学模式的创新与实践》，2014年2月发表于《现代阅读教育与出版》杂志。论文《运用信息化教学资源推进职业学校专业建设改革》，2011年6月发表于《职业技术教育》杂志。论文《"虚拟仿真工学结合"教学模式的探究》，2011年7月发表于《农产品加工·学刊》。论文《食品检验工核心技能训练模式与考核标准研究》，2012年12月发表于《全国中等职业学校校长联席会议示范校建设成果汇编》，由化学工业出版社出版。

运用食品生物工艺信息化教学资源，创新了"虚拟仿真工学结合"的教学模式，使食品生物工艺专业在人才培养上，实现了"理论教学、实践操作、生产实践"一体化教学模式。此项教学改革成果在全国中等职业学校教育改革示范校建设会议上进行大会交流，获得一致好评，相关教学实践成果荣获全国职业院校教学成果二等奖，辽宁省职业院校教学成果一等奖。

（4）荣获全国职业院校教学成果二等奖一项，辽宁省级职业院校教学成果一等奖两项。在 2014 年辽宁省职业院校教学成果评比中，由本人担任课题组组长，所完成的两项教学成果《食品生物工艺专业信息化建设项目》和《信息化环境下教学模式的创新》均荣获一等奖。其中，教学成果《信息化环境下教学模式的创新》被辽宁省教育厅选送参加全国职业院校教学成果评比，获 2014 年全国职业院校教学成果评比二等奖。

5. 社会服务业绩

积极发挥学校专业办学优势，先后承担 2012 年、2016 年大连市职业院校学生技能大赛——院校独立竞赛项目《食品检验工职业技能竞赛》，进行立项申请、准备工作及具体实施，圆满完成竞赛各项任务，达到竞赛的预期效果。

积极参与社会公益活动。2011 年 6 月，在大连电视台"健康动起来"节目，宣传与普及食品安全方面知识，共六期，由本人主讲。

二、专业教学资源建设

1. 教学内容与课程开发改革

改革与修订食品生物工艺专业人才培训方案，形成"校企互动、教训交融、学训同步、方向可选"的食品生物工艺专业人才培养方案。

通过开展以岗位综合职业能力调研，进一步完善了以岗位综合职业能力为主线、以职业活动课程为主体，体现职业活动特点的理论与实践相融合、教学内容与岗位需求相适应的职业活动型课程体系。确定以焙烤制品、饮料、乳制品、罐头、啤酒、生物制品生产及食品检验七项职业活动课程为主体，按照各培养方向的职业活动特点，重新构建课程体系。

2. 实践性教学

密切与中国轻工行业指导委员会（食品工业行业指导委员会）、大连食品行业协会的合作。与华润雪花啤酒（大连）有限公司等十二家企业签订了校企合作协议，建立了紧密的互惠互利关系，并成为食品生物工艺专业的校外实训基地；与 23 家企业签订顶岗实习协议，实现实习岗位对口、实习过程可控、实习管理规范。

负责国家首批示范性食品生物技术职业教育实训基地建设项目。该项目于2005年12月经教育部批准，由中央职业教育专项资金和大连市政府财政支持共300万元。

2011年8月—2013年10月，我校实施了国家首批中等职业学校示范校的项目建设，本人是示范专业建设食品生物工艺专业建设项目组组长。通过"引企入校"，引进浙江福立分析仪器有限公司提供技术、设备和师资，建设完成检测功能全面、检测技术先进的食品检测中心。同时，对生产加工型实训室进行生产环境改造建设，引入企业文化和6S管理模式；建设实训基地信息化教学环境，改造专业仿真实训室，完成食品生物技术虚拟仿真实训室3D环境建设，广泛开展了数字仿真、虚拟现实等信息化技术，实施虚拟现实岗位模拟教学。

3. 教学资源库建设

长期承担辽宁省食品专业信息化资源建设项目任务：

（1）2008—2012年，辽宁省中等职业学校食品生物工艺专业信息化教学资源建设项目课题组长，研究成果在全国进行推广，取得了良好效果。

（2）2013年至今，担任辽宁省职业院校信息化第二期教学资源建设项目食品加工类项目课题组长，完成项目申报、项目任务书及项目教学设计等工作。

主持开发了《啤酒生产虚拟仿真实训平台》《数字化液态奶生产车间》《食品检验工职业岗位三维网络化虚拟仿真实训平台》《食品检测中心》《乳品生产虚拟工厂》《啤酒生产虚拟工厂》等专业教学数字化教学软件。

三、教学方法改革及效果

教学中积极进行教学改革，采用项目教学、行动导向等教学方法，实践"做中学、做中教"的职业教育理念。运用食品生物工艺信息化教学资源，创新了"虚拟仿真工学结合"教学模式，使食品生物工艺专业在人才培养上，实现了"理论教学、实践操作、生产实践"一体化教学模式。

四、在教学团队建设中发挥的作用及效果

（1）开展校企融合推进人才培养模式改革。建立并健全了由行业、企业专家参加的食品专业建设指导委员会。

（2）构建了"校企互动、教训交融、学训同步、方向可选"的食品生物工艺专业人才培养方案。

（3）形成了校企共建课程体系与评价体系。

（4）运用虚拟仿真技术，创设反映企业的真实生产环境、生产过程和检测情境，校企合作开发"虚拟仿真工学结合"的食品检验、食品加工实训平台。

（6）搭建校企融合、专兼协作的教学团队建设平台。建设了一支业务水平高，科研能力强，结构合理的高水平"双师型"专业教学团队。

（7）引企入校，建设食品检测中心，形成了可持续发展的培训模式。

（8）建立了一批稳定的校外实训基地。

（9）与行业、企业合作，开展面向教师、在校学生和企业职工的食品检验、加工及新技术推广培训工作，提高实训基地资源服务社会的功效。

（10）引进企业管理模式，加强校内实训基地的内涵建设，实现校内食品生物技术实训基地6S（整理、整顿、清扫、清洁、素养、安全）管理机制。

（11）形成良好的"传、帮、带"团队文化。指导三名专业教师参加全国信息化教学比赛，分别于2012年、2014年和2015年获得一等奖、二等奖和三等奖。指导青年教师参加高等教育出版社组织的食品专业说课比赛获得二等奖。

我校食品生物工艺专业是辽宁省中等职业学校示范专业。团队成员均为"双师型"教师，拥有食品检验高级技师、技师、高级工职业资格，具备公共营养师、烘焙工、发酵工等职业资格。团队完成国家级、省级以上科研项目四项；获省级教学成果一等奖两项，国家级教学成果二等奖一项；自主研制的教学资源软件获全国中等职业学校多媒体课件一等奖两项，一项获辽宁省职业院校信息化教学资源评比一等奖。

6. 教学团队建设业绩

重视教学梯队建设，指导和帮助青年教师不断提高业务能力和水平，"传、帮、带"取得实效。通过有计划地组织专业教师赴企业锻炼、聘请兼职教师等形式，采取"走出去"和"引进来"的方法，建立"教师联系企业"制度、"企业教师聘任"制度等，形成"双师"结构教学团队建设有效机制。

通过学生实习实训、顶岗实习等环节，安排本专业教师到企业进行学习与实践，规定专业教师每两年下企业锻炼时间不少于两个月。在食品生物技术实训基地建设过程中，按照个人发展方向安排相关专业教师全程参与调研考察、方案论证、设备选型、安装、调试与生产，提高他们的实践技能。组织教师参加高级工、技师培训，促进专业教师提高实践教学能力，使专业教师具有先进的职业教育理念，较高的职业道德和实践教学水平。

五、教学感言

热爱教育工作，认真履行工作职责，全心全意为学生服务，关爱每一名学生的成长。

刘黎红

一、基本情况

刘黎红，教授，九三学社社员，现任长春职业技术学院食品与生物技术分院专业群教研室主任，为国家示范校重点建设专业带头人、吉林省示范专业带头人、省级优秀教学团队带头人、省级精品课程负责人、学院教学名师。兼任全国生物技术教指委食品生物技术专指委委员、吉林省食品药品职业教育集团理事、长春普莱医药生物技术有限公司技术顾问、吉林亚泰明星制药有限公司培训讲师、吉林省四平卫校专业建设指导委员会委员、国家职业资格鉴定高级考评员。

1. 师德师风

1993年，我毕业于东北师范大学生物系，先后在长春市轻工业学校、长春职业技术学院任教。从教二十多年，我一直热爱我的教育事业。无论是在教学一线岗位上，还是在教研室管理岗位上，都自觉遵守教师职业道德规范，刻苦钻研业务，积极参加教育教学改革，关心学生的全面发展，培养学生的创新精神和实践能力，努力做到教书育人，为人师表。我用深厚的职教理论和娴熟的实践技能展示了一名职教教师的风采，用坚毅和执着诠释了对职教事业的一份热爱。获长春市优秀班集体优秀指导教师、长春"高校文明杯"优秀个人、"长春市巾帼明星"等荣誉称号。

2. 教学业绩

我始终坚持在一线教学岗位上，承担《生物制品生产》《生化药物生产》《药店药品销售服务与技巧》等多门专业核心课程及《认知实习》《细胞培养实训》《发酵技术实训》等实践教学的教学任务，年平均400学时以上，在全分院乃至全院都名列前茅。主讲的《生物制品生产》课程，为教学改革的项目化理实一体课程，多次在分院及学院进行示范课展示，并在首届"科隆杯"全国高职高专生物技术类专业与食品类专业教师教学竞赛中，获一等奖；我在历次学生和教学督导评教中均为优秀，并于2016年4月被评为学院教学名师。

3. 教学条件建设业绩

积极进行教学条件建设，我以自己承担的专业核心课程《生物制品生产》为突破口，开发出长春百克生物科技股份公司、长春亚泰生物药业股份有限公司等多家校外实训基地，同时还建设了与企业真实生产相对接的生物制品生产仿真实训室，并将企业"7S"管理理念和文化引入实训室。开发出"人血白蛋白的生产""无细胞百日咳疫苗的生产"等多个实践教学项目，让"生物制品生产"这个在学生头脑中高深莫测的课程名称真实地呈现的课堂上，该门课程也凭借其先进的教学理念于2010年4月评为省级精品课程，2010年11月获吉林省高等学校教育技术成果（网络教学资源类）三等奖。凭借着对课程建设的一腔热血和在教学实践中宝贵的经验积累，我相继开发了《生化药生产》《药品销售服务与技巧》等多门专业核心课程，主编教材1部，副主编教材2部。其中主编教材《生物制品生产技术》获2014年中国石油和化学工业优秀出版物奖（教材奖）二等奖、长春市第五届教育科研成果一等奖。

同时，通过调研与对标分析，对专业群6个专业开展专业标准、教学标准、课程体系、课程标准等教学文件的制订和修改工作。2011年承担生物技术及应用专业教学基本要求制定项目，获教育部高职高专生物技术类专业教学指导委员会优秀成果奖。我还积极组织开展精品资源共享课程和共享型专业资源库的教学内容数字化资源建设工作。2015年指导本专业《中药生产》国家精品资源共享课程建设；2014年承担国家教学资源库生物技术及应用专业子项目《分离纯化技术》、参加药物制剂技术专业子项目《生物制药生产技术》《生物制药生产实训》建设工作并通过验收。

4. 教研科研业绩

近5年，主持"吉林省生物制药产业发展对人才培养需求变化的成因与解决对策研究"等省级以上教育教学改革项目4项，获得国家教学成果二等奖等省级以上教学成果奖励6项；公开发表"流感减毒活疫苗中A型流感病毒株生产用工作毒种遗传稳定性分析"等核心期刊论文3篇，普通期刊论文9篇。参与国家实用新型专利1项。参与吉林省科技厅项目"干旱胁迫对水稻表观遗传稳定性影响的研究"等省级以上科研项目6项。其中，"长白山药用真菌树舌凝集素的研制与开发"获吉林省高校科学技术研究优秀成果三等奖。

5. 社会服务业绩

作为一名职教教师，我深知实践技能的重要性。我每个假期都深入到企业进行挂职锻炼，在长春普莱医药生物技术有限公司技术等多家企业兼职，承担技术顾问、培训讲师等工作，在企业、生产服务一线实践工作经历累计3年以上。2011年，我与长春百克生物科技股份公司联合开展了"Fmoc氨基酸工艺研究"

等科技攻关项目，并获国家专利。2013 年参与长春百克生物科技股份公司"鼻喷冻干流感减毒活疫苗"的研发工作，负责毒种的遗传稳定性部分的研究，现该疫苗已经获得《药物临床试验批件》。2016 年，我与长春海基亚生物技术股份有限公司联合开展二倍体细胞灌流培养的技术研究，目前已取得初步成果。我还为该公司进行微生物基本知识、细胞培养等专题培训 80 余人次，为其他合作企业进行药物制剂、GMP 认证等岗前培训 300 余人次，取得良好效果。

我还积极探索"以赛促教、以赛促学"的教学模式，指导学生参加国家、省级以上技能竞赛及创新创业大赛，全面提高学生的实践技能水平及创新能力。2014 年指导学生完成的"鉴油宝"作品，获第三届全国"Triz"杯大学生创新方法大赛二等奖；2015 年指导学生参加第三届吉林省大学生生物实验技能竞赛，成为唯一获奖的高职学生；2016 年指导学生参加省职业院校技能大赛并荣获一等奖，并在国家职业技能大赛中获三等奖；2016 年指导学生完成作品"一种快速鉴定地沟油的便捷试剂盒"获第二届吉林省大学生生物与医药创业计划大赛三等奖。

6. 教学团队建设业绩

个人的成功不是我对事业的追求，如何通过自己的努力培养出优秀的教学团队、让更多的学生受益，是我一直坚持的梦想。

在我的带领下，专业群拥有国家精品课 1 门、国家精品资源共享课程 1 门，省部级精品课 2 门、院级精品课 1 门，6 门课程建设了网络学习平台。团队教师主编出版教材 6 部，参编教材 30 多部，主持或参与省级研究课题 16 项，发表论文 50 多篇，获国家专利授权 3 项。教学团队积极参加国家生物技术及应用、药物制剂技术 2 个专业 3 个子项目的教学资源库建设，并顺利通过国家验收。在2013 年的吉林省高等学校优秀教学团队评选中，我带领的生物技术及应用专业教学团队，成功通过遴选，被评为省级优秀教学团队。

二、专业教学资源建设

1. 教学内容与课程开发改革

以人才培养目标为出发点，形成了知行统一的课程观，以培养学生专业能力为核心，系统改革课程内容，开发教学资源。

与生物制药企业合作，共同对典型岗位的工作任务与职业能力进行分析，将生产性任务转化为教学任务，选取并细化教学内容，以行动导向教学法为教学方法，以过程考核与结果考核相结合为考核原则开展核心课程建设。开发建设了《生物制品生产》《生化药生产》《药品销售服务与技巧》等多门专业核心课程，开发出"人血白蛋白的生产""麻疹减毒活疫苗的生产"等多个教学实训项目。

主讲课程《生物制品生产》于 2010 年被评为省级精品课程。

2. 实践性教学

（1）建立了专业群"五阶段渐进式"实践教学体系。本专业与多家企业共同合作，以培养学生药品生产与质量管理职业能力为主线，构建了认知实习、验证性实验、单项技能训练、综合实践技能训练、顶岗实习的"五阶段"实践教学体系。

（2）设计建设了与企业真实生产相对接的生物制品生产仿真实训室，并将企业"5S"管理理念和文化引入实训室。

（3）与企业合作，积极开展实践教学改革，引进企业真实项目并将其进一步转化，使其能成为较为成熟的、能真正进行实践的项目用于实践教学。承担《细胞培养实训》《发酵技术实训》《人血白蛋白生产实训》等多个实践教学任务，开发出核心技能操作视频及核心技能操作标准及考核标准。

3. 教学资源库建设

（1）2014 年 9 月，承担国家教学资源库生物技术及应用专业子项目《分离纯化技术》建设工作并通过验收。

（2）2014 年 3 月，参加国家教学资源库药物制剂技术专业子项目《生物制药生产技术》《生物制药生产实训》的建设工作并通过验收。

三、教学方法改革及效果

（1）创建"生产 + 质控"交互式专业教学模式。依据企业生产与质控岗位真实工作要求的特点，以药品生产过程为主线，通过生产课程与质量管理课程交互授课，在模拟仿真的企业工作环境下，使学生"生产与质控"角色交互，在完成药品生产任务过程中，强化学生的质量意识和岗位责任意识，提高学生生产与质控岗位职业能力。

（2）创建"三阶段渐进式"课程教学模式。根据学生的认知以及能力形成规律，将教学活动分为开放式学习、探究式学习、自主设计生产三个阶段，在教学内容、教学组织、课程考核等方面都体现渐进性特点。以专业能力训练为载体，着重培养学生的学习能力和社会能力。

（3）改革全部课程均采用"讲授法"、教师演示、学生实验等单一的教学方法，根据课程性质和教学内容，有针对性的采取行之有效的教学方法，如：采用行动导向教学法、引导文教学法、角色扮演法、设计答辩法、讨论法等。同时，采用模拟仿真软件、多媒体教学、网络教学平台等多种教学手段辅助教学。极大地提高了学生学习的兴趣、自主性和参与性。

四、在教学团队建设中发挥的作用及效果

作为长春职业技术学院食品分院专业群教研室主任，国家示范校重点建设专业带头人、省试点专业带头人、省级优秀教学团队带头人，在团队建设中发挥了重要的引领带头作用。

（1）顺应企业需求，制定团队发展规划，加强团队教学梯队建设。紧密围绕专业所在产业结构调整与技术更新换代新需求，规划出团队结构优化、学历与职称提高、职业素质与教学科研能力提升等目标。

（2）创建"双负责人、双向流动、可持续发展"的团队建设模式。基于校企合作建设理念，创新了"双负责人"的专业带头人与骨干教师培养模式；基于工学结合建设理念，创新了"双向流动"的专业骨干教师实践能力培养模式；基于可持续发展建设理念，创新了"可持续发展"的双师素质教师培养模式。

（3）创新团队建设机制，加强团队的制度管理。创新了以行业企业专家参与的专业教学指导委员为载体的团队建设管理机制及以校企合作为基础的教学团队人才培养机制；建立了教学团队人才资源共享机制、教育教学改革机制、校企合作师资队伍培养与企业员工培训机制、校企合作实训基地建设机制、专业教学团队建设激励机制等多种机制。通过执行《师资队伍建设实施办法》等一系列专兼结合的制度进一步优化团队的科学管理。

（4）定期积极开展多种形式的教研活动，促进团队建设的发展。如组织听课、集体备课、各种形式的教学研讨、教学方法的学习、观摩课、各种课堂教学竞赛、说专业说课程比赛、下厂参观学习、组织开展讲座等，极大地提高了教师的教学效果，提高了教师的实践教学水平。

（5）创新了"学、启、带、管、研、修、送、请"八种个性化教师培养方式。通过"学理念、启思路"提升教师职教水平，通过"老带新、强管理、搞科研、修学问"提高教师教科研能力、通过"送企业、请专家"加强教师职业技能。

通过以上方式，整体师资队伍建设得到了很大的成效，完成了示范校重点建设专业的建设与验收工作，完成了省级试点专业建设及验收工作，完成了国家药物制剂技术、生物技术及应用2个专业3个子项目的建设任务，建成国家精品课程1门，国家资源共享课程1门，省级精品课程2门。主持或参与省级研究课题25项，发表论文50多篇，已授权国家专利3件。团队教师主编出版教材6部，参编教材20多部。团队教师指导学生参加技能竞赛，获国家一等奖1项、二等奖1项、三等奖2项；省级一等奖12项。团队教师参加各种竞赛，获国家一等奖5项，二等奖2项，三等奖2项。

团队积极参加各种社会服务，发挥带动和辐射作用。2010年，组织开展了

"全国食品类、药品和生物技术类专业骨干教师培训"。为双辽职业中专、吉林省四平卫校两所学校进行专业及课程建设的培训，指导示范校建设工作。为企业进行员工岗位培训和学历教育，年平均培训人数为 242 人，开展技术服务 2 项，校企共同研发项目 2 项。

2013 年 6 月，本人所带领的生物技术及应用专业教学团队被评为吉林省优秀教学团队。

五、教学感言

"路漫漫其修远兮，吾将上下而求索。"只有学而不厌，才能海人不倦。

姜旭德

一、基本情况

姜旭德，教授，中共党员，现任职于黑龙江民族职业学院，系主任，从事乳品、食品营养学教学。兼任黑龙江省卫生厅食品风险评估专家、食品标准评审。兼任哈尔滨民生冷冻食品有限公司技术顾问、大兴安岭兴安肥牛绿色产业有限公司产业推进总工程师、哈尔滨完达山乳业乳品工艺技术培训指导等。

二、专业教学资源建设

1. 教学内容与课程开发改革

一直从事食品加工技术、乳品加工与检测技术、食品质量安全、食品营养等教学，开发了乳品加工与肉品加工精品资源共享课，编写了以工学结合、项目化教学教材和教程，乳品工艺技术、肉品加工技术等。

2. 实践性教学

依据人才培养目标，加大了实践教学与理论教学的比例（7：3），结合学院实训基地，采用先进的教学手段，采取工学交替的项目化教学，有计划、有布置、有落实，提升学生的就业能力。

3. 教学资源库建设

主持教育部2015—2018年行动计划——校企共建生产性乳品工程类实训基地建设项目；主持黑龙江省大学生区域共享食品实训基地建设；参与教育部食品加工技术专业教学资源库建设；主持论证了学院食品专业8个；开发了乳品、肉品等5门校级精品资源共享课。

三、教学方法改革及效果

以任务驱动开展项目化教学，实现"教、学、做、考一体化"无期中、期末考试。学生能主动自主学习，实习内容与工作岗位紧密对接，培养的学生更加符合企业的要求，到岗之后，很快胜任本岗位工作，效果尤佳。

四、在教学团队建设中发挥的作用及效果

本人是学院食品学科带头人，黑龙江省食品专业实践教学团队负责人，组织团队建设了国家级、省级食品实习实训基地。带领团队教师，积极参与食品专业教育教学改革、教学资源库建设、专业论证、精品资源共享课建设、项目化课程建设、教材科研论文、教师培养等，增强了学生的就业能力。深受社会各界好评，实现了学校、企业、学生、家长多赢的格局。

五、教学感言

对于一个优秀的教师而言，教育不是牺牲，而是享受；教育不是重复，而是创造；教育不仅仅是谋生的手段，而是丰富多彩的生活本身！教师的一生也许完不成什么惊天动地的伟业，但他当如山间的小溪，以乐观的心态一路欢歌，奔向海洋；当如馨香的百合，轻展带雨的花瓣儿，聚合摇曳的身影；当如灿烂的星辰，甘于在静寂里守望天空。只有这样，他才会在付出青春韶华，付出汗水和心血的同时，收获桃李芬芳，实现人生价值。

教育是伟大而艰巨的，它关联着国家与民族，甚至全人类的发展。教育又是平凡而细小的，它无处不在，生活中的点滴、行为上的微细、思想里的瞬间，都是教育资源。因此说，做教育就是要从大处着眼，从小处做起。

一个爱岗敬业的教师，不会满足于仅仅依靠经验教育人，他会着力教育，发现并按教育规律的要求科学施教。教师不应拘泥于前人，无论是备课、上课，还是批改作业，管理班级，都应将自我的教育行为置于科学认识的洞察之中，在教育规律限定的范围内，科学地规划组织实施，因材施教。不能满足于现状和已有的经验，与时俱进，不断进取，创设自己独特的教学风格，创造出与众不同的教育方法。

从教三十载，教书育人是我的天职，我正努力践行"为人师表""以身作则""循循善诱""诲人不倦""躬行实践"，不断地感受着教育事业的酸甜苦辣，体悟着教师使命的神圣与崇高！

我爱教师这一职业，我深知肩上的重任，我甘愿成为学生成长成才的基石，我愿用我的双手托起祖国食品职业教育的蓝天。

徐冬梅

一、基本情况

徐冬梅，中共党员，江苏如东人，1985—1989 年就读于青岛化工学院塑料工程专业。从事高分子材料加工技术专业工作 28 年，1998 年被评为工程师。2007 年 10 月被评为高校讲师，同年被评为高级工程师，2010 年 8 月被评为副教授，2016 年 9 月晋升教授。先后在徐州塑料制品总厂、徐州塑料厂、徐州第一建筑集团、徐州塑料一厂从事新品开发、技术管理和质量检测等工作累计达 17 年。2006 年 8 月至今，工作于徐州工业职业技术学院，主要承担高分子材料工程专业专业课、实验课的教学，是徐州工业职业技术学院材料工程系高分子材料加工技术教研室主任、院品牌专业高分子材料加工技术专业的专业带头人、材料类加工技术专业主任。《工程塑料应用》特邀编委。

二、专业教学资源建设

1. 教学内容与课程开发改革

（1）教学内容：高分子材料加工技术（塑料成型工艺与模具）专业基础课（高分子物理、塑料原材料、塑料成型设备及液压传动）、专业课（塑料挤出成型、塑料注射成型、塑料配方配制、塑料其他成型等）、专业实践课（塑料挤出实训、塑料注射实训、塑料配方设计实训、职前综合训练、专业综合实践、毕业设计、顶岗实习等）。

（2）课程改革：在塑料挤出成型、塑料配方配制、塑料原材料、塑料成型设备及液压传动、塑料性能测试和综合实践课程中探索了课程改革，先后实践了模块化教学、项目化教学等模式；积极尝试了新的教学方式，如传统与现代相结合，老师与学生角色互换，以从企业、从实训中收集到的实际的案例引导学生用专业基础知识加以分析等。

2. 实践性教学

实践教学项目的设计：根据行业企业真实的产品的生产设计了专业实训项目：认识实习项目（挤出工厂参观、注射工厂参观、实验室项目演示等）；塑料挤出实训项目（S5DN25EN2.5 - PPR 管材的试生产、360 × 280 × 0.4PE 包装袋的试生产、500ml 洗涤剂瓶的试生产和聚烯烃填充母料的试生产、0.5mm × 5mm 的 PP 片材以及 60 平开窗框等）；塑料配方实训项目（聚烯烃填充母料、汽车保险杠用料、软玻璃、PVC 门窗型材、木塑复合材料、PF 电木板以及塑料色卡等项目的配方设计）；塑料注射成型实训项目（塑料垫圈—二板式模具、塑料肥皂盒—三板式注射模、塑料水杯—斜滑块侧抽芯模以及塑料衣架、塑料脸盆的调试生产）；塑料其他成型实训项目（PF 印制板的生产、PVC 人造革的生产等）。

实训项目开展时则以企业的作业指导书（工艺卡）为纲领性文件，贯穿项目训练的全过程。这些项目不但较好地代表了行业企业中的典型工艺，更与校内外的实训基地相吻合。

开发了高分子材料加工技术专业的专业综合实践课程，编制了专业综合课程的课程标准，并对专业综合实践课程的考核提出了创新性的意见。

设计了塑料母料的开发与应用、门窗型材中新型助剂的探索与实践、木塑复合材料的配合与应用、塑料功能薄膜的推广、塑料改性料的开发等毕业设计课题。以实习企业的产品为引领，设计了职前综合训练和顶岗实习课程的训练项目，编制了这两课程的课程标准。

实验室建设：

（1）积极主持实验室建设：负责 2008 年中央财政支持职业教育实训基地建中塑料实训基地的建设，包括塑料挤出成型实训室、塑料配料实训室的建设，从建设的计划、实训项目的认证、仪器设备的招投标、设备的安装验收以及运行等；完成了 2012 年塑料性能测试实训室、高分子物理实训室的扩建工作，协助实验室管理人员保证专业实验课程的实施。实现了塑料成型工艺之塑料挤出成型实训条件的零的突破，且在 2009—2010 年基本健全了覆盖较完整的挤出工艺。基本满足了学生校内塑料挤出成型课程、塑料成型模具、塑料挤出综合实训以及毕业设计的需要。

（2）大胆创新，敢于对现有实验仪器及设备加以技术改造，增加设备的功能，拓展了实验仪器设备的适用范围。通过对同向双螺杆挤出机的悉心研究，了解到了双螺杆挤出机在某些问题上的局限性，对双螺杆挤出机进行了技术改造，增设了侧喂料装置，并且增加了螺杆元件，为玻纤增强、木塑复合改性、弹性体的制备等创造了条件，为专业老师的科研提供更多的方法，更为学生对不同领域的改性提高了认识。此外，对实验中的一些细节进行了创新实践，如申报了吹膜装置实用新型专利（已公开）一项，物料高温混炼装置的实用新型专利一项（已授权）。

（3）参与实验室建设项目的研讨：参与了江苏省分子材料实训基地（橡胶）的建设（2005）、国家级中央财政高分子材料实训基地（橡胶）（2007）、参与 2013 年、2014 年实验室建设的讨论认证。

（4）参与塑料成型仿真软件的开发，为塑料成型仿真实验室的运行进行了教学设计，开发了新的实验途径，降低了实验成本，有效提高了实验效果。

（5）深入企业调研，对学生职前综合训练和顶岗实习的项目进行协商，制定了这两门课程的课程标准。

（6）参与实验实训室运行管理模式的研究，创新地执行了双主体管理模式的生产性实训中心的建设，开发了生产性实训工厂的生产项目。

3. 教学资源库建设

（1）主持开发了《塑料挤出成型》精品课程。

（2）参与《塑料注射成型》精品课程建设。

（3）承担《塑料原材料应用技术》《塑料成型模具》资源库建设；参与了《塑料成型设备及液压传动》《塑料改性技术》《塑料性能测试技术》《塑料注射成型技术》资源库的建设。

（4）参与了广州轻工职业技术学院主持申报的职业技术教育数字化学习中心的"高分子材料加工技术"专业专业课程《塑料配混技术》和《橡胶加工技术》的资源库建设。

（5）参加了第一、第二届全国高职高专微课教学竞赛第一届：塑料成型中的挤出胀大，第二届：塑料热收缩膜。

三、教学方法改革及效果

考核是教学过程中的重要环节，通过考核可以检查教和学两方面的效果，同时能提高教师的教和学生的学的质量。以典型制品的工作过程为导向的项目化教学设计强调过程评价与结果评价的结合。在实施项目化教学过程中，结合项目中各任务的特点，通过过程考核、结果考核及阶段性考核等促进学生积极参与、积极思考、乐于实践、勇于创新。全面提高自身的知识水平和职业技能及职业素养。另外，拓展领域的学习，有助于培养学生的自主学习能力，考核内容包括：专业知识考核、技能考核（技能水平和操作规范）、方法能力考核（书写报告和制定计划的能力）、职业素质考核、创新精神考核。

（1）结果考核：

①专业知识用于期中和期终考试以及考工考试的理论部分，侧重于考核学生对基本知识、基本技能的掌握和灵活应用的程度。考核中包括了灵活性的题目，如知识间的相互联系及知识的具体应用等。题目的形式有名词解释、判断题、简答题、选择题、综合应用题等。

②技能操作侧重于考核操作技能，和操作规范等方面。

③方法能力主要是项目计划的制定和报告书的书写能力的考核。

（2）过程考核环节主要考核学生的学习态度，学习主动性和对知识的获取能力、实际动手操作能力，分析问题、解决问题的能力及创新的能力。

（3）阶段性考核期中考核、期终考核、实验项目的操作考核。

（4）课程总成绩：百分制100分。

构成：知识40%（主要是期中10% + 期终30%）。

方法能力20%（项目报告成绩，由八个项目的报告成绩取均值。但如果少了任意一份，此项成绩记0分）。

过程考核40%（出勤与课堂回答问题10%、作业10%、问题分析与讨论表现10%、课堂现场考核评价10%，其中问题分析与讨论环节打分时采用学生自评、互评、老师评价相结合）。

效果：提高了学生平时学习的积极性和主动性，也提高了课程的通过率。

四、在教学团队建设中发挥的作用及效果

作为高分子材料加工技术专业的带头人、骨干教师，同时担任高分子材料和光伏材料生产技术的专业主任，高分子材料加工技术教研室主任、在教学及教学管理中积极探索专业建设及管理模式改革，积极进行团队建设，努力探讨团队运行机制。

主持成立了"塑料成型技术"教学团队，并主持团队建设的工作。较好地完成了徐州工业职业技术学院关于教学团队建设的任务。团队于2014年验收，并获优秀。

主持并完成了院品牌专业"高分子材料加工技术"的建设。2012年验收。

主持、参与了高分子材料加工技术专业的所有专业课程的课程标准的制定和审核工作。

主持、参与了多项教学教改项目的研究工作。

主持、参与开发了校企合作项目化教材、资源库、精品课程的建设工作。

参与了江苏省重点专业群"材料工程技术群"的申报和建设。

参与了2015年首批江苏省品牌专业的申报，并成功立项。

五、教学感言

17年的高分子材料加工生产实践，11年的职教生涯，使我深深体会到，要当好一名高等学校教师，特别是高职院校教师，要认真做到像温家宝总理所说的："一要充满爱心，忠诚事业。二要努力钻研、学为人师。三要以身作则，行为示范。"

要当好一名教师，首先要有爱心。"没有爱就没有教育"，"亲其师才能信其

道"。爱有两层含义：一是要爱每一位学生，关注他们的成长进步，更要留心他们的失意困惑，要努力成为学生的良师益友，成为学生健康成长的指导者和引路人，而不能仅仅是个教者，更应是个育者。一是爱自己所从事的专业。用自己对专业的理解，引领学生热爱专业；用自己对专业的坚持和执着提高学生对专业的信心；用自己对专业的不足鼓励学生为专业的发展而有所为。

要努力钻研，学为人师。作为一名教师，是知识的传播者和创造者，更应该不断更新自己的知识，适应时代的发展和科学的进步，积极学习行业产业新技术，努力充当先进技术的传播者，这样才能胜任自己的教学工作。要想给学生一杯水，自己必须先有一桶水。我们只有学而不厌，才能做到诲人不倦。要崇尚科学精神，严谨笃学，潜心钻研，做热爱学习、善于学习、终身学习的楷模。要积极投身教育教学改革，将最先进的科学技术和方法用最适当的教育方式传授给学生。

以身作则，行为示范。就是提醒我们，教书者必先强己，育人者必先律己。作为教师要加强师德修养，以自己高尚的情操和良好的思想道德风范去感染学生，教育学生，以自身的人格魅力和卓有成效的工作去赢得全社会的尊重。

认真的工作态度、严谨的教学风格是一个优秀教师的品质和能力。踏踏实实教书、规规矩矩做学问是我们的职业底线。

在学中教，在教中研。高校教师每天要完成知识的传递与授受，始终要面对知识的更新与创造，精通自己的学科领域，兼通相关的学科知识。在不断的思考中，在与学生的互动中，会体验发现的快乐。

"动人以言者，其感不深；动人以行者，其应必速。"教师的德与才是青年学生成长的阳光。教学是教授的过程，更是交流的过程，尊重学生、鼓励学生、帮助学生、感动学生。教师在育人中育己，提高了自己，增添了乐趣。在以后的教育之路，继续坚持"一心一意对教育，一往情深对学生，一丝不苟对教学，一尘不染对自我"。

陈珊

一、基本情况

本人自2002—2003年担任厦门优佳利服饰有限公司设计助理。2003至今，在无锡工艺职业技术学院担任服装专业教师。任教期间，通过专业业务能力研修及在无锡刘潭服装厂、江苏苏龙纺织科技有限公司和宜兴乐祺集团等公司担任服装设计顾问，专业技能得到较快提升。个人曾在江苏省"十佳服装设计师"评比中，被评为"江苏省十佳服装设计师"。先后曾被评为"江苏省高等学校优秀党员""院大学生最喜爱教师""江苏省大学生最喜爱教师""院教学名师"、江苏省第三层次"333"人才培养对象等荣誉称号。近年来主要在以下几个方面开展了教科研工作：

（1）专业建设。任教期间，认真学习高职教育理念，形成较为完整的专业知识结构。主持江苏省"十二五"重点建设专业群"服装设计与工程专业群"，并于2016年完成专业群结题工作。主持立项江苏省产教融合实训平台"数码印花服饰产教融合实训平台"建设项目。主持院首批重点建设专业——服装设计专业，2012年该专业遴选评审为无锡市首批重点建设专业。

（2）课程建设。目前主要从事《服装设计》《服装立体裁剪》和《创意服装设计》等服装与服饰设计专业核心课程的主讲；主持完成无锡市精品课程和院精品课程《服装立体造型》建设项目；为无锡市精品课程和院精品课程《女装造型设计》第一主讲教师；指导学生参加由教育部全国职业院校技能大赛主委会主办的全国职业院校服装设计技能大赛获团体二等奖；指导学生参加由江苏省教育厅主办的江苏省服装院校户外休闲装设计与买手大赛获金奖学院获最佳育人奖；指导学生参加江苏省高等学校本专科优秀毕业设计（论文）女装产品策划"Green Fashion"，获三等奖。

（3）课题研究。主持院级课题"高职高专服装设计专业项目模块化课程的研究与实践"结题、主持院级课题"高职服装设计专业项目课程体系的构建与实施"结题、主持院级课题"一体两翼高职服装人才培养模式研究"结题。主持立项省职业教育教学改革课题"传统手工艺资源在高职艺术教育中的传承模式探究——以无锡锡绣为例"。参与完成江苏省教育科学研究所课题"岗位导向，工学一体"式服装工程专业人才培养方案设计与实践研究、省职业技术教育学会课题"校企合作服装人才培养模式的实践研究"、参与完成"服装设计专业'一体两翼'人才培养模式的探索与实践"教学成果，获中国纺织工业联合会教学成果三等奖。参与完成"互联网+《女装造型表达》课程教学改革与实践"教学成果获中国纺织工业联合会教学成果二等奖；发表学术论文12篇，其中核心论文5篇。

（4）社会服务。主持企业单位横向课题多项："苏龙集团亚麻服饰开发"课题、"学院后服公司员工工作服的设计与制作"课题、无锡依布制衣有限公司"中老年女装产品研发与板型设计"课题、宜兴市晴丹服饰有限公司"立裁技术在女装板型与工艺中的运用"课题和江苏舜天服饰有限公司"数码印花服装开发"、宜兴乐祺纺织服装有限公司"牛仔时装的设计研发"课题等。

二、专业教学资源建设

1. 教学内容与课程开发改革

依据服装行业企业对高职人才的需求，调整专业结构及课程教学内容，科学构建专业课程体系，强化项目式课程建设。负责服装设计与工程专业群课程体系的整体构建，形成底层共享、中层分立、高层互选的"三连环"课程体系。

（1）2008—2011年主持院服装设计专业建设与改革工作。

（2）2012—2016年主持江苏省"十二五"重点专业"服装设计与工程专业群"建设工作。

（3）主持《女装造型表达》《服装立体裁剪》和《创意服装设计》课程的教学标准、项目设计方案和优质精品资源课程建设等工作。

2. 实践性教学

构建"认知实训—专业实训—综合实训—顶岗实训"的"四递进"实践教学体系。

（1）2014年主持院服装系9000平方米实训中心、28个工作室的整体设计与建设项目。

（2）2016年主持立项省"数码印花服饰产教融合实训平台"建设项目。

（3）．结合企业实际，编制《服装立体裁剪》实训环节的项目设计方案。

3. 教学资源库建设

（1）2011年参与完成无锡市《女装造型表达》精品课，排名第二。

（2）2012年主持完成无锡市《服装立体裁剪》精品课，排名第一。

（3）2013年参与完成院《成型针织服装设计与制作》精品课，排名第二。

（4）2014年完成无锡市《女装造型表达》优质精品课，排名第二。

（5）2016 年主持完成院《服装立体裁剪》优质精品资源课程，排名第一。

三、教学方法改革及效果

在专业教学中对接企业，合理设计典型工作项目和具体工作任务，根据典型工作任务制定具体的项目设计方案。

（1）实施项目式教学法，从岗位对人才需求出发，合理设置教学项目。

（2）负责 2012 级卓越技师班服装设计项目教学组织工作。注重在实践过程中对学生的专业知识和技能的培养。与企业设计大师吉平生老师结对，依托校内服装设计工作室，主动对接苏龙纺织科技集团，开展项目式教学和系列产品的设计研发。

（3）运用信息化手段辅助教学，开发了《女装造型表达》《针织服装设计与技术》《服装立体裁剪》3 门优质精品资源建设工作。

主要效果：

（1）2011 年主持院级课题《高职高专服装设计专业项目模块化课程的研究与实践》，结题。

（2）2011 年主持院级课题《高职服装设计专业项目课程体系的构建与实施》，结题。

（3）2011 年指导学生在江苏省教育厅主办的江苏省服装院校户外休闲装设计与买手新人获大赛金奖。

（4）2012 年指导学生在全国职业院校技能大赛组委会主办的全国职业院校技能大赛服装设计赛项获团体二等奖。

（5）2012 年主持无锡市级精品课程《服装立体裁剪》，结题。

（6）2012 年服装设计专业"一体两翼"人才培养模式探索与实践，中国纺织工业联合会，中国纺织工业联合会教学成果三等奖（第二）。

（7）2013 年参与省级教改课题《"岗位导向，工学一体"式服装工程专业人才培养方案设计与实践研究》结题（第二）。

（8）2013 年参与省级教改课题《校企合作服装人才培养模式的实践研究》，结题（第二）。

（9）2016 年院级优质精品课程《服装立体裁剪》，结题。

（10）2016 年主持院级课题"一体两翼三连环四递进五工程"高职人才培养模式研究，结题。

（11）2016 年"互联网 +《女装造型表达》课程教学改革与实践"，中国纺织工业联合会，中国纺织工业联合会教学成果二等奖（第二）。

四、在教学团队建设中发挥的作用及效果

2012 年在校内成立名师工作室，先后结对施丽娟、虞黛云、江蕙芝等新教师和严华、许家岩、徐毅等骨干教师，通过帮传带，在教学能力和职业教学改革研究等方面开展教科研活动，并形成一批研究成果。

（1）专业与课程建设。指导和引领教师团队共同完成服装设计专业核心课程课程网络资源建设。2012 年《女装造型表达》被评为无锡市精品课程，2012 年《服装立体裁剪》课程被评为无锡市精品课程，2013 年完成院级《成型针织服装设计与制作》精品课建设工作。2014 年《女装造型表达》课程被评为无锡市优质资源共享课程。

（2）教学改革。以教学改革研究为抓手，结合当前课程改革的方向、职业教育的形势和学校发展的需要，构建工作室研究性教科研共同体，积极申请研究课题，解决教育教学中的实际问题，使课题真正地为教学服务，科研为教师服务。开展教科研课题 5 项，发表教改和学术论文，22 篇，其中核心论文 9 篇。

（3）资源建设。建设了"技能大赛动态资源库"，涵盖历年技能大赛的通知规程、场地设备、比赛试题、评分标准、训练题库、模拟试题、备料单等，并形成逐年完善更新机制，较好地把握比赛动态。

（4）团队发展。先后 1 名教师被评为院"教学名师"，1 名教师被评为"全国纺织教育先进工作者"，1 名教师被评为省"大学生做喜爱教师"，2 名教师被评为"无锡市技术能手"、1 名老师评为"江苏省十佳服装设计师"。

（5）社会服务。教师团队广泛开展职业技能培训、技术咨询、职业技能鉴定、科技推广和产品开发等社会服务，为促进地方经济发展做出贡献。近三年累计为社会培训 750 人次。横向课题到账经费 26 万元。

五、教学感言

"探索创新、精益求精、锲而不舍、追求卓越"是我一直恪守的教育教学理念和做事准则。随着经济社会以及现代教育技术的发展，要求我们高职教师必须以积极探索的精神，在高职教育观念、教学方法与手段以及人才培养模式上不断创新，才能培养高素质技能型人才。对专业技能的专研是永无止境的，影响和带领学生面对每一项任务时，能够执着追求，力求完美，把工匠精神在潜移默化中灌输和传导给学生。在教书育人的过程中，只有教师通过展示自己对问题的独到见解以及被问题困扰时的思考和破解难题的方式，才能培养学生知难而上、独立发现、研究和解决问题的能力。教学研究和科学研究是提升教

学质量的基础，充实与更新教学内容与手段的源泉。高职教师不能只做一个教书匠，只有亲身从事教学研究与科学研究，在"教中研"和"研中教"，才能使自己在教学中得心应手，感染学生，激励学生潜心钻研，开拓创新，成为卓越人才。

谈慧

一、基本情况

本人是南京工业职业技术学院商务贸易学院物流教学团队的一名"双师型"教师，教授，高级工程师，高级采购师，也是校黄炎培教学名师，全国物流职业教育教学指导委员会技能开发专委会副主任委员，中国物流与采购联合会常务理事，中国物流学会特约研究员。

我校2004年开设物流管理专业，本人2005年9月从企业调入经济管理学院物流管理教研室，从2006年起一直担任物流管理教研室主任、物流管理专业带头人。该专业2008年被评为江苏省特色专业，2011年以"优秀"成绩通过验收。2014年物流管理专业又被学校列入"创一流专业建设行动计划"中省一流专业建设项目，2016年以超额完成任务的好成绩通过专家组评估验收。专业建设成果在省内乃至国内有一定的影响力。

无论在企业还是在学校工作，我一直把"干一行，爱一行，精一行"作为自己的座右铭，不管在什么岗位，都把事业放在心上，责任担在肩上，尽职尽责，埋头苦干，全身心地投入。多年来，主讲了《采购管理》《仓储与配送实务》《物流信息管理》《物流技术综合实训》《物流管理综合实训》等多门专业核心课程。近6年来，三次规划设计校内物流实训室的扩建升级项目；牵头和校外10家大型物流企业签订校企合作协议；组织承办了4次物流专业教师国培和省培项目，并作为主讲教师，与参培教师分享专业建设成果和教学改革成果。2012年，本人获得了全国高职高专教育教学优秀培训师称号；组织策划了4次江苏省高职院校物流大赛，本人作为江苏省高职院校技能大赛物流项目专家组成员，从赛项规程编写、命题、制定评分标准、裁判培训等全方位设计组织，得到参赛院校和上级的好评；两次作为全国职业院校技能大赛物流赛项指导教师，指导的学生均获得大赛一等奖的好成绩。本人也获得了全国职业院校技能大赛优秀指导教师、江苏省职业院校技能大赛优秀教练、江苏省职业院校技能大赛先进个人等光荣称号。

在教学的同时，不忘提升自身的科研能力和社会服务能力，近5年来，共主持市厅级以上教科研项目13项，其中，省教改重中之重课题1项；主持横向课题7项；主编（著）的教材《物流信息管理》《物流管理综合实训》被评为"十二五"国家级规划教材；主编的《物流技术综合实训》被评为江苏省高校精品教材；《物流信息管理》被评为江苏省高校重点教材。近年来，为社会和兄弟院校开展物流师职业培训1500人次；发表学术论文50余篇。

二、专业教学资源建设

1. 教学内容与课程开发改革

本人从2006年起担任物流管理专业负责人，一直奋战在教学一线，每年的教学工作量远远超出考核要求，年课时达600左右。

2008年，物流管理专业被评为江苏省高职院校特色专业建设点，2014年被我校列入"一流专业建设行动计划"中省一流专业。目前物流管理专业除了招收普通高职专科生外，还和金陵科技学院合作开设了"3+2"分段培养班以及与美国纽约州立大学科贝尔斯基农业技术学院合作培养"3+2"专本衔接班。面对多层次、多种类的办学形式，需制定满足不同人才培养定位的培养方案、专业标准和课程体系。

作为专业负责人，在制定不同层次的人才培养方案时，首先研究国内外职业教育及技术应用型人才培养的先进理念，调研国内、国际物流企业岗位职业和对人才的技能要求，学习美国社区学院转学教育和职业技术教育功能，梳理出不同层次岗位的人才定位。和企业人员共同构建基于"物流专业共性能力"和"企业物流专项能力"的课程体系，在教学上采用校企合作，工学交替的"4+1"循环教学模式，即每周由学院专职教师开展4天的常规教学课程，1天由企业派高管或技术骨干进行企业文化或企业岗位技能培训，场地由企业决定。管理上由校企双方共同承担，实行"学生+员工"的双重考核机制，"班级+公司"的双向管理模式。针对国内本科院校"3+2"专本衔接分段培养，双方研讨课程标准，设计基于能力本位的衔接课程体系和转段考试方案，注重培养学生宽泛的理论基础及持续学习的能力；针对中美合作"3+2"专本衔接分段培养，立足国际化物流人才就业导向，在设计课程衔接体系时，吸收美国社区学院培养模式，中美课程学分互认转换，同时引进美方优质教育资源，8门专业核心课程由美方派老师授课，保留国内优势精品课程，注重跨文化交流、人际沟通、商业通信之类的课程设置，培养学生国际化视野。本人主持的基于中美合作办学分段培养的研究课题"跨国分段专本衔接人才培养范式研究"，2015年已被省教育厅评为江苏省教育教学改革重中之重课题。

在教学内容和课程改革方面，积极参与国内、国外职业教育培训研修，从职教理念到全课程开发实施，逐步清晰课程开发思路。课程开发前，和企业人员反复研讨，确定岗位能力标准，以综合职业能力为核心，以工作任务分析为基础，以工作过程为逻辑组织课程内容，课程开发后，根据教学效果和学生顶岗实习后的调查反馈，修改完善教学内容和课程标准。现已完成《仓储与配送实务》《采购管理》《物流信息管理》《物流管理综合实训》核心课程第二轮课改设计。2014年11月和2015年5月两次作为课程开发改革样板在全校教师培训大会上分享展示。

为使专业教学和企业要求、职业规范保持高度一致，在课程教学中引入物流企业实际岗位所需技能的内容、结构、标准，将物流师职业资格考试要求融入教学内容；以项目化教学改革为先导，把物流职业技能竞赛与教学考核相结合，将竞赛内容和标准制度化地融入项目教学当中，实现"教、学、做、赛"一体化管理，强化了学生的岗位技能和综合职业能力。

2. 实践性教学

（1）实训实习项目设计。高等职业教育的宗旨是培养面向一线的高素质技术技能型人才，既有"高等性"，又有"职业性"，这就要求教学过程必须注重学生的动手能力培养。在开发实训实习项目时，结合物流管理人才岗位需求，构建了企业认知、单项技能训练、专项技能训练、综合技能实训、技能大赛、创新和创业训练、顶岗实习等"能力递进式"实践教学体系。通过分层次训练，培养学生实际操作能力和企业经营能力。如一年级开学第一周，就组织新生到物流企业参观感知，聘请企业专家或高管到校讲课，请往届毕业生回校座谈或开讲座，让新生了解所学专业知识和就业环境。从第二学期开始学习专业技术平台课程，学做合一，开展理实一体化教学，培养单项能力和专项能力应用。第三学期增加综合实训课程，培养学生物流方案优化设计能力和实操能力。第四、第五学期，组织学生成立物流社团，将创新创业内容及物流职业技能大赛融入综合实训项目，更多地培养学生的团队精神，创新精神，吃苦耐劳、承受压力、综合分析问题、解决问题的能力，通过策划技能竞赛，对原有综合实训项目进行提升，形成业务流程更复杂、方案设计更全面、团队合作要求更高的实战演练项目。第六学期学生下企业顶岗实习前，提前布置论文写作任务，要求结合工作岗位，从微观角度对所在企业和岗位的业务流程进行分析，设计出成本最优、流程最畅的物流运作模式。目前已开发的实训项目如"供应链管理综合实训""物流业务运作综合实训""现代物流储配方案设计与执行"等均纳入实践教学体系中。

（2）实训实习条件改善。作为物流实训中心的主要规划设计者，"物流工程与管理实训中心"是创国家示范性高职院重点建设项目，自2009年建成后，已经过三次扩建升级，打造成了国内一流的物流实训中心。在规划建设实训中心时，本着"以企业化理念建学习型教学工厂"的建设理念，创建以学生为主体，以能力培养为核心的工厂化教学环境。软硬件配备均参照国内先进物流企业所拥有的常见设备，如：自动化立体仓库、机器人、AGV导引小车、电子标签拣货系统、流通加工线、滑块分拣系统、POS系统、手持终端等，形成一个功能齐全、技术先进，操作实用、投资经济的现代物流实训基地。2010 年、2012 年、2013 年经过三次改扩建，将物联网技术在物流领域的应用体现在综合实训项目中，对原有的物流实训中心进行了升级改造，增加了智能导购、柔性生产系统、冷链运输系统、交通运输沙盘、3D 虚拟物流实训系统等，将最新的行业动态和发展趋势及时反映到教学实践中。

现物流实训中心已成为中国物流学会产学研实训基地；江苏省物流师职业技能鉴定中心；2010 年、2012 年、2013 年，2016 年 4 次作为教育部职成司和江苏省教育厅物流工程与管理骨干教师培训基地，开展物流专业教师职业能力提升培训；2013 年以来，已连续四年承办江苏省高职院校职业技能大赛物流赛项，获得教育部和省厅相关部门肯定。

此外，通过校、企、行互动平台，牵头和 10 多家物流企业签订校外实训基地协议，将实践场地与校外实训基地建设结合起来，补充增加实训实习条件，同时将企业引进校园，开设"顺丰订单班""苏宁订单班"，为实践教学、大赛训练、学生创业等提供条件保障。

3. 教学资源库建设

（1）教材建设和使用。为把教改成果体现到日常教学中，组织团队成员到企业调研，和企业骨干共同开发项目化教学资源，积极编写特色鲜明、内容新颖、实践性强的高职教材。本人已主编出版教材《配送管理》《现代物流管理》《物流信息管理》等 6 本，其中主编的教材《物流信息管理》于 2009 年由大连理工大学出版社出版；经过 7 次再版，于 2013 年 11 月被评为国家级职业教育"十二五"规划教材，2014 年 9 月被评为江苏省高等学校重点教材，2014 年被中国物流学会评为第四届"物华图书奖"。编著的教材《物流技术综合实训》《物流管理综合实训》于 2010 年由大连理工大学出版社出版，同时配套视频光盘辅助教学。其中《物流技术综合实训》被评为 2011 年江苏省高等学校精品教材，《物流管理综合实训》于 2013 年 11 月被评为国家级职业教育"十二五"规划教材。

从 2010 年至今，为大连理工大学出版社主审物流管理类教材 6 本，为十多本物流管理类教材申报国家级职业教育"十二五"规划教材做过指导专家，其中指导的 9 本教材通过了国家级"十二五"规划教材建设立项。

（2）数字化资源开发。为了开阔学生视野，巩固和深化所学知识和技能，形成主动探究的学习氛围，本人主持开发了两门院级共享资源课《配送服务与组织》和《物流技术综合实训》，使校内外学生可共享教学资源库，内容包括电子教案、演示文稿、习题库、案例库、视频资料、试题库、考试系统、授课录像、实训录像等。学生通过教学网站，可以自主学习，网上提问和答疑，课外时间师生互动更为方便。其中主持的课程《配送服务与组织》获 2013 年学校优秀网络课程。作为主要参与者（排名第2）参加了教育部共享型教学资源库中《采购管理》和《物流基础》两门课程的建设，参与编写教学大纲，制作教学资源，审核教学内容等，作为全国高职高专经济管理类专业教学资源建设委员会专家委员，多次为其他院校物流专业教学资源建设出谋划策。已连续3年作为江苏省中等职业院校信息化大赛专家，参与大赛评审工作。

此外，负责开发的综合实训项目《供应链管理综合实训》《储配方案设计与执行》等实践教学资源都在学院的"课程资源AES系统"平台上落地，可供学生开展实验实训时使用。课程网站还与一些主要的物流行业网站及有特色的网络资源相链接，学生可利用学院的网络环境，实时了解国内外物流业发展行情。

目前，所有物流管理类课程的教学都采用多媒体教学手段，每门课程都配有精美的PPT、视频资料、图片。案例等教学资源。组织团队教师研究"微课"开发，已有几位年轻教师参加学校组织的"微课"大赛，2位获得校级一等奖，1位获得校级二等奖；1位获得省微课大赛二等奖的好成绩。

三、教学方法改革及效果

（1）因材施教，分层教学。根据高职学生的学习特征，教学过程实施分层、分能力教学，知识点的讲授由易到难、循序渐进。注重分析学生群体特点，提倡"以人为本""因材施教""教书育人"的教育思想；针对生源质量参差不齐以及就业目标各不相同的现状，合理引导，激发学生的学习兴趣。如对参加高考统招的学生，理论基础好，讲解时深度和难度都稍加大，注重理论应用于实践能力的培养；而对自主单招（没有参加高考）的学生，理论基础稍差，自律能力也欠缺，对这些学生多设计开放性任务，每个学生可以根据自己的理解，提出综合解决方案；对专本衔接的学生，考虑后续升本学习，加强理论知识的宽度和深度，注重培养他们自主学习、拓展能力。总之，从企业用人的多元性及学生资质的潜能性等诸因素分析，有针对性地选择教学方法。

在职业能力和职业精神培养上，坚持实践课程"分层次教学"改革，对于那些学习主动性差、学习能力不强的学生，多方鼓励，重点辅导，使他们达到基本的职业能力和教学要求。对能力较强的学生，鼓励他们参加各类学科竞赛、技能大赛，利用课余时间指导有兴趣、有能力的学生开展物流社团活动，为实训课程和技能大赛储配力量。对有创业兴趣的学生，培养其创新创业能力，创造条件和机会，利用校企合作企业资源优势，将企业经营引进校园，为学生创业提供方便。

作为创业园的指导老师，这几年指导的多名学生创业成效显著，如2013年11月在南工院创业园开设"大学生物流中心"，成立"云镖局"公司，跟顺丰、邮电、汇通、天天等几家快递公司签订揽货及送货协议，引入基于互联网技术的

"智能快递柜"，为大学生及时提供收件和快递服务。2015 年 6 月将企业引入校园，开设了苏宁易购南工院 O2O 服务站（国内高校第一家），开业 20 天内，苏宁内部系统显示，直接营业额达到 3 万元以上，年底业绩更是超出业绩标准的 30%，得到了苏宁总部的重奖。2016 年苏宁将我院校园创业模式作为优秀案例复制到 11 所高校。

（2）教学组织及效果。物流管理专业在专业建设和课程建设发展历程中，始终坚持"以学生为主体，校企合作优化教学设计，培养社会所需人才"的高职教育教学理念，在多年的项目化教学改革实践中逐步形成了自己的特色。一是确立了以"综合素质＋职业能力"为核心的课程目标，以职业核心技能为基础，构建核心课程模块与就业方向相结合的课程模块，并有机组合成多项选择的课程结构模式；二是创新了"理实一体＋项目课程"的教学模式，通过"学做合一，手脑并用"，将课程内容分解成若干子任务，启发学生在实践中发现问题、思考问题，寻求教师指导、答疑解惑，并归纳总结知识重点和难点，推进知识应用的深度和广度。三是构建了"技能大赛＋综合实训"的实践教学体系，将技能大赛的内容和标准提炼成丰富的课程教学项目，以技能大赛为引导，推进和检验课程改革。

几年来多次指导学生参加技能大赛，并取得可喜成绩：

①2010 年、2012 年、2013 年三届指导物流专业学生参加教育部组织的全国职业院校技能大赛，2 次一等奖，1 次二等奖；4 位学生获江苏省职业院校学生技能竞赛标兵称号。

②2013—2016 年，连续 4 届获江苏省高职院校技能大赛物流竞赛一等奖；

③2015 年、2016 年，2 位物流专业同学获"全国大学生数学建模竞赛"一等奖；2 位同学获江苏省大学生数学建模竞赛一等奖。

四、在教学团队建设中发挥的作用及效果

作为物流管理教学部主任，物流管理专业的带头人，在教学团队建设中，充分发挥组织、引领、传帮带的作用，积极为中青年教师搭建平台，组织和引领他们积极参与专业建设、课程建设、教学研究、行业技术服务，建成了一支师德高尚、结构合理、教学水平高的优秀教学团队，具体发挥的作用及效果如下：

（1）组织、带领团队开展学校后示范校项目"创一流专业建设行动计划"，完成了物流管理专业三个不同层次、不同类型的人才培养方案制订或完善，即修订 2014 版物流管理专业人才培养方案；制定 2016 版物流管理"3＋2"高职—本科分段培养人才培养方案；制定 2015 版中美合作物流管理"3＋2"分段专本衔接人才培养方案。按建设计划组织带领教学团队实施落实。

（2）带领团队完成了国家级教学资源库《采购管理》和《物流基础》两门

课程的建设，完成院级网络课程《配送服务与组织》《物流技术综合实训》等课程的资源建设，教学网站上提供了学生学习所需的全套教学资料，包括：课程标准、学习情境实施计划、电子教案、教学课件、实训项目、实训指导书、教学录像、考试题库及在线自主测试等教学资源。同时对物流管理专业 6 门核心课程开展示范后新一轮综合化教学改革，包括课程标准、课程规范、课程整体设计和单元设计。

（3）带领教学团队，和行业企业合作开发课程体系，合作开展教材建设，近 5 年来主编（著）全国高职高专教材 10 部。

（4）带领教学团队，积极开展校内外实训实习基地建设，规划建成了一个功能齐全、技术先进，操作实用、投资经济的现代物流实训基地。该实训中心已被教育部职成司、江苏省教育厅指定为高校物流工程与管理专业"双师型"师资培训基地，4 次承办省培、国培项目。本人也获得 2012 年"全国高职高专教育教师培训优秀培训师"的光荣称号。校外和苏宁、苏果、顺丰、圆通等 10 家物流企业签订合作协议，另和苏宁、顺丰签订"物流订单班"。

（5）组织、带领教学团队积极开展综合实训项目开发，完成了 9 个实训项目的课程标准编写、教师指导手册、学生指导手册和项目任务书，现 9 个实训项目全部通过学院验收。近期，又带领团队教师开发综合实训课程的网络教学资源，计划三年内让校内外学生可通过线上线下自主学习，更好地理解和完成大部分实践课程。

（6）组织承办江苏省高职院校职业技能大赛物流赛项。自 2013 年以来，作为省赛承办单位的主要组织者和设计者，已连续四届组织、策划、举办江苏省高职院校物流大赛，从大赛申报，到方案设计、现场布局、设备采购、安装调试、组织报名、说明会、裁判培训、到比赛实施，全过程公正、公平，比赛结束零投诉，组织过程受到参赛院校好评。2010 年、2012 年两次作为指导教师带队参加全国职业院校技能大赛，均获得大赛一等奖，2015 年指导学生参加江苏省物流大赛获得一等奖，本人也获得了"全国职业院校技能竞赛优秀指导教师""江苏省职业技能大赛优秀教练""江苏省职业技能大赛先进个人"等光荣称号。2013 年，作为总裁判长为全国职业院校快递技能大赛（46 个高职校参加）执裁，2016 年，成为全国物流职业教育教学指导委员会技能开发专委会副主任委员。

（7）组织、带领教学团队积极开展教科研及社会服务项目，本人近 6 年共主持完成市厅级以上教科研项目 12 项，其中省教育教改重中之重项目 1 项，省教育规划课题 2 项。为企业开展横向课题 6 项，为企业员工培训 500 余人次；为本校及兄弟院校学生开展物流师职业资格考证培训服务 1500 人，通过率 90% 以上（社会培训通过率 60%~70%）。为应天职业技术学院等多所兄弟院校开设物流技术综合实训课程 300 人次，均获服务单位的好评。

除了在教学团队建设中做出了突出的贡献，作为经管院督导还对年轻教师实行"传、帮、带",每年指导 2 名年轻教师,把课程改革的设计方案在项目化教学思路上和年轻教师分享,指导年轻教师申报课题,撰写论文,发挥了学科带头人的引领、示范作用。物流管理教学团队每年都是经管学院综合测评第一名,连续 5 年被评为先进团队,科研、论文总数在经管院名列前茅。2014 年,物流专业又被学校列入"创省一流专业建设行动计划"重点专业,2016 年评审成绩排在前列。

五、教学感言

用"勤"来鞭策自己;
用"钻"来提高业务;
同"爱"来呵护学生;
用"心"来付出真诚。

赖双安

一、基本情况

本人一直承担陶瓷艺术系专业主干课程的教学任务，年年超额完成学院规定教学工作量，先后讲授过的课程有《德化传统瓷塑》《工艺雕塑》《浮雕》和《泥塑头像写生》等。从教至今，在承担大量的教学及教学管理工作的同时，从未放松陶瓷艺术创作，近几年，在 CN 级专业刊物发表 8 篇专业学术论文，主持或参与 5 项教学成果建设；创作了大量的陶瓷艺术作品，参加全国各种专业大赛，2011 年 5 月作品《盛夏的果实》获福建省经济贸易委员主办的第五届"争艳杯"金奖，2012 年 12 月作品《喊月》《太白放歌》分别获得中国工艺美术学会"第四届中国（南宁）国家级工艺美术大师精品博览会"金奖、银奖。2013年 5 月作品《悟》荣获 2013 年中国工艺美术"百花奖"（莆田）评比银奖；2013 年 7 月作品《悟禅》荣获 2013 年第三届"大地奖"陶瓷作品评比金奖。获"福建省优秀教师""福建省工艺美术大师""福建省陶瓷艺术大师""福建省雕塑大师"等荣誉称号。

二、专业教学资源建设

1. 推行"创业型导向，项目化训练，工作室教学"的人才培养模式

（1）创业型导向：以创新型、创业型技术技能人才为培养目标，并将培养目标贯穿于育人的全过程。

（2）项目化训练：将核心课程内容，转化成有机相连的训练项目，分阶段、递进式完成项目训练。

（3）工作室教学：模拟大师创作工作室，在学校建立大师工作室，并以大师名字命名工作室。

（4）以现在的大师培育未来的大师：精选有丰富教学或带徒经验的国家级、省级大师，担任师傅；大师既是教师又是师傅，在大师冠名的工作室教学、带徒，培养具有大师素养的创新型、创业型技术技能人才；学生毕业后可到大师的企业、创作工作室继续深造，大师作为师傅长期指导、帮助徒弟创新创业。

2. 构建"能力递进"的课程体系

调整专业课程设置，打通相近学科专业的基础课程，开设跨学科专业的交叉课程。面向全体学生开设研究方法、学科前沿、创业基础、就业创业指导等方面的课程，并纳入学分管理，鼓励学生跨院系、跨学科、跨专业学习。把创新创业实践活动与专业实践教学有效衔接，培养学生创新创业实际运用能力。到 2020 年，建设依次递进、有机衔接、科学合理的创新创业教育专门课程群。引进和建设一批资源共享的创新创业教育精品视频公开课、慕课、微课等在线开放课程，建立在线开放课程学习认证和学分认定制度。以学生创新精神、创业意识与创新创业能力培养为核心，改进专业课程教学，开设一批创新创业基础必修课程、选修课程及实践类课程，建设创新创业基础课程和实践课程群。

3. 构建"内外结合、三层双轨、五项能力"的实践教学体系

为培养技能型的高职雕塑艺术设计专业人才，体现高职的办学特色，在整个课程体系的设计中，突出实践性教学体系的设计，本专业提出"内外结合，三层双轨、五项能力"的雕塑艺术设计实训教学体系。"内外结合，三层双轨、五项能力"雕塑艺术设计实训教学体系是一种贯穿人才培养全过程的、以综合素质为基础的，突出职业能力培养的专业技能培养模式。

（1）坚持"教学目标服从专业培养目标"，将课程理论知识点分解嵌入到相应的实操模块过程。

（2）通过教师指导学生完成"实训任务"开展教学，一次课堂教学的过程即是学生完成一个典型工作任务的过程，课堂教学的进程由"任务"来引领。

（3）"在做中教，在做中学"，即"教、做、学"一体，在教学实施过程中突出学生的工作者角色，采用任务引领、角色扮演、案例教学、启发引导和分组讨论等教学方法，强调学习方法、工具的应用和学生的主动性学习。

（4）营造仿真（真实）的工作场景或根据教学实际需要安排学生到企业工作现场观摩学习，邀请校外企业"工艺美术大师"进课堂。

（5）主持或参与陶瓷艺术相关专业的 10 余个校内实训室的建设工作，主要实训室有雕塑实训室、陶瓷装饰综合实训室、人体雕塑实训室、雕塑工艺实训室、美术实训室、陶瓷类生产性实习基地等。努力引进新设备、新技术，对部分实训室进行与课程配套改造，为实践教学提供尽可能真实、完整的教学条件和环境。

（6）开展生产性实训项目的设计与实施，统筹规划专业半年顶岗实习安排，带领专业老师积极开拓校外实训基地，为实践教学创造"高性价比"的实训条件。在企业建立了三个"教授工作室"和五个校内"大师工作室"。

三、教学方法改革及效果

根据市场调研的各项结果，及时调整教学内容设计，积极开展行动导向教学模式的探索，努力提高学生在校学习与实践工作的一致性，增强学生对企业的岗位的适应能力。

（1）创新人才培养模式。不断探索并创新"非遗传承大师班"为主要模式的现代学徒制人才培养模式。校企结合，企业参与人才培养的全过程；课证结合，考证内容有机融入课程；工学结合，以研促学、以研促产。

（2）创新"教授工作室""大师工作室"教学模式。创新校企合作体制机制，在企业建立了三个"教授工作室"和五个"大师工作室"。这种模式既是教师服务企业、提升技能的舞台，又是培养创业型大学生的平台，在我省高职院校中属于先行先试，特色鲜明效果显著，具有很强的示范作用。

（3）创新人才"孵化"形式。通过教授工作室大师工作室，采用现代学徒制的"师带徒"形式孵化创新创业型人才。以学促研，以研促学，以研促产，以销促研。

（4）创新教师团队构建方式。依托教授工作室打造既是教授又是大师的教师团队。教师业余在企业挂职锻炼，在教授工作室创作，15 名教师团队成员均参评工艺美术类职称，7 名教授、副教授成为省级陶瓷艺术大师，为培养创业型人才服务提供有力支撑。

（5）提升专业服务产业能力。毕业生打破德化以注浆成型为主的生产模式，全部以手工直接成型，带动、推动德化陶瓷行业向高端工艺品发展；"福建省工艺美术学会培训基地""福建省陶瓷行业协会培训基地"落户陶瓷艺术系；承办了五届全省陶艺创新评比和陶瓷旅游品创新大赛。面向社会开展了五期德化传统瓷塑研修班、四期高级技师培训班，专业服务产业能力显著提升。

四、在教学团队建设中发挥的作用及效果

（1）聘请企业行业一线人员与相关专家成立雕塑艺术设计专业教学指导委员会，并亲自担任委员，负责召集委员定期开会，不定期收集委员们最新的指导信息，组织成员一起制定、审阅相关课程人才培养方案。

（2）积极引进高职称、高学历人才，加强师资团队建设；连续五年担任青年教师的导师，帮助青年教师改善教学方法和效果，提高专业业务能力和职业素养。

（3）积极争取到福建省高职高专艺术设计教学指导委员会和福建省工艺美术学会、福建省陶瓷行业协会等行业协会的指导，保持与上海工艺美术职业学

院、江苏工艺美术职业学院和广东轻工职业技术学院等兄弟院校的专业交流和学习，取长补短，拓宽团队成员的视野，促进教学效果和人才培养质量的提高。

（4）与企业保持密切交流与合作，有效整合我系教师与企业的人力资源。引导教师创建陶瓷艺术研究所或工作室，介绍部分老师到企业学习和挂职锻炼，确保专业教学跟上行业的变化和需求。为教师参加各种形式的继续教育培训和资格考证创造条件，通过多种渠道拓展教师进修学习的空间。

（5）带领青年教师申报和参与相关课题研究，单独或合作出版相关教材、发表专业论文，提高团队成员的教学科研水平和专业技术职称。

（6）作为雕塑艺术设计专业的专业带头人，带领本专业团队将雕塑艺术设计专业成功申报为福建省示范专业。

通过努力，一支"素质优良、专业配套、结构合理、专兼结合"的"双师型"教师队伍已基本形成并稳定，极大地促进了教学效果和人才培养质量的提高。

五、教学感言

本人在思想上有高度的社会责任心，把教育作为自己终身为之奋斗的事业，充满激情地上好每一堂课。教师已不再是单纯的教书匠，教学过程应充分体现学生的主体意识，教学的目的不是讲授了一定量的知识，而是要使学生掌握了一定量的知识。我要做一个吃苦耐劳、踏实肯干的人，一个专注一线教育教学工作、乐于探索教育教学改革的人，一个潜心研究陶瓷艺术、努力提升专业技能水平、争做优秀高职"双师型"教师的人。

荣誉是掌声，更是鞭策。在今后的工作中，我将始终把"奉献爱心，勤于教学，无愧于人民教师的光荣使命"和"师者为师亦为范，学高为师，德高为范"作为工作信条，坦坦荡荡做人，扎扎实实做事。严谨务实，淡泊名利，以自己的言行影响学生，为教育事业贡献自己的微薄之力，以更高的标准要求自己，更加努力地投入教学工作，使自己在思想政治上、道德品质上、学识学风上更好地以身作则、率先垂范、为人师表，做学生的知心朋友，成为学生健康成长的指导者和引路人。

吴俊超

一、基本情况

吴俊超，1980年生，2005年毕业于华北水利水电学院，2012年在南昌大学取得工程硕士学位。2005年9月至今，已在九江职业技术学院任教12年。本人于2013年参加江西省紧缺高技能人才培训，获得加工中心技师证书，同年被学校认定为双师型教师。2015年被评为副教授，同年被评为江西省首席技师。是在教学一线长期承担教学任务的专任教师。本人年平均授课学时不低于申报人所在单位平均授课学时。

2012年，本人参赛获得全国职业院校模具技能大赛教师组二等奖。2016年，有幸被中华人民共和国人力资源和社会保障部聘为第44届世界技能大赛全国选拔赛专家裁判。2013—2016年，连续四年担任全国职业院校模具技能大赛专家裁判，2008年至今，连续9年担任江西省模具设计制造大赛命题专家、评审专家，多次作为主要组织者组织省级职业技能大赛。指导学生参与职业技能大赛获得全国一等奖3项，全国二等奖2项，全国三等奖1项，获得省级一等奖47项。申报并获批专利2项。参与省级课题2项，主持课题1项，参与校级课题5项。公开发表论文12篇，作为主编、副主编公开出版教材4本。

任教以来为九江市凯兴电子有限公司、深圳市力邦印刷有限公司、六安云中阁工艺品有限公司、好孩子儿童用品有限公司、安徽北科机械有限公司、志远精密模具有限公司等数十家公司提供技术服务。承担或参与来自相关行业企业的横向课题或获得具有产业价值的技术专利，为企业节省了开发成本，创造了良好的经济效益，取得了较好的业绩。近年来，积极参与全国职业院校模具技能大赛，连续多年担任指导教师、专家裁判，是中国模具工业协会全国职业院校模具专业联席会议副主任委员。

重视教学梯队建设，形成良好的"传、帮、带"团队文化。在实验室、实训室建设方面指导邓锐老师、黄坚老师参与项目的标书制作、招标采购、设备的安装、调试、验收以及设备的后期保养。并在制作教学资源、开发适合模具专业实训教学实施的实训项目等方面给予指导。2014年12月，指导黄坚、邓锐两位老师参与2014年全国职业院校模具技能大赛的指导工作，最终取得该比赛的全国一等奖。

二、专业教学资源建设

1. 教学内容与课程开发改革

任教 12 年以来，系统讲授了《塑料成型工艺与模具设计》《机械制图与微机绘图》《产品逆向制作》等十多门专业核心课程教学。服从教学计划的安排，承担课程设计、岗位资格实训、毕业顶岗实习等教学环节的指导工作。共完成教学工作量 7000 余学时，年均授课 600 余学时，完成了学校规定的教学工作量和科研工作量。

此外，积极参与学校的专业建设，注重课程的开发和重组。参与申报新专业《工程机械运用与维护》工作，现已获批。主持并实施了 8 个班次的学做一体课教学和 2 个班次的新开课教学。连年为学校的试点班、订单班。本科班和创新班授课。任教期间主要参与 2010—2016 级模具设计与制造专业（常规班、创新班）人才培养方案的制订和完善工作。2011 年 12 月组织申报的"模具设计与制造专业人才培养方案"获得全国机械高等职业教育教学成果奖一等奖；2013 年作为主要参与者参与的《冲压成型工艺与模具设计》获省级精品资源共享课；此外，本人主持的课件"注塑模结构与设计"获得校级课件评比二等奖；此外，还获得省级教学成果三等奖 2 次；校级教学成果二等奖、校级教学成果三等奖各 1 次；4 次获得教学质量奖；5 次获得院长奖励基金。公开发表学术论文 12 篇（中文核心 2 篇）；作为主编、副主编公开出版具有轻工职业教育特色的新版教材 5 部，申报并获批专利 6 个。

2. 实践性教学

作为实践教研室主任，注重实践教学场地的开发、建设和维护。2012 年主要参与开发"无锡绿点""无锡德硕"两个校外实习实训基地，负责专业调研和实训教学方案的制订，同年，指导模具 0901 班完成在这两个实训基地的带薪顶岗实习。

作为主要参与者参与机械院"中央财政支持地方高校发展专项资金 2013—2015 年项目建设规划——模具数字化设计与快速制造科研平台与专业能力实践基地"项目（300 万）的申报，同年 9 月审批通过，排名第二，主要参与前期调研、设备选型询价、项目论证、建设方案制订工作、标书制作，场地规划等工作。此外是五个建设项目（线切割新设备购置、2#实验楼一楼实训室改造工程、模具分析软件采购、采购 NXCAD 系统、模具实验实训室设备维修）的项目负责人。负责五个项目的设备选型询价、项目论证、建设方案制订工作、标书制作、场地规划、协调现场施工、招标采购以及项目验收，负责组织本专业教师进行软件和设备应用培训。任现职期间主持开发新的实验项目 5 项，新的实训项目

2 项。

3. 教学资源库建设

任教以来积极开展精品资源共享课程和共享型专业资源库的教学内容数字化资源建设工作。

2013 年作为主要参与者参与的《冲压成型工艺与模具设计》被评为省级精品资源共享课；2015 年至今作为主要参与者参与国家级共享型专业资源库的建设。作为主持人主持的课题"模具装调实训室模具数字化研究与实践"目前已经结题。

三、教学方法改革及效果

近年来充分利用省级国家级教学资源库和虚拟实训室，在实践教学中采用"虚实结合"的教学方法，有效地减少了安全事故的发生。理论教学中注重利用新手段，采用分层教学，因材施教的方法，评价体系中采用分级考核、相对评价的方式在日常教学和指导大赛方面，对本院校有较大影响，形成独特而有效的教学风格，起到较好的示范作用；是学校的中青年骨干教师。

能采用线上线下云课堂教学、学做一体课、现场课、视听课、实验课、课堂讨论、多媒体教学等多种课型进行教学。在云课堂、蓝墨云班课、网易云课堂等APP 上传了大量的教学资源（教学视频，PPT 教案、图片等）。教学效果良好，受到了学生和督导组的一致好评。

四、在教学团队建设中发挥的作用及效果

作为中国模具工业协会全国职业院校模具专业联席会议副主任委员，作为模具实践教研室主任，积极参与专指委、行指委的会议，积极参与行指委承办和主办全国模具设计制作方面的技能大赛，深刻把握大赛对专业建设的引领作用。在历届技能大赛中积极指导并组织学生参赛，同时投入到裁判工作中，公平执裁，在校内乃至全国模具专业的教师队伍中有一定的影响。

近 5 年主持过的教育教学改革项目 1 项，在教学内容、教学方法改革方面积极思考，取得了一点儿小小的成绩；近 3 年，在《塑料》等中文核心期刊上发表过"复杂薄壁注塑件注射成型工艺 CAE 分析及参数优化"等有一定影响的文章；获得过数十次省级及以上的奖励。

五、教学感言

在过去的 12 年里，我始终以"教书育人，奉献社会"为己任，积极探索新形势下职业教育的新方法、新手段，我们的教育教学质量、学生的职业综合素质得到了显著提高，这些成绩的取得和学校各级领导和老师们的共同努力是分不开的。

今年，我有幸被学校推荐参评全国教学名师，对我来说，既高兴又惭愧。高兴的是，我的工作得到了学校领导的肯定和学生的认可。惭愧的是，我的工作做得还远远不够，说心里话，我真有点受之有愧。我知道，我身边比我优秀的教师还有很多很多，他们同样也付出了辛勤的汗水。在此，我向他们表达由衷的敬意。

"做教师最快乐的事莫过于穷尽毕生精力，研究如何做一名最优秀、最受学生欢迎的老师"，就是这种不断进取的意识指引着我，让我逐步成长为一名受学生喜欢的老师。

在这 12 年中，我从课堂教学到参加国家级竞赛，从课程建设到专业建设，从新教师到对新教师的指导，从负责职业技能鉴定到积极参与对外服务，从参与招生到开拓就业市场，无论什么工作，无论什么难题，靠的就是自己的执着、坚韧和信念。有条件要做，没有条件创造条件也要做，作为青年教师，只要不怕辛苦和付出，我们的教育目标就一定会达成，因为只有经历更多才能收获更多。

我多次担任指导教师、专家裁判，自己参赛的同时也指导学生参与全省全国的模具技能大赛，取得过数十次一等奖。我也曾被评为江西省首席技师；中青年骨干教师；5 次获得院长奖励基金；5 次年终考核优秀；4 次获教学质量优秀奖；并多次评为院先进个人；优秀共产党员；优秀班主任。自担任教研室主任以来，我团结本组老师，共同编制适应企业需求的专业人才培养方案和课程标准，连续 5 年进行专业调研和就业市场拓展，我深深地知道，只有了解最新就业市场动态和企业需求，才能更高好的进行专业建设和专业实训条件建设，只有持之以恒地进行专业建设与改革，我们的专业和学校的发展才能更进一步，才能在全国高职院校中保持领先水平。

作为一名教师，我爱我的学生。从课堂教学到实习实训，从田径场地到学生宿舍，我始终愿意和我的学生们分享成功的喜悦、分担青涩的忧伤。作为一名教师，我爱我的家——九江职业技术学院。

古人云："一年之计，莫如树谷；十年之计，莫如树林；终身之计，莫如树人。"教师是人类灵魂的工程师，教书育人是教师的神圣使命。虽然我们很清贫，但是我们也是最富有的，正因为我们是春天播撒种子的人，我们心中有着秋收的期盼；我们也是清晨的一缕阳光，我们有着勇往无惧的精神，是任何乌云也挡不住的！我们还是夜空中的启明星！

卢兆丰

一、基本情况

卢兆丰，中共党员，副教授，1992 年毕业于中国煤炭经济学院工业管理工程专业，获学士学位，2008 年获得山东大学管理学硕士学位。经济师、项目管理师，全国高职高专教育财经类专业会计分教学指导委员会委员，中国国际贸易学会涉外会计分委员会会员。日照市社科专家，日照市优秀教师，日照至信科技有限公司高级管理顾问，日照金算盘财务工作室负责人，日照市政府采购专家。

二、专业教学资源建设

1. 教学内容与课程开发改革

卢兆丰同志注重带领教学团队积极开发工学结合的精品课程，不断优化课程内容，专兼职教师根据个人专业特长及所授课程进行团队划分，组建课程开发团队，对本专业的核心课程、基础课程进行建设和资源开发。课程中引入企业标准、工作规范和企业项目，达到课程建设与职业岗位能力需求及行业企业技术发展同步，实现"理论学习与实践技能培养相融合、课堂与基地相融合、教学与生产相融合"。在教学内容设计中以培养职业能力为目标，以岗位工作过程为导向，保持教学内容与实际工作的一致性。在教学评价方面，根据岗位职业标准制定课程标准、依据岗位工作工序安排实训内容，参照职业资格考核标准制定专业课程考核标准，达到课程教学与岗位需求的零距离对接。

为保证课程建设质量，开展了"四个统一"工程，确保课程建设与教学组织的一致，即精品课程与课程教学相统一、说课备课与上课相统一，课程标准与教学内容相统一，教案与教学实施相统一，形成了"校级精品课程—省级精品课程—国家级精品课程"的课程建设体系。

2. 实践性教学

卢兆丰同志注重社会服务，助推会计专业实践教学。倡导服务社会与实践教学有机结合的良性模式，带领团队教师积极承担会计从业继续教育、初级会计师考试、全国涉外会计资格证鉴定、增值税防伪税控开票子系统企业操作员鉴定等

336

社会服务项目，积极开展横向课题研究，提高团队成员的实践操作技能和理论应用水平，丰富实践教学内容。

3. 教学资源库建设

充分吸收现代教育教学方法和技术，利用微课、慕课、电子教室、网络平台、制作 Flash 课件、虚拟动画资源，利用现代教学手段推进网络资源库的建设，开发大量信息化课程资源，与山东至信科技有限公司合作共同建设网络课程，将课程内容系统、教学系统与学生学习管理系统有机结合，实现课程学习的交互性、共享性、开放性、协作性和自主性。目前，经过课改的 7 门课程均已在平台上建设了网络课程，在教学中实施了线上＋线下的授课方式，实施了"翻转课堂"教学法，切实提高了人才培养质量。

三、教学方法改革及效果

融创新思维培养、团队学习方式、实践案例教学于课程教学中，根据课程性质、教学目标、授课学生基础及特点，改革教学方法手段，采用翻转课堂教学模式，推广任务驱动等教学方法，灵活运用理论讲授、实践辅导、现场教学、技术服务、科技创新、以赛促训等不同教学方法，在充分利用现代多媒体电子教学、网上学习、交流沟通的基础上，采用第一课堂与第二课堂结合，将现代科学技术充分应用于教学改革之中，培养学生的学习兴趣和乐趣，提高其成就感，变课堂上教师主体地位为学生主体教师主导的模式，促进学生知识技能学习的同时，培养终身学习的理念和方法，充分体现学生的主体地位，真正做到"教学做"一体化。

四、在教学团队建设中发挥的作用及效果

2016 年本人所负责的会计专业教学团队被山东省教育厅评为山东省职业院校教学团队。本人在教学团队建设中发挥了重要作用。

（1）为人师表，教书育人。从事教育事业近 20 年，始终坚持以为社会培养合格人才为己任，治学严谨，教风端正，诚信育人，为人师表。充分利用企业工作经验，开展教学，学生评教成绩连续多年位列全校前十名，教学模式被全院推广，事迹被《日照日报》2001 年 11 月 27 日第一版报道宣传。2001 年被日照市人社局和教育局评为"日照市优秀教师"。在担任会计学院院长期间，教书育人成效显著，会计学院获得学校"就业工作先进单位"和"平安校园先进单位"及"先进基层党组织"，创办"爱心银行"和"日照市志愿服务大队"等德育教育平台，融入社会主义核心价值观教育，号召广大师生开展"奉献爱心、扶困济

危"的爱心服务活动,其事迹先后被大众日报、日照日报、日照电视台等多家媒体采访报道,2013年获得日照市"全市精神文明建设优秀品牌"称号,2014年获得"山东省校园文化建设优秀成果"二等奖。

(2)开拓创新,实现会计专业跨越发展。团队带头人具有先进的高职教育教学理念,具有高超的领导艺术,带领团队成员开拓创新,干事创业,2011年成功将会计专业申报成为山东省特色专业,将会计专业逐步发展成为具有会计、财务管理、统计与会计核算等相关专业的专业群,实现了跨越式发展,每年为地方经济发展培养800多名财经类高技能人才。近三年来,学生在全国技能大赛中获奖12项,省级大赛中获奖27项,学生就业率年平均99.6%。

(3)学术水平高,科研成果丰硕。卢兆丰依托教学管理开展教学研究,主持各级科研项目12项,有2项软科学课题被确立为市级重点研究课题,1项作为省社会科学研究课题立项,获山东省职业教育优秀科研成果一等奖1项,山东省软科学优秀成果二等奖1项,主编高职高专规划教材一部,参编教材3部,发表论文11篇。自2008年作为日照市社科专家以来,每年参加基层调研,为全市经济发展建言献策,撰写的《企业人力资源危机与对策》入选《调查与思考》文集。先后被山东至信信息科技有限公司、东升地毯集团等单位聘为财务顾问,承担财务咨询、审计等工作,受到企业的高度赞誉。

(4)教学理念先进,教改成效显著。主讲《企业管理》《初级会计实务》《国际结算》等多门专业课程,并长期致力于会计专业教学改革、实践教学改革与课程体系的建设,倡导职业教育观念的更新和教学方法与手段的革新,建设省级精品课程3门,主编教材1部,获国家级教学成果二等奖1项、省级教学成果一等奖2项、全国实践教学竞赛一等奖1项、全国教育系统教育教学成果大赛一等奖1项,主持省级教改项目《高职青年教师"适应期"快速成长的"六融合"培养模式研究与实践》,参与省级教改项目《"职场体验→实境训练→顶岗历练"人才培养模式的范式研究》,组建了"航信班""五征班""迪士尼班"等5个订单班。

(5)擅长组织与管理,积累了丰富的经验。先后担任会计学院教学秘书、会计专业教研室主任、教务处副处长、会计学院院长,具有丰富的组织、管理、协调和领导经验。主持编写了《新校区建设可行性研究报告》《利用奥地利政府贷款项目引进设备可行性研究报告》《示范专业实训室建设方案》《学院实践教学工程实施方案》等工作方案,积极营造团结合作、积极进取的工作氛围,以规范化管理促进各项工作的顺利开展。2013年组织了山东省会计与统计核算专业五年制教学指导方案建设,2015年组织开展了教育部现代学徒制试点工作,2016年组织开展了山东省会计与统计核算专业三年制教学指导方案建设。发挥7年企业工作优势,整合与利用社会资源,校企共建校内外实训基地,引入代理记账公司,服务实践教学。为学院新校区建设、资产管理、实训室建设、教育部示范院校建设与验收、教育部教学水平评估等工作做出了突出贡献，先后被学院评为"新校区建设先进工作者""示范校验收先进工作者""教学评估先进工作者"。

（6）率先垂范、带动团队建设。针对会计专业发展方向，制订了切实可行的团队建设规划和教师职业生涯规划，对"十三五"期间教学团队建设提出了具体的目标措施，通过人才引进、高校深造、学历教育、个性化培养等形式，进一步优化团队结构，针对青年教师的成长提出了"六融合"教师培养方案，指导青年教师提高教学科研水平，组织安排教师在国内外进修培训和企业实践锻炼，对教学名师、骨干教师、青年技能名师的培养工作提出了具体的措施，对教师年度绩效考核进行了详细研究，提出了量化标准。

（7）积极参加社会活动，提高了专业在行业的影响。带头参加省培项目、财政部企事业单位总会计师素质提升工程等培训，参加行指委会议培训等活动，及时把握会计发展前沿问题，了解企业人才需求，带头开展校企合作，为企业提供财务决策等技术服务，洽谈与企业的全面合作，合作开展订单式人才培养，校企互聘教师，组织校企技能大赛，合作共建航信财税一体化实训室等20多处校内外实训基地，引进企业捐赠100多万元，组织校企共同编写专业教材6本，有力地促进了会计专业建设，扩大了在行业企业的影响。利用专业技术和实训条件优势，积极开展社会培训与服务，为日照区域经济发展做出突出贡献。本人作为日照市首批项目管理师和经济师为全市培训项目管理师800多人，为各类企业培养管理干部和营销人员1200多人。在教务处任职时，与市人社局合作提供设备、技术和服务开展技能鉴定每年10000多人次，实现培训收入200多万元。任现职以来，与山东航天信息有限公司开展校企合作，企业捐赠设备和软件85万元，投资建设财税一体化人才培养基地，每年为全市免费培养企业税务会计2300多人次，全面提高了市内企业财税信息化水平；成功承办省教育厅暑期师资培训项目（财税一体化），来自全省高职院校财会类教师70多人参训，实现培训收入30多万元，创造了良好的经济效益和社会效益；为市财政局提供技术服务承担初级会计师考试每年5000多人，每年为社会培训初级会计师1500多人，会计从业资格证3000多人，社会各类自考生1800多人，提高了会计人员从业水平。

2008年帮助我院优秀毕业生代振中自主创业，成立日照至信科技有限公司，2010年受聘担任该公司高级管理顾问，为公司提供管理咨询服务，策划制定了公司中长期发展战略和组织结构，建立了软件企业独特的物质文化、制度文化和精神文化，形成了"以人为本 诚信至上 合作创新 互利共赢"的经营理念，创建了"至诚于善 日臻于信"的企业精神，帮助企业快速成长为"山东省双软企业""日照市高新技术企业"，近三年企业实现年销售额4000多万元。成立金算盘工作室为20多家中小企业代理记账和提供财务咨询服务，帮助他们做好财务管理，提高效益。

五、教学感言

教师是人类灵魂的工程师，"为人师表"是教师最崇高的荣誉，也是教师的神圣天职。"衣带渐宽终不悔，为伊消得人憔悴。"做一名优秀的老师，要经过艰苦的学习和修炼，才能担当这份神圣的职业。选择了教师这个职业，就要无怨无悔，淡泊名利，踏实做人，勤恳工作，这是每一位教师都应该坚持的原则。作为教育工作者，除了坚守还要有爱，爱心是教师的灵魂，要树立为学生的明天负责的强烈意识，把学生当成自己的子女一样来爱护和培养，在教学相长中，用慈爱呵护纯真，用智慧孕育成长，用真诚开启心灵，用希冀放飞理想。享受桃李芬芳的喜悦，享受职业发展的幸福。

姚美康

一、基本情况

本人 1989 年毕业于同济大学建筑学专业，研究生学历，双硕士学位，高级工程师，艺术设计专业教授，一直从事建筑、室内装饰设计、家具设计、陈设设计等工作，在企业工作 16 年后，怀着对教育事业的满腔热忱，来到了高职院校从事教学工作，至今已 12 年。虽说是半路出家，却也得心应手，10 次获得学校教学质量优秀奖（获奖次数全校第一），获得"佛山市优秀教师""学校教学名师""学校金牌教师""学生最喜爱老师"等教学荣誉。

在教学的同时，积极参与社会服务，近五年来获得横向进账科研经费 300 余万元，参与各类竞赛，获得广东省职工技能大赛冠军，并获得广东省五一劳动奖章、广东省经济技术创新能手等荣誉。

二、专业教学资源建设

1. 教学内容与课程开发改革

担任专业核心课程《建筑空间设计》《建筑专题设计》《商业展示设计》《建筑装饰工程实务》《毕业设计》《家具与陈设设计》等课程的主讲教师，课程内容以建筑、泛家居、家具行业设计项目为载体，组织学生分组实施，由专兼结合的教学团队共同参与、共同辅导，共同评价，成为本专业的特色课程，教学效果良好。

结合本人主编的、结合实际案例的教材，大大改变了理论脱离实际的授课方法，并将整个授课过程始终贯穿于教室、实训设计室、工地现场的教学链中，使学生根据真实工作任务掌握技能，在真实的工作情境中学习，做到课程带着任务，完成具体项目设计，课程改革达到了预期目的，教学效果良好。

（1）将政府、行业、企业资源引入学校，搭建了高水平的实践项目设计教学平台。学校依托政府和社会需求资源优势，引入政府和行业资源共同建立位于广东工业设计城的设计研发中心专业实践教学平台，与顺德天元建筑设计院、广东建筑装饰集团、顺德展览中心等合作共建了"艺术设计实践教学基地"，形成了四个规模较大的实践基地和一批与企业、团队、项目合作的中小型项目组集群，形成了产学研深度结合的艺术设计实践教学平台。同时，在以项目设计为导向的教学中引进行业、企业优秀设计人才和专业骨干充实到教学团队中来，增强了工作室化教学的师资队伍力量。

（2）将竞赛项目、企业真实项目引入教学，实现"以赛促学、以做促教"践行"工学交替、工作室化的教学模式"。设计学院将政府行业专业竞赛项目、企业真实设计项目引入教学，按照课程大纲要求，将项目内容分解到相应的课程教学环节，不同年级、专业和课程阶段的学生承担与自己知识能力相匹配的项目任务。从而将教师的教学和学生的学习与能力训练统一于项目研发任务之中，实现"以赛促学、以做促教"，践行"工学交替、工作室化的教学模式"，丰富了教学内容，提高了学生实际设计能力和设计创新能力。

（3）将设计流程引入课程，实现课程作业设计实践化。将实际项目设计的教学内容按艺术设计的流程分为设计调研、设计策划、概念设计、项目设计、设计制作、设计展示、设计答辩等环节，根据设计流程将不同年级的学生安排到相应的实践环节，使实践教学进入了一个完整的工作室化的系统。通过实践性训练，激发了学生的学习兴趣，提高了学生的实践动手能力和创新能力。

（4）将行业管理机制和标准引入教学管理，实现作品产业化。参照企业项目管理机制，引入行业技术规范和质量标准，学生作品严格按照行业标准和企业要求设计，因此，学生设计的作品很容易被市场认可。近年来，我校产学研团队、师生先后与顺德工业设计城发展有限公司、顺德北滘政府、顺德工业园企业服务中心、顺德工博会、顺德工业设计园、广东省建筑装饰集团、广东汇众环保科技有限公司、广州国际会议展览中心、浙江绍兴华汇集团等企业实现项目合作20项，获得横向科研经费300余万元，为推动当地设计产业的发展起到了重要作用，产学研设计团队与教师团队设计作品参加国内外政府与行业设计竞赛获得三等奖以上123项，出版著作9项，发表学术论文52项。

通过课程开发创新实践，探索新的课程体系与职场需求相适应的教学模式。

2. 实践性教学

积极践行"项目载体、任务驱动"的人才培养模式，在教学中，利用与企业建立的良好关系，结合来自企业的设计实训项目，在尊重学生意愿的前提下，将学生分为若干项目小组，组成专兼结合的教学团队，共同参与项目、共同辅导学生，取得了良好的教学效果。具体做法如下：

（1）在校学习情境、学习内容、学习方式、考核方式与实际工作一致。

①学习情境与实际工作一致：教师在创设情境时，要求学生完成的课内实训是企业的真实工作任务，保证学生的学习内容与企业的真实工作内容一致。

②学习方式与实际工作方式一致：学生项目组是作为对口企业的一个部门——设计工作室的形式运作，项目组主管、设计师相应的都有岗位职责约束。

③课外考核方式、考核内容与实际工作一致：企业对学生项目组的评价包括对学生课后实践和企业实践的评价。企业根据项目组完成项目设计任务的工作表现以及项目组在企业的岗位实践情况评分。

（2）工学交替进行教学。校内教师、学生项目组、企业指导教师三者交互联动，组成企业工程师、学校教师联合的教学团队。教学过程中，工作与学习不断更替。具体表现在：在明确项目设计企业的设计任务后，指导教师组织学生到项目对口企业进行实践，企业工程师对设计项目和技术要求对学生进行讲解，了解设计功能需求，进行总结提炼，这些设计亮点和功能需求贯穿于设计方案中，企业现场讲解和用户调查都会为学生的设计方案提供参考依据，保证学生的设计方案不会偏离方向。项目组和设计团队共同完成项目教学任务，在学习过程中既保证了学生职业技能培养，又能将项目的教学成果转化为企业的生产力或用户的价值。

（3）项目导向、任务驱动、校企互动三赢。专业课程以建筑空间或泛家居设计项目为载体，将具体的工作任务植入教学内容，既涵盖了传统学科体系的知识点，使学生在实际"情境"下进行学习，又可将校企合作行动导向课程的教学成果直接转换为企业的生产力，达到学生、学校、企业三赢的效果。

以设计公司或社会业主为载体，项目导向，真题真做，教学过程中，教学活动紧紧围绕项目设计的工作任务进行。教师先将真实任务呈现出来，师生共同对项目任务的背景、目的、要求进行分析。学生项目组通过文献调研、实地勘察、类似项目信息调研与讨论，确定项目初步思路，完成项目设计初步方案，提交指导教师进行审核，提出修改建议，经多轮调整，完成最终实施方案，通过课程设计、校外真实案例实践，获取适应职场需求的设计技能。

（4）团队分工、个性发展、定单式培养教学模式。引进课程的项目设计，以小组团队开展工作，学生可根据自身特点及发展需要进行有针对性的选择和分工，各司其职，分工协作，将团队精神与个性发展有机结合，企业可以通过课程项目参与的过程，考察选拔学生作为预备人才进行定单式培养。

（5）真实情境、三位一体、职场情景中学技能。贯通"教师工作室、学生工作坊、校内外实训基地"的教学链，使学生在"学中干、干中学"，锻炼学生的职业能力。以企业委托的柔性设计项目为导向，变"作业练习"为"项目设计"，结合企业的实战课题，将课堂教学、现成项目案例分析调研、项目设计、企业实习、设计答辩，有机地贯穿起来，系统地完成课程项目设计任务，提高学生的职业能力。

3. 教学资源库建设

本人主持的"家具艺术设计专业教学资源库"建设项目被确定为"2016 年广东省高职教育专业教学资源库"，并被确定为 2016 年国家级教学资源库建设遴选项目。

三、教学方法改革及效果

1. 创新了艺术设计专业课程教学理念

以提高学生实际项目设计能力和创新能力为主线，根据行业和社会需求以及艺术设计专业人才培养的特点，改革课程教学方法、课程内容、实训项目，丰富了课程教学内容，确立了"以真实项目设计为载体，工作室化的教学模式，从培养学生实际项目设计能力和创新设计能力入手，产学研深度结合培养符合地方经济发展、与企业和社会无缝衔接的艺术设计人才"的教学新理念。

2. 构建了实践性项目课程教学模式

整合政府、行业、企业和社会资源，建立了实践性项目教学平台，在课程教学中引入政府、行业、企业和社会的实际生产和企业化设计流程、设计项目管理机制和行业质量评价标准，营造了企业化、公司化的实践性项目设计的教学环境，建立了课程教学内容与实际项目设计目标一体化的教学运行机制，在全国高等职业技术院校中首创了从平台、内容、管理到评价标准，系统完善的以真实项目设计为载体的"课程项目化，设计实践化，作品产业化，产学研深度结合、工学交替、教学做合一"的实践性项目课程教学模式。

3. 建立了项目设计教学成果转化机制

以校内外实践基地为平台，以真实项目设计为载体，以实现项目设计市场化为目标，在教学过程中引入企业生产流程，学生课程作品完全按照行业的标准进行设计策划、设计研发和设计产业化，实现了课程作业设计与社会实际项目设计的有效对接，建立了教学成果规模化输出和转化机制，使艺术设计人才培养直接服务于创意产业。劳逸结合、学而不倦，课堂气氛活跃，学习积极性高。密切结合实践，通俗易懂，较好的理解掌握，提高学习效率。

四、在教学团队建设中发挥的作用及效果

（1）积极带领团队完成教研教改项目，取得了以下成绩。

①广东省高职教育专业教学资源库——家具设计与制造教学资源库（已遴选进入国家资源库）（排名第一）。

②环境艺术教学团队获得省级教学团队（排名第一）。

③广东家具创新设计与制造政校企协同育人基地（排名第一）。

④家具设计与制造专业，被列入广东省一流院校重点建设专业（排名第一）。

⑤产教融合，校企协同，立体育人——高职艺术设计教育顺德模式的创新实践课题，获得 2014 年度广东教育教学成果奖培育项目（排名第一）。

⑥课程项目化，设计实践化，作品产业化——产学研结合的艺术设计专业新教学体系的构建与实践，获得了学校教学成果二等奖（排名第一）。

⑦广东省高职一类品牌专业建设——家具艺术设计（排名第二）。

⑧广东省重点专业建设"园林技术"专业（排名第二）。

⑨广东省大学生校外实践教学基地——广州尚逸环艺校外实践教学基地（排名第二）。

⑩《商业展示设计》被评为省级精品课程、省级精品资源共享课程（排名第二）。

⑪广东高校家具制造工程技术开发中心（排名第三）。

⑫"高职艺术设计专业特色人才培养与实践教学模式改革研究"广东艺术设计教指委课题立项（排名第二）。

⑬广东省高校优秀青年教师培养对象研究课题组（排名第二）。

⑭《园林工程管理》被评为省级精品课程、省级精品资源共享课程（排名第三）。

（2）上述成果为专业建设、师资队伍建设创建了更高的平台，作为老教师在团队建设中发挥"传帮带"的作用，担任了 3 位年轻教师的指导老师。

（3）设计学院艺术设计专业实行产学研深度结合的人才培养模式改革思路，建立了企业引入机制，搭建了产学研协调互动的设计实践教学平台，组织并指导环境艺术设计专业教学改革，协调设计学院各专业营造产学研深度结合的良好环境，开拓了产学研课题和工作室化项目设计的政策保障，使艺术设计专业教学改革顺利推进，并取得显著成果。

（4）为全面深入推进设计学院艺术设计各专业人才培养模式改革，创造更加完善的产学研协调互动的教学条件，本人主持设立设计学院产学研工作坊及各专业设计工作室，为课程项目化教学、项目设计产业化创造了条件。将其面向社会开放，创建产学研教学平台，并将其打造成顺德职业技术学院产学研基地的一个亮点。

（5）作为厅级产学研创新平台负责人，主持产学研横向课题 21 项，合同金额约 300 万元，实际到账经费 270 余万元。

五、教学感言

在同事和学生的眼里，我是个爱岗敬业的老师。这得益于在企业十多年养成的良好工作习惯，热爱学生，不断学习，做好自己本职工作，做到"既要教书，更重育人。"

李静

一、基本情况

本人为食品与生物技术学院副院长，2004 年 10 月通过评审，由广州市人事局颁发环境工程工程师；2016 年 12 月获得国家职业技能鉴定高级考评员（罐头食品加工工、食糖制造工、味精制造工）。

二、专业教学资源建设

1. 教学内容与课程开发改

（1）制订各种教育模式的人才培养方案，开发相关的专业课程。作为主要参与者，承担了广东省食品加工技术高本一体化专业教学标准制订任务，承担了食品加工技术专业"3＋2"高本一体化试点建设任务，承担了食品科学与工程专业网络本科班教学点建设任务，承担了化工生物技术的广东省品牌专业建设任务，承担了化工生物技术专业"2＋2"高本联培试点建设任务，承担了化工生物技术专业现代学徒制试点建设任务，承担了化工生物技术专业珠江学者岗位建设任务。参与制订了食品加工技术专业和化工生物技术专业各种教育模式的人才培养方案，在两个专业中开发了《食品与发酵工业综合利用》《食品工业废水治理》《环境影响评价》《生化技术应用与创新基础实训》等课程。其中，《食品与发酵工业综合利用》《食品工业废水治理》和《生化技术应用与创新基础实训》是全国同类专业中唯一开设的课程。基于毕业生就业需求和岗位能力分析的基础，所开发课程力求满足产业转型升级过程中的人才需求，紧密对接行业中新生的岗位群，突出学生专业技能、综合应用能力和可持续发展能力的培养。经过教学实践，不断完善课程内容，弥补了学生在相关领域知识和技能的空白，并推动了学生综合应用能力的培养，受到广大师生的好评。

（2）依托科技创新平台，推动工学结合课程的改革。承担了广东高校特色调味品工程技术开发中心（省级）建设任务，承担了轻工行业协同创新中心（省级）二级平台建设任务，负责茂德公协同创新中心（校企共建）和广州味研协同创新中心（校企共建）的建设任务。依托科研平台的建设，为工学结合课程汇集教学资源，将科技活动的成果转变为教学案例，利用平台资源开展项目教学,实现了校企协同育人和"寓教于研"。例如,《食品与发酵工业综合利用》《生化技术应用与创新基础实训》等课程采用项目驱动教学,实施"教、学、做"一体化教学改革,大部分教学项目来源于校企合作的科技项目,如罗非鱼下脚料制备呈味肽、米酒糟提取小肽等科技成果,已转化为《食品与发酵工业综合利用》课程的教学项目。同时,通过科技平台建设和协同创新,编写了具有工学结合特色的教材《氨基酸发酵生产技术》,该教材被审定为国家"十二五"规划教材,荣获 2015 年中国轻工业优秀教材奖一等奖。

(3)依托各种教学改革项目,推动课程建设与教学内容改革。本人主持了 2014 年广东省教育厅教育教学改革项目"技术研发服务能力建设促进专业提升及校企合作的实践与研究——以食品生物类专业为例",主持了 2014 年教育部国家高等职业教育食品加工技术专业教学资源库子项目"地方特色食品馆",主持了 2014 年全国食品工业职业教育教学指导委员会教改项目"高职食品类专业服务行业产业能力的探索与实践",主持了 2015 年全国食品工业职业教育教学指导委员会教改项目"高职院校现代学徒制的研究与实践——以生物化工工艺专业为例",主持了《食品与发酵工业综合利用》校级精品开放课程建设,参与 2013 年广东省教育教学改革项目"高职食品类专业学生可持续发展能力培养的研究与实践"(排名第二),参与 2015 年广东省教育教学改革项目"基于协同育人的专业技能综合应用能力培养体系的构建与实践"(排名第二),参与 2015 年广东省教育教学改革项目"高职本科院校 3 + 2 联合培养人才的探索与研究"(排名第三),参与 2014 年广东省教育教学改革项目"食品加工技术高本一体化专业标准研究与实践研制项目"(排名第四)等。

同时,教学成果"高职食品类专业服务行业产业能力的探索与实践"获得 2015 年全国食品工业职业教育教学指导委员会教学成果奖三等奖,教学成果"高职食品与生物类专业校内实训基地综合功能的构建与优化"获得 2014 年全国生物技术职业教育教学指导委员会教学成果奖二等奖,教学成果"食品与生物工程系校内实训基地综合功能的构建与优化"获得 2012 年广东轻工职业技术学院教学成果奖三等奖。教学成果"高职食品类学生可持续发展能力培养的实践"完成鉴定,获得学校推荐申报中国轻工业联合会教学成果奖。

(4)以学生课外科技活动和技能比赛,促进教学内容改革。在构建课程体系和整合课程内容时,注重通用技术与专用技术的相互协调,技能训练和思维培养的有机融合,并做到"课证融通""以赛促教""以赛促学",以利于学生职业技能、自我学习能力、综合应用能力和可持续发展能力等的培养与提升。为了达到上述目标,将课程开发、教学内容改革与学生课外科技活动、学生技能竞赛等进行联动。例如,每年坚持指导学生"挑战杯"课外科技活动和广东省大学生生物化学实验技能竞赛,将成熟的技术项目作为《食品与发酵工业综合利用》《食品工业废水治理》等课程的教学项目,极大地丰富了课程教学内容,如已经将"废弃油脂发酵制备生物表面活性剂""谷氨酸发酵废液制备生物饲料"纳入课程教学内容。

2. 实践性教学

（1）实训项目设计。

①依据岗位能力要求和职业资格标准，设计核心课程的教学项目。根据食品和发酵工业综合利用岗位对技能、知识和职业素质的要求，将核心课程《食品与发酵工业综合利用》的教学内容设计为发酵副产物综合利用、粮食加工副产物综合利用、果蔬加工副产物综合利用、水产加工副产物综合利用、禽畜加工副产物综合利用五个教学项目。这五个教学项目是平行排列的，将二氧化碳回收与利用、啤酒废酵母酶解与利用、谷氨酸废液利用、米酒糟分离蛋白、玉米芯制取木糖、玉米胚芽提取毛油、餐厨废油发酵制取生物表面活性剂、橙皮提取果胶、菠萝皮提取蛋白酶、香菇脚提取多糖、罗非鱼加工副产物制取呈味肽、羽毛制造叶面肥等工作任务引入教学项目。在每个教学项目中，再根据具体的生产流程，以"递进式"的方式编排子项目，采用"教、学、做"一体化方式开展教学，通过不同子项目的训练，使学生掌握不同的技术和技能，提高学生综合应用技能的能力，培养学生的创新精神。

②以课外科技活动为驱动，设计毕业设计（论文）环节的教学内容。依托科技平台建设和科技创新项目，将科技项目分解成为学生课外科技活动的项目。以学生课外科技活动为基础，提前驱动学生的毕业设计（论文），使学生的课外科技活动与毕业设计（论文）融为一体，可在无形中增加毕业设计（论文）环节的时间，使毕业设计（论文）环节的教学质量得到保障。例如，将高产生物表面活性剂菌种选育及在芳烃类物质降解中的应用、微生物活菌悬液与粗酶液去除食品中亚硝酸盐、甘蔗醋发酵技术、风味肽制备及脱苦、微生物产氨肽酶菌种的选育及应用于低值水产品酶解液脱苦、产香产酯菌株的筛选及在风味辣椒酱中的应用等研发课题设计为教学项目，引入到学生的毕业设计、毕业论文等教学环节。

③关注学生综合能力和创新精神的培养，设计综合性实训的教学项目。为了进一步巩固学生的专业知识和专业技能，提升综合应用能力，以及培养创新精神，开发了综合性较强的实训课程《生化技术应用与创新基础实践》。为了达到"以赛促学"的目的，针对每年广东省大学生生化技能大赛的要求，将实训课程《生化技术应用与创新基础实践》设计为四个教学项目，为了体现选题的创新性，每年的教学项目通常不同，但每个项目一般涉及酶解技术、生化分离技术、产物检测技术等，并要求在8小时内完成实训操作和实训报告。例如，近两年开展的教学项目包括"百香果SOD的提取与活性测定""牡蛎提取牛磺酸及测定""鹿角灵芝提取多糖及测定""余甘子多酚提取及其对酪氨酸

酶抑制作用"等。

（2）实训教学条件建设。

①2008—2010 年，本人作为国家示范性高职院校建设三级负责人，承担了食品与生物工程系的校内实训室建设任务，项目建设资金 431 万，2011 年顺利通过国家教育部、财政部验收。在此基础上，2009 年主持教改项目"基于校企全面深度合作的食品与生物工程系校内生产实训基地建设的实践与探索"，获校级教学成果奖三等奖 1 项（第一完成人）。

②2012 年，食品与生物工程系承担广东省教育厅立项"广东高校特色调味品工程技术开发中心"建设项目，本人作为工程中心建设主要成员，组织开展实训室的软、硬件建设，购置一批生化、检测设备。同时参与优化中心内部组织架构、积极与企业合作，共建校内实训室，为教师开展科研工作提供支持，负责联系企业共建"广东轻院—广州味研协同创新中心""广东轻院—茂德公协同创新中心"等校内研发中心，研发基地和实训基地还作为广东省发酵工职业资格鉴定的场所，用于支持高职教师、学生、企业员工的技能培训。

③联系广东茂德公食品集团有限公司、广东雅道生物科技有限公司、广州倚德生物科技有限公司、广东科隆生物科技有限公司、广州宝桃食品有限公司等几十家企业建设校外实习基地，为学生的生产实习、顶岗实习提供良好的保障。

3. 教学资源库建设

（1）2013—2015 年，作为项目负责人承担"教育部高等职业教育食品加工技术专业教学资源库"子项目 1 项（地方特色食品馆），已通过验收。

（2）2011—2013 年，参与建设"教育部高等职业教育生物技术及应用专业教学资源库"子项目 1 项（氨基酸发酵生产技术），已通过验收。

（3）2016—2017 年，主持建设校级精品在线开放课程"食品发酵工业综合利用技术"。

（4）2016—2017 年，主要参与省级精品课程"微生物工艺技术"的建设。

三、教学方法改革及效果

（1）因材施教做法及效果。本人曾经担任不同培养类型的班主任和专业教师，能够结合学生的来源、特点，因材施教，取得较好的效果。

①对于普通高考招生的学生。相对于其他高职院校，我校学生的录取分数较高，基础相对较好，自我学习能力相对较强。申请人开发了《食品与发酵工业综合利用》课程作为核心课程，开发了《食品工业废水治理》作为拓展类课程，采用"教、学、做"一体化的教学方式，以学生为主体进行项目驱动教学，由于课程涵盖技术体系较全面，且技术体系呈不同层次分布，不但激发了学生的学习趣，而且达到了提升学生综合应用能力、创新能力的目的，教学效果良好。

针对创新能力较强的学生，鼓励学生参加大学生"挑战杯""彩虹杯""攀登计划"等课外科技活动，以及参加广东省大学生生物化学实验技能竞赛等，每年将一些科研项目分解为若干个子项目，作为大学生课外科技活动或技能竞赛的课题，利用课余时间指导学生开展科技活动。2011—2015年，指导各届学生参加各种科技创新活动或技能竞赛，获得了省级"挑战杯"一等奖1项、二等奖1项、三等奖2项、省级生化技能大赛三等奖1项、校级"挑战杯"奖励十余项。

②对于自主招生的现代学徒制学生。现代学徒制试点班学生的学业基础相对较弱，但操作技能基础较好。本人参与了人才培养方案的制订，在课程体系中适当设置一些基础课程，加强他们对基础理论的学习。担任现代学徒制试点班的班主任和专业教师，注重班风、学风的建设，对于化学理论基础很差的学生，请相关教师利用课余时间进行必要的补课。在教学内容、教学进度、教学方法等方面进行适当调整，侧重于专业技能的培养，尽可能在真实的工作环境或模拟仿真的环境中进行教学，尽可能采用项目驱动式、启发式等教学方法，注重师生互动、兴趣激励、案例讲解等，便于学生掌握专业知识和专业技能。结果表明，现代学徒制学生得到了合作企业的好评。

③对于联合办学的"2＋2"高级技术技能型学生。我校与广东石油化工学院联合开展"2＋2"高级技术技能型人才培养，这类学生第一、第二年在本科院校学习，第三、第四年在我校学习。这类学生学制为四年，刚转入我校学习时，理论基础比较扎实，但操作技能基础薄弱。本人担任了"2＋2"高级技术技能型人才培养试点班生化联131班的班主任和专业教师，在专业课程教学时，采用项目教学，通过"教、学、做"一体化的教学方式，培养学生的操作技能。同时，带领他们开展课外科技活动，为他们提供实验研究机会，发挥他们的理论基础优势，提升他们的操作技能。经过几年实践，这类学生已达到高级技术技能型人才的预期要求。

（2）教学组织特点及效果。

①项目驱动法的"教、学、做"一体化教学。《食品与发酵工业综合利用》《食品工业废水治理》等课程采用项目驱动法进行教学，在实施过程中做到"教、学、做"一体化。根据项目教学的特点，采用"六步法"组织课堂教学，六步法即是：信息→计划→决策→实施→控制→评价。通过六步法，使学生体验到完整的工作过程，实现了"学中做"和"做中学"，有利于培养学生的学习兴趣、自我学习能力和工作岗位适应能力，提高学习质量。

在项目教学中，根据具体的教学条件，通常将学生分成若干个小组开展教学。模拟企业岗位的组织和管理，每个小组选出1名主管进行管理，每位组员扮演不同实践角色，培养学生的协调能力、沟通能力和团队合作精神。每个小组的主管采用轮流制，每位组员的实践角色也及时转换，使每位学生都能得到全面训练，能够较全面地掌握各岗位的专业技能和专业知识，达到项目教学目标。

同时，要求每组学生用 PPT 汇报自己初步设计的实施方案。一方面，可促使学生做好预习；另一方面，可培养高职生方案设计能力、语言表达能力等，这种素质培养的效果得到众多毕业生的好评。

②采用多媒体教学和现场教学等结合手段进行教学。教学条件允许的情况下，首选在实验实训基地和生产现场实施教学，使学生直接接触设备和仪器，更容易获取专业知识和专业技能。实验实训基地和生产现场不能满足教学内容时，尽可能充分利用仿真软件，让学生反复操作，使学生熟练掌握单元操作。所有课程讲授均利用多媒体进行教学，力求通过形象生动的图片、动画等讲解工艺流程、设备结构和单元操作原理，尽量做到深入浅出，使学生容易理解和记忆深刻。

③顶岗实习环节的教学。在学生顶岗实习的教学环节中，采用现场指导和现代信息技术相结合的手段实施教学。一方面，聘请企业技术人员作为指导教师对学生的顶岗实习进行主要的现场指导，自己则不定时地到企业进行辅助指导；另一方面，通过建立"微信群"，及时了解学生的顶岗实习动态，及时解答学生的问题，同时借助学校先进的顶岗实习管理平台，及时批改学生顶岗周志和实习总结报告，使顶岗实习的组织和管理的效率得到明显提高。

（3）教学考核方法改革及效果。

①改革学生成绩以学期末考试为主、平时成绩为辅的传统评价方法，采用过程性评价与终结性评价相结合的评价模式，注重考核学生的动手能力、分析问题的能力及解决问题的能力，对有所创新的学生予以特别鼓励。

②对于与学生核心能力培养紧密结合的工学结合课程，评价的标准以实际操作的熟练程度和准确度作为主要评价依据，以掌握课程知识作为次要评价依据。因此，平时实训中技能成绩占 70%，分为过程考核和结果考核两部分，过程考核主要评价学生实施项目前的准备情况、实施项目过程的操作熟练程度以及解决问题的能力等，结果考核主要评价学生完成项目的结果及分析问题的能力；知识成绩占 30%，分为过程考核和结果考核两部分，过程考核主要评价平时作业情况、课堂讨论情况等，结果考核根据知识目标进行命题考试。

③通过教学考核方法改革，使学生明白考试不是最终目的，学习过程的掌握和运用才是最重要的，有利于促进学生改变考试前冲刺式学习的不良习惯，养成平时努力学习的好习惯。

四、在教学团队建设中发挥的作用及效果

作为食品与生物技术学院副院长、校级教学名师和专业团队的重要成员，对教学团队建设及优化发挥了重要作用。具体如下：

（1）利用外引内育的方法建设教学团队。负责学院技术服务工作，积极向

院长建议引进团队急需人才，近五年，学院从企业引进教授级高级工程师 2 名，引进博士毕业生 4 名，增强了教学团队的实力。经常带领团队成员与企业交流，推荐团队成员承接技术服务项目，推荐刘嘉俊、王文文、冯爱娟、顾宗珠等教师到企业进行专业实践，帮助专业教师完成学校要求的专业实践任务。带领青年教师指导学生毕业论文和学生课外科技活动，带领新教师开展核心课程"教、学、做"一体化教学改革，使青年教师、新教师熟悉教学环节，提升教学能力。同时，推荐来自企业的罗东升、郭正忠、邱燕翔、梁磊等高级工程师，作为专业的兼职教师，充实教学团队的力量。经过多年的建设，团队已形成良好的"传、帮、带"的团队文化，逐渐成为学院富有实践经验、具有创新活力而又年轻化的团队，2015 年被评为学校优秀教学团队。

（2）建设科技创新平台和实训基地，营造科技创新氛围、提供技术服务条件。为二级学院教师提供良好科研条件，支持了多门课程的"教、学、做"一体化教学改革，并支持了冯爱娟、张东峰、黄毅梅等青年教师开展博士或硕士论文课题研究，使团队科研创新、技术服务等能力得到提升，积累了一批科研成果。

（3）开展专业建设、教研和教改等活动，提升专业竞争力。撰写广东省化工生物技术品牌专业申报书，获得立项建设，组织教师开展建设工作，承担重要建设任务，按进度通过中期检查。组织化工生物技术专业现代学徒制试点、"2＋2"高本联培试点的申报材料，均获得立项建设，承担了重要建设任务，并担任首届试点班的班主任，目前现代学徒制试点已经运行三年，"2＋2"高本联培试点已经运行四年。组织食品加工技术专业、食品营养与检测专业"3＋2"高本一体化试点的申报材料，均获得立项建设，承担了重要建设任务。目前，食品加工技术专业的"3＋2"试点已运行三年，食品营养与检测专业的"3＋2"试点已运行一年。牵头联系华南理工大学继续教育学院，合作开展食品科学与工程专业、生物工程专业的网络本科班，获得华南理工大学在省内唯一授权的教学点，已经运行七年。上述试点运行良好，通过组织上述专业建设相关的活动，增强团队的凝聚力和专业的生机与活力。同时，主持多项教改项目，带领项目成员在专业服务能力、协同育人、现代学徒制教育、学生可持续发展能力培养等方面进行了研究与实践，取得了一定成效。

（4）作为珠江学者特聘教授的团队成员，辅助邓毛程教授开展工作。近五年来，本人承担省市级以上科研项目 11 项、省市级以上教改项目 6 项；指导学生参加"挑战杯"科技作品竞赛"生化技能大赛""创新创业创效大赛"等活动，获得省级以上奖项 6 项；发表科研论文 43 篇，申报中国发明专利 11 项（其中 9 项获得授权），获得省级科技进步奖 1 项、市级科技进步奖 3 项；发表教改论文 6 篇，主持及参与国家教学资源库建设项目各 1 项，获得全国食品加工技术职业教育教学指导委员会教学成果奖 1 项（第 1 完成人）、全国生物技术职业教育教学指导委员会教学成果奖 1 项（第 2 完成人）、优秀论文奖 3 项，获得校级教学成果奖 1 项；作为主要成员参与省级品牌专业（化工生物技术）建设项目和省级精品课程（微生物工艺）建设，主持校级精品开放共享课程建设 1 门（食品与发酵工业综合利用）。

五、教学感言

古语云："德高为师，身正为范。"师爱是"一切为了学生，为了一切学生，为了学生的一切"的博大无私的爱，它包含了崇高的使命感和责任感，尽职尽责是教师基本的道德规范，但最好的教师永远应当把自己也当作学生，用言行感召学生，影响学生爱学习、爱思考、爱创新，看到学生不断成长、取得各种成绩，由衷感到欣慰，作为教师的价值方能得以最大体现。为此，唯愿以己绵薄之力，尽职尽责，当好教师这一普通而光荣的社会角色。

何敏

一、基本情况

何敏，1985 年 7 月毕业于南昌大学生物系生物学专业，获理学学士学位。2011 年毕业于华南理工大学生物科学与工程学院，获工程硕士学位。1985 年 7 月在江西卫生职业学院参加工作，2005 年 9 月调入广东科贸职业学院任教，现任广东科贸职业学院生物技术系副主任，副教授职称。历任四届广东省大学生生物化学实验技能大赛决赛评委，现为全国食品工业职业教育教学指导委员会食品生物技术专业指导委员会委员、全国生物技术职业教育药品生物技术专业职业教育教学指导委员会委员。

（1）人才培养，业绩显著。曾任首届生物技术及应用专业带头人及教研室主任，先后承担了生物技术及应用专业《发酵生产技术》《食品微生物》《酿酒工艺与设备》《食品生物技术》等多门专业核心课程和专业基础课程的教学和实验室建设工作，主编《发酵技术》《饮料酒酿造工艺》等多部高职高专教材，教学效果优良，被评为 2009 年度广东省"南粤优秀教师"，广东科贸职业学院首届教学名师、2015 年度学院优秀教师。

（2）专业建设，成果丰硕。主持了 2013 年省高职教育精品资源共享课《发酵生产技术》建设、2015 年广东省高职本科一体化人才培养生物技术及应用专业教学标准研制项目、2015 年生物技术及应用专业省级教学团队建设等 8 项省级教改项目，并主持校级教改类和委托重点教改项目 4 项。发表相关论文 10 余篇，获得全国高职高专生物技术类专业与食品类专业教师教学竞赛说课一等奖、首届广东省高校微课作品大赛二等奖、院级教学成果一等奖等各项荣誉奖励 20 余项。

（3）社会服务，贡献较大。作为东莞市农业技术推广管理办公室培训基地特聘教师，为东莞市十多家企业多次提供农产品检验员职业技能鉴定培训；积极开展校企合作，为多家合作企业提供对员工的知识技能培训、产品推广等技术服务 10 余场次。

（4）技能传承，成效斐然。注重强化技能实操，培养学生的动手能力。指导学生参加全国高职高专生物技术职业技能竞赛获二等奖、三等奖各两次，指导学生参加广东省大学生"挑战杯"竞赛，荣获一等奖 1 次，二等奖 1 次。

二、专业教学资源建设

（1）教学内容与课程开发改革。

教学内容：发酵生产技术、酿酒技术、微生物学基础等。

课程开发改革：课程开发改革思路遵循校企合作培养高技能人才模式系统，经过对广东省食品发酵酿造等企业的大量调查，聘请企业专家召开专业指导委员研讨会；收集历届毕业生的工作经历自述，对顶岗实习学生的调查访问，以及调查分析在校学生的特点。开展岗位分析，在综合企业专家建议的基础上，依据培养目标的定位，确定课程教学目标；根据本专业目标岗位的实际需要，综合各岗位的工作任务、内容、职责等要求，确定岗位职业标准，理出岗位典型工作任务，并归纳出行动领域；由行动领域并基于真实工作过程构建课程体系（学习领域）和课程标准。

以发酵生产技术课程为例，通过对食品行业典型的发酵产品及生产的分析，本教师将该课程以典型发酵产品——酸乳、酒精、活性干酵母、谷氨酸为载体，以产品生产工艺流程为主线，设计了4个教学情境。学习情境都是发酵生产的真实工作任务。课程内容结构对应工作结构，而不是学科结构，每个学习情境的实施都按工作过程系统化结构即资讯—决策—计划—实施—检查—评价六大步骤实施教学。4个学习情境的难度逐渐增加，学生自主学习的时间逐步增加，在教学过程中学生越来越成为主体，而教师的传授却逐渐减少，但教师始终处在引导监控的位置，由此实现培养学生职业素质和职业能力这一目标。

（2）实践性教学。

①实践项目设计。围绕以上4个教学情境，实训项目设计如下：

实训一：乳酸发酵和乳酸饮料的制作（配合完成教学情境一）；实训二：淀粉质原料的糖化及酒精发酵（配合完成教学情境二）；实训三：活性干酵母的分批发酵生产（配合完成教学情境三）；实训四：谷氨酸发酵及工艺控制综合实训（配合完成教学情境四）。

②实践教学设计：根据企业真实的生产任务，选取实践教学任务，根据班级实际人数将其分成相对固定的生产小组，类似于企业的生产班组，学生成为企业员工的角色，教师成为技术经理的角色，每个学习情境的生产、考核，均以小组为单位，明确每个小组成员的任务和职责。通过资讯、决策、制定计划方案后，学生严格按照本小组确定的项目预算清单领取原料等用品。如出现预算不足或浪费等状况，需由组长向教师书面报告，教师酌情给予补充，在考核时要记录扣分。在连续24小时不间断的谷氨酸发酵综合实训中，实行值班轮岗签名制度，责任落实到个人，将生产与管理融入整个生产过程中。

通过任务驱动，充分调动学生的思维，促使学生主动观察思考、勤于动手。

学生在一体化教室和生产性实训基地模拟的企业真实的工作氛围中，完成学习和工作任务，学生提交的学习工作成果是真实的产品。由此，将教学现场和教学活动企业生产化，使学生在这种氛围中获取知识和技能，养成良好的职业素养。

③实践条件建设。在本人的带领和努力下，建成了本课程实训教学的主要实训场所：发酵中试车间和发酵实训室等，实训场地面积1000平方米以上，设施设备总资产500万元以上，技能训练项目的开出率达到100%。目前已建成酸乳小试生产线一条，小型啤酒生产线一条，5L小型机械搅拌通风发酵罐五套；20L气升式发酵罐一套，20～200L机械搅拌通风发酵系统一套，分离纯化小试生产线一套，微生物多功能实训室配有先进的教学互动式数码显微镜系统和无菌操作室，此外，还建成一个仿真实训室，将实践教学与仿真系统结合起来，增加了实践教学的效果，并为学生提供技能鉴定考核服务，为技能鉴定提供培训场所和考证场所。

（3）教学资源库建设。

①编写教材：《发酵技术》《饮料酒酿造工艺》《发酵食品生产技术》《生物技术综合实验》。

②数字化资源建设：能熟练使用多媒体技术进行教学；能熟练制作较高质量的ppt、Focusky课件、处理word文档、编辑使用excel工作表，能处理编辑视频文件、教学录像、虚拟动画等进行微课的设计和制作。

注重教学课件的质量建设，力求表现形式丰富、重点突出，为教学提供生动丰富的教学资源。本人主持完成的课程建设项目有：院级精品课程《发酵生产技术》、校企合作开发课程《发酵生产技术》、院级优秀课程《酿酒工艺与设备》。

目前本人主持已立项在建的课程项目有：省级精品资源共享课程《发酵生产技术》、院级网络课程《酿酒工艺与设备》、校企合作开发课程《酿酒工艺与设备》、优质专业核心课程《酿酒工艺与设备》。

③专业资源库建设：本人主持了2014—2018年的省级创示范校建设项目的药品生物技术专业资源库建设项目，主持了2015年广东省高本衔接药品生物技术专业教学标准研制项目。

三、教学方法改革及效果

1. 因材施教

在开课之前，通过问卷调查、走访学生、布置学生写交对专业的体会、对课程的了解程度以及对教学的期待等各种形式，了解学生目前的学习状况，从学习能力、学习方法、学习习惯、学习基础、学习预期等几个方面进行全面了解，分析归纳出高职层次的大多数学生的主要特点，针对学生的这些特点，教师首先加强与学生的沟通，对于基础较差的学生多鼓励，找亮点，耐心细致，因势利导；

对于基础较好的学生则提出更高的目标要求，并安排其作教师的教学助手，在教学活动中要帮助学习有困难的同学，在技能训练时也要手把手地教。通过这些互动、渐进的教学方法，引导学生逐步进入课程领域的学习。本教师在实施六步教学环节的过程中，综合运用了多种教学方法，如项目教学法、讲授教学法、角色扮演法、案例分析法、分组讨论法、教师引导法、模拟演示法、协同工作法、比较法等。不同的教学环节灵活采用不同的教学方法，多种方法综合运用，引导学生主动参与，积极思考，乐于动手。

2. 教学组织

根据岗位实际工作任务要求找出相关的知识点、技能点和素质要求，以食品发酵企业主流产品为载体设计教学情境，整合教学内容。遵循学生职业成长规律和发展规律，序化学习情境。依据生产技术由易到难、发酵工艺由简单到复杂，教学内容按照酸乳发酵生产—酒精发酵生产—活性干酵母发酵生产—谷氨酸发酵生产顺序排序，学习情境教学内容所承载的知识与技能是递增的，学生越来越成为学习主体，而教师在教学的主讲角色则逐渐淡化，但教师始终处在引导监控地位，最后过渡到教师放手让学生自主学习掌握技能。

教学活动主要安排在一体化教室和校内生产性实训基地，同时结合到企业参观，听取企业技术人员的现场讲解及示范操作等方面进行。

3. 教学考核

本教师在课程教学过程中建立了一个多元化的评价体系，把考核分散在日常考核、单元考核，阶段考核、总结考核等多项考核中，考核方式包括学生互评、平时工作任务完成情况、工作页完成情况、技能抽签考核、产品评价、企业评价、期末考试等。评价方法具有过程化、技能化、产品化、总结化的特点，能激励学生主动学习，使学生的综合能力和职业素质得到全面的提高。

课程最终成绩 = 理论考核成绩 30% + 单项技能考核成绩 20% + 实验室管理等 10% + 平时考核成绩 20% + 产品评价成绩 20%

四、在教学团队建设中发挥的作用及效果

本人在 2009 年 3 月—2012 年 6 月，担任了生物技术教研室主任和专业带头人，2012 年 6 月至今，担任系副主任一职，主管全系教学工作。在课程教学、课程建设、专业建设、人才培养方案制定、日常教学管理和指导、实训条件建设、社会服务、顶岗实习的安排和跟踪管理等多方面做了大量的基础工作，得到了团队里每位教师的认可和支持，并得到学院领导的认可和表扬。各方面的工作均走在前面，起到了表率作用，是本教学团队中的核心力量，在教学团队建设中发挥

了主要作用，并取得了以下显著成绩：

①省级实训基地建设：本人主持成功申报并完成了 2012 年度广东省高职教育生物技术及应用专业实训基地建设项目，获得省财政建设资金 150 万元。

②省级示范校建设项目的重点专业建设：本人主持成功申报了第三批广东省级示范性高职院校建设项目之生物技术及应用重点建设专业子项目，获得省财政资金建设资金 580 万元，该项目计划 2018 年完成。

③省级教学团队建设：2014—2016 年本人主持申报并完成了生物技术及应用专业院级教学团队建设项目，在此基础上，2016 年 3 月本人主持成功申报了生物技术及应用专业省级教学团队建设项目，该项目计划 2018 年完成。

④广东省高职本科衔接协同育人试点项目：2014 年 3 月，本人主持成功申报了广东省高职院校与本科高校协同育人试点项目，即：广东科贸职业学院生物技术及应用专业与韶关学院生物技术专业三二分段专升本应用型人才培养试点项目，该项目于 2014 年 7 月开始招生，至今已招收三届共 140 名学生。2015 年 7 月，本人主持与韶关学院共同制定了转段考核方案，并提交省教育厅。2017 年 3 月，本人主持与韶关学院共同完成了第一批 44 名学生的转段考核工作。

⑤省级专业教学标准研制项目：2015 年 3 月，本人主持成功申报了广东省高等职业教育高职本科一体化生物技术及应用专业教学标准研制项目，获得省财政资金 10 万元，该项目已完成了供需调研、职业能力分析、课程体系构建三个阶段，目前正在进行第四个阶段——标准编制，计划 2017 年 6 月完成。

⑥何敏教学名师工作室建设：2016 年 4 月，在学校的支持下开始组建何敏名师工作室，旨在发挥名师的专业引领作用，建设一支师德高尚、教学业务精湛，创新意识强，敢于实践探索，甘于奉献的教学团队，把工作室建设成名师成长的摇篮、课程建设与开发的中心、优质资源整合的基地、优秀成果展示的平台。目前，工作室正在建设微课制作中心和网络平台，为全系教师提供一个课程建设基地和技术支撑，基本完成 3 门网络课程建设，初步搭建专业资源库框架。

五、教学感言

天道酬勤，机遇从来都是垂青那些有准备的人。在我看来，自己付的每一份汗水都是勤奋的结晶，勤能补拙，只有踏踏实实、兢兢业业的言传身教，才能无愧于教师这个称号。

（1）努力钻研，加强自身建设。自 1985 年参加工作以来，我一直工作在教育教学的最前沿。十几年来我圆满完成了教学等各项工作任务，并积极参加各种学术会议、岗位培训、专业讲座、职业考证和职业技能比赛等多项教研活动，爱岗敬业，课余时间不断钻研课程，研究教学方法，勇于实践，带领专业教学团队在课程开发与建设等方面进行了一系列的调查研究探讨，构建了与企业生产相近的课程体系，所授课程逐渐成为工学结合、校企共建、以培养生产技能和生产工作者综合素质为主导的工学结合专业核心课程。

（2）运用爱心，浇灌学生心灵。"亲其师，才能信其道"。爱是信任的基础和前提，师生间有了爱，学生才会喜欢我的人，才会喜欢上我的课。我尊重学生，重视与学生之间的情感交流和培养，对学生有爱心、耐心和宽容之心，主动关心学生，将思想品德教育与课堂专业知识教学结合起来，言传身教，教书育人。注意挖掘学生身上的闪光点，在关心学生的生活和学习的同时，更注重教育他们怎样做人。在赏识学生的同时，我也会严格要求他们，决不姑息他们身上出现的问题，因为严慈相济，才是教育的真谛，才能达到教育的最终目的。

（3）孜孜不倦，辛勤耕耘有收获。勤耕不辍，天道酬勤，多年的努力也有了不小的收获，近几年来主持了8项省级教改项目和4项校级教改类和委托重点教改项目，发表相关论文10余篇，获得广东省"南粤优秀教师"等各项荣誉奖励20余项。罗丹说："工作就是人生的价值，人生的欢乐，也是幸福之所在。"我用自己的实际行动印证了这句话：我工作着，我快乐着！

苏新国

一、基本情况

本人 2006 年 9 月进入广东食品药品职业学院食品科学系工作，任系主任、食品类专业群带头人、食品质量与安全监管专业带头人；2009 年 12 月获"食品科学与工程"教授职称，2014 年 6 月获聘为珠江学者，是本校食品类专业的带头人。担任了教育部高职高专食品工业行指委委员、食品加工技术行指委副主任、广东省食品安全学会副会长、广东省食品学会常务理事、仲恺农业工程学院学术型硕士生导师。

近十年，在高职领域工作期间主要获得以下荣誉和成绩。

1. 荣誉称号

（1）2016 年获广东省五四青年奖章。

（2）2016 年获广东省政府特殊津贴（国务院特贴）。

（3）2016 年获广东省特支计划领军人才。

（4）2015 年获南粤优秀教师。

（5）2015 年获聘全国食品工业教指委委员。

（6）2014 年获聘为广东省珠江学者特聘教授。

（7）2013 年获聘广东省食品安全学会副会长。

（8）2013 年获聘全国食品加工技术专业教指委副主任。

（9）2011 年获首届珠江科技新星。

（10）2011 年获广东省"千百十工程"省级培养对象。

2. 教学奖励方面

（1）2014 年获第七届广东省教学成果奖二等奖，排名第 2。

（2）2011 年获 2010 年山西省教学成果奖二等奖，排名第 5。

（3）2011 年获全国高职食品类教指委教学成果奖一等奖，排名第 1。

（4）2009 年获国家精品课程 – 食品微生物检验技术，排名第 2。

（5）2009 年获广东省精品课程 – 食品微生物检验技术，排名第 2。

（6）2008 年获全国高职食品类教指委教学成果奖二等奖，排名第 1。

3. 科研奖励方面

（1）2015 年获广东省科学技术奖一等奖，排名第 1。

（2）2014 年获全国商业科技进步奖特等奖，排名第 7。

（3）2008 年获广东省科学技术奖一等奖，排名 15。

（4）2014 年获潮州市科学技术奖一等奖，排名第 1。

（5）2014 年获潮安区科学技术奖一等奖，排名第 1。

（6）2016 年获全国农林牧渔业丰收奖三等奖，排名第 4。

4. 指导技能大赛方面

（1）2013 年获得全国挑战杯科技作品竞赛三等奖，食用油安全速检系统指导老师，排名第 2。

（2）2012 年获得广东省生物化学实验技能大赛一等奖，地沟油的检测项目指导老师，排名第 2。

（3）2013 年获得广东省挑战杯科技作品竞赛特等奖，食用油安全速检系统指导老师，排名第 2。

（4）2014 年获第八届广东大中专学生科技学术创青春广东大学生创业大赛，铜奖，指导老师，排名第 1。

5. 其他社会荣誉

（1）2011 年 12 月被评为广东省食品医药行业产学研结合突出贡献专家。

（2）2014 年 11 月被评为广东省教育厅突发事件应急管理专家。

（3）2015 年 1 月被评为广东省食品药品监督管理局食品药品安全社会监督员。

（4）2014 年 7 月被评为省委党校 2014 年第一期中青一班优秀学员。

（5）2014 年 7 月被评为省委党校 2014 年第一期中青一班优秀毕业论文。

（6）2012 年 11 月任广东省青年联合会委员。

二、专业教学资源建设

1. 教学内容与课程开发改革

（1）潜心专业教学内容改革，确保了教学内容与生产实际一致。为了实现教学内容与企业生产实际一致，同时跟上行业和企业发展的步伐，本人经常到企业研发和生产一线，与企业人员沟通交流，跟踪最新技术应用情况，熟悉企业相关岗位对专业知识的需求。以岗位技能需求为基础，结合行业企业发展需要、职业资格考证需要和学生将来的可持续发展需要来选择和更新教学内容，将最新技术和科研成果引入到课堂，舍弃一些跟不上实际发展需要的内容，解决了课程教学内容与企业生产实际脱节的问题。例如，在讲授食品安全快速检测技术课程过程中，根据当前食品安全法对快速检测的最新要求，定性检测高于定量检测，更加注重操作的行业实际情况，舍弃了关于快速检测原理的教学内容，节省下来的课时用于加强快速检测仪器使用的实操练习，更好地符合行业要求，满足了企业的需求。再如，在讲授食品质量监管综合实训课程时，将企业采用的最新 CCP 控制点体系引入课堂，解决了学生毕业后到企业工作时对食品质量管理体系不熟悉，而产生上手慢、适应期长等问题。

另外，本人带领教学团队与企业合作开发了契合企业实际，符合食品质量与安全监管要求的系列核心课程和主干课程教材，确保了教材内容与生产实际的一致性，凸显了专业特色。

（2）注重课程体系建设和改革，构建了"1＋1＋N＋D"模块式课程体系。作为学校食品类专业创立者和带头人，本人非常重视专业人才培养方案的制订和课程体系的建设。从 2006 年担任食品科学系主任起，经常带领教学团队到食品企业调研，并请教企业和行业的专家，及时跟踪产业发展趋势和行业动态，熟悉企业岗位设置。根据广东食品行业特点，有针对性地选择了食品安全控制和质量快速检测这两种主要工作技能作为我院食品质量与安全监管专业主要学习方向和内容。并按照职业岗位（群）任职要求，参照食品检验工、HACCP 体系维护和 ISO22000 标准等相关的职业资格和行业标准，制订了"核心技能＋综合素质"工学结合的人才培养模式，构建了食品质量与安全监管专业"1＋1＋N＋D"模块式课程体系。在课程体系中包含文化基础模块（学校公共平台课，"1"）、专业基础模块（专业群基础课平台课，"1"）、专业核心模块课程（"N"）、拓展课程（"D"），实现高职专业人才培养由知识本位向能力本位的转变。

另外，本专业正在申报广东省三二分段专升本应用型人才培养试点专业，与岭南师范学院共同培养应用型本科人才。作为专业带头人，现正带领教学团队进行应用型本科课程体系设计和对接课程开发，确保高职与本科阶段课程体系的完美对接，力争做出专业特色。

（3）重视课程开发与资源建设，获得多门国家（省）资源共享课程。作为专业带头人，与广州市产品质量监督研究院合作共同开发了食品微生物检验技术、食品感官检验技术、食品营养与健康等专业核心技术课程和综合实训、顶岗实习等实践性课程，并主持这些课程的教学与建设。非常重视这些核心技术课程的资源建设与改革，经常深入企业收集教学用的生产案例和生产资料，并与企业专家一起编写了课程标准、学习指南、授课计划、虚拟实验、教学案例、教学短片、产品标准、在线答疑、在线作业、在线考试、习题集等教学资源。食品微生物检验技术被评为 2009 年国家级精品课程和广东省精品课程（2015 年升级成为国家精品资源共享课程），食品感官检验技术和食品营养与健康被评为广东省精品资源共享课，这三门课程的教学资源已经建设得非常丰富，受到了兄弟院校和行业的高度好评，已经成为食品行业人士及相关院校师生学习交流的重要平台。

2. 实践性教学

（1）精心设计和实施了与企业生产实际相一致的全真综合实训项目。为了实现学习内容与企业实际的一致性，达到企业岗位技能要求。在合作企业的大力支持下，带领教学团队与企业工程师进行了全真综合实训项目的设计与实施，其特点主要体现在如下几个方面：

①真实的原材料——实训用的所有原材料均由合作企业提供。

②真实的项目——实训项目都是来自企业委托的技术服务项目和校企共建的开发中心项目。

③真实的环境——在与企业生产环境一致的生产性实训车间和校企共建的开发中心开展实训。

④真实的设备——实训用的所有设备属于企业生产设备小型化。

⑤真实的师傅——实训指导教师由来自企业的兼职教师担任。

⑥真实的过程——学生要完成"配方和生产方案设计→产品生产→产品检验→产品使用"整个实训过程，与企业的新产品开发和生产实际过程完全一致。

学生在这种全真综合实训过程中实践所学的各门课程知识，真正做到学以致用、活学活用，切实培养学生的创业精神、创新能力以及协调管理的能力。学生经过全真综合实训后，综合技能完全能达到企业相关岗位的技能要求。毕业生每年都供不应求，到企业后都直接上岗，很受企业欢迎。

（2）精心设计和实施了工学交替式的五阶集成实践教学模式，实现学生到企业员工的角色转变。按照教学规律，带领教学团队科学设计了工学交替式的"认知实习→课内实训→生产实习→寒暑假社会实践→综合实训→技能考证→顶岗实习"五阶集成教学模式。首先进行认知实习，将学生带到食品生产企业参观，使学生对将来从事的行业和企业产品、生产过程有一个感性的认识；课内实训，特别是核心课程的课内实训就是针对企业产品生产过程的实训，实现感性认识到真实认识的转变；生产实习环节就是将学生安排到企业的生产一线岗位跟班实习，实现真实认识到生产实际的转变；再利用寒暑假到相关食品生产企业进行见习，进一步提升生产技能；然后，回到学校进行有针对性的综合实训，对企业学到的知识和技能进行综合应用，达到岗位综合知识和技能要求后，进行技能考证，获得职业证书资格；具备职业资格证书后，到企业进行顶岗实习，实现学生到员工的角色转变。这种实践教学模式，逐步提升学生的知识和技能，符合学生逐步提升的学习规律。这种实践教学模式已经在我院和多所高职院校推广使用。

（3）致力于技术服务，将技术服务成果设计到实训项目。带领教学团队一直致力于为企业技术服务，取得了丰硕的技术服务成果，并将最新的技术服务成果设计成实训项目用于实践教学,确保了实训项目的先进性。例如,将教学团队开发的冬瓜流沙馅料替代传统的玉米淀粉用于月饼制作;将新型微生物快速检测盒应用于生产线卫生清洁度检验;将海绵蛋糕卷的生产设计成食品生产标准和作业指导书制作的实训项目;将最新的 ISO2200 企业管理标准和 HACCP 体系等应用于食品质量监督技能实训项目等。

3. 教学资源库建设

(1)编写的教材。教材编写注重与生产实际的一致性,强调与企业工程技术人员合作编写与企业生产实际一致的教材。与广州永业食品有限公司、广东达元绿洲食品安全科技股份有限公司、青岛啤酒(珠海)有限公司等企业的工程师合作编写了 6 本教材,均已经被全国开设食品质量与安全监管课程的高职院校采用。

①主编《食品营养与卫生》《食品包装技术》《食品营养与健康》。

②副主编《食品法律法规与标准》《快速检测技术在食品安全管理中的应用》。

③参编《质量管理基础》。

(2)教学资料的编写。

①主持进行了食品质量与安全监管专业人才培养方案和课程标准的制订和修订,并被国内多家高职院校相关专业作为模板参考。

②主持编制了专业核心课程和主干课程的学习指南、习题集、试题库、教学案例等系列配套教学资料。

③主持进行了食品质量与安全监管专业三二分段应用型本科人才培养方案、课程标准等系列教学资料的编写。

(3)数字化教学资料的制作。作为教学团队带头人,带领教学团队进行了专业教学资源建设数字化工作,参与了国家教学资源库《食品加工技术》的建设,并在课程网站与其他高职院校共享。

①到企业拍摄了围绕企业生产的图片和生产过程短片,收集了大量关于企业生产的案例。

②自主开发了丰富的网络教学资源:如授课录像、多媒体课件、习题集、授课计划、虚拟实验、教学案例、教学短片、产品标准、在线答疑、在线作业、在线考试、习题集等。

③完成了四门精品课程(精品资源共享课)的全程录像,并将所有教学资源分别放在精品课程网站上,供学生自主学习,并与其他院校共享。网站有丰富的教学资源,方便学生自学,构建了现代教学环境,提高了教学效率,大大促进了学生的积极思维、开发了学生潜在能力,提高了教学效率。

三、教学方法改革及效果

1. 教学方法灵活多样，有效激发学生学习兴趣

教学过程中按照食品生产的实际工作过程组织教学，在教学过程中既训练了学生的职业能力，又培养了学生的职业素质。下面为本人带领教学团队设计和实施的《食品质量监督综合实操训练》核心课程教学做一体化教学组织模式：

做什么？（明确学习任务和学习目标）→怎么做？（分析产品的功能和如何做才能实现？）→跟我做1（设计产品组成和产品配方）→跟我做2（按照配方准备原材料）→跟我做3（进行配制工艺设计）→跟我做4（按照工艺要求选用配制设备）→跟我做5（进行产品配制）→跟我做6（进行产品生产）→跟我学（安全、职业健康与环保）→讨论与创新（针对做的过程中的问题展开讨论，并提出修改意见）→作业布置→归纳总结。

然后，根据教学内容组织设计对应的教学方法。

（1）案例分析教学法。在"做什么？"的教学环节，我们以生产生活中经常食用的海绵蛋糕卷为案例，如进行HACCP体系训练时，我们以早餐豆奶为案例。在"跟我做1"和"跟我做3"的教学环节，我们以大豆磨浆均质生产为案例，分析工艺参数和相应设备的性能。通过案例分析教学，以激发学生对学习项目的兴趣，达到学生主动参与项目学习的目的。

（2）启发引导教学法。在"一起想"的教学环节，我们采用启发引导教学法，如讲食品企业标准作业指导书时，我们用"规范食品生产和保证产品规格质量统一标准化的一个手段"，也是"管理部门对企业进行管理的规范和法规"。在"跟我学""讨论创新""归纳总结"的教学环节，我们采用启发引导教学法，一步一步地引导学生学习，在提问时点名同学回答，引起学生对问题的关注。这种教学方法能引导学生发散思维，训练学生的思维方式，培养学生分析问题、解决问题的能力和创新思维。

（3）角色扮演教学法。在"跟我做1""跟我做2""跟我做3"和"跟我做4"的教学环节，我们都采用了角色扮演教学法。在这些教学环节中，学生是教学的主角，学生要全程参与从原料到产品的整个过程。这种教学法使学生从被动的"要我学"变成了主动的"我要学"，学习积极性大大提高。

（4）现场演示教学法。在"跟我做5""跟我做6"的教学环节，我们采用现场演示教学法。先由教师先演示设备的使用方法和生产过程，避免不必要的设备事故和实训失败，挫伤学生的积极性，同时提高教学效率。

（5）教学短片教学法。在"跟我做5""跟我做6"的教学环节，我们采用了教学短片教学法。课程组将拍摄的教学短片放在课程网站中，要求学生在该教学环节前要先观看教学短片，对设备和生产过程有初步的认识，以提高教学效果。

（6）师生互动教学法。在"讨论创新"教学环节中，采用了师生互动教学法，学生和教师都可以对实训过程中的问题提出自己的观点、意见和疑问，供全班同学讨论，最后由教师总结和提出解决方案。这种教学方法要充分调动学生的积极性，允许他们随时插话提问，允许他们与教师争论，教师并不简单地否定他们的意见，而是用实在、生动的事实说明道理。师生互动讨论法能促进学生思考，激发学生的潜能，在讨论中获得知识。

2. 注重分析学生个体特点，坚持因材施教、个性化发展

（1）根据学生基础不同，教学内容分层次。食品质量与安全监管专业招收的学生在高中阶段有主学物理的、有主学化学的、也有主学生物的，所以同一个班级的学生化学基础知识存在较大的差异。为了满足所有学生的学习要求，将教学内容分成三个层次：第一层次是所有人必须掌握的，第二层次是大部分学生应该掌握的，第三层次是少部分学生可以掌握的。

（2）根据学生个性特点，采用不同的教学方法。每个学生都有自己的个性，在教学过程中充分考虑了学生的个性差异，分别采用了互动启发、案例分析、小组讨论、角色扮演、现场演示等多种教学方法。并使用了多媒体、视频、图片、虚拟动画等多种教学手段满足视觉型、听觉型和操作型不同学生的需要，从而提高学生主动探究知识的能力，充分发挥学生自主学习的潜能。学生普遍反映很好，每年的课程教学评价均为优秀。

（3）将技能竞赛引入课堂，充分挖掘学生潜能。为了有效激发学生学习兴趣，充分挖掘学生潜能，设计了滴定管使用能手、产品配方设计能手、培养皿包扎能手、烘焙设备使用能手等适合于在课堂内进行的技能竞赛项目，在课堂上开展技能竞赛。学生"争强好胜"的表演欲可得到充分释放，非常喜欢这种课堂技能竞赛活动，参与积极性很高，在"开心"中提升了专业技能。

（4）重视与学生交流，关心学生成长，将"教书"与"育人"有机结合。作为专业带头人和专业导师，非常关心学生成长，利用各种渠道与学生交流专业知识、个性发展、职业选择等各种问题。

（5）采用导师与班主任相结合的制度，提高学生学习和管理效率。2009年以来，实施了学生管理制度改革，除了在每个班配备班主任负责日常事务管理外，每个班配备一名专业教师作为班导师，配备一名高年级优秀学生作为副导师，负责学生的专业课程学习辅导，特别是加大基础较差的同学的课后辅导，鼓励他们迎头赶上，树立他们的自信心。从制度实施多年来的成效看，学生自主学习能力明显提高。

（6）组织兴趣浓的学生参与老师的技术服务和课外创新活动。我所带领的食品质量与安全教学团队是我院承担企业技术服务和科研项目最多的教学团队之一，在完成这些技术服务和科研项目过程中需要人手帮忙，每年都有 20 多名学生参与到这些技术服务和科研项目工作中，得到了真刀真枪的锻炼。另外，生产性的实训车间和校企共建的开发中心对学生开放，鼓励和组织感兴趣的学生到珠江学者工作室参与食品新技术和新产品开发工作。参与技术服务和课外创新活动的学生取得了丰硕成果，近 3 年来参与公开发表的论文 37 篇，在全省高职院校首次主持广东省科学技术奖一等奖，多次获得广东省大学生"挑战杯"课外科技作品竞赛特等奖、一等奖。

（7）选拔和指导优秀学生参加技能竞赛。为了激发学生学习的兴趣，提高专业技能，2007 年以来，每年均主办全院学生均可参加的"食品检验技术"技能大赛和"烘焙食品生产"技能大赛，选拔优秀人才。指导的学生团队参加广东省大学生学术科技活动，多次获得特等奖、一等奖等奖项，并参加全国技能大赛，多次获得奖项。

四、在教学团队建设中发挥的作用及效果

1. 善于整合和利用社会资源，通过有效管理，使团队形成了强大的凝聚力和战斗力

（1）整合和利用社会资源，打造了一支高水平的专兼结合的双师型教师队伍。通过引进和内部培养的方式，已经形成了一支年龄结构、职称结构、学历结构、专业技能结构合理，思想素质、业务素质过硬的专职教师队伍。

（2）以身作则，做好青年教师培养，形成了良好的"传、帮、带"团队文化。对于每一个新调入的青年教师，从授课计划、授课教案、PPT 制作、作业批改、考核方法到实践教学的每一个教学环节均给予亲自指导。

（3）以身作则，打造技能过硬的教学团队。为了提高教师的专业技能水平，培养一支既能胜任理论教学又有相当实际生产经历、能指导实训、实习操作的"双师型"的教师队伍，带领教学团队采取了如下几项措施：一是实行"4 + 1"教师实践制度，即要每个专业教师在 5 年内必须有 1 年的企业工作锻炼经历，专业技能和教学水平得到了大幅提升。二是安排专业教师参加技能培训，有 5 名教师已经获得高级技师和技师资格证书，所有教师都获得了国家技能鉴定考评员证书。三是承担技术服务和科研项目，真刀真枪练本事，近 5 年来，教学团队主持了 3 项国家自然科学基金，12 项技术服务项目。

（4）以身作则，打造精品课程教学团队。作为专业带头人，承担了食品质量监管综合实训、HACCP 技能训练等专业核心课程的建设和主讲任务，组建了课程教学团队，主持编写了课程教材、课程标准、学习指南、授课计划、授课教案、多媒体课件等教学资料，使教学团队取得了丰硕的精品课程建设成果：1 门国家精品资源共享课程，1 门国家精品课程，1 门广东省精品课程，2 门广东省

精品资源共享课程。

（5）以身作则，打造一支钻研型和学习型的教学团队。针对专业青年教师的专业方向与特长，定期组织专业研讨会，开展教学经验、成果、动态方面的交流探讨，鼓励和指导青年教师进行教学改革，申报教研课题和科研项目，提升自身的职业素质和学术水平。

2. 团队建设与管理工作成效显著

近5年，本教学团队获得的主要业绩有：

（1）团队带头人苏新国获聘为珠江学者，王海波、姚玉静和李燕杰获高校优秀青年教师。

（2）本专业于2013年立项为省级示范高职院校建设重点专业。

（3）《食品微生物检验技术》转型升格为国家精品资源共享课程；《食品营养与健康》和《食品感官检验技术》立项为省级精品资源共享课程，还有专业核心课程《食品加工技术》《食品理化检验技术》《食品感官检验技术》《食品质量管理技术》《食品安全与控制管理》等皆为校级精品资源共享课程。

（4）获省级教学成果奖二等奖2项，教指委教学成果奖2项。

（5）获国家自然科学基金3项，省级科研课题12项，申请国家发明专利4项。

（6）获中央财政支持的高职院校实训基地项目——食品质量安全与检测实训基地。

（7）主编出版了2本"十二五"国家规划教材，其他教材7本。

（8）学生参加大学生挑战杯项目获省一等奖2项、二等奖4项、三等奖2项；参加省级生化技能大赛、省级农产品检测技能大赛获奖3项。

（9）主持获2015年广东省科技进步一等奖1项、2014年全国商业科技进步奖特等奖1项、2014年潮州市科学技术奖一等奖1项、2014年获潮安区科学技术奖一等奖1项。

（10）团队带头人苏新国教授2014年特聘为珠江学者，2016年获广东省五四优秀青年表彰，2016年获国务院政府特殊津贴，2016年获广东省特支计划领军人才。

五、教学感言

苏联教育家赞科夫认为：当教师必不可少的，甚至几乎是最主要的品质就是钟爱学生，与学生建立起和谐友爱的师生关联。

从步入高职教育以来，我要求自己做到"三心俱到"，即"爱心、耐心、细心"。

爱心就是无论在生活上还是学习上，时时刻刻关爱学生，并且多加鼓励，培养学生健康的人格，树立学生学习的自信心。

耐心是一种爱的表现，教师的耐心是尊重学生的人格和理解学生的认知水平，说到高职学生的特殊性，耐心就越发弥足珍贵。需要我以宽容的心态对待学生的弱点，以接纳的态度对待学生的个性。

细心意味着以身作则、率先垂范。教师的一言一行对学生的思想、行为和品质具有潜移默化的影响，细心的工作会让学生心服口服，把你当成良师益友。

聂青玉

一、基本情况

聂青玉，副教授，任职于重庆三峡职业学院。国家一级公共营养师、高级农艺师、二级食品检测技师职业资格及食品检验工高级考评员资格。重庆三峡职业学院农林系食品营养与检测专业专任教师、专业群带头人；重庆安全技术职业学院食品类专业建设校外带头人专业指导委员，重庆市 2016 年职教感动人物，多次获评全国职业院校技能大赛优秀指导教师，2014 年获评重庆市五一巾帼标兵。

二、专业教学资源建设

1. 教学内容与课程开发改革

承担《果蔬贮藏技术》《食品营养与卫生》等多门高职专业课程教学工作，教学考评持续名列前茅。有效组织和开展工学结合课程教学，整合实训实习、教材及专业资源建设，推进课程开发改革。开发设计《果蔬营养与检测技术》《发酵食品营养与检测技术》等特色课程。

2. 实践性教学

独自完成《植物及植物生理》《果蔬采后生理及贮藏技术》《食品营养》等课程的项目实训设计，并编制特色实训指导及实训报告册。主持研发设计《果蔬营养与检测技术》《食品分析检测》等课程的项目实训并编制校本实训指导。

参与重庆三峡职业学院食品生物技术国家示范性实训基地建设；推进高职高专食品专业创新型双平台实践体系的建设。参与食品检测、农产品贮藏、气调冷库等实验室的改造建设工作；联系进出口检验检疫局、食药监检验所、粮油检测所、农产品检测中心、昊元集团、中南集团等单位和企业，为生物、食品专业的学生提供校外实习条件。

3. 教学资源库建设

《果蔬贮藏与加工技术》主编（在编）。
《果蔬贮藏加工技术》副主编 2011 年 1 月。

《食品营养与卫生》副主编 2011 年 8 月。

《植物及植物生理》参编 2009 年 6 月。

《果蔬营养与检测技术》主持人，校级精品在线开放课程。

《果树生产技术》主要建设者，校级精品课程。

《柑橘采后处理》《榨菜中亚硝酸的检测》《蔬菜中铅含量检测》等微课课件十余份。

三、教学方法改革及效果

多年教学经历积累形成独创特色"三阶"教学组织方式。一阶为基础要求，让学生掌握课程核心知识及必要专业技能；二阶为知识拓展，让学生跳出单一知识点的局限，拓展相关任务及相关技能；三阶为"授之以渔"，让学生不但掌握知识与技能，更能在获取知识能力及创新创业能力上得到提升。"三阶"教学法让学生获得专业技能的同时提升学习能力，使终身学习成为可能，深得学生好评。

四、在教学团队建设中发挥的作用及效果

担任重庆三峡职业学院食品类专业群带头人，带领食品营养与检测、食品加工技术两个专业教研室近十名教师推动专业发展。在团队中以身作则，在教学、科研、社会服务等多方面起到示范带头作用。在团队成员的共同努力下，立项省部级教改课题 2 项，各类科研课题 10 余项，建设院级精品在线开放课程 1 门，发表论文 20 余篇，参编教材 5 部。建成国家示范性食品生物技术实训基地 1 个。近五年百余学生在国家级、市级、院级各类比赛中获得优异成绩，2012—2016年，在全国职业院校技能大赛"农产品质量检测"项目中获得一等奖 3 人次、二等奖 12 人次、三等奖 3 人次，多年连续包揽重庆市选拔赛前三名。近五成学生获评国家奖学金、优秀大学毕业生等各级各类荣誉称号。在校期间获得食品检验工或公共营养师职业资格证的学生达 100%。2012—2016 年食品专业毕业生就业率稳定在 96% 以上，深受用人单位好评。

五、教堂感言

在这份看似平淡的高职教育工作中，我能用精益求精的专业态度为学生的职业生涯铺路，用执着坚持的工作理念与职教工作岗位上的同事相互激励，用积极向上的教学态度为现代职业教育贡献自己的力量！

优秀教材篇

包装结构设计（第四版）

书名：包装结构设计（第四版）

作者：孙诚

定价：69.00 元

出版社：中国轻工业出版社

书号：ISBN 978 – 7 – 5019 – 9031 – 3

内容简介和特点：

本教材是包装工程专业的一门实践性较强的主干专业技术课程教材，学生通过学习可以掌握纸、塑料、金属、玻璃、陶瓷等多种包装材料以及箱、盒、瓶、罐、桶、盖等多种包装形态的结构类型，成型特点，结构计算与设计方法；具备系统的包装容器结构设计知识；具备一定的空间想象力，使之能够从包装容器的造型入手进行结构设计。

主编创建了系统的、具有自主知识产权的纸包装结构设计基础理论，所发表的 100 余篇学术或教改论文核心内容全部融入教材中。教材基本框架分为四个部分，第一部分为基础，使各类学生都能明晰课程的内容、目的及其在各自专业中的地位，引起学生对课程的重视，提高学生的学习兴趣。第二部分分别研究了折叠纸盒、粘贴纸盒、瓦楞纸箱、塑料包装、玻璃陶瓷包装的容器结构，成型方法，基本结构概念和基本结构理论，基本设计方法。第三部分研究基于包装结构有关的包装技术，如密封技术，气雾罐技术和 CAD 技术。第四部分为课程综合内容——课程设计指导，通过设计某种内装物的整体包装将各种材料和包装容器的结构知识串联成整体知识体系加以消化吸收。

本教材第四版继续致力于把创新教育的基本思想融入教学内容中，对前一版原有的各类折叠纸盒重新定义，修正了一些基本理论；按照 2008 年以后颁布的国家标准修订了部分内容；在各类包装容器方面增加了新理论和新结构，如"n"棱柱（台）折叠纸盒自锁底非成型作业线创新研究、省资源非管非盘式折叠纸盒间壁板方向性创新研究等。

教学资源：国家精品课程。

印刷设备（第二版）

书名：印刷设备（第二版）

作者：潘光华

定价：39.00元

出版社：中国轻工业出版社

书号：ISBN 978 – 7 – 5019 – 9995 – 8

内容简介和特点：

本教材从第一版到第二版的完善，是作者十几年从事《印刷设备》科研与教学基础上的归纳总结。本教材具备以下特点：

（1）教学适应性。全书包括项目训练步骤、习题等。高职院校这类课的课时大多在60学时左右，这个篇幅适合教师教学和学生课后复习。充分体现了理论"必需、够用"原则，突出实践应用型教育特色。

（2）结构完整性。内容包括"印前设备（学习情境三）、印刷设备（学习情境一和学习情境二）、印后加工设备（学习情境四）、印刷设备的维护和润滑（学习情境五）"，根据岗位需求，每个情境每个分解成"能力训练、知识拓展"，每个项目均安排"练习与测试及参考答案"。

（3）实践性。每个项目以"任务解读—设备、材料及工具准备—课堂组织—调节步骤"统一的编撰形式，知识拓展只选"进口、国产两种典型产品"作实例。

（4）实用性。根据岗位需求，分解成"项目"及对应的"知识点"，以学习情境—项目—任务（能力训练、知识拓展）为导向的编写思路。在实践项目中学习、归纳总结理论知识。

（5）比较性。

①编写思路完全遵照职业教育特征。以学习情境—项目—任务（能力训练、知识拓展）为导向。

②内容选择。以少而精的典型产品实例（进口及国产各1例），详细阐述了单张纸胶印机各机构的调节、操作及知识点，同时也兼顾了印前、卷筒纸胶印机及印后设备的操作与知识点。如"情境一（单张纸胶印机）"是全书重点，设计了8个项目，其余各情境只设计了1个或2个项目。

③单元完整。每个项目首先以"背景、应知、应会"的形式说明了项目的开发缘由及学生要掌握的技能及知识内容。

教学资源：课件，部分动画。

生物反应工程原理（第四版）

书名：生物反应工程原理（第四版）

作者：贾士儒

定价：45.00元

出版社：科学出版社

书号：ISBN 978 – 7 – 03 – 045206 – 1

内容简介和特点：

突出工程思维能力的学习是本教材的主要特点。针对"生物反应工程"教材涉及的基础知识面宽，抽象概念多，学生难以理解的现状，在教材编写过程中改变以往工程教育中比较抽象的模式，采取了"从生物的适应性（可行性）、可持续性、过程的量化、标准化、经济性和效率等基本概念的角度研究、评价生物过程"的工程思维方法。也就是针对一个生物反应过程看其是否可以进行？是否可以持续性进行？是否可以进行定量研究？是否具有经济效益？一个过程中哪一步骤为限速阶段？这一过程反应是否有效率等。有效地调动了学生的学习热情和对工程概念的理解，得到学生的好评。

此外，教材还具有系统性、新颖性和适度性特点。系统性是指：虽然生物反应有多样性，但是都可以归纳为生物的反应速率与其影响因素之间的简单的关系。新颖性是指：工程思维方法的提出，使学生比较容易理解和掌握。适度性是指：教材内容的深度、广度及其分量上考虑到学生的接受能力，还考虑到与有关课程的衔接。所以，该教材与国内同类教材相比，在印刷数量和影响力方面，始终处于国内领先地位。不仅被评为科学出版社的精品教材和"十一五"国家级规划教材，还作为国家级精品课程的配套教材。

通过理论和实践教材建设，促使其形成了以生物反应工程课程为中心，以生物化学、微生物学和化工原理课程为基础，服务于生物工程设备、生物工艺学和代谢工程等专业课的新课程体系。另外，生物反应工程课程2013年被列入国家资源共享课建设，根据国家资源共享课建设要求拍摄了教材中全部教学录像和相关实验教学录像，并已全部上传到国家精品资源共享课建设网站上。

教学资源：国家精品资源共享课。

发酵过程控制技术

书名：发酵过程控制技术

作者：孙勇民

定价：32.80元

出版社：高等教育出版社

书号：ISBN 978 – 7 – 04 – 042815 – 5

内容简介和特点：

1. 职业思想性与职业教育性

教材以现代信息技术为支撑，围绕食品工业产业的需求，其资源配套建设了国家专业教学资源库和国家精品资源共享课，成为"十二五"国家规划教材并由高等教育出版社出版发行。实现了优质资源应用共享，助力专业教学模式和教学方法改革，提升了专业人才培养质量和社会服务能力，促进了自主学习，服务学习型社会建设。

教材内容的选取经过校企共同开发。分析了发酵领域岗位的任职条件和知识、素质和能力等基本要求，参照国家行业生物发酵工标准，构建发酵控制过程系统化的教学内容。以培养发酵过程控制技术职业能力为重点，设计企业发酵生产与实训教学相对应的学习情境。

2. 科学严谨性与应用推广性

教材以典型生物发酵控制过程生产的发酵产品为载体，以生物发酵工职业技能鉴定为依据，与行业企业共同进行基于生产发酵控制过程为导向的课程开发与设计。本书不仅可作为高职高专生物技术、生物制药、食品类专业及相关专业的教学用书，也可作为从事食品、发酵、生物技术相关领域企业，如氨基酸、抗生素、酵母、酶制剂和酒精发酵生产类企业的生产及发酵产品检验、技术支持、实验检测机构等相关岗位的专业技术人员的参考书，提高其技术技能。

本教材在"能力本位、就业导向、任务驱动"等职业教育理念的指导下，采用"情境 + 项目 + 任务 + 技能训练"的模式，按照学生学习为主体、以职业活动为导向、以培养能力为重点、以企业岗位为切入，基于理论实践一体；教学做一体；学习内容与项目任务一体；生产产品与培养人才一体的理念，进行科学合理的学习情境设计，推广覆盖全国相关专业，广泛应用于师生、社会学习者、企业人员。

教学资源：

（1）国家生物技术及应用专业教学资源库。

（2）国家级精品资源共享课《发酵过程控制技术》。

（3）教育部、行指委食品发酵教学案例库。

产品的语意（第三版）

书名：产品的语意（第三版）

作者：张凌浩

定价：58.00 元

出版社：中国建筑工业出版社

书号：ISBN 978 - 7 - 112 - 17905 - 3

内容简介和特点：

产品语意学的学科交叉性强，内容涵盖面广，其教材成为许多院校工业设计专业关注的重点与难点。到目前为止，国内出版的同类教材主要集中于理论层面的研究，具有内容庞杂，系统性弱，理解性一般，本科教学课程的应用性不强等问题。目前已出版一些相关的理论著作，只适合研究生参考阅读，与本科关联性不高，缺少对实践的指导，启发性和实践性还待强化。

本书从产品语意设计的基本理论出发，结合高年级研究性设计课程的特点，展开多方向的、有特色的设计实践探索，引导以设计创新的思考和观念在设计中扩展思路，并在功能性形态与界面、地域传统文化、商业品牌延续等方面展开专门的设计研究，为将来进入设计实务奠定了创新的基础，成为产品概念到产品语言输出表现最为核心的应用指导。

（1）选题较新，体现相当的特色。该教材较全面的集成反映国内工业设计教学的最新教学理念和成果，展现如何通过从基本理论到特色命题的课堂研究教学，来反映前沿探索到设计创新的教学过程，而这正是江南大学"工业设计"的重要特色之一。特别是将产品即界面的语言与设计的意义、传播、表现及多元化背景的结合演绎，既符合专业大纲，又循序渐进，富有启发性，便于学生掌握。与国内同类教材相比，更适合相关创新性教学的需求，已连续入选"十一五""十二五"国家级规划教材。

（2）课程教学的系统性和交叉性。本教材在基本理论的基础上进行多方位的扩展，在"社会、生活、文化"多轴向的基础上，系统地对语意设计的若干重要方面进行研究，理论体系较为系统，由面到点，与教学过程相适应。两次改版均将最新内容编入教材，为培养新背景下产品设计、工业设计人才，推进课程改革与建设，提高教学水平发挥了积极作用，为国内相关高校的课程教学提供了示范。

（3）课程内容的重点和难点的把握。由于内容涉及从符号学、语言学、诠释学到传播学等多学科的知识，而且本身较为复杂晦涩。因此，教材提出：作为一门本科课程，应该把握其理论框架，进而将重点放在产品语言的多元化设计表达上，形成有魅力的产品语言。该教材注重课程教学的设计，既注重课程理论的系统性，又在每一章节后设立了相关的课题设计与实践，使其富有可操作性，在实践中加深对课程内容的理解。

（4）理论系统性和应用实践性的结合。从宏观、中观到微观层面上展开深入探讨，突出体现课程教学的原理性、实践性和过程性的特色。多年的一线教学积累了丰富的教学成果和课题实践，涵盖从音乐语言、传统文化、品牌、经典国货文化等多个新兴主题，为教学示范提供了积极的支持，使该教材具有较好的课程示范性。

乳制品加工技术（第二版）

书名：乳制品加工技术（第二版）

作者：罗红霞

定价：38.00 元

出版社：中国轻工业出版社

书号：ISBN 978 – 7 – 5019 – 9969 – 9

内容简介和特点：

在我国大力发展高等职业教育的今天，深化对高职高专课程体系和教学内容体系的改革与创新，是实现人才培养目标的核心内容。本教材针对食品类相关专业的高职高专教育要求，力求适应行业需求，在阐述基本理论的同时重点突出以实践、实训教学和技能培养为主导方向的特点，并增加了学生综合知识和技能的拓展。力求做到精简、精练、实用和可操作。

本教材在编写过程中贯穿了以下指导思想：

（1）改变传统学科体系教学内容的组织和安排，根据真实的乳制品生产企业工作岗位重组教学结构单元，使教学过程与企业真实的工作过程保持一致，实现学做一体。增加了术语表、案例分析、岗前培训、成品检验和流通及销售环节的学习和训练。

（2）结构设计突出"项目"与"问题"引导。各部分学习内容以"项目"形式组织，每一项目以案例开篇，引导出"问题"，以引导学生对学习内容相关的现实问题进行思考。接着将整个学习项目分解成一个个独立的"工作任务"，每完成一项任务就像穿一颗珍珠，所有任务的完成获得的基础知识和技能串联起来支撑起项目学习这整串项链的完成。这样的设计让学生在学习过程中感受到工作的成就感与学习的乐趣。

（3）结合乳制品出现的安全问题，将国家对食品安全的要求和规定引入教学过程，突出加工过程的"标准"，职业性明显。本教材引用的各项标准都出自目前最新版的相关国家标准和规定。并增加了相关检测指标和仪器的使用，强化学生对于乳制品相关的国家法律法规及标准的认识和掌握。

（4）校企合作共同编写，实现学习内容与实际的结合。教材编写过程中，力求工作任务与实际工作情景一致，邀请企业一线专家共同编写。如：乳品企业车间生产人员、质控人员、研发人员等，并引入最新的技术成果及检测方法与手段。

（5）教材配备了教学光盘，包括课程标准、学习指南、教案库、案例库、技能库、学生成果、教学 ppt、习题库、教学方法、教学视频等，相关的内容也已上传至网络，方便学生学习。

使用者普遍认为该教材具有较高的实用价值和学术价值。

教学资源：光盘。

国际汇兑与结算（第二版）

书名：国际汇兑与结算（第二版）

作者：郭晓晶、秦雷

定价：28.00 元

出版社：高等教育出版社

书号：ISBN 978 – 7 – 04 – 040212 – 4

内容简介和特点：

1. 新颖和创新的编写思路

（1）跟踪市场，反映需求。针对行业企业的人才需求变化，我们重新梳理了与国际贸易有关的最新知识和技术方法，并将其体现在教材内容中，其目的是通过教学设计和教材的使用让学生掌握前沿知识和最新方法，增强学生的业务能力、方法能力和社会能力，以达到培养高素质、复合型商务人才培养目标的要求。

（2）打造精品，体现新变化。虽然教材第一版已经得到广大师生和读者的肯定，但由于教学改革的深入进行，许多最新的教改成果没有及时反映到教材中，同时国际贸易领域新的技术和方法不断出现，所以，第二版体现了与时俱进，打造精品的思路。

（3）产教结合，体现职业性。第二版设置了汇率分析与应用、外汇风险的防范与转嫁、国际结算与融资等三大模块十五个任务，每个任务都以案例叙述为开始，针对案例提出问题，针对案例学习相关知识，分析并最终解决案例中的问题。所有案例资料均为课程团队教师在带领学生顶岗实习工作实践中整理的真实业务资料，是按照真实性、系统性、实用性、可操作性和典型性的原则，通过筛选完善而形成的，所有案例均紧密结合国际贸易业务实际，不脱离专业人才培养需求。

（4）案例引导，创新设计全过程互动式教学模式。本教材采用了案例教学法，每个章节均配有不同案例，按照"展示案例、提出问题、学习相关知识、分析案例解决相关问题"的顺序安排主体内容，教师可以根据配套的教学设计，与学生开展全程互动式教学。目的不仅是培养学生科学的思考方法、学习方法和工作方法，最重要的是在愉快的教学活动中使学生整体素质得到提升。

（5）配套资源丰富，数字化程度高，实现广泛共享。本教材将课程资源

（包括视频、动画、多媒体课件、课程标准、课程整体设计、课程单元设计、课程学习指导、单据、技能训练、案例、国际结算相关法律及惯例文献等形式多样的数字化教学资源）作为此教材的配套资源，将教学资源与全国师生共享，为我们职业教育做出一份贡献。

2. 突出的编写特色

（1）案例教学贯穿始终。全书共设计了 3 个能力模块、15 个学习任务，每个学习任务都以"展示案例"开头，针对案例"提出问题"，针对案例及问题详细介绍"相关知识"，最终"分析案例"、解决问题，使教学效果更好。

（2）图文并茂、通俗易懂。教材中部分内容通过图片及流程图形象地解释相关问题，使枯燥的内容一目了然，同时配有高水平的数字化教学资源，结合教学设计，使教学内容更加生动，效率更高。

（3）充分体现国际金融理论与国际贸易业务的结合。本教材以不同的案例为载体，力争运用国际金融手段，灵活解决国际贸易中的实际问题，使教学的针对性更强。

（4）强化外汇风险防范方法和手段的训练，满足了企业对新业务人员增强外汇风险防范意识的要求，弥补了传统课程内容架构脱离现实的缺陷。

教学资源：教学设计文件，电子资源等。

通信工程综合实训（第二版）

书名：通信工程综合实训（第二版）

作者：张庆海

定价：49.00 元

出版社：电子工业出版社

书号：ISBN 978 - 7 - 121 - 25553 - 3

内容简介和特点：

随着现代科技的飞速发展，社会需要大量的复合型技术人才。要求他们不但应具有扎实的理论基础，而且还要有较强的实际动手能力；不但要有单一的应用技术能力，还要具备综合性的知识技能。高等职业教育所开设的课程应以社会需求为中心，以培养应用型人才为目标，以技术发展为导向，以现有的师资和实践条件为起点，改进教学，以适应社会的需要。综合实训课程教学是适应这一需要的解决方案之一。作为此类课程的配套教材，国内出版的书籍较少，更缺少完整系统、贴合现实的工程建设实例作为参考。本书可弥补目前高校综合实训教学教材的短缺，也可为高校工学结合型的课程改革提供一定的参考。

本教材内容涵盖了通信工程的全过程，提供了相关领域所涉及的多种知识技能。教材符合国家人才培养目标和专业标准的要求；教学目标明确，所选取的案例来源于工程实践一线，对接职业标准和岗位要求。符合高职学生手脑并用的认知规律，理论与实践相结合，内容由浅入深，富有启发性，能提高学生的学习兴趣，促进创新能力的培养。

依托本教材建设的校级精品《通信工程综合实训》早在 2010 年就已完成网络课程的建设。

教学资源：PPT。

食品技术原理（第二版）

书名：食品技术原理（第二版）

作者：赵征、张民

定价：68.00 元

出版社：中国轻工业出版社

书号：ISBN 978 – 75019 – 9211 – 9

内容简介和特点：

《食品技术原理》是天津科技大学食品科学与工程专业和《食品质量与安全》的必修课程《食品技术原理》的教科书。第一版和第二版分别应用于国家级精品课程和国家级精品资源课程的建设，第二版在第一版的基础上，进行如下改进，形成了以下鲜明的特点。

1. 更新内容，反映新技术和新理论

（1）为了使学生全面地理解食品原料、食品保藏和加工的关系，本书简明扼要地介绍了食品产后处理和加工。

（2）我国低温处理技术已经从食品保藏领域拓展到食品物流领域，本书增加了低温物流技术的基本知识。

（3）由于生物技术在食品工业中发挥着日益重要的作用，本书在传统的生物技术——发酵技术和酶技术的基础上，增加了现代生物技术的章节。

（4）本书在新型食品物理加工技术中以食品保藏为核心介绍了辐照、超高压、微波、脉冲电场等技术手段的技术进展和工业应用。

2. 体现质量工程和教学改革成果

（1）2012 年建设国家级资源共享课程；2016 年获批国家级精品资源共享课程，通过网易爱课程与全国食品专业师生共享课程建设的成果。目前，建设《食品技术原理》慕课已上线。《食品技术原理》第二版是国家级精品资源共享课程和慕课的配套教材。

（2）在国家资源共享课程平台，上传《食品技术原理》授课的演示文稿和教学视频，促进学生自学，发挥了培养青年教师的作用。

（3）进行了广泛的资源开发，收集了大量的国内外食品技术参考书、参考文献和 50G 的食品科技视频，在资源共享课程平台播放 320 个，基本覆盖本书的教学内容，编写了旨在培养解决复杂工程问题能力的习题集，以上资源有力地支持了《食品技术原理》纸质书籍式的知识传播，并为今后该书的更新和改版奠定了基础。

教学资源：

（1）国家级精品资源共享课程平台。

（2）食品技术原理慕课网站。

（3）课程 PPT。

（4）授课视频。

（5）课程习题。

（6）配套食品科技视频。

食品安全快速检测

书名：食品安全快速检测

作者：段丽丽

定价：29.80 元

出版社：北京师范大学出版社

书号：ISBN 9787 – 303 – 10708 – 7

内容简介和特点：

本教材是国家高职高专类食品专业类"十二五"规划教材，教材建设集中体现了食品检测类专业相关课程的教学需求特点，该教材内容和体系框架为原创，编著体例也有创新，分为农药、兽药、添加剂、重金属、非法添加物、劣质掺伪食品、微生物、包装材料、转基因食品等十一个项目，项目下引入项目背景总体介绍项目背景知识，按照食品种类分为若干个学习任务，任务分为任务描述、相关资料、实验实训、工作任务、计划实施、课后题思考六大部分。相关资料部分引入相关的案例、案例分析、小结等紧密结合教学任务，并每一任务介绍多种检测方法。计划实施部分设计从实验准备直至计算结果和报告的多个实验表格，方便课堂使用。知识拓展部分增加研究进展、新技术、新方法等知识。实用性非常强。自 2015 年开始，正式被国内十余所院校的教学实践二轮使用检验，教学效果显著，评价很高。也被多个省区的专业技术人员使用和认可。结合本教材及实际教学经验发表论文"食品安全快速检测课程教学改革的探索"。本书的内容贴近实际检测岗位需要，受到使用院校师生的欢迎。该教材在国内相关领域产生了广泛而积极的影响，受到出版社的好评，为国内同类教材中的优秀教材。

教学资源：教学大纲、知识点体系、教学指南、课件、课程标准、图片、视频。

肉制品生产技术（第二版）

书名：肉制品生产技术（第二版）

作者：高翔

定价：39.00元

出版社：中国轻工业出版社

书号：ISBN 978 - 7 - 5184 - 0504 - 6

内容简介和特点：

（1）建设成果显著。2009年被评为江苏省高等学校立项精品教材；2011年被评为江苏省高等学校精品教材；2013年被遴选为江苏省高等学校重点建设教材。

（2）以"项目导航、任务驱动"模式编排，适合技术技能型人才培养。项目背景知识遵循"必需""够用"原则；工作任务"典型""精练"，取材合理，分量适中。每个项目均设立了项目描述、学习目标、背景知识、工作任务、探索与创新、链接与拓展以及自我测试七个部分，符合高职学生的认知特点，特别是"链接与拓展""探索与创新"接口的设立，有利于激发学生的学习兴趣、培养学生的创新能力。为便于教学，再版时还编写了多媒体课件作为教学的配套资源。

（3）结构科学合理。修订时依据GB/T26604 - 2011肉制品分类标准进行编排学习项目，对原工作任务进行了筛选，将肉制品加工部分的工作任务由6个精减为3个，典型性更加突出；全书从肉制品加工准备—典型产品加工—肉制品包装—肉制品质量控制，体现了完整的肉制品加工过程；每个工作任务后设立思考与应用，每个项目后设立自我测试，有利于学生把握和巩固所学知识的重点。

（4）突出实操应用。将理论知识与实践操作融为一体，将职业资格鉴定、肉制品行政许可（QS申请）融入教材内容，让学生边学边做，边做边学，做中学、学中做，充分体现了"理实融合""课证融合""学审融合"的三融合理念，实践操作突出实用性、强调实践性、体现先进性，与同类专业教材相比，更适合高职食品类专业教学、培训和人才培养的需要，具有较强的针对性。

（5）增补内容实用先进。为适应经济社会发展和科技进步的需要，全书紧密结合当前肉制品加工实际，补充了速冻调理肉制品加工、拉伸薄膜包装、肉制品加工质量控制等新知识、新技术、新工艺、新方法。

（6）编写格式规范。教材文字规范、简练，符合语法规则；语句通顺流畅，条理清楚，可读性强；标点符号、计量单位使用规范正确；引用数据、材料可靠，图文配合得当，图表情绪美观，标注规范，缩比恰当。

教学资源：多媒体课件（PPT）。

包装结构与模切版设计（第二版）

书名：包装结构与模切版设计（第二版）

作者：孙诚

定价：58.00 元

出版社：中国轻工业出版社

书号：ISBN 978 - 7 - 5019 - 9698 - 8

内容简介和特点：

本教材经全国职业教育教材审定委员会审定，为"十二五"职业教育国家规划教材，同时是国家精品资源共享课《包装结构与模切版设计》的配套主讲教材，第一版于 2009 年 8 月出版；第二版于 2014 年 8 月出版，2015 年 7 月再次印刷。

本教材根据国家"十三五"期间推进包装产业结构调整的要求，通过实际调查京津两地包装印刷龙头企业，了解包装设计与包装制版工段各个岗位的职业新技术要求，精选知识内容，根据"理论够用，加强实践"原则，基于岗位工作新流程和新任务修订教材，不断完善教材内容。

教材编写突出学生专业技能培养，使学生掌握适当的基础知识，满足专业技术应用能力和创新能力培养的需要，并使学生有一定可持续发展的空间。教材根据职业岗位实际工作任务，学生应该掌握包装结构设计、包装计算机绘图、包装模切版设计等知识；掌握产品尺寸测量、手工绘图打样、模切版制作等职业能力。本教材在第一版基础上，进一步加强专业基础知识的教学内容，将创新教育的基本思想融入课堂教学，提高学生的创新能力和创新素养。重点培养学生对国际标准包装的识图和制图能力；根据特定内装物设计包装结构的能力；使用包装专用软件绘制包装结构图的能力；设计与制作包装模切版的能力；与客户沟通及团队协作的能力。

教材基于包装结构设计与模切版制造的实际工作过程，以真实的包装产品为载体进行学习情境的开发，新修订的第二版教材在第一个情境中加入巧克力塑料包装，在第二个情境中加入玻璃瓶、金属盖包装结构设计，从而完善全书的纸、塑料、玻璃、金属四大材料的包装结构设计体系。

教材采用"双师型"教师和企业技术专家合作编写的模式。主编兼任教育部全国轻工职业教育教学指导委员会副主任委员、中国包装联合会包装教育委员会副主任委员、天津市包装技术协会副会长等职，主编的专著《纸包结装构设计》获中国轻工业科技优秀奖，在国内包装界有较大影响。同时邀请致力于包装结构 CAD 开发的北京邦友科技开发有限公司董事长北原聪浩和孙敬民先生合作编写。

教学资源：国家资源共享课、职业教育国家教学资源库课程建设。

生物化学（第二版）

书名：生物化学（第二版）

作者：王永芬、何金环

定价：39.00 元

出版社：中国轻工业出版社

书号：ISBN 978 - 7 - 5019 - 9729 - 9

内容简介和特点：

教材编写结构完整，全书内容共分为四个模块：第一模块为生物大分子的结构与功能；第二模块为物质代谢及调控；第三模块为遗传信息的传递与表达；第四部分为动物生物化学机能生物化学。本教材在内容编辑形式上做了一些新的尝试，如在每章正文前编写了学习指导、关键词索引，使学生能抓住重点，明确学习目的和要求；每章增加了理论与实践相关的知识链接，旨在提高学生的理解能力和学习动力；同时每章后都附有思考题，便于学生复习巩固。该教材严谨科学、文字规范、逻辑合理、表述准确，图文配合、详略得当；

任课老师反映教材教学适应性强。内容编写简洁，教材注重传授知识的同时，更注重传授获取知识和提高技能的方法；学生反映教材内容符合学生认知规律，内容阐述循序渐进，富有启发性，便于学生掌握基本理论、基本知识或技能。

该教材的第一版于2010年曾获"河南省教育厅教育教学成果一等奖"。

教学资源：国家级精品资源共享课程配套教材。

食品掺伪鉴别检验（第三版）

书名：食品掺伪鉴别检验（第三版）

作者：彭珊珊

定价：38.00 元

出版社：中国轻工业出版社

书号：ISBN 978 – 7 – 5019 – 9726 – 8

内容简介和特点：

食品的质量与安全已经成为全社会关注的焦点，对食品质量鉴定和真伪鉴别在某种意义上已经成为人类的必修内容。为了适应我国食品工业迅猛发展的新形势，我们编写了本教材，这是我们在国内首创将食品掺伪鉴别检验作为教材出版、教学使用。本教材主要针对粮品，食用油，肉、禽、蛋、水产，乳及乳制品，糖、蜜，调味品，食用菌及农副产品干货等多个门类几十种食品。分别介绍了产品质量最新标准和有关掺伪的快速易行的检测方法、鉴别检验新技术以及防伪技能。

教材中极力贯彻以下几个原则：高等性、创新性、实践性。经过第一版、第二版、第三版，根据食品科学与工程专业教学需要，突出针对高等职业院校教学的理论与实践相互渗透和相互印证、便于学生灵活掌握的内容风格。在各类鉴别检验方法中及时、恰当、准确反映本学科国内外学科前沿和创新成果。完善、明确各类食品的质量标准，丰富图表，便于直观教学；理论论证科学合理，辅之以各类食品生产检验应用典型案，例加以教学效果强化。反映学科、专业基本规律，对各类食品的感官特性、理化指标、掺伪鉴别检验方法进行深入浅出的叙述，取材合适、深度适宜、阐述循序渐进；体例、结构完整合理，配合恰当案例，精选例题和练习题，符合学生认知规律，便于学生掌握基本理论和技能。采用模块、项目格式，突出学习目标与要求，学习重点与难点，富有启发性，利于学生素质培养。

根据《中华人民共和国食品安全法》，从偏重实用性出发，结合应用型职业院校教学层次要求，加强基础应用内容，在各模块列出实训内容，通过典型实训项目的辅助教学方式，提高学生对食品鉴别检验的感性认识，加深对食品鉴别检验基础理论的理解与掌握，将理论知识灵活应用于生产实践并提高技能。有利于激发学生的学习兴趣和创新能力培养。

通过本教材学习，学会在食品加工中如何正确鉴别检验食品，培养学生发现、分析、解决问题的能力。符合培养面向产业、服务社会并具有扎实的专业基础技能＋工程应用技能＋职业发展技能的综合性、应用型高等职业教育人才培养目标。

本教材内容能充分满足食品专业培养目标对职业能力培养的要求；突出高职高专工学结合特色；内容翔实、简明扼要、通俗易懂，具有可读性、指导性、实用性强的特点，是高等院校师生食品类专业教学的最新教科书。在培养学生提高创新和实践能力的手段上具有特色。在开发相关教学资源、教材呈现形式上有创新。

教学资源：PPT 课件。

眼镜材料技术

书名：眼镜材料技术

作者：高雅萍

定价：24.80 元

出版社：高等教育出版社

书号：ISBN 978 - 7 - 5019 - 9726 - 8

内容简介和特点：

本教材主动适应我国眼镜行业加快经济发展方式转变和产业优化升级的要求，深入调研京津沪和温州、厦门等沿海多个地区龙头企业和部分国际知名企业，了解眼镜片、眼镜架的新材料、新知识，加工制造的新技术、新工艺，了解验光配镜岗位对人才的知识、技能、素质的新要求，精选知识内容，根据"理论够用，加强实践"的原则，编写了教材内容。

教材编写基于培养学生掌握基础知识、基本技能、基本素质，突出满足学生专业技术应用能力和创新能力培养的需要，并使学生有一定可持续发展的空间。教材根据职业岗位实际工作任务的需要，从典型案例入手编写了学生应该掌握眼镜架、眼镜片、太阳镜的材料和性能特点，眼镜规格尺寸的表示方法和测量方法等知识；在此基础上，进一步深入介绍眼镜的镀膜工艺、表面处理工艺、加工制造工艺，加强了学生工作岗位中所要求的选型配镜能力的培养；为了培养学生的创新能力和创新素养，本教材还特别编写了眼镜与美学、眼镜的销售知识，培养学生的创新思维，互换角色，站在配镜者的角度看待、思考和分析问题，运用所学的知识和技能，为顾客选型、设计一副科学合理、适合的满意眼镜。

本教材最为突出的特点就是由"双师型"教师和企业一线的能工巧匠、技术专家合作组成编写团队。主编长期从事高职眼视光技术专业的教学，兼任教育部全国验光与配镜职业教育指导委员会副主任委员、中国眼镜协会常务理事、中国眼镜协会视光师专业委员会委员等职；团队成员来自境内外优秀的眼镜制造企业和零售企业，把眼镜行业一线的现状和未来发展的需要融入教材中，保障了教材内容的实用性、新颖性和前瞻性；本教材邀请了我国眼镜行业、眼视光产业的领军人物中国眼镜协会理事长、全国验光与配镜职业教育教学指导委员会主任崔毅参加编写并担任主审，保证了教材的质量。

教学资源：国家资源共享课、职业教育国家教学资源库平台课程。

立体构成

书名：立体构成

作者：方四文、朱琴

定价：48.00 元

出版社：中国轻工业出版社

书号：ISBN 978 – 7 –5019 –9705 –3

内容简介和特点：

1. 教材改革思路明确

（1）教材基本定位是培养学生的抽象形式美感以及设计创新思维能力。在该教材的编写定位上，既没有把它定位为低层次的手工制作课程，也没有定位为功能性的专业设计课程，而是以解决艺术设计人才培养流程中的两个基本问题为主线：一是通过以手工为主的实物材料加工制作的方式来培养抽象形式美感及表达能力；二是通过非功能指向性的立体造型设计来培养设计创新思维能力。

（2）教材编写坚持"实用性"和"适应性"两个基本原则。首先，本书的编写有意淡化理论的体系性和完整性，采用"项目化"的实用性教学模式，将有关的专业知识"化整为零"，以知识点介绍的方式融入项目设计之中，书中的文字表述尽量做到深入浅出，项目的设计做到由浅入深，以实用性来引发学生的学习积极主动性。

其次，由于各地各校的办学条件相差很大，还要兼顾到不同的专业需要，书中项目设计尽可能有较好的适应性，能以简易的材料和手工化的制作来完成。

2. 教材编写特色鲜明

遵循上面阐述的教材编写改革思路，本教材的编写呈现如下五个主要特色：

（1）项目化：主要训练内容是第二章的六个训练项目，编者将知识、能力、技巧、审美以及思维训练等揉入其中，六个项目是分层次的递进关系但又相对独立，不同的专业还可以有所选择或侧重。

（2）新颖性：从项目设计、内容编排、版式设计到参考图片等，做到既有专业设计的高度又有基础训练的落地，有较高比例的原创成分。

（3）贴切性：切合我国高职院校的艺术设计类的学生实际情况，回避学术化、体系性、高端性的空洞，挑选的经典案例有助于学生的"眼高"熏陶，大量"学长"们的课程作业的原创作品展现了其"亲切感"和"可达性"。

（4）开放性：课程项目设计尽量兼顾不同的专业，同时在保持基本要求的前提下，也可以由不同专业的老师们"移花接木"来充实内容。

（5）资料性：考虑到低年级的学生使用，书中罗列了大量的专业性图片，附有简短点评，供学生借鉴和参考。

3. 教材两个方面创新

（1）体例创新。本教材全书只有三章，从第一章的"认知模块"到第二章的"创意模块"（为本教材的六个主要训练项目）到第三章的"赏析模块"，结构新颖、思路清晰，重点突出，令人耳目一新。

（2）项目创新。本教材的 6 个原创训练项目的设计，完全不同于以往同类型教材的训练思路，是很有创新的设计思维训练教学探索，受到了使用者的广泛好评。

教学资源：《立体构成创意》。

设计创意思维

书名：设计创意思维

作者：伏波

定价：42.80 元

出版社：高等教育出版社

书号：ISBN 978 - 7 - 04 - 042043 - 2

内容简介和特点：

作为高等职业教育艺术设计专业基础教材，《设计创意思维》旨在打通各专业界限，着力于研究通用、普适的现代设计创意思维课程构架，倡导通识通用的学习方式。该教材填补了高职教材在这一领域的空缺，于 2015 年被指定为"十二五"职业教育国家规划教材/国家职业教育艺术设计（工业设计）专业教学资源库配套教材。

1. 本教材的实用性

《设计创意思维》可作为高等职业院校、高等专科院校、五年制高职院校和应用型本科院校艺术设计专业学生的学习用书，也可供社会学习者或设计爱好者学习参考。教材所用案例均采自教学一线教师的实际案例，涉及产品艺术设计、平面设计、服装设计、工业设计、家具设计、环境艺术等专业方向，是一本跨专业、跨学科的适用性广泛的教材。

2. 本教材的先进性

本教材的使用者可通过访问国家职业教育专业教学资源库共享平台，同步共享艺术设计专业教学资源库的在线学习相关资源。同时，本教材相配合、由本教材的主创团队申报的校级精品资源共享课程《设计创意思维训练》也已上线。

3. 本教材的科学性

《设计创意思维》从认知、体验与实践三个层面循序渐进地介绍了设计创意思维及训练方法，收集、分析了大量的经典设计创意案例，联合了多个高校的教学一线教师，从不同的专业视角提供了真实的项目实践过程，切实帮助艺术设计专业的学生与设计爱好者掌握创意理论知识，提高创意能力、开阔创意眼界、丰富创意思路。在本教材的采编基础上，主创团队在核心期刊《装饰》发表了两篇相关论文《设计创意思维平台课程的探索与实践》《基于广轻特色的产品创意思维训练课程的探究与构建》。

4. 本教材的创新性

《设计创意思维》介绍了独创的行动学习法，即按照"提问—认知—行动—反思"的程序，对整个创意思维过程进行了系统解析。这一方法有其独到性、创新性，并且经过了多年的教学实践论证总结。

教学资源：国家职业教育艺术设计（工业设计）专业教学资源库、校级精品资源共享课程《设计创意思维训练》。

鞋靴设计学（第三版）

书名：鞋靴设计学（第三版）

作者：陈念慧

定价：80.00 元

出版社：中国轻工业出版社

书号：ISBN 978 – 7 – 5184 – 0470 – 4

内容简介和特点：

（1）本教材是我国第一部鞋靴设计专著，在国内率先构建起鞋靴设计理论架构，填补了我国此类著述空白。

（2）本教材第二版入选为普通高等教育"十一五"国家规划教材，2011 年被教育部评为"普通高等教育精品教材"，第三版入选为"十二五"职业教育国家规划教材。

（3）从教材使用情况看，本著作在国内鞋靴设计教育领域具有一定的影响力，目前被较多开设有相关专业的高校和一些培训机构使用。

（4）本专著被其他同类著作或相关论文参考或引述较多，在国内相关学术领域具有较大的影响力。

（5）本著作强调设计实践技能方面的培养，教材内容阐述循序渐进、图文并茂，便于学生掌握其基本理论和设计专业技能。

（6）本著作较好地融合了国外鞋靴设计领域方面的新知识，对加快我国制鞋产业由加工型向设计研发型转型升级具有重要作用，同时对推进我国鞋靴（类）设计专业教学改革和促进产教融合两个方面也都具有积极作用。

印刷色彩

书名：印刷色彩

作者：金洪勇

定价：58.00 元

出版社：中国建筑工业出版社

书号：ISBN 978 - 7 - 112 - 18038 - 7

内容简介和特点：

（1）教材主编具有较强的教学资源开发能力：已经正式出版《印刷色彩》《平版印刷机操作与维护》《印刷色彩管理》和《色彩管理技术》4 本教材，并负责完成了《印刷色彩》《数字化印前技术》和《平版印刷机操作与维护》三门课程的网络教学资源开发。

（2）教材非常适合高职学生学习：教材针对《印刷色彩》课程理论知识多且不利于学生理解的特点，对传统的课程教学内容进行重新设计与组合，以理论知识的应用和实践能力培养为重点，围绕色彩知识的实际应用来组织教学内容，引导学生在运用色彩知识、解决实际问题的过程中学习理论知识，教材在文字表述上采用通俗易懂的语言，并配有大量的图片，力求图文并茂，使一些深奥的理论知识更易于理解，以便学生掌握。

（3）教材内容组织充分体现"做中学"的职业教育理念：教材内容组织改变了传统的以知识能力点为体系的框架，将教材内容分为 5 个教学项目，以实践活动为主线组织编排教材的每一个教学项目，针对每一个教学项目精心设计了 1~2 个具体的工作任务，采取理论教学与实践教学一体化的教学模式，引导学生在完成具体工作任务的过程中学习色彩理论知识，并训练学生专业技能。

（4）教材内容与职业技能鉴定、技能大赛、企业岗位需求对接：教材内容是针对印刷企业中设置的印前制作员和印刷操作工等典型工作岗位所必需的色彩知识和应用能力而设计的，以保证教学内容与印刷企业岗位需求的对接，同时，教材内容中融入了平版印刷工职业技能鉴定和全国印刷职业技能大赛中关于颜色测量和专色油墨调配两个模块的考核内容，实现了课、证、岗、赛的融合。

（5）配套教材建有立体化的教学资源：教材与课程建设紧密结合，充分考虑学生个性化学习的需求，配套开发了丰富的网络在线教学资源，将传统教材与辅助数字化资源集成于一体，在拓展课程教学内容促进学生自主性学习方面起到了很好的效果，同时也方便了教师利用网络课程资源进行备课和在线指导，可帮助教师实现课程教学的信息化。

教学资源：电子课件和网络课程资源。

实用药学英语

书名：实用药学英语

作者：崔成红

定价：25.00 元

出版社：中国轻工业出版社

书号：ISBN 978 - 7 - 5184 - 0080 - 5

内容简介和特点：

（1）提出了"校企合作"开发药学英语教材模式。编写人员包括学校专业教师和企业一线专家，兼顾"药学英语"课程教材的"英语"与"专业"双重属性，为教材内容的准确、先进、实用提供了必要条件。

（2）提出了依据岗位典型职业工作任务设计教材内容的编写原则。从"药学英语"课程对应的核心岗位群——药物合成、药物制剂、分析检测、药品销售等典型工作任务出发，设计教材内容并进行模块化分类，突出职业特色。

（3）提出了教材使用评价的主要项目和方法，便于明确教材的价值和问题，为教材修订提供了重要依据，也为其他教材使用效果评价提供了借鉴。

（4）所形成的教材与同类教材相比，有以下特点：

①科学性。依据国家职业教育相关政策中对教材开发和改革体现"与行业企业共同开发"反映"新知识、新技术、新工艺和新方法、具有职业教育特色的课程和教材"的总体要求，以及课程培养目标的需要编写教材。

②实践性。教材内容基于"药学英语"课程对应的核心岗位群的典型工作任务，结构模块化，职业特色鲜明，有利于培养学生的综合职业能力，为药学英语课程提供了很好的教学材料。

③先进性。编写的教材能反映药品相关行业的新发展，无论是法规、还是药品标准，都是现行版；生产设备、分析仪器是企业实际使用的；专利文章所涉及的技术也是相应产品的新技术；另外介绍了当前的热点话题。首次将欧洲药典编入教材，突破了以往收载药典文章的教材中只收入美国药典和英语药典的局限。

④网络信息资源丰富。充分利用现代网络信息技术，提供了大量优质网络信息资源，可供读者根据个人能力和爱好进行拓展学习，培养自主学习能力。

教学资源：《实用药学英语学习指导》校本教材、PPT 课件。

白酒酿造技术

书名：白酒酿造技术

作者：梁宗余

定价：34.00 元

出版社：中国轻工业出版社

书号：ISBN978 – 7 – 5184 – 0160 – 4

内容简介和特点：

1. 行业龙头企业专家合作编著，学术水平高

本教材与宜宾五粮液集团赵东（中国酿酒大师、教授级高工）合作编著，全国著名白酒专家李大和主审，具有较高的学术权威性。选取白酒生产过程中的制曲和酿酒两个典型环节，按照项目—任务化体例进行编写。按照国家《白酒酿造技师》职业标准应知应会要求，选取了 7 个项目共 19 个工作任务，每个工作任务体现了典型性、可操作性、可迁移性、可检测性原则。每个项目均有明确的知识和技能学习目标，每个任务按操作＋知识编写，便于理实一体化教学；每个项目完成后设置了"检查与评估""思考与练习"，便于及时对任务完成情况进行评价评分；并编写了"知识拓展"，利于扩大知识面。与同类专业教材比较，更适合本专业教学、培训和人才培养需求。

2. 理论与技术相结合，突出技能培养，真正体现了高职教材特色

本教材集理论知识、技能训练、职业素养培养与提升为一体，教材内容理论与技术相结合，理论与实际相结合，突出技能培养。全书穿插了来自于白酒企业的图片、生产实例，保证教材内容的针对性和职业性。

3. 配套本教材的教学资源完整

《白酒酿造技术》已于 2014 年立项、2015 年成功建成"四川省精品资源共享课程"，课程标准、教学计划、教案、PPT、题库、动画、视频等多媒体教学资源丰富，能满足网络在线课程学习需要。

4. 本教材实用性强

本教材已被大量用于本专科院校作为教材或参考书籍，已被五粮液集团等大中型白酒企业作为中高级酿酒工、技师培训使用，企业反映实用性强。

教学资源：四川省精品资源共享课网站。

食品营养与健康（第二版）

书名：食品营养与健康（第二版）

作者：陶宁萍、王锡昌

定价：24.00 元

出版社：中国轻工业出版社

书号：ISBN 978 – 7 – 5184 – 0385 – 1

内容简介和特点：

（1）科学性、知识性、趣味性和实用性："民以食为天""疾病三分治、七分养"。目前，中国人的死亡原因86%由于慢性疾病造成，平时养成良好的饮食行为和生活习惯非常重要。通常《食品营养学》相关教材的营养学基础知识所占比例较大，学生学习感觉枯燥，钻研较少，本教材将其合并为一章，多采用图表、纲要等形式进行概括、总结和对比，重点突出；不同生理状况人群营养与学生平时生活实际距离较远，如婴幼儿、孕乳母、老人，增加了大学生合理营养，与生活实际密切相关；增加了饮食宜忌、饮食与美容、科学烹调等，贴近生活。

（2）编写队伍组成合理：食品营养与品质评价研究室学科带头人王锡昌教授现任食品科学与工程专业教学指导委员会委员、中国食品科学技术学会理事、上海市食品学会副理事长兼秘书长等职；陶宁萍教授为上海市营养学会理事，基础营养分会委员；卢瑛副教授东京海洋大学理学博士，长期从事免疫及过敏源相关研究工作。研究团队多年工作在本科教学及科研第一线，《食品加工学》《食品化学》为上海市精品课程，《食品化学》同时为上海市首批示范性全英语课程，《食品营养学》为校级精品课程。帮助上海开放大学城市公共安全专业建设了《食品营养》课程团队及对全课程进行了在线视频的拍摄。

（3）出版时间早，版次多，内容及时更新：近些年，居民营养状况变化很大，公共营养宏观政策调整较多，营养学研究工作进展迅速，2013 版 DRIs 修订及更新的内容达50%，各种教材没有及时更新，在2015 年改编的《食品营养与健康》第二版教材中及时相应更新，对美国 2015 年修订的膳食指南及各国膳食指南的变化等及时介绍。健康食品研发是我们的研究方向之一，对保健食品、强化食品和方便食品等国内外最新技术发展动态、国内政策导向及市场等把握较好。

教学资源：教学课件、视频、开放课程等。

食品工厂设计

书名：食品工厂设计

作者：王维坚

定价：36.00 元

出版社：中国轻工业出版社

书号：ISBN 978 – 7 – 5019 – 9431 – 1

内容简介和特点：

1. 教材的适用性强

本教材根据《高等职业学校专业教学标准》编写，具有很强的岗位针对性。教材中明确提出了课程相关的岗位能力要求，结合理论和实践两个方向设计教材结构，力求培养学生上岗后迅速适应岗位需求、完成岗位工作，提升学生完成业务工作的基本能力与素质。

教材以工程实践理论 + 实操训练的形式，层层递进安排工作任务，指导学生逐步掌握课程标准要求，达到岗位训练目的。同时提供适用的原则、规范和方法以及大量的训练内容，为教师组织教学提供便利。

2. 教材结构严谨、有创新

编者们结合多年的课程教学实践，根据高等职业教育食品类专业对课程涉及的知识和能力的使用要求，将该课程教材的编写角度从传统的食品工厂设计者角度，扭转为工程实体使用者的角度，重新设计了教材结构。将原本枯燥的食品厂建造理论与方法赋予新的形式与实践内容，根据课程特点，打破传统的章节格局，首次按照工作任务的体量编排内容单元，每单元取材合适、深度递进，使学生在完成工作任务的过程中逐步了解食品工厂的构成方法与原理，为其进入职业角色后更好地利用食品厂的各项设施从事各项食品生产和质量控制等活动打下基础。

3. 教材内容科学、先进

食品工厂设计课程教学的难点在于课程内容中原则、规范、要求等内容占大量比例，而工程实践内容容量和深度均很大，高职学生学习起来非常困难，编写中根据高职教育的特点和学生知识结构的特点，将需要重点掌握的工艺设计部分内容强化、细化，而将应一般了解的辅助设计部分简化合并。将课程的基本理论和基本内容处理得简明扼要、贴近工程现场实际，并根据近年食品工厂设计的发展状况，将 ISO、HACCP、GMP 等体系的有关内容融入其中，将先进的洁净车间等概念和内容引入教材，教材内容重于传授实践经验和技巧，增加了大量训练任务内容。

4. 教材编排水平高

教材文字严谨、流畅，图、表内容多但清晰、完整且与教材内容结合紧密。纸张质量好、印刷质量高。

教学资源：配套电子课件。

展示设计（第三版）

书名：展示设计（第三版）

作者：符远

定价：39.80元

出版社：高等教育出版社

书号：ISBN 978 - 7 - 04 - 039687 - 4

内容简介和特点：

（1）创新性。按照职业教育规律和高端技能型人才成长规律，从高等职业教育的特点出发，依据项目教学、学做一体的教学模式进行编写，重点是加强对学生综合素质、创新能力的培养。

（2）实用性。内容按实际工作要求进行分解，通过知识讲解、课后讨论、练习、调研，再结合项目训练，达到学习知识掌握技能的目的，教材十分适合高职学生在综合设计和创新设计方面的学习需要，不断提高综合设计能力及素养。

（3）先进性。选取所属学科和相关行业的最新知识、最新技术和最新成果，如世博会、博物馆、数字展示等的最新技术和手段介绍给读者，以最新的优秀设计案例，及学生近两年获奖的作品作为范例，结合知识点进行讲解分析，使学生接受到最新的知识和最先进的技术。

（4）科学性。本教材遵循教学规律，结构合理。内容由浅入深，从易到难，从基本知识入门，通过从单项练习到综合实训，逐步提高。课内学习与课外拓展相结合，讨论题、思考题及实训题目难易度适中。

（5）特色。艺术与技术、空间与平面有机结合，知识丰富，案例新颖，图文并茂，项目具体，教学容易，学生学有所得，获奖多。

产品设计

书名：产品设计

作者：桂元龙、杨淳

定价：48.00 元

出版社：中国轻工业出版社

书号：ISBN978 – 7 – 5019 – 9238 – 6

内容简介和特点：

1. 内容选取适度，结构科学合理，教学资源配套完善

本教材内容实用适度，突出高职实践应用型教育特色，结合企业设计实例翔实示范了产品设计的实战程序，知识点紧密配合教学进度，适度够用，可操作性强。内容选取符合高职设计人才强化创新能力培养的目标，遵循项目引导，任务驱动的思路，结合当下工业设计的最新成果和运行现状进行梳理，将一些在设计实践中被证明为行之有效的做法引进到书中来，以求增强知识的针对性和应用性。

本教材结构科学合理，包括"概念与原则、设计与实训、欣赏与分析"三大章节，较全面地介绍了产品设计工作开展的程序、方法与原则。选择生活用品、儿童用品以及 IT 产品等三种最具代表性的产品类型进行项目实训，从项目要求、设计案例、知识点到实战程序剖析结构完整；赏析部分汇聚众多当下国内外最具代表性的设计师、设计机构和知名院校青年设计才俊的优秀设计作品，给学生一个借鉴、比肩的直接参照。

教学资源配套完善配有 PPT 课件、国家级精品课程教学视频、国家级精品资源共享课程教学视频及内容丰富的教学资源库。

2. 理论与实践相结合，实用性强

本教材同市场上绝大部分同类教材相比较，在结构上特色鲜明，贯彻项目引导下的任务驱动课程设计思路，任务与知识紧密对应，内容精练适度，知识点精简实用，应用特色鲜明突出。

3. 紧跟时代步伐，形式创新先进

本教材不仅收录了近 500 幅真彩作品图片，囊括了大量当下国内外应用最新

科技成果的相关代表性设计作品；每个作品都配有设计解码解读设计创新思路，图文结合，网络资源库内容丰富，形式创新，具备一定的先进性，符合互联时代的教学需求。

教学资源：课件、国家级精品课程教学视频、国家级精品资源共享课程教学视频及图片库。

线性代数（第二版）

书名：线性代数（第二版）

作者：王玉杰

定价：25.70 元

出版社：高等教育出版社

书号：ISBN 978 – 7 – 04 – 042343 – 3

内容简介和特点：

这部教材就是一部历经 4 次再版，伴随着教学改革的不断深化，经过反复修改、补充、完善、优化产生的精品教材，是作者团队十几年教学改革成果的积淀。这部教材知识结构设计合理，逻辑清晰，教学内容科学严谨，叙述表达科学规范，融入了最先进的教学理念，适用于对现代科技人才的培养。

教材每一章都有一节应用案例教学内容，教材前五章中的每一章都有一节数学实验教学内容，突出了对学生知识应用能力的培养和数学思想方法教学，体现了对非数学专业学生开展数学教育的根本目的。

教学资源：

（1）课程重点、难点的教学录像。

（2）课程教学重点、难点的微课。

（3）所申报教材的习题选解。

（4）课程教学的多媒体课件。

（5）课程学习的检测题与参考解答。

机械工程学科专业概论

书名：机械工程学科专业概论

作者：许崇海

定价：39.80 元

出版社：电子工业出版社

书号：ISBN 978 – 7 – 121 – 25099 – 6

内容简介和特点：

（1）符合高等教育发展趋势和人才培养改革需要。本书为适应卓越工程师和应用型人才培养需要而编写，符合高等教育发展趋势和人才培养改革需要。本书是普通高等教育机械类应用型人才及卓越工程师培养规划教材之一。

（2）教材体系新颖，及时增加反映现代科学技术发展的新内容。本书主要内容分为六大部分，不仅包含机械工程发展史等概述性内容，也包含机械工程教育知识体系、学生能力结构与培养，同时还拓展了国外机械工程教育简介。在此基础上，注意增加了国内外机械工程技术的前沿进展内容，如增材制造与 3D 打印、纳米制造、生物制造、智能制造、工业 4.0 战略等，培养学生的创新思维，使其视野开阔。

（3）选题特色鲜明，适应性与针对性强。本书以高等学校机械工程类学生的专业素质教育需要为目的，主要面向新生，系统介绍机械工程的相关基础知识、应用及最新前沿进展，引导学生正确认识专业，提高专业兴趣，促进学生主动学习。本书以系统工程方法将知识与素质教育集于一体，阐述了机械工程学科的最新成果。本书的突出特点是跟踪国内外机械工程技术的前沿进展，重视新技术介绍，包括 3D 打印技术、工业 4.0 等。

（4）专家评价高。该书得到了教育部机械基础课程教学指导委员会副主任委员、国家级教学名师、山东大学孙康宁教授和教育部机械类专业教学指导委员会委员、山东大学李剑锋教授的好评。专家认为，本教材内容丰富，特色鲜明，体系新颖，图文规范，较好地适应了教育部实施的"卓越工程师教育培养计划"需要，以及地方本科高校转型发展的需要，很好地满足了机械类专业人才培养改革与发展需要。

教学资源：习题、课件。

机器人制作轻松入门

书名：机器人制作轻松入门

作者：戴凤智

定价：29.00 元

出版社：化学工业出版社

书号：ISBN 978 - 7 - 122 - 19583 - 8

内容简介和特点：

该教材的编写本着"从比赛实践中来，又去指导比赛"的宗旨，教材的两个作者分别为机器人团队的指导教师和实际参赛学生。教材的内容就是参加中国机器人大赛获奖作品的制作过程，并在书中以参赛项目为案例进行了赛事分析与对策探讨。

图文结合，通俗易懂，尤其强调以实践为主。又兼顾对重要理论知识的介绍，对重要知识点以标注的形式出现。

教学资源：

（1）程序下载。

（2）视频辅导。

大学化学实验——
无机及分析化学实验分册（第二版）

书名：大学化学实验——无机及分析化学实验分册（第二版）

作者：窦英、张桂香等

定价：38.00 元

出版社：天津大学出版社

书号：ISBN 978 - 7 - 5618 - 5315 - 3

内容简介和特点：

本教材结合《无机及分析化学》天津市精品课和《无机及分析化学实验》教学大纲，由天津科技大学无机及分析化学教学团队教师精心编著而成。全书共分为四个部分。第一部分为绪论，阐述了化学实验课的意义、学习方法、实验室安全。第二部分为实验中的数据处理，增加了计算机绘图技术，特别是增加了 Excel 图表处理方法的介绍，使学生的实验数据处理技术得到了跨越式提升。第三部分为基本知识和基本操作，方便学生尽快学会操作仪器。第四部分为实验部分，包括基本操作实验、化学原理实验、元素化学实验、无机化合物提纯与制备实验、化学分析实验、仪器分析实验和综合设计实验。其中，知识点讲解部分涵盖大纲内容，概念清楚，讲解详细，通俗易懂，配套基本操作及安全知识录像让学生对实验的基本操作和实验室安全有立体感性的认识。配套实验报告设计合理，重点、难点突出。

本教材经过 2014—2015 级化学类本科学生《仪器分析实验》的使用和 2015—2016 级《无机及分析化学实验》的使用，配套基本操作及安全知识录像和实验报告，全面培养学生的基础知识、实践能力、创新精神和科学素质，非常适合大学一年级《无机及分析化学实验》的课堂教学和大学二三年级的《仪器分析实验》的课堂教学。

本教材可以用于指导大学生化学竞赛。在本教材的指导下，2016 年第二届天津市大学生化学竞赛中天津科技大学取得优异成绩，获得分析化学实验技能一等奖 1 名、分析化学实验技能二等奖 1 名、无机化学实验技能二等奖 2 名。

本教材内容具有"全而新"的特点，突出教学内容和课程体系的改革，注重归纳共性和总结规律，启发和引导学生的实验创新思维。既通俗易懂，又简明实用。

教学资源：基本操作及安全知识录像、无机及分析化学实验报告。

印刷色彩与色彩管理·色彩基础

书名：印刷色彩与色彩管理·色彩基础

作者：吴欣

定价：59.00 元

出版社：中国轻工业出版社

书号：ISBN 978 – 7 – 5019 – 9770 – 1

内容简介和特点：

1. 教材的内容组织体现了工学结合、行动导向的理念，有效地实现了学以致用的教学目标

教材以工学结合、行动导向的理念设计结构、组织内容，按照工作过程系统化课程开发理念，将彩色印刷复制的工作环境、生产流程（原稿分析—颜色分解—颜色合成—印后表面整饰—印品颜色质量检测与评价）中使用到的印刷色彩理论与应用技能提炼出来，分层递进设计为 6 个学习情境。学习情境排序体现了人的认知规律、印刷色彩理论与颜色应用技能和印刷企业生产流程之间的逻辑关系，通过看中学、教中学、做中学、学中做，在做中思考提升的学习过程，使学生掌握印刷色彩基本理论，具备使用印刷色彩知识进行交流与沟通、辨色与配色、颜色调校以及颜色测量与评价的职业能力。

教材在处理学生与教师、学习目标与内容、学习过程与评价等方面，具有以下特点：①学生学习自主化。②学习目标工作化。③课程内容综合化。④学习过程行动化。⑤评价反馈过程化。

2. 教材编写形式的创新，突出了以学生为主体的理念，有效地提升了教学质量和教学效率

教材以独创的"问题引导、对话交流"的编写形式呈现内容，突出了印刷企业实际生产中与颜色相关的问题主线和学生学习的自主性，增强了学习的针对性、实用性、有效性和先进性，激发了学生的学习兴趣和探求未知的欲望，增强了教材的亲和力和易读性。基于解决问题的学习，有利于引导和培养学生养成思考的习惯，培养学生思考问题、分析问题和解决问题的能力以及创新意识、创新能力和发展潜能。分层递进排序的问题在交流互动的学习中解决，使单调的学习由双向互动的交流讨论和实践而变得生动、轻松、有趣而易于接受，较其他同类教材更利于学生学习、理解、掌握和记忆，有效地提升了课程的教学质量与教学效率。

3. 教材编写的独特风格，给本专业其他教材的开发带来有益的启示

教材的编写风格具有如下特色：

（1）思维导图、提纲挈领，图文并茂、直观易明。

（2）问题引导、增强吸引，对话交流、亲和易读。

（3）简明扼要、通俗易懂，重点醒目、印象深刻。

教材按"自主学习、理实结合、实用简明、学教互动、启发探究、易读好用"的理念进行编写。既体现了工学结合和行动导向的理念，实现了学以致用的教学目标，又突出了以学生为中心、自主学习的特点，有效地培养了学生自主学习的习惯和能力，提升了课程的教学质量与教学效率，促进了学生的自我发展。特色鲜明的编写风格，让人耳目一新、眼前一亮，给本专业其他教材的开发带来了有益的启示。

教学资源：课件。

白酒勾兑与品评技术

书名：白酒勾兑与品评技术

作者：辜义洪

定价：38.00元

出版社：中国轻工业出版社

书号：ISBN 978 - 7 - 5184 - 0145 - 1

内容简介和特点：

本教材与同类白酒勾兑与品评的其他教材相比，具有如下创新：

（1）编写团队新：由教学一线的教师和从事白酒勾调工作的国家级评酒委员组成，主编教师具有国家一级品酒师资格。

（2）教学项目新：教学项目的设计按从事白酒勾兑与调味的各个环节分为白酒品评和白酒勾调两个模块，并由此分化成相互联系的九个小项目，项目之间内在联系强，教学内容和层次依次递进。

（3）教学内容新：本教材按照职业岗位能力需要和技能鉴定应知应会的要求选择教学内容。教学内容既有理论知识作为指导，也有操作训练作为辅助，实现了理论与实际相结合，突出技能训练，具有较强的可读性和实用性。

（4）教材编排新：全书插入了各香型白酒感官标准和理化标准，同时穿插了一些具体实例对内容进行辅助说明，保证了教材内容的通用性和指导性。

（5）教学辅助资料丰富：具有与教材配套的图文并茂的课件、掌握基本知识的课内外练习册、巩固提高的品酒师培训习题库，建有相应的教学资源平台。

教学资源：试题库、品酒师培训习题库、课件及教学资源平台。

白酒分析与检测技术

书名：白酒分析与检测技术

作者：先元华

定价：34.00 元

出版社：中国轻工业出版社

书号：ISBN 978 – 7 –5019 – 9968 – 2

内容简介和特点：

本书符合高职人才培养目标及本课程教学的基本要求；取材合适，深度、广度适宜、分量恰当，符合当前企业要求高职学生上手快的特点。并符合高职学生认知规律，由难而易，循序渐进，具有启发性，有利于激发学生的学习兴趣及其白酒分析检测技术认知的培养。完整地表达白酒分析检测技术应包含的知识，反映其相互联系及发展规律，结构严谨。

教学资源：高等职业教育酿酒技术专业系列教材。

食品仪器分析技术

书名：食品仪器分析技术

作者：谢昕

定价：38.00 元

出版社：大连理工大学出版社

书号：ISBN 978 – 7 – 5611 – 8763 – 0

内容简介和特点：

1. "一条途径、两个融合、三种对接"的编写理念

一条途径：与行业合作途径，调研食品检验员岗位，获得典型工作任务和真实案例。两个融合：专任教师与行业专家、职业能力与职业素质的融合，构建体现"讲—演—练—评"四位一体的项目与任务素材。三种对接：课程标准与职业标准、教学内容与资格认证，学习过程与工作过程的对接，体现食品分析中仪器（硬件）、方法（软件）的先进性和实用性。

2. "实验室即教室，操作即上课"的培养方案

本教材意在突破传统教学模式，立足实用、强化能力、注重实践，旨在提升学生的智力操作能力、谋生能力、基层管理能力和优质服务能力，最终实现提高教育教学质量、培养"双证书"高技能人才的目标。

3. "讲—演—练—评"四位一体的教学模式

将教学目标、教学过程、教学内容、教学方法和教学评价集合在一起，形成行之有效、全面发展学生职业技能的教学方法。

4. "项目导向、任务驱动"的编排结构

面向食品检测岗位群需要，注重高技能培养，以食品仪器分析方法为主线，设计 7 个项目来建构教材整体框架。按【知识基础】【仪器硬件认知与操作】【典型案例】【实验技术】【知识拓展】【思考与练习】【国家标准列表】的梯次进行编排。为教师实施"讲—演—练—评"的教学模式提供了有力支撑。

5. 紧贴行业特点，引进最新食品检测国家技术标准和规范

以食品行业相关技术标准或规范为依据，紧贴行业或产业领域的最新发展变化，按分析仪器和方法分类列出现行有效或最新的国家食品检测标准，可供相关专业学生和专业技术人员学习和参考。

6. 积极建设基于移动信息化教学的立体化教材

在课程教学改革和建设成果的基础上，打破传统的纸质教材概念，改革课程教学模式和教学方法，引入信息技术和网络技术手段，构建包括"传统纸质教材、辅助教材（学习指导、参考书）、网络教材（电子课件、网络视频教程、课程网站）、教学资源库（习题集、模拟题、专题解读视频、案例和动画）"在内的立体化食品仪器分析教材体系，为学生学习提供丰富的教学资源。

教学资源：多媒体课件。

3dsmax 三维动画制作技法（基础篇）（第二版）

书名：3dsmax 三维动画制作技法（基础篇）（第二版）

作者：彭国华、陈红娟

定价：72.00 元

出版社：电子工业出版社

书号：ISBN 978 – 7 – 121 – 24531 – 2

内容简介和特点：

本书是一本强调培养学生的实际动手能力，以及 3ds max 软件使用思路与制作经验的教材，编者从多年的三维动画教学与实践出发，结合具有一定深度和广度的实例演示和讲解，通俗易懂地讲解了 3ds max 初级建模方法、中级建模方法、高级建模方法、材质、灯光以及 3ds max 在动画制作领域的应用，作为 3ds max 的基础培训教程，既全面又具有一定难度，读者按照本书实例进行训练，可以对 3ds max 有一个全面的认识，达到中级培训班水平，为以后从事影视片头动画、建筑漫游动画、角色动画等专业方向打下坚实的基础。本教材重在构建三维动画制作的理论框架和精彩实例讲解，浅显易懂，适合初步接触三维动画的本科、研究生以及社会培训机构三维爱好者。

教学资源：教学课件、高清教学视频以及案例素材文件，扫描教材封面二维码获取。

经济法实用教程

书名：经济法实用教程

作者：吴薇

定价：35.00 元

出版社：中国人民大学出版社

书号：ISBN 978 - 7 - 3002 - 0346 - 1

内容简介和特点：

本教材从实用角度将传统经济法教材进行了内容整合和筛选，内容选取上力求满足管理、财经、贸易和市场营销等岗位的实际需求。

本教材的特点是：

各个章节后面以多层面、全方位、高密度训练，精心设计汇编了【知识巩固训练】【综合实务训练】的内容，既方便教师对学生的辅导，也便于学生的自学训练，这也是本教材最大的亮点。

编写过程中参考、吸收、采用了国内外学者的理论观点、最前沿的著作和研究成果，以及律师、法官及企业法务人员提供的最新的真实案例，丰富了实践一线的资料，他们厚重的实践经验保证了案例分析的针对性和可行性，使教材以较强的实践指导，最大限度缩小了教学与实践的距离。

本教材新增了反垄断法、新税法、和劳动合同法等教学与训练内容，以言简意赅的写法，深入浅出地介绍了这些内容复杂的新法律，更好地适应企业和行业人员的法律知识的需求。

教学资源：课件、习题答案、案例分析等。

三 等 奖

工程材料及其应用

书名：工程材料及其应用

作者：高进

定价：42.00 元

出版社：电子工业出版社

书号：ISBN 978 – 7 – 121 – 25103 – 0

内容简介和特点：

理论与实践密切结合，内容广泛新颖，除介绍工程材料和热处理的基础知识之外，还增加了工程材料应用的相关知识。在文字处理上，对各种知识点进行必要的理论叙述，文字简练，条理清楚，图文并茂，内容详细生动。对于每一个重要的知识点，书中采用问答或重点标注的方式予以提示，加强学生的关注度和提示记忆要点。每一章后都对本章的重点内容进行总结，还附有相应的复习思考题，以便学生复习与巩固所学知识。本书可作为普通高等院校机械类或与机械类相关专业的教学用书，也可以作为学生第二课堂和创新制作的参考用书。

教学资源：课件。

机械制造技术基础（第二版）

书名：机械制造技术基础（第二版）

作者：吉卫喜

定价：38.10 元

出版社：高等教育出版社

书号：ISBN 978 - 7 - 04 - 042851 - 3

内容简介和特点：

本书是在机械大类培养、专业方向特色成才的教改思路下，根据机械工程专业课程体系改革的需要，围绕人才培养整体优化目标，整合构建新的课程体系，我们于 2008 年编写出版了 21 世纪机械类课程系列教材《机械制造技术基础》，内容除涵盖原机械专业的金属切削原理与刀具、金属切削机床概论、机械制造工艺学及机床夹具设计等课程内容，还增加了精密超精密加工与特种加工、现代制造技术知识。

为适应当今国家人才培养目标和专业知识更新要求，及时、恰当、准确反映本学科国内外学科前沿和创新成果，2014 年我们着手修订编著了《机械制造技术基础》第二版，该书被列为"十二五"江苏省高等学校重点建设教材，第二版教材将多门课程内容有机融合，形成了由切削理论为基础，加工装备为保障，制造工艺为方法，质量保障为措施，精密超精密加工与特种加工为手段，现代制造、智能制造技术为方向的一门体系完整、用例新颖、篇幅适中的一本全新教材。本书全面阐述了机械制造理论与概念，结合制造业最新研究成果，科学地归纳了金属切削过程与控制、加工方法与装备、加工质量与控制、制造与装配工艺设计以及精密超精密加工与现代制造、智能制造等知识点，符合本课程教学规律和认知规律，富有特色与创新。

全书内容经编者的精心组织编排并融入了长期教学积累的经验，许多地方都有作者的独到见解，通俗的语言，反映了机械制造学科最新的科技成就。教材文字流畅，通过构建合理的机械制造技术知识体系，能使学生将所学的、孤立的切削理论和刀具、夹具、量具、机床等工艺装备联系起来，提高了学生机械制造技术的知识体系整体观念，并加深了对所学知识的理解。有利于学生更好地掌握机械制造技术的理论基础和发展前沿，启发学生的创新思维和学习热情，经过应用实践，效果良好。

教学资源：教学课件。

陶瓷烧成技术

书名：陶瓷烧成技术

作者：陆小荣

定价：39.50 元

出版社：中国轻工业出版社

书号：ISBN 978 – 7 – 5019 – 9445 – 8

内容简介和特点：

教材编写遵循职业教育规律，根据陶瓷制造工艺专业人才培养方案，在市场调研与人才需求分析的基础上，针对陶瓷企业岗位职业能力的要求，对岗位工作任务与职业能力要求进行分析，重新构建了专业课程体系，重新制定了课程标准与项目设计方案。

教材具有科学性，体现课程学习要求与行业的新工艺、新技术。注重理论联系实际，取材合适，深度适宜。教材结构严谨，条理清楚。内容由浅入深，循序渐进，以完成相关任务的形式让学生掌握学习内容，提高动手能力。教材配套有丰富的教学资源，《陶瓷烧成技术》为教育部高职高专材料类教学指导委员会精品课程。主编还主持了教育部行业指导职业院校专业改革与实践项目"陶瓷企业生产实际教学案例库"建设，其中也有很多相关资源。

教学资源：教育部材料类教指委精品课程。

有线电视网络工程综合实训（第二版）

书名：有线电视网络工程综合实训（第二版）

作者：张庆海

定价：45.00 元

出版社：电子工业出版社

书号：ISBN 978 - 7 - 121 - 24692 - 0

内容简介和特点：

本教材涵盖了有线电视技术发展的全过程，提供了相关领域所涉及的多种知识技能，符合国家人才培养目标和专业标准的要求；教学目标明确，所选取的案例来源于工程实践一线，对接职业标准和岗位要求。符合高职学生手脑并用的认知规律，理论与实践相结合，内容由浅入深，富有启发性，能提高学生的学习兴趣，促进创新能力的培养。本书可弥补目前高校综合实训教学教材的短缺，也可为高校工学结合型的课程改革提供一定的参考。

依托本教材建设的国家资源库通信技术专业子项目《广电网络工程综合实训》，目前已完成大量数字化教学资源的建设，完成 320 多条资源，其中包括 100 多个微课资源、100 多个 PPT、10 多条动画以及大量习题等。

教学资源：PPT。

平版印刷机操作与保养

书名：平版印刷机操作与保养

作者：金洪勇

定价：49.00 元

出版社：中国建筑工业出版社

书号：ISBN 978 – 7 – 112 – 17970 – 1

内容简介和特点：

（1）教材非常适合职业院校学生学习：教材减少了过多的理论知识、强调实用、够用，每个项目的知识点均围绕实际应用来组织安排，突出对学生职业应用能力的培养，但不忽视培养应用能力方面所必需的理论知识，在文字表述上采用通俗易懂的语言，并考虑到平版印刷机结构的复杂性，在介绍平版印刷机结构和操作方法时，尽量使用大量实际操作的图片，以便学生掌握。

（2）教材内容与职业技能鉴定、技能大赛、企业岗位需求对接：教材内容符合高职印刷技术专业人才培养目标及本课程的教学要求，取材深度广度适宜，重点涵盖了企业中最典型的一些平版印刷机的操作和保养方法，并兼顾了平版印刷的前沿技术，如无轴传动技术、虚拟侧规技术等。同时参考了印刷行业平版印刷工职业技能鉴定和全国印刷职业技能大赛的考核内容，在教材内容中融入了平版印刷工技能鉴定和全国印刷职业技能大赛中涉及的知识和技能，因而使教材内容更加完整和合理。

（3）教材内容组织充分体现"教学做一体化"的现代职业教育思想：教材的编写打破了传统的理论和实践知识分开的编写方式，将理论和技能操作很好的融为一体，将以理论教学为主的教学模式改为由理论教学和实践教学相互交叉、有机结合的教学模式，以项目为导向，以任务为载体，按照印刷生产过程中平版印刷机的操作步骤来组织教学内容，符合高职学生的认知规律，有利于学生学习理解。

教学资源：电子课件和网络课程资源。

食品工艺学（第三版）

书名：食品工艺学（第三版）

作者：陈野、刘会平

定价：48.00 元

出版社：中国轻工业出版社

书号：ISBN 978 - 7 - 5019 - 9212 - 6

内容简介和特点：

本教材是以教育部高等学校食品科学与工程类专业教学指导委员会《高等学校工科本科食品工艺学教学基本要求》为依据，并根据最新颁布的国家标准编写而成，是"食品技术原理"（负责人：赵征教授）国家精品课和国家级资源共享课的配套教材。基于本教材第二版的基础，结合目前高等院校食品专业学生的学习现状及近几年在本课程教学过程中出现的一些新情况、新特点，最终确定了全书修订的思路和架构体系。该教材简洁、通俗、实用、图文并茂，具有一定的先进性，并且理论联系实际，实践性较强，是一本十分实用的教材。符合食品专业人才培养目标及本课程教学的基本要求；取材合适，深度、广度适宜、分量恰当，符合当前企业对食品专业学生掌握工艺知识的要求。反映了食品生产制造技术在国内外研究方面的先进成果。完整地表达食品工艺学应包含的知识，反映其相互联系及发展规律，结构严谨。

教材中，弱化了食品加工过程的技术原理，注重单元操作的叙述，强调工艺条件控制的分析和讨论，每一单元操作都精选了典型事例，使学生学会分析与解决食品加工、制造中的主要问题，有鲜明的工程实践特色，符合当前国情。

乳制品生产实训教程

书名：乳制品生产实训教程

作者：邵虎、孔令伟

定价：32.00 元

出版社：中国轻工业出版社

书号：ISBN 978 – 7 – 5184 – 0348 – 6

内容简介和特点：

本书包括液态乳、酸乳、含乳饮料、冷冻饮品、乳品生产与实训 5 部分内容。

作为国家骨干高职院专业核心课程，乳品模块先后参与了国家精品资源共享课程和国家级教学资源库建设，今年又被遴选为江苏省在线开放课程；参编的《食品生产概论》《乳制品加工技术》等教材以及合作开发的专家论坛库、案例库、校友库和创业项目库，积累了视频、微课、动画、案例等资源，助学效果显著。

实践中注重对实训基地运行机制、教学方法和模式、考核体系等教学要素进行改革。构建了实践基地循环运行机制，学生创业产品实现了销售，解决了部分实验经费，提高了设备利用率，创新成果转化为教材内容，使教材结构立体，内容饱满。

教学资源：国家级教学资源库、国家精品资源共享课程建设、国家骨干高职院核心课程建设、江苏高校品牌专业核心课程建设。

景观与室内装饰工程预算

书名：景观与室内装饰工程预算

作者：刘美英

定价：48.00 元

出版社：中国轻工业出版社

书号：ISBN 978 - 7 - 5019 - 9243 - 0

内容简介和特点：

（1）本教材难易适中，非常适合高职高专艺术类学生学习。

（2）本教材顺应高职技能型人才培养目标。从实践出发，以专业技能培养为重点。以项目化教学的方式编制，教学内容、课程程序设计和课程练习，都是以项目任务驱动，不同于以往的理论讲授，适合高职高专学生的学习特点。

（3）本教材是在新的清单计价规范后，结合企业最新投标报价的方式方法编制的。

（4）练习题和书后的题库，与江苏省装饰专业初级造价员的考试题题型一致，能够培养学生职业技能，拓宽就业道路。同时，为学生将来考取相应的执业资料证书打下基础。

教学资源：PPT 课程、电子招标书、题库等。

物流管理基础

书名：物流管理基础

作者：卢改红

定价：33.00 元

出版社：北京师范大学出版社

书号：ISBN 978 – 7 – 303 – 17865 – 0

内容简介和特点：

本书依据高职院校对学生培养方向的定位，注重对学生实践能力的培养，最大限度地结合实际来进行编写，力争培养学生的岗位工作能力。此外，本教材立足于培养高职学生的实际工作能力，以物流工作项目为核心来整合课程的内容，力争让学生在完成具体项目的过程中完善他们的理论知识、培养他们的岗位工作技能，实现高等职业教育的目标。

本教材打破传统的章节模式，结合实际物流工作，共划分为九个项目，即物流基础知识；物流系统；配送与配送中心；企业物流；企业物流外包与第三方物流；国际物流；物流信息管理；物流组织与控制；电子商务与现代物流。通过这九个项目，可以让学生全面掌握物流各个方面的基本知识。

本书采用了任务驱动式编写模式。为了配合基于工作过程系统化的课程体系改革，本书采用了任务驱动的方法来编写。在每一个教学项目的安排上，本书采用了任务描述—任务分析—相关知识—任务实施—总结评价五步走的教学模式，可以让学生带着问题、带着任务去学习本模块的教学内容，既可以调动学生的学习积极性，又可以培养学生分析问题、解决问题的能力，同时也完全体现了任务驱动的教学方法。

本书注重理论性与实践性相结合，力求理论简单适用，实践操作细致实用。为了更好地实现教学效果，本书还加入了大量的拓展知识、教学案例和课后习题，使学生在掌握基本理论知识的基础上，更好的拓宽自己的知识面，并通过习题进行巩固练习，实现更好的教学目标。

教学资源：电子教案，多媒体课件。

现代通信网络

书名：现代通信网络

作者：胡珺珺、赵瑞玉

定价：38.00 元

出版社：北京大学出版社

书号：ISBN 978 – 7 – 301 – 24557 – 6/TN. 0114

内容简介和特点：

本教材以"必需、够用"为原则，重在强调应用，强调理论和实践的相结合，更符合应用型本科院校学生的特点，更贴近其教学实践，更突出学生实践能力的培养。

本书一方面在书中附上了源自各类认证考试的真题或模拟题精选，以方便学习；另一方面，在教材中添加了工程案例、方案设计、扩展阅读材料和推荐参考书目，缩短了学生对抽象知识的距离感，有助于培养学生学以致用的能力。

本教材以图文并茂的导入案例为指引，既激发了学生的学习兴趣，又强化了它在学生未来工作中的实用性。案例印证原理，以原理阐释实例，彰显"做中学，做中教"的教育特色，引导教学方法改革，将基本理论与典型案例融为一体；通过大量案例教学，拓展学生思维，激发学习兴趣，理论联系实际，引导学生分析实际问题和解决实际问题，突出实践技能培养。

教学资源：精美电子课件，配套习题答案。

包装工程概论（双语教学用）（第二版）

书名：包装工程概论（双语教学用）（第二版）

作者：陈满儒

定价：46.00 元

出版社：化学工业出版社

书号：ISBN 978 – 7 – 122 – 20680 – 0

内容简介和特点：

国内高校为加快教育国际化步伐，拓展学生在专业领域的国际化视野参和国际竞争意识，都将实施双语教学作为切入点，特别是，全球最发达的包装工业及其高等教育源于美国，所以，包装专业比其他工程教育需要更多更好的双语课程教学，但苦于缺教材、缺教师、缺教法，以及开办此专业的 70 多所高校中大多是非 985/211 的地方高校，生源差，学生外语听说能力有限，为此，具有适合这些高校师生的"本土化"教材就显得十分重要。该教材已经在国内 30 余所高校使用 10 多年，而且，根据兄弟院校提出的建议，在第一版的基础上，经过精心选编和消化北美包装教育专家 Walter Soroka 教授的权威原版书，补充新资料，在他富有成效的指导下完成了教材的修订出版。新版书更易于理解，也便于教学和自主学习，使用两年多来，反响好。

双语课程教学的内涵不再是偏重外语语言，而是像全中文授课一样，在外语语言氛围下掌握学科专业知识。因此，本教材反映的应该是系统化的专业知识，不是"专业英语"那种偏重"语言点"的碎片化知识，否则，达不到本专业人才培养大纲规定的必修课要求。然而，首门双语课程应该选面宽、难度适中的"专业基础课"来进行。本教材的撰写立足于"包装工程概论"先导课程。教材由 5 个单元 20 课组成。涵盖了包装经典内容（包装发展史、包装材料与容器等）、特色内容（缓冲包装、运输包装、包装技术与设备等）和扩展内容（包装研发等）。教材修订时也融合了教学团队多年来的教学经验和教研教改上所取得的成果。

教学资源：教学用 ppt 演示文稿、全部课文中文译文。

印刷色彩与色彩管理·色彩管理

书名：印刷色彩与色彩管理·色彩管理

作者：吴欣

定价：38.00 元

出版社：中国轻工业出版社

书号：ISBN 978 - 7 - 5019 - 9771 - 8

内容简介和特点：

本教材主讲色彩管理，主要介绍在印刷生产的各个环节中对色彩进行测量与控制和管理的基本原理与方法。坚持理论知识以够用为原则，采用直观展示、案例引导和简单介绍有机的结合，注重对颜色知识应用技能训练，设有与考证内容及实际生产紧密联系的课后练习。四色印刷，配有多媒体课件，方便教师教学和学生学习。

教学资源：课件。

乳品与饮料工艺学

书名：乳品与饮料工艺学

作者：尤玉如

定价：46.00 元

出版社：中国轻工业出版社

书号：ISBN 978 - 7 - 5019 - 9598 - 1

内容简介和特点：

本教材符合国家专业教学标准和教学大纲要求，反映乳品与饮料加工学科、专业基本规律，深度、广度适中；内容阐述循序渐进，富有启发性，便于学生掌握基本理论、基本知识、技能；理论性和实用性强，结合紧密；能够贯彻最新国家标准；及时、准确反映国内外学科前沿和创新成果，融合国内外食品学科的新知识、新技术、新工艺、新成果；适应产业升级人才培养需求、能够在推进教学改革、提高教学水平和促进产教融合等方面发挥积极作用；教材在提高学生或从业人员实践创新和技能水平上具有鲜明特色；教材注重传授知识的同时，更注重传授获取知识和提高技能的方法；在开发相关教学资源、教材的呈现形式上有创新。

教学资源：课件。

汽车推销技巧

书名：汽车推销技巧

作者：刘秀荣

定价：33.00 元

出版社：北京邮电大学出版社

书号：ISBN 978 - 7 - 5635 - 4184 - 3

内容简介和特点：

本教材采用行动导向的课程开发理念和方法，突出行业特色，以销售人员职业岗位为主线，以行动领域为导向，以任务为中心，根据推销人员职业岗位技能的要求，设计了汽车推销技巧的课程内容。内容符合"必需、够用"的原则，以应用为目的，注重理论知识的实用性、针对性。教学目标明确，取材合适、深度适宜，从新车销售到二手车置换内容由浅入深，符合高职学生的认知规律。为了突出实践应用型教育特色，每个学习任务中都包括了考核标准、技能操作、技能训练、评价与考核及复习思考题，学生结合课堂教学内容进行相应的实操能力的训练。

本教材结构完整，能反映教学实践和改革成果。在教学内容的选取上，使教学内容更符合职业教育规律和技能型人才成长规律，对接职业标准和岗位要求，注重教学与销售岗位的紧密联系。重点突出解决问题能力和技巧的训练。

本教材注重培养学生自主学习的能力。为了便于学生自主学习，在配套资源上，配有与教材相对应的数字化教学资源，包括教学课件、典型案例、4S 店介绍、知识拓展、实训活动、拓展视频、资源推荐等学习内容，其能力训练具有多层次性，更适合汽车营销专业教学、培训和人才培养需求。

教学资源：1.79GB 的教学资料包。

数控加工工艺及实例详解

书名：数控加工工艺及实例详解

作者：李体仁

定价：69.00 元

出版社：化学工业出版社

书号：978 – 7 – 1221 – 9691 – 0

内容简介和特点：

本教材针对应用型本科缺乏数控加工工艺教材的实际，教材在兼顾系统性和应用性的基础上，将以往切削原理刀具、机床夹具、机械加工工艺、高速切削加工内容在不同课程中教学，从而造成课程学时过大，知识割裂，培养学生解决工程问题能力以及实际应用能力等问题不足的现状，按照工程教育培养学生解决复杂工程问题能力的要求，对教学内容进行整合。内容主要为：工艺、刀具、夹具、数控车、铣切削加工、高速切削加工、典型零件数控加工等内容。

近年来我国数控应用技术发展非常迅速，本科层次的数控加工工艺方面的教育存在着：缺乏教材，教材内容陈旧，与生产实际严重脱节的问题。本教材在编写过程中，收集国内、国外数控加工先进技术，体现生产实际中的新工艺、新技术、新方法。

本教材精选企业生产案例，现场录像，经过后期的剪辑、编排和加工，完成国内外典型零件加工视频 50 例，一方面可应用到校内课堂教学；另一方面也有利于学生自主学习。

教学资源：视频。

手机检测与维修项目教程

书名：手机检测与维修项目教程

作者：张学义

定价：32.00 元

出版社：机械工业出版社

书号：ISBN 978 - 7 - 1114 - 8063 - 1

内容简介和特点：

第一，教材内容真实、科学，编写层次循序渐进，编排模式新颖简洁。

教材内容涵盖面广，大量实践技能训练；故障分析方法和维修实例都取自生产一线的维修经验和心得体会，内容翔实而准确，理论知识与技能训练有机结合；教材实践内容与我校实践教学条件相匹配，真正贯彻"学中做、做中学"的教学模式。

第二，教材有支撑基础。

该教材修改出版前的校本教材也是市级精品课程——手机检测与维修这门课程使用的教材，校本教材《手机检测与维修》经过 2009—2012 年共四届学生的实际使用，已经获得了很高的评价。课程所有的教学资源都是围绕校本教材开发的，包括课程的教案、教学课件、授课计划、教学大纲、考试题库以及衍生的其他课程技能训练指导书等。

第三，教材不断创新。

为了提高教材的使用面，培养更多与时俱进的、适应移动通信技术蓬勃发展的高级应用技术型人才，尤其是智能手机盛行的当下，编者征求了众多师生的反馈意见，结合手机的理论性强、电路复杂；更新换代速度快、手机机型众多等各种因素，编者在保留原有校本教材中手机检测与维修必需的理论和实践内容的基础上，增加了智能3G、4G 手机的电路原理、关键维修技术等新内容，理论依托技能训练展开，与实践紧密结合，将故障分析与理论应用完美结合，经 2015 年正式出版后已经面向我校 2013 级通信工程专业使用，学生普遍反映教材质量好，系统性强，具有很强的实用性、职业性和应用性。

教学资源：教学课件 PPT、作业习题集、实训指导书。

酿酒微生物

书名：酿酒微生物

作者：张敬慧

定价：39.00 元

出版社：中国轻工业出版社

书号：ISBN 978 - 7 - 5019 - 9994 - 1

内容简介和特点：

本教材是全国首套校企合作酿酒技术专业（白酒类）系列教材之一，与以往微生物教材相比特色如下：

（1）特色一：校企合作组成编写团队。本教材由具有丰富教学经验的专业老师以及企业生产一线具备多年生产工程技术人员共同承担了编写任务，由宜宾五粮液集团赵东（中国酿酒大师、教授级高工）主审，具有较高的学术水平。教材按照模块＋课题体例进行编写，知识结构以职业技术能力为目标，打破了传统知识体系的原有课程体系格局，岗位需求及知识需求，结合学生的认知规律，融合涉及的多学科内容进行重组，设计与岗位能力相吻合的若干个既学习又生产的任务内容，将从事酿酒生产及食品检测有关于微生物必备的理论知识与技能融为一体。确保教学内容的针对性和职业化，满足不同学习者的需求。

（2）特色二：理论与技术相结合，突出技能培养，便于教师进行理实一体化教学，真正体现了高职教材特色。本教材集理论知识、技能训练、职业素养培养与提升为一体，打破了理论与实践分离的结构，构建起以理论与实践融为一体的任务式单元结构，编排任务所需的知识内容与操作技能，特别突出技能培养。全书穿插了来自于酿酒微生物的图片、生产检测实例，保证教材内容的针对性和职业性。

（3）特色三：教材配套教学资源齐备。《酿酒微生物》于 2013 年成功建成"四川省精品资源共享课程"，课程标准、教学计划、教案、PPT、题库、动画、视频等多媒体教学资源丰富，能满足网络在线课程学习需要。

（4）特色四：适用范围广。适宜作为高职院校酿酒专业、生物专业、食品专业及其他类专业学习"微生物"的首选教材，也可作为培养从事主要酿酒生产技术指导和生产技术推广人才的首选教参资料和当今酿酒从业人员的科普读物。

教学资源：四川省精品资源共享课网站。

五粮作物生产技术

书名：五粮作物生产技术

作者：陈慧、刘灏

定价：42.00 元

出版社：中国轻工业出版社

书号：ISBN 978 – 7 – 5184 – 0145 – 1

内容简介和特点：

本教材与同类作物栽培的其他教材相比，具有如下创新：

（1）编写团队新：由教学一线的教师和生产一线的农技推广人员组成。

（2）知识结构新：本教材打破了以传统知识体系构建的作物栽培教材体系，构建起以生产岗位能力需求必备的知识与技能体系的全新结构，将涉及的多学科内容融为一体，为学习者提供方便与便捷。

（3）教学项目新：教学项目的设计按从事相关领域工作岗位能力的提升规律：由低到高的递进规律设计相应的教学项目，既方便读者对号入座学习相关内容，又方便教师根据教学目标选择教学内容。

（4）教学单元新：开发出与作物生产流程（选择品种—采购种子—配制营养土—育苗—移栽—田间管理—收获与贮藏）相对应的任务式单元，单元之间既相互联系又相对独立，方便学习者或教师根据生长季节安排相应的教学内容。

（5）单元内容组织新：本教材打破了理论与实践分离的结构，构建起以理论与实践融为一体的任务式单元结构，即每个单元内容均根据生产实践操作步骤组织编排所需的知识内容与操作技能，方便教师开展工学结合的理实一体化教学。

（6）观察记载新：本教材设计的一系列作物生长观察记载表打破了原有作物栽培教材主要以研究项目内容为主的观察记载内容体系，组建了以满足生产栽培管理和总结经验为主的观察记载内容体系。

（7）教学辅助资料丰富：具有与教材配套的图文并茂课件、掌握基本知识的课堂练习册、巩固提高的案例试题库，建有相应的教学资源平台。

教学资源：试题库、练习册、课件及教学资源平台。

动物性食品卫生检验

书名：动物性食品卫生检验

作者：李雪梅、杨仕群

定价：39.00 元

出版社：中国轻工业出版社

书号：978 – 7 – 5184 – 0603 – 6

内容简介和特点：

（1）教学适应性。符合高职人才培养目标及本课程教学的基本要求。本教材的编写遵循"理论够用、突出技能"的原则，内容选取贴近行业和职业实际，充分反映了行业中正在应用的新技术、新方法，体现实用性和先进性，突出高等职业教育的特色。

（2）认识规律性。符合高职学生认知规律，循序渐进，具有启发性，有利于激发学生学习兴趣。教材每个项目先给出了知识目标和技能目标，让学生在学习内容时心中有数。全书整体内容安排以工作岗位认知顺序为主线，符合学生的学习规律。

（3）结构完整性。全书每个项目都包括了知识目标、技能目标、正文、操作训练、思考、参考文献。

（4）与时俱进。内容编写中加入了行业及国家新标准、新方法，体现了先进性。

（5）系统性及实践性。本教材集理论知识、技能训练、职业素养培养为一体，教材内容力求理论与技术相结合，理论与实际相结合，突出技术培养。将不同岗位涉及的技能都安排了实操训练。

（6）特色与创新。教材中每个项目根据工作任务流程和要求设置相关的内容和技能，体现"理实一体化"的教学思路，力求突出学生职业岗位能力的培养，突出技能性和实用性。

教学资源：课件、教案、题库、案例。

外贸英语函电（第二版）

书名：外贸英语函电（第二版）

作者：项伟峰

定价：29.80 元

出版社：北京师范大学出版社

书号：ISBN 978 – 7 – 3031 – 4749 – 6

内容简介和特点：

本书为培养处理商务信息的高素质应用型专门人才，以专业核心能力培养为目标，以国际贸易工作流程为基础，将业务过程模块化，每模块设置"学习目标"对接职业标准和岗位要求。每模块对应贸易环节并分解为若干学习任务，体现任务驱动、工学结合思想，完成所有模块就完成了国际贸易流程。

每个任务从案例引入、商务指南、信函样例分析、核心短语句型表达、模拟写作，到任务总结、扩展资源，引导得当，由浅入深，循序渐进，逻辑结构强。精选训练和测试题有利于学生把握巩固重点。模块总结采用思维导图形式，文字图表清晰明了。学生学习之后富有成就感。教材学时分配建议有利于教师把握进度。

本书以"必需、够用"为原则，坚持与时俱进，与业界合作、筛选企业业务信函进行改编，兼顾真实性和教学需要，从案例导入、讲解（背景知识、信函分析及核心句型讲解）、模拟写作及反思、教师总结等环节将理论实践有机融合贯穿教学过程、突出实践应用。特别是以 workshop 形式模拟职业情景写作、对接外贸业务岗位要求，突出外贸行业特色。

本书将国贸实务知识传授和英语写作技能有机统一，以国际上广泛认可的"过程体裁教学法"为指导，通过范文篇章分析、讲解技巧、总结核心句型、情境写作任务、小组互改、教师点评，以本专业特有逻辑和思维方法开展教学。

教学资源：网站及多媒体课件。

机械基础

书名：机械基础

作者：张晓桂、王晓华

定价：50.00元

出版社：中国轻工业出版社

书号：ISBN 978 - 7 - 5019 - 9766 - 4

内容简介和特点：

"工程制图及机械设计基础"课程是"包装工程专业""印刷工程专业"和"高分子材料专业"教学标准中的技术基础核心课程，其配套教材《机械基础》体现了机械基础课程的教学改革和建设的最新成果，是参照非机械类专业机械基础国家基本教学要求编写的。教材特色与创新如下。

（1）创新性。紧跟行业、企业发展需求，以印刷、包装、自动化和工业设计等专业学生培养为基本侧重点，重构课程体系和重组教学内容，将工程制图、工程力学、机械设计基础等知识进行有机整合，保证内容的交叉、融合，使学生能够学以致用，灵活掌握相关的知识与技能。具有内容系统完整，讲解深入浅出的特点，尤其适用于印刷、包装、自动化和工业设计等专业的学生。

（2）实用性。教材的内容系统连贯，取舍有度。教材中力求图文并茂，有较多表格、图片、结构图和示意图等，图片清晰、形象，图文对应，通俗易懂，增强了教材的可读性，提高了学生的学习兴趣。同时重视理论的应用，在各章内容后有针对性地配置了适量例题与习题，能够帮助学生更好地掌握所学知识，使学生易于接受，实用性较强。

（3）广泛性。本教材满足本科、专科课程相关教学内容和学时要求，适合不同学时的教学需要和不同层次教学对象。还可作专业技术培训教材和科研人员参考书籍。

单片机应用技术项目式教程

书名：单片机应用技术项目式教程

作者：李珍

定价：37.00 元

出版社：清华大学出版社

书号：ISBN 978 – 7 – 3024 – 0680 – 8

内容简介和特点：

本教材，从实际需要出发，共安排了十个实训项目，又细分成 30 多个实际任务，每个任务都采用 Keil C51 软件仿真和 Proteus 硬件仿真联调的方式完成。学生只要具备计算机，就能通过自己动手实践和制作学习单片机技术，能体会到、看到自己成功制作的小作品，增加了学生的学习兴趣。本教材已经在我校经过几年实践性教学，效果好。书中所有软件程序和硬件电路，都提供实际制作源代码。

教学资源：电子课件、习题答案、硬件电路图、视频、实际操作源程序、硬件仿真运行电路。

粤菜烹调工艺

书名：粤菜烹调工艺

作者：郝志阔

定价：35.00 元

出版社：中国轻工业出版社

书号：978 - 7 - 5019 - 9749 - 7

内容简介和特点：

《粤菜烹调工艺》是一门具有极高实用价值的专业技术课程，是我国烹调文化和技术的结晶。《粤菜烹调工艺》是一门综合性技术学科，主要研究的内容是粤菜文化、原料质量鉴定、烹饪工艺研究与创新、调味工艺与创新、传统名菜与创新菜肴研究，涉及的学科门类众多，归根结底是发展中国烹饪技术（粤菜），培养更多具有创新能力的高级餐饮人才。另外培养学生要用科学合理、经济简洁的加工生产方法，激发保护原料自身营养，减少、杜绝对人体的污染、伤害，尽可能为消费者提供简朴自然的餐饮服务。

《粤菜烹调工艺》是一门实践性很强的课程。在课程设计理念上，充分体现了职业性，开放性和实践性。为此，在课程教学思路设计上，部分内容通过案例分析讨论、现场教学和情境教学法帮助学生解决共性的理论认知问题，更多的则是通过在校内的实训基地和校外建立的实训基地的学习强化实践教学，着力培养学生的职业能力。实训体系由综合性实训项目和单元化实训任务构成。通过协助学生完成实训项目，帮助学生学习和理解完成实训所需的基本理论知识和规律，通过单元化任务的关联性，最终完成综合性实训项目，达到国家职业能力标准和岗位能力的要求。

教学资源：院级精品课程。

幼儿园教玩具设计与制作

书名：幼儿园教玩具设计与制作

作者：靳桂芳

定价：39.00 元

出版社：华东师范大学出版社

书号：ISBN 978 - 7 - 5675 - 1689 - 2

内容简介和特点：

　　幼儿时期是形成性格、人格发展的重要时期，学前教育在幼儿成长过程中扮演着重要的角色。《幼儿园教育指导纲要（试行）》明确指出：幼儿园教育应尊重幼儿身心发展的规律和学习特点，以游戏为基本活动，促进每个儿童富有个性的发展。但是目前国内普遍存在幼儿园教育小学化、超前教育等现象，这种教育方式违背了儿童身心发展规律，不符合儿童身心发展的年龄特点。培养高质量的幼师队伍是幼儿园教育良性发展的重要保证，而高水平的专业教材是培养优秀师资的必备条件之一。

　　游戏是学龄前儿童生活的主要内容，也是幼儿园的主要活动，而玩具作为游戏的道具，在学龄前儿童生活中起着重要的作用，是学龄前儿童不可或缺的伙伴。通过玩玩具儿童不但获得乐趣、愉悦身心，还可以从中获得认知、得到教育；通过玩玩具寓教于乐，是儿童接受教育的最好方式，这已经得到越来越多的儿童家长和学前教育工作者的共识，玩具作为学前教育的教具以及儿童游戏活动的道具，成了幼儿园教学资源的必备之品。

　　本书编写的目的就是为了学前教育专业学生和学前儿童家长对玩具的娱乐功能和教育功能有更全面和深入的了解，为儿童科学合理地选择玩具，以及配合幼儿园游戏活动及手工课程，使玩具更好地发挥娱乐和教育的作用。本书的作者都是高校专任教师，靳桂芳和刘琳琳从事多年玩具设计专业教学，付腾飞和周玉翠都是玩具设计方向硕士毕业生，具有较高的专业设计水平；天津科技大学在国内第一个设置了玩具设计专业，也是目前唯一培养玩具设计方向硕士研究生的高等院校，为其他院校玩具设计的师资以及玩具企业高端专业技术人才的培养做出了巨大贡献。

技术经济学（第二版）

书名：技术经济学（第二版）

作者：冯俊华

定价：29.00 元

出版社：化学工业出版社

书号：ISBN 978 – 7 – 122 – 18989 – 9

内容简介和特点：

本教材以学以致用为目的，内容安排得当，案例分析思路清晰，书内采用的相关技术指标体系符合我国现行的有关规范（规定），不仅适用于教学，而且可供工程技术人员和经济管理工作者参考，具有较强的基础性和实用性。

本教材内容深入浅出，通过例题介绍技术经济学相关概念及原理，强调理论与应用的密切结合。在介绍技术经济学基本理论和方法的同时，更注重对相关理论的工程背景及其实际应用进行分析与阐述，通过应用举例详细介绍所学方法的实际操作过程，帮助学生降低知识掌握难度，增强解决实际问题的能力。

本教材从学生学习角度出发，所编内容层次性强，叙述清晰，且在相关章节中新增部分专业术语的英文对照，帮助学生更好地理解其含义。各章节之后均有与所述内容密切相关的思考与练习题，以便学生对所学知识加强记忆和理解。

本教材在参考国内外最新教材内容的基础上，结合《技术经济学》教材，对局部章节进行了结构调整，对相关理论和实践内容做了进一步的充实和完善，使得技术经济学课程理论体系更加完整和系统，能够帮助学生深入了解技术进步与经济增长之间的相互关系。

本教材在理论基础性与系统性，方法规范性与实用性，先进性与层次性，学生适用性及易掌握性等方面较其他技术经济学相关教材取得了较大进步。

教学资源：思考与练习题参考答案。

机械设备维修（高级工）

书名：机械设备维修（高级工）

作者：张美荣

定价：49.00 元

出版社：中国劳动社会保障出版社

书号：ISBN 978 - 7 - 5167 - 2077 - 6

内容简介和特点：

该教材为北京轻工技师学院国家级高技能人才培训基地建设项目成果教材，本书汇集了作者多年的教学实践经验而编写，并得到了企业专家的实践论证指导。教材采用"课堂教学实例"思想，从理论到实际，从局部到整体，循序渐进，通俗易懂，并以教学实例阐述机械设备维修（高级工）的相关知识，包含很多实用的方法与技巧。

本教材特点：

（1）根据机械设备维修职业典型工作任务确定学习模块，以典型性、针对性、先进性为原则选择源于企业实际的工作任务为学习任务，学习任务以提高学习者的职业能力为重点，满足综合职业能力的发展要求。

（2）以完整的机械设备维修职业实际任务为载体，按照工作流程转化为任务描述、任务实施、相关知识等一系列活动，将完成工作任务所需的理论知识、技能、素质要求融为一体，既适用于的"教、学、做"一体化培训形式，也适用于引导学习者独立完成学习任务。

（3）根据机械设备维修工相关职业标准和岗位对技师的要求设置知识点和技能点，根据行业对高技能人才的特殊需要引入新标准、新技术和新办法。

（4）学习模块和学习任务具有相对的独立性，学习者可以根据实际工作需要选择培训模块和学习任务进行培训和学习。

本书体系完整，图文并茂，实用性强，主要作为技师层次的教材使用，符合机械设备维修（高级工）层次的教学特点，具有较强的针对性和实用性。

教学资源：机械设备维修（高级工）学习工作页。

皮革环保工程概论

书名：皮革环保工程概论

作者：李闻欣

定价：55.00 元

出版社：中国轻工业出版社

书号：ISBN 978 – 7 – 5184 – 0370 – 7

内容简介和特点：

本书是皮革行业关于污染治理技术方面的第一本正式出版的教材，目前填补了皮革行业污染技术方面的空白，符合国家的环保政策与形势，适合皮革行业现实需求，反映了本学科领域的先进成果和技术，系统性好，能完整表达本课程应包含的知识，正确地阐述本学科的科学理论和概念，理论联系实际，层次分明。图文配合恰当，有本专业特有的思维方法，特色鲜明。

本书共 5 章，包括概述、制革废水治理及利用、制革污泥的处理与利用、皮革固体边角废弃物的处理及利用、制革废气的处理与利用。

本书对皮革工业的"三废"处理及资源化利用作了完整系统的阐述。

皮革污染治理技术是皮革工程专业的一门重要的专业课。通过"皮革环保工程概论"课程学习，使学生系统地了解制革污染物（主要是污水）成分、产生、危害以及治理的基本规律和方法，要求学生掌握制革生产中三废污染治理的基本原理及方法，了解制革生产过程中产生的废弃物资源化利用技术及在实际中的具体应用。并了解国内外制革污染物治理方面的发展与动态知识。

经过教学实践证明，该书是适合轻化工程（皮革）专业"制革污染治理技术"课程的基本原理及方法的很好的教材。另外，除了高校教学用书外，在行业内每家皮革工厂都有自己的环保技术科和废水处理厂，这些技术人员的培训及提高也需要专业参考书，此书在行业内受到欢迎和大量应用。

食品分析综合实训

书名：食品分析综合实训

作者：刘勇龙、路冠茹

定价：35.00元

出版社：中国人民大学出版社

书号：ISBN 978-7-300-19353-3

内容简介和特点：

　　本书是由专业教师联合行业企业专家，根据食品生物工艺专业对应的岗位职业能力标准，整合"食品分析检验""仪器分析""分析化学"等课程相关教学内容，按照"基于工作过程"的原则进行编写的项目化教材，用于中等职业学校食品生物工艺专业检验实训教学。全书分为基础篇和综合篇，基础项目训练篇以理论必须够用为度。将食品检验基本知识技能分为七个学习情境，以单项检验技能为训练重点；综合项目训练篇按照食品检验工作过程编写，以品种带项目，培养学生食品质量综合评价能力，训练学生对食品的全面检验能力，联系食品生产许可细则与国家标准，训练学生对食品的全面检验能力，联系食品生产许可细则与国家标准，训练学生从资讯到决策、计划、实施、检查、评价的完全行为能力。全书突出就业岗位对知识和技能的需求，并与职业技能鉴定相融合，达到了学历与职业资格证书相结合的目的，本书还采用了项目教学法，通过任务驱动或案例引导，理论教学与实际教学合一的教学模式实现了理论教学和实践教学的融合，更好地体现了中等职业教育的教学理念。

　　教学资源：食品分析与检验实训指导书。

Illustrator 平面设计实例教程

书名：Illustrator 平面设计实例教程

作者：王亚全

定价：48.00 元

出版社：南京大学出版社

书号：ISBN 978 – 7 – 305 – 15624 – 3

内容简介和特点：

本书是由河北师范大学汇华学院青年骨干教师王亚全、孙舒在从事多年专业教学的基础上完成的。他们在多年的专业课教学中积累了丰富的经验，引入了大量的教学案例。本书通过深入浅出的阐述，从易到难，循序渐进地对软件的功能进行了讲解。在此基础上，重点介绍了用户界面、商业海报和标志设计及插画设计等经典实例，拓宽了 Illustrator CS6 的艺术设计应用领域，对学生是一个很好的启发。本书能帮助学生更好地掌握该软件的应用技巧，是一部值得推荐的实用教材。本书还特别重视对 Illustrator CS6 新功能的讲解，使学生能与时俱进。

教学资源：PPT 课件、素材源文件。

职场英语写作

书名：职场英语写作

作者：陈丽萍

定价：28.50 元

出版社：国防工业出版社

书号：ISBN 978 - 7 - 118 - 10089 - 1

内容简介和特点：

（1）本教材是高职高专适用的、基于工作任务驱动的项目式教材，在课程体系、课程标准、课程项目设计、教材编写等方面进行深入研究，能完整地表达本课程应包含的理论知识及实践操作技能要点，结构严谨。能正确地阐述相关术语、表述基本句型。案例配合恰当，表述清晰、准确，符合行业标准。文字规范、简练，语言流畅，通俗易懂。对国内同类专业的教材建设起到引领和示范作用。

（2）教材内容先进，能适应为学生对外贸易职场相关岗位的工作任务和职业能力分析的需要，及时更新教学内容。打破单纯以知识体系为线索的传统编写模式，能紧密联系实际，由专业教师和企业一线人员共同参与编写修订，将教学内容与对外贸易岗位工作过程相结合。将一线真实案例编入教材，实用性强，对学生将来走上工作岗位也具有指导作用。

（3）教学适用性强，教学内容符合专业培养目标和课程教学基本要求。取材合理，分量合适，符合"少而精"原则。深浅适度，符合学生的实际水平。与相邻课程相互衔接，避免了不必要的交叉重复。符合学生认知规律，富有启发性，便于学生学习，有利于激发学生学习兴趣及相关职业能力的培养。

（4）教材的体系设计合理，循序渐进，结构体例新颖，有利于体现教师的主导性和学生的主体性，适应当前先进的教学方法和教学手段的运用。教材使用灵活，体现教学内容弹性化，教材结构模块化，有利于按需施教，因材施教。

（5）教材紧紧结合外贸企业发展要求，做到教学与实际对接。将职业标准引入教材，课程体现职业性，将外贸企业一线工作案例编入教材。

（6）教材在知识的处理过程中强调实践应用，实现了理实一体，使用了外贸实践中的案例，提高了教材的可读性。填补了国内高职高专院校《职场英语写作》教材的空白。同时，本教材配套一定的课件、习题、试题库、教学案例等教学资源库，为学生的学习和外贸企业员工的培训创造更实用的教材和资源。

教学资源：多媒体光盘，精品课程资源库。

数控铣削零件加工

书名：数控铣削零件加工

作者：李军

定价：29.00 元

出版社：大连理工大学出版社

书号：ISBN 978 - 7 - 5685 - 0086 - 9

内容简介和特点：

本教材主要是依托与天津海鸥表业集团公司合作开发的一门专业核心课程而编写的配套教学用书。书中针对企业实际的生产过程，结合企业的任职要求，零件加工工艺特点，编写制定教学内容。以生产过程为驱动，以产品的核心零件为主线，设计制定实验与实训课题，以技能训练为重点，以知识够用为原则，制定课程标准，这样既符合高等职业教学的发展模式，又能为企业培养符合任职要求的技能人才。使教、学、做充分统一。

本教材适用于数控技术、机电一体化、机械设计与制造技术、精密机械技术等专业的专业课教学用书，它共分为九个教学项目、二十四个学习任务，每个任务均有知识目标和技能目标，本教材是基于项目驱动、任务导向，以实际工作过程为引领，突出技能训练与动手能力、知识够用为度的原则，同时注重可持续发展，以一体化（理实一体）教学思路而编著，收集了近十年的中、高级工职业技能鉴定实操题库，也是一本实用性、知识性较强的教学参考书。

该门课程作为轻工机电大类的精密机械技术专业的核心课程，已经建设了教学资源库并上传网络，教学资源丰富，包含了课程标准，教学课件 PPT，项目（单元）教案，授课计划，学习情境设计，学习单元设计，教学引导文，案例教学，实训指导书，教学视频，教学动画，教学图片，试题库，考核样卷等资源。

配套试题库、课程标准、项目（任务）教案等。

牙膏生产技术概论（上下册）

书名：牙膏生产技术概论（上下册）

作者：中国口腔清洁护理用品工业协会

定价：230.00 元

出版社：中国轻工业出版社

书号：ISBN 978 - 7 - 5019 - 9668 - 1

内容简介和特点：

内容详尽，科学易懂，适用范围广，适合不同层次技术人员和相关管理质量法规人员使用。国内外行业非常重视，水平领先，贴近行业最新实际，广受行业和社会相关单位欢迎。

食品贮藏保鲜技术

书名：食品贮藏保鲜技术

作者：韩艳丽

定价：32.00 元

出版社：中国轻工业出版社

书号：ISBN 978 – 7 – 5148 – 0583 – 1

内容简介和特点：

　　本教材在调研了食品贮藏保鲜等相关企业、行业并结合本人教学和科研实践的基础上，通过编写人员的共同讨论确定编写内容，并决定采用项目式体例进行编写，让实践与理论有机结合。本教材共分为五个项目：项目一为食品贮藏保鲜基础知识；项目二为食品贮藏保鲜常用技术；项目三为鲜活和生鲜食品贮藏保鲜技术；项目四为加工食品贮藏保鲜技术；项目五为食品保鲜新技术。本教材最后设置了实训项目，以增强学生实践技能的培养。

　　本教材采用图文并茂、案例介绍、实训操作等方式编写，每一项目中都有明确地知识目标、技能目标、必备知识及项目小结和思考，编写过程中力求理论简明易懂、保鲜技术实用，可操作性强，内容新颖，更适用于高职食品类学生使用。

教学资源：电子课件。

农产品质量检测技术

书名：农产品质量检测技术

作者：王正云、孙卫华

定价：43.00 元

出版社：中国农业出版社

书号：ISBN 978 - 7 - 109 - 20894 - 0

内容简介和特点：

本教材由高职院校教师和行业企业专家共同编写，教材内容紧扣食品检验职业岗位所需职业能力，项目任务的选取来源于行业、企业实际工作，考虑内容的先进性、实用性、普适性和代表性，同时结合国家职业技能鉴定标准（中、高级食品检验工），注重从岗位实际需求去组织编写教材内容，突出行业特色。

教材编写以最新食品安全国家标准或被认可的方法为依据，主要介绍国家标准分析方法，培养学生在今后的工作中查询、解读与执行标准的能力。注重加强理论教学和检验实际的结合，注重适应我国行业企业检验检测技术发展的实际需要，突出实践应用型教育特色。

教材注重知识点的整合，注重选材和内容精练，将教材内容整合为农产品质量检测技术基础、农产品感官检测技术、粮油类产品检验、果蔬类产品检验、畜禽肉类产品检验、乳蛋类产品检验和其他农产品检验共七个学习情境，二十八个项目任务。每个项目任务按"学习目标、知识学习、导言、实践操作、问题探究、知识拓展、讨论与思考"编排，将知识与任务实施融为一体，适合在"理论实践一体化"的环境和氛围中开展教学，在做中学、在学中做，激发学生学习兴趣，有利于学生把握和巩固所学知识的重点，并培养学生的创新能力。同时配有与教材相对应的教学资源库课程网站，增强了教学适用性。

教学资源：《农产品质量检测技术》课程资源库。

食品分析与检验技术

书名：食品分析与检验技术

作者：刘鹏、王立晖

定价：35.00 元

出版社：中国轻工业出版社

书号：ISBN 978 - 7 - 5184 - 0062 - 1

内容简介和特点：

本书层次清晰、内容安排合理，及时贯彻食品检验国家标准。针对食品检验的一般流程和检测指标，本书共分为二十五个情境，实践操作融入教材中，真正实现课程的教学做一体化。

1. 教材内容与资格鉴定、检验岗位需求相对接，融入食品检验新方法、新技术

本教材所选取的内容均为食品检验岗位典型操作内容，有基础理论知识，又具有较强的实践指导作用。对比检验国家标准，本书更加深入解析了国家标准方法的选取依据及实验原理。学习者可以较方便的掌握基础理论知识，并较好的完成食品检验操作。本书对接食品检验工中级及高级职业资格鉴定，内容选取与职业资格鉴定内容较为贴近。同时，编者与企业人员共同筛选操作内容，选取具有代表性的检测项目，充分涵盖食品检验的新方法及新技术。

2. 教材体现现代职业教育教学理念，指导学生实践技能水平的提升

本教材符合高等职业教育食品专业人才培养目标，知识选择难易适中，学生能够较容易的完成理论学习，充分迎合了高等职业院校学生的学习特点。同时，教学内容涵盖常规食品分析检验操作流程及注意事项。可以说本书既是一本教材，也是一本操作指导手册。专业学生可以较容易地进入实验操作角色，按照手册内容完成实践操作。本教材基础知识及实训操作关联度较好，充分体现了高等职业教学"教、学、做一体化"的教育教学理念。

3. 教材配套资源丰富，是教育教学及社会培训的配套教材

本教材配套有约 600 条资源，其中动画 20 余条，全程配有教学视频，具有微课视频 20 个。包含教学课件、引导文、任务工单、单元设计等所有的课程教学过程文件。同时本书已开发成精品数字化教材，具有精品资源共享课平台，获得天津市教学信息化大赛二等奖。

教学资源：有。

发酵食品生产技术

书名：发酵食品生产技术

作者：揣玉多、王立晖

定价：43.00 元

出版社：大连理工大学出版社

书号：ISBN 978 – 7 – 5611 – 9843 – 8

内容简介和特点：

　　本教材基于食品发酵行业的岗位需求分析，对主要岗位的典型职业活动过程进行分析，确定各岗位工作职责和任职要求，对各岗位的工作任务进行归类、合并，得出典型工作任务，将企业中实际工作任务转化为教学内容，最后按照发酵食品生产项目下的任务驱动的模式进行编写，共分六个学习情境，十七个项目。

　　本教材符合高职食品生物技术专业人才培养目标及本课程教学的基本要求；取材合适，深度广度适宜、分量恰当，符合当前企业要求高职学生上手快的特点。内容由易而难，循序渐进，具有启发性，有利于激发学生的学习兴趣。

　　采用校企合作的方式进行编写，充分反映了食品生物技术领域的新知识、新技术、新工艺，突出应用型和针对性，做到了理论联系实际。

　　教学资源：有。

美容与化妆

书名：美容与化妆

作者：肖宇强、肖琼琼

定价：48.00 元

出版社：合肥工业大学出版社

书号：ISBN 978 – 7 – 5650 – 1768 – 1

内容简介和特点：

市面上的美容书很多，化妆书也不少，但较少有将二者结合起来的教材。随着技术和时尚发展的日新月异，相关美容化妆手法及审美标准也将随之发生不小的改变。作者在实际的教学中也深有体会，所以还自创了一套"讲授—观摩—示范"的教学方法，并获得了学校教学竞赛奖。化妆又是一种经验和技术性很强的工作，如何将最准确、最科学的美容化妆方法以最浅显易懂的方式呈现出来不是一件容易的事情。为了编写一部优秀教材，作者利用半年多时间查阅了大量美容化妆的书籍、著作、视频等，将其分门别类进行比对和试验，总结归纳，精练出了其中最科学、有效的理论和操作技巧编入教材，书中图片十分精美、时尚。同时，作者还学习化妆课程，参与舞台剧、音乐剧的化妆造型工作经历呈现在教材中，作为经典案例。

新媒体时代品牌形象系统设计

书名：新媒体时代品牌形象系统设计

作者：王艺湘

定价：45.00 元

出版社：中国轻工业出版社

书号：ISBN 978 – 7 – 5184 – 0404 – 9

内容简介和特点：

《新媒体时代品牌形象系统设计》是通过对不同的媒介技术、对媒体的定位、媒体的受众对象，对媒体的表现形态和传播形式、媒体的环境进行划定，设计出不同媒体的宏观特色。新媒体时代品牌形象系统设计包含两层含义，第一层含义是对新兴媒体的设计；第二层含义是对新媒体传播信息的内容和形式的设计。媒体的技术发展、跨媒体的运营、信息的膨胀、信息传达符号的广泛使用、降低媒体的商务成本、最大化地利用信息资源等，都对新媒体设计提出了更高的要求，这是时代的选择。《新媒体时代品牌形象系统设计》中讲解以下几个方面的功能：

（1）从传播效果的表达而言，内容与形式的组合功能，两者密不可分、同等重要。

（2）从传播者和受众之间的互动而言，信息挖掘的功能，信息挖掘是一个动态的过程和不断创新的过程，是媒体的生命力所在。

（3）从资源利用和跨媒体传播的角度而言，资源整合的功能，信息内容不同角度的多次创作与编排，可实现信息分流的最优化和信息传播效益的最佳化，同时还可以实现人力资源的最优化配置、降低劳动力成本和提高工作效率，以及提升媒体的竞争力等。

（4）从媒体实践而言，具有极强的功能性。新媒体的形式多种多样，媒介不同、传播技术不同、传播的条件和效果不同，媒体传播的表达内容和形式是不同的，于是就决定了新媒体设计的思路必然是不同的。即使是同一种媒体形式，由于各自抓取的目标受众和媒体定位的不同，其内容和形式的设计也是不同的。

本教材从内容总体安排上力图突出三个特点：一是突出艺术基础教育的全面系统性，把握设计艺术教育厚基础、宽口径的原则；二是结合新的设计理念和实例，体现现代艺术设计的现代特点和国际化趋势；三是体现艺术设计专业的实用性特点，注重实践与教学相结合的需要。

本教材是全国视觉传达设计专业高自考设计实践考试科目的指导用书，此教材的编写力求融科学性、理论性、前瞻性、知识性和实用性于一体，观点明确、深入浅出、图文并茂并附含电子教程。

教学资源：作品实例赏析链接资源。

Visual Basic 程序设计

书名：Visual Basic 程序设计

作者：宁爱军

定价：36.00 元

出版社：中国铁道出版社

书号：ISBN 978 – 7 – 113 – 19680 – 6

内容简介和特点：

本教材以算法设计、程序设计能力和程序调试能力为目标，培养学生解决实际问题的能力，符合学生学习程序设计的认知规律；内容循序渐进、由浅入深，例题的启发性强，图形编程、数据库编程、高级编程实例有利于激发学生的学习兴趣。全书结构完整，从 Visual Basic 语言基础引入，以顺序、选择、循环、数组、函数算法设计和程序设计为重点，重视控件、界面设计、文件程序设计，以图形、数据库和高级程序设计为提高，适应 VB 课程的程序设计教学实践。例题的趣味性和启发性强，习题包括选择题、填空题和程序设计题，针对性强和可操作性强，学生学习效果好。

教学资源：电子教案。

规划教材立项篇

中国轻工业"十三五"规划教材立项名单

序号	教材名称	主编姓名	工作单位	适用层次	新编/修订
1	微生物学	路福平	天津科技大学	本科	修订
2	肉品科学与技术	孔保华	东北农业大学	本科	修订
3	造纸原理与工程（第四版）	何北海	华南理工大学	本科	修订
4	包装策划与营销	刘咉平	深圳职业技术学院	高职	新编
5	微生物学实验技术	路福平	天津科技大学	本科	修订
6	食品生物化学	吕晓玲	天津科技大学	本科	新编
7	皮革工艺学	弓太生	陕西科技大学	本科	修订
8	制革化学与工艺学（染整）	单志华	四川大学	本科	新编
9	制浆原理与工程（第四版）	詹怀宇	华南理工大学	本科	修订
10	植物纤维化学（第五版）	裴继诚	天津科技大学	本科	修订
11	食品物性学	李云飞	上海交通大学	本科	新编
12	印刷材料学	陈蕴智	天津科技大学	本科	修订
13	加工纸与特种纸	张美云	陕西科技大学	本科	修订
14	食品生物化学	王淼	江南大学	本科	修订
15	食品微生物检测技术	唐劲松	江苏农牧科技职业学院	高职	修订
16	中外建筑简史	张新沂	天津科技大学	本科	新编
17	跨国经营与管理（第三版）	朱晋伟	江南大学	本科	修订
18	中国传统家具	吕九芳	南京林业大学	本科	新编
19	革制品材料学	丁绍兰	陕西科技大学	本科	修订
20	制革化学与工艺学（准备与鞣制）	彭必雨	四川大学	本科	新编

续表

序号	教材名称	主编姓名	工作单位	适用层次	新编/修订
21	食品机械与设备（第二版）	刘东红、崔建云	浙江大学、中国农业大学	本科	修订
22	食品营养学实验指导	乐国伟	江南大学	本科	新编
23	乳制品加工技术	胡会萍	日照职业技术学院	高职	修订
24	食品企业管理体系建立与认证	马长路	北京农业职业学院	高职	修订
25	溶胶－凝胶原理与技术	黄剑锋	陕西科技大学	本科	修订
26	家具史	陈于书	南京林业大学	本科	修订
27	毛皮工艺学	张宗才、王亚楠	四川大学	本科	修订
28	制浆造纸分析与检测	刘忠	天津科技大学	本科	修订
29	实木家具制造	王明刚	顺德职业技术学院	高职	修订
30	氨基酸工艺学	陈宁	天津科技大学	本科	修订
31	茶叶深加工与综合利用	杨晓萍	华中农业大学	本科	新编
32	食品安全风险评估	王俊平	天津科技大学	本科	新编
33	图形设计	魏洁	江南大学	本科	修订
34	物理化学实验	顾文秀、高海燕	江南大学	本科	修订
35	聚合物科学与工程导论（双语教学用书）	揣成智	天津科技大学	本科	修订
36	Introduction to Pulp and Paper Process（制浆造纸工程专业英语）	张素风	陕西科技大学	本科	新编
37	陶瓷工艺技术	陆小荣	无锡工艺职业技术学院	高职	新编
38	印刷质量检测与控制	李荣	广东轻工职业技术学院	高职	修订
39	发酵工程原理	肖冬光、陈叶福	天津科技大学	本科	修订

序号	书名	作者	单位	层次	类型
40	针织服装设计与技术	潘早霞	无锡工艺职业技术学院	高职	新编
41	实用信息检索	金泽龙	广东轻工职业技术学院	高职	修订
42	社会调查技能与数据分析	陆淑珍	广东轻工职业技术学院	高职	新编
43	信息系统仿真	党宏社	陕西科技大学	本科	修订
44	水盐体系相图及应用	邓天龙,周桓,陈侠	天津科技大学	本科	修订
45	无机及分析化学实验(第三版)	商少明	江南大学	本科	修订
46	表面活性剂,胶体与界面化学实验	刘雪锋	江南大学	本科	新编
47	高分子材料加工工程专业实验	邹素华	天津科技大学	本科	修订
48	合成革三废治理技术	李闻欣	陕西科技大学	本科	新编
49	鞋靴材质创意设计	万蓬勃	陕西科技大学	本科	新编
50	表面活性剂及相关制品化学与工艺学	崔正刚,许虎君	江南大学	本科	修订
51	食品微生物学	杨玉红	鹤壁职业技术学院	高职	修订
52	食品市场营销	童斌	江苏农林职业技术学院	高职	新编
53	食品发酵技术	孙勇民,段海松	天津现代职业技术学院	高职	新编
54	标志与企业形象设计	纪向宏	天津科技大学	本科	修订
55	室内环境设计	王东辉,李健华,邓琛	齐鲁工业大学	本科	修订
56	环境艺术设计制图与透视	张葳,汤留泉	湖北工业大学	本科	新编
57	纸包装结构设计	徐筱	浙江纺织服装职业技术学院	高职	修订
58	财务管理学	张原	陕西科技大学	本科	新编
59	商务英语谈判口语	袁晖	天津轻工职业技术学院	高职	修订
60	工程制图(含习题集)(第三版)	郭红利	陕西科技大学	本科	修订

续表

序号	教材名称	主编姓名	工作单位	适用层次	新编/修订
61	现代人造革/合成革制造技术	范浩军	四川大学	本科	新编
62	印刷色彩	金洪勇	天津现代职业技术学院	高职	修订
63	印刷色彩基础与实务	吴欣	广州市轻工职业学校	中职	修订
64	生物发酵产业清洁生产导论	张建华	江南大学	本科	新编
65	食品微生物检验学	宁喜斌	上海海洋大学	本科	新编
66	食品卫生学	柳春红	华南农业大学	本科	新编
67	食品添加剂应用技术	唐劲松	江苏农牧科技职业学院	高职	修订
68	焙烤工艺技术	魏玮、王立晖	天津现代职业技术学院	高职	新编
69	立体构成	朱琴、方四文	常州轻工职业技术学院	高职	修订
70	首饰雕蜡技法（第二版）	徐禹	广东轻工职业技术学院	高职	修订
71	粮油食品加工工艺学	陆启玉	河南工业大学	本科	修订
72	食品营养学（第三版）	张泽生	天津科技大学	本科	修订
73	食品包装原理与技术	路飞、陈野	沈阳师范大学/天津科技大学	本科	新编
74	食品工艺学	李汴生	华南理工大学	本科	新编
75	动物解剖生理	张平、白彩霞、杨惠超	成都农业科技职业学院/ 黑龙江职业学院/辽宁职业学院	高职	新编
76	信息可视化设计	代福平	江南大学	本科	修订
77	装饰材料与施工构造	汤留泉	湖北工业大学	本科	修订
78	民间艺术考察与创新设计	魏洁、陈原川	江南大学	本科	新编
79	网络营销基础与实务	秦琴	武汉商贸职业学院	高职	修订

80	职业通识英语	黄奕云	广东轻工职业技术学院	高职	新编
81	包装设计基础	曾筠	四川大学	本科	修订
82	皮革制品专业英语	弓太生	陕西科技大学	本科	新编
83	陶瓷工艺综合实验	杨海波	陕西科技大学	本科	修订
84	轻化工过程自动化与信息化	刘焕彬	华南理工大学	本科	修订
85	有机化学实验	郭艳玲	天津科技大学	本科	新编
86	简明食品毒理学	王周平,孙震	江南大学	本科	修订
87	食品包装学	杨开	浙江工业大学	本科	新编
88	广告策划与媒体创意	王艺湘	天津科技大学	本科	修订
89	新媒体营销项目化教程	刘前红	山东外贸职业学院	高职	新编
90	无机及分析化学（第三版）	商少明	江南大学	本科	修订
91	高分子化学与物理实验	曾威	天津科技大学	本科	新编
92	无机材料科学基础	林营	陕西科技大学	本科	新编
93	食品包装学	卢立新	江南大学	本科	新编
94	版式设计	张爱民	河北师范大学	本科	修订
95	设计思维	叶丹 张祥泉	杭州电子科技大学	本科	修订
96	化学工程与工艺专业实验	李健	天津科技大学	本科	新编
97	物理化学实验	崔玉红	天津科技大学	本科	新编
98	发酵技术	黄蓓蓓	三门峡职业技术学院	高职	新编
99	茶叶生物技术	李远华	武夷学院	本科	新编
100	食品保藏新技术	何强,吕远平	四川大学	本科	新编

续表

序号	教材名称	主编姓名	工作单位	适用层次	新编/修订
101	食品工程原理	陆宁	安徽农业大学	本科	新编
102	农产品加工工艺学	秦文	四川农业大学	本科	新编
103	食品营养与卫生	李京东	潍坊工程职业学院	高职	修订
104	食品营养与健康	杨君	广东农工商职业技术学院	高职	修订
105	肉品加工与检测技术	陈玉勇、赵瑞靖	江苏农牧科技职业学院	高职	修订
106	食品安全与质量控制实训教程	苏来金、任国平	温州科技职业学院	高职	修订
107	食品化学	杨玉红	鹤壁职业技术学院	高职	修订
108	食品标准与法规	杨玉红	鹤壁职业技术学院	高职	修订
109	陶艺基础	刘木森、谢如红	齐鲁工业大学	本科	新编
110	会计学	唐红珍	江南大学	本科	新编
111	现代薪酬管理——理论、工具方法、实践	晁玉方	齐鲁工业大学	本科	新编
112	商务应用文写作	申作兰	日照职业技术学院	高职	新编
113	职业生涯规划体验与指导——普职融通教程	丁满然	天津市第一轻工业学校	中职	新编
114	控制系统设计与仿真	郑恩让	陕西科技大学	本科	新编
115	玻璃工业机械与设备	郭宏伟	陕西科技大学	本科	修订
116	陶瓷工艺学	任强	陕西科技大学	本科	新编
117	运动鞋仿真设计	刘昭霞	黎明职业大学	高职	新编
118	生物分离纯化技术	王海峰	包头轻工职业技术学院	高职	新编
119	天然产物提取工艺学(第二版)	徐怀德、罗安伟	西北农林科技大学	本科	修订
120	装饰图案设计与表现	余雅林	江南大学	本科	修订

121	纸包装结构设计	牟信妮	天津市职业大学	高职	新编
122	运输管理	卢改红	天津科技大学	本科	新编
123	物流概论	高音	天津科技大学	本科	新编
124	服务营销理论与实务	肖必燕	山东外贸职业学院	高职	新编
125	理财规划	曹文芳	武汉职业技术学院	高职	新编
126	数字信号处理基础（第二版）	李亚峻	天津科技大学	本科	修订
127	软件工程技术及应用	张贤坤	天津科技大学	本科	修订
128	物联网导论（第三版）	张翼英	天津科技大学	本科	修订
129	统计学原理及其在革制品科研领域的实践	周晋	四川大学	本科	新编
130	泡沫玻璃生产技术	郭宏伟	陕西科技大学	本科	修订
131	玻璃包装材料生产技术	王昱	四川工商职业技术学院	高职	新编
132	无机化学实验	崔春仙	天津科技大学	本科	新编
133	中国酒文化概论	黄永光	贵州大学	本科	新编
134	实用药物学基础	杨晶	黑龙江农业职业技术学院	高职	新编
135	食品技术原理	张民	天津科技大学	本科	修订
136	食品酶学导论（第三版）	陈中	华南理工大学	本科	修订
137	资产评估	陈海雯	广东轻工职业技术学院	高职	新编
138	数控技术应用	李体仁	陕西科技大学	本科	新编
139	分析化学实验	张桂香	天津科技大学	本科	新编
140	农产品检测技术	项铁男	吉林工程职业学院	高职	新编
141	货币金融学	蒋玉洁	天津科技大学	本科	新编
142	知识管理	姚伟	天津科技大学	本科	新编

续表

序号	教材名称	主编姓名	工作单位	适用层次	新编/修订
143	统计学基础	赵爱威	山西轻工职业技术学院	高职	新编
144	自动化生产线的装调与控制技术	甄久军	南京工业职业技术学院	高职	新编
145	发酵工艺	高大响	江苏农林职业技术学院	高职	新编
146	茶叶营养与功能	杨晓萍	华中农业大学	本科	新编
147	营养配餐（第二版）	黄丽卿	漳州职业技术学院	高职	修订
148	粮油食品加工技术	张海臣	吉林工程职业学院	高职	新编
149	Photoshop CC 综合实例设计解析	王亚全、王海燕	河北师范大学汇华学院	本科	修订
150	书籍艺术设计	王旭玮	广东轻工职业技术学院	高职	修订
151	食品机械与设备	王维坚	吉林工商学院	本科	新编
152	食品分析与检测	郝生宏	辽宁农业职业技术学院	高职	修订
153	实验室组织与管理	杨爱萍	江苏经贸职业技术学院	高职	修订
154	设计概论	陈仲先	无锡工艺职业技术学院	高职	修订
155	操作系统原理与实践	苏静	天津科技大学	本科	新编
156	食品标准与法规（第二版）	张建新	西北农林科技大学	本科	修订
157	食品机械与设备	李良	东北农业大学	本科	新编
158	食品包装	李良	东北农业大学	本科	新编
159	食品加工机械	张海臣	吉林工程职业学院	高职	新编
160	化学实验基本操作技术	刘丹赤	日照职业技术学院	高职	新编
161	表演化妆造型设计	杨静	天津科技大学	本科	新编
162	中国画山水传统技法	陈渊	天津科技大学	本科	新编

163	产品设计程序与方法	李银兴	湖南涉外经济学院	本科	新编
164	版面设计	陈琪莎	深圳职业技术学院	高职	新编
165	服饰配件制作工艺	高岩	无锡工艺职业技术学院	高职	新编
166	乳制品生产与检验技术	揣玉多、岳玉鹏	天津现代职业技术学院	高职	新编
167	食品安全快速检测	姚玉静、翟培	广东食品药品职业学院	高职	新编
168	美容与化妆	肖宇强	湖南女子学院	本科	修订
169	地毯设计	吴一源	鲁迅美术学院	本科	新编
170	包装设计师综合实训	付春英	天津市职业技术大学	高职	新编
171	创意服装设计	陈珊	无锡工艺职业技术学院	高职	新编

数字化项目立项篇

中国轻工业"十三五"数字化项目立项名单

序号	教材名称	主编姓名	工作单位	适用层次	新编/修订
1	食品生物化学（教学视频）	王森	江南大学	本科	新建
2	《包装材料学》在线课程数字化资源建设	王建清	天津科技大学	本科	升级
3	无机及分析化学在线开放课程	商少明	江南大学	本科	新建
4	食品发酵企业生产实际教学案例库	孙勇民	天津现代职业技术学院	高职	升级
5	《印刷色彩》数字化教学资源开发	金洪勇	天津现代职业技术学院	高职	升级
6	常用机械无线传动技术（数字化教材）	李军	天津现代职业技术学院	高职	新建
7	机械计时时技术（数字化教材）	李亚东	天津现代职业技术学院	高职	升级
8	《食品化学》数字化教材建设	杨瑞金	江南大学	本科	新建
9	陶瓷专业数字教学资源库	陆小荣	无锡工艺职业技术学院	高职	新建
10	微生物基础技术检验技术在线开放课程	操庆国	江苏农林职业技术学院	高职	升级
11	大学计算机基础课数字化资源库建设	宁爱军	天津科技大学	本科	新建
12	数控电火花线切割加工技术（数字化教材）	战忠秋	天津现代职业技术学院	高职	升级
13	《肉品加工与检验技术》课程网站	陈玉勇	江苏农牧科技职业学院	高职	新建
14	食品理化检测技术教学资源库（数字化教材）	全永亮	山东商务职业学院	高职	升级
15	箱包设计与制作工艺数字化教材（教学视频）	王立新	齐鲁工业大学	本科	新建
16	微生物技术（教学资源库）	纪铁鹏	包头轻工职业技术学院	高职	新建
17	食品机械与设备数字化资源建设	王维坚	吉林工商学院	本科	新建
18	《"印"出精彩》数字化课程体系的建设与应用	陈蕴智	天津科技大学	本科	新建
19	数字出版专业课程体系在线学习平台建设与应用	司占军	天津科技大学	本科	新建
20	艺术设计专业基础知识资源库	王宁	广东轻工职业技术学院	高职	新建

发挥产学研平台优势　助力京津冀协同发展

1　科技创新能力提升，科技成果突出

　　天津现代职业技术学院共承担天津市科技计划项目16项，河北省科技计划项目1项。发明专利授权5件，累计纵向科研经费到账305万元，横向科研经费到账260万元。

　　学院教师作为子项目负责人承担国家自然科学基金、国家"863"计划等国家级项目7项。共发表中英文核心期刊论文共73篇，其中被SCI、EI收录论文19篇，中文核心期刊54篇。

　　获得天津市科技进步一等奖1项；天津市科技进步二等奖1项；获得中国循环经济协会科技进步奖一等奖1项；天津市津南区科技进步三等奖1项。

科技成果登记证书（几个证书可叠放设计，参考2016年展板）

天津市科技进步一等奖

天津市科技进步二等奖

2　技术服务小微企业，助力京津冀产业协同发展

　　学院与唐山市玉田县国际级农业科技园区、邯郸市玉田县政府、张家口市张北县政府，签署产学研合作协议。合作一年来，与属地企业合作申报河北省科技计划项目1项，邯郸市科技计划项目1项。完成农产品加工工艺改造3项，协助企业完成发明专利申请6项。

我校与河北省唐山市玉田国家农业科技园区企业签署产学研合作协议

我校与石家庄金丰农业科技有限公司签署技术研发协议

我校与河北省邯郸市邱县人民政府签署产学研合作协议

3　专业建设成效显著，人才培养质量稳步提升

　　学院主持完成国家生物技术及应用专业教学资源库建设。开发国家精品资源共享课《发酵过程控制技术》。连续获得全国职业院校技能大赛一等奖3次。获得国际发明设计比赛金奖1项。

国际发明设计比赛金奖

全国职业院校在校生西点创意大赛金奖

国家精品资源共享课

国际发明设计比赛金奖团队

生物技术及应用教学资源库

天津现代职业技术学院
TIANJIN MODERN VOCATIONAL TECHNOLOGY COLLEGE

无锡工艺职业技术学院

学院简介
COLLEGE INTRODUCTION

无锡工艺职业技术学院是隶属于江苏省教育厅的全日制普通高等学校，地处太湖之滨的陶都宜兴，创办于1958年，其渊源可以追溯到1933年创办的江苏省立宜兴陶瓷科职业学校，学院因陶而生、因陶而兴，办学底蕴深厚，陶文化特色鲜明。2007年和2015年以优异成绩通过教育部人才培养工作评估，现为江苏省示范性高职院校。

学院坚持"德育为先、能力为本、质量立校、特色强校"的办学理念，秉承"乐善至诚、强学力行"的校训精神，以立德树人为根本，以特色发展为核心，构建"双元双创"人才培养模式，深化产教融合，不断创新校企合作体制机制，致力于培养具有创新精神、创业意识和社会责任感的高素质技术技能型人才，为区域经济发展服务。学院先后获得江苏省

文明校园、江苏省和谐校园、江苏省平安校园、江苏省党风廉政建设示范高校、江苏高校思想政治教育工作先进集体等荣誉称号。

　　学院占地 60 余万㎡，建筑面积 30 余万㎡，现有全日制在校生近 8000 人。学院围绕地方特色及支柱产业办学，形成了以陶瓷类专业为特色、艺术设计类专业为重点、机电电子和商贸类专业协调发展的专业布局，共开设 38 个专业。学院积极探索"适应需求、上下贯通、有机衔接、多元立交"的现代职教体系，先后与南京艺术学院、常州大学、南京审计大学等开展"3+2"合作项目，为学生多样化选择、多路径成才搭建"立交桥"。同时学院注重引进国外优质教育资源，积极开展国际交流和合作。毕业生就业率连续多年保持在 98% 以上，就业竞争力指数位居全省高职院校前列。

学院一角▶

天津轻工职业技术学院

天津轻工职业技术学院坐落在天津海河教育园区，隶属于天津渤海轻工投资集团有限公司，占地面积866亩，建筑面积190390平方米。是国家级优秀示范性骨干高职院校、全国数控技术应用专业领域紧缺人才培养培训基地、全国职业院校就业竞争力示范校、国家职业教育师资培训基地、天津市职业教育先进单位、天津市模具工业协会副理事长单位、天津市新能源协会常务理事单位、天津市"第一届黄炎培职业教育奖"获奖单位。2016年7月，我院被评为2015年中国高等职业教育服务贡献50强，是天津市唯一入选的高职院校。

学院设有机械工程、电子信息与自动化、经济管理、艺术工程4个二级学院，开设31个高职专业，1个技能本科专业即与天津工业大学在机械工程（模具设计与制造）专业开展联合培养技术应用型、高端技能型人才工作。经天津市教育委员会批准，与新西兰在市场营销专业上开展合作。现有教职工近500人，高职在校生8800余人。近三年，就业率保持在97%以上，毕业生的表现赢得用人单位的赞誉。

学院坚持"以服务发展为宗旨、以促进就业为导向，走产学研结合发展道路"的办学方针，贯彻"以共赢为基础，以资源求合作，以服务获支持"的校企合作理念，创建了"三级贯通式"校企合作办学体制机制，与国际知名企业、行业领军企业合作的长效机制，促使产教深度融合，为学生提供良好的实践、实习环境和就业岗位。与澳大利亚、新西兰、德国等职业教育发达国家合作完成师资培训、课程引进等项目，2017年在印度建设"鲁班工坊"项目，国际影响力显著提升。

连续十年承办全国职业院校技能大赛，为学生精湛技能及综合素质的充分展示、为企业深度参与职业教育、为职业教育教学改革的进一步深化、为加快职业教育国际化进程搭建了广阔的平台，做出了卓有成效的实践探索；实现了全国职业院校技能大赛从多方面持续引领职业教育教学改革，促进了教师教学方法的改进和学生学习方式的创新，促进了技术技能人才培养质量的提升。

学院拥有良好的教学条件，完善的生活配套设施，为学生营造了优越的学习、实践和生活环境。

学院秉承"修德育能、日见其功"的校训，始终坚持以立德树人为根本，培养技能强、素质高的毕业生回报社会。学院"十三五"期间实施"一体双翼三平台"发展战略，深入推进产教融合体制机制建设，进一步促进了专业群与产业群的对接，面向行业企业及区域经济的契合度和贡献度进一步增强，成为天津市"世界先进水平高职院校"建设项目单位，学院模具设计与制造、光伏发电技术与应用、电子商务三个专业，成为天津市教育委员会批准的"国内顶尖骨干专业"建设项目。"十三五"规划全面实施，学院各项事业实现了创新发展。